国际管理体系标准及应用系列丛书

环境管理基础及管理体系标准教程

主　编　宋化民　杨昌炎
副主编　朱蔚青　罗朝晖　帅　琴
　　　　陈　志　杨水彬　叶发兵

中国地质大学出版社有限责任公司
ZHONGGUO DIZHI DAXUE CHUBANSHE YOUXIAN ZEREN GONGSI

图书在版编目(CIP)数据

环境管理基础及管理体系标准教程/宋化民，杨昌炎主编．—武汉：中国地质大学出版社有限责任公司，2011.10
(国际管理体系标准及应用系列丛书)
ISBN 978-7-5625-2725-1

Ⅰ.①环…
Ⅱ.①宋…②杨…
Ⅲ.①环境管理-高等学校-教材②环境管理-国际标准-高等学校-教材
Ⅳ.①X32-65

中国版本图书馆 CIP 数据核字(2011)第 192469 号

环境管理基础及管理体系标准教程　　宋化民　杨昌炎　主编

责任编辑：徐润英　　策划组稿：梁　志　方　菊　张晓红　　责任校对：戴　莹

出版发行：中国地质大学出版社有限责任公司
(武汉市洪山区鲁磨路 388 号)　　邮编：430074
电　话：(027)67883511　传真：(027)67883580　　E-mail：cbb @ cug. edu. cn
经　销：全国新华书店　　http://www. cugp. cug. edu. cn

开本：850 毫米×1 168 毫米 1/32　　字数：420 千字　印张：15.375
版次：2011 年 10 月第 1 版　　印次：2011 年 10 月第 1 次印刷
印刷：武汉中远印务有限公司　　印数：1—3 000 册

ISBN 978-7-5625-2725-1　　定价：35.00 元

如有印装质量问题请与印刷厂联系调换

前　言

随着世界经济的迅速发展，工业化、城市化进程的逐步加快，人类赖以生存和发展的环境正在发生急剧的变化，许多环境问题已严重威胁人类社会的可持续发展。一场以保护环境、节约资源为核心的绿色革命正在世界范围内展开。21 世纪将是绿色产品的世纪，谁拥有绿色产品，谁就有可能抢占市场。国际标准化组织（ISO）为了适应新形势的需要，陆续组织制定和发布了 ISO14000 环境管理体系系列标准，受到越来越多的国家和地区的重视。我国已将其中 5 项标准等同采用，纳入国家标准。生产和服务组织实施这些标准，有利于提高员工的环境意识，推行清洁生产和服务，提高管理水平和社会信誉，消除贸易壁垒，增强市场竞争能力，也可减少环境风险，改善公共关系，促进社会安定。因此，学习和掌握环境科学技术基础知识，有效地贯彻实施国际环境管理体系标准，已逐渐成为越来越多的组织和人们的愿望。有些企事业单位在人才招聘时，把熟悉这方面的知识和技能列为优先录用的条件。不少高等学校开设这方面的公共选修课程，选修的学员也日益增多。

鉴于上述情况，我们在原有内部胶印教材和教学实践的基础上，参阅国内外有关资料和论著，组织编写和出版本教程。全书共分 11 章，其中第一章和第十一章分别介绍有关环境的一些概念、人类面临的环境问题、我国环境保护的对策和国际环境管理体系标准，由国际管理体系标准和应用研究所所长、中国地质大学（武汉）宋化民教授编写；第二章主要阐明常见大气污染的危害及其防治，由黄冈师范学院化工学院杨水彬教授编写，宋化民教授对其中的第四节进行了修改和补充；第三章和第六章分别阐述常见地表水污染的危害及其防治以及固体废弃物的处置和利用技术，由武汉工程大学化工和制药学院副院长兼黄冈师范学院化工学院副院长杨昌炎教授编写；第四章地下水污染及其防治，由中国地质大学（武汉）环境科学学院环境科学与工程系副主任罗朝晖副教授编写；第五章重点介绍土壤污染危害及其防治途径，由黄冈师范学院化工学院副院长叶发兵教授编写；第七章主要介绍噪声、放射性、电磁辐射和光等物理性污染及其防治，由国家注册高级审核员、武汉职业技术学院朱蔚青副教授编写；第八章主要阐述常用环境监测方法和环境监测设计，其中监测方法部分由中国地质大学（武汉）材料科学与化学工程学院副院长帅琴教授编写，环境监测设计部分由中国科学院地理科学与资源研究所客座研究员、加拿大康考迪亚大学教授陈志和北京市顺义区环保局副局长、工程师贾凤霞合作编写；第九章主要介绍环境质量评价和环境影响评价的程序、内容和方法，在中国地质大学（武汉）环境评价研究所所长程胜高教授的指导下，由湖北工业大学化学与环境学院黄磊博士执笔编写；第十章环境和资源保护法规，由中国地质大学（武汉）政法学院李化博士编写。全书由宋化民教授和杨昌炎教授统稿。

本书的特点是，理论密切结合实际，内容力求新颖，每章附有练习与思考题或案例分析，适合于教学和培训之用。就资源、化工、制药、印染、造纸、冶金、火力发电、建筑、交通等生产和服务部门贯彻实施国际环境管理体系标准来说，也不愧是一本良好的参考书。

在本书编写的过程中，得到了有关学院、研究所领导的支持和密切合作，得到了中国地质大学出版社有限责任公司的大力支持。另外，中国地质大学（武汉）材料科学与化学工程学院研究生徐生瑞、杨立威、丁晓晓，武汉工程大学化工和制药学院研究生吴祯祯、郑冬洁、魏云、杨光宏、杨卉、夏云，武汉职业技术学院质量认证专业毕业班学生雷巧节、何慧也为本书的编写做了大量工作，在此谨表衷心感谢。在编写过程中，参考了大量国内外有关论著，除已列出的参考文献外，还有一些内部资料不便列出，在此一并致以谢意。

限于笔者的水平和经验，加之编写时间短促，书中可能存在某些不妥甚至谬误之处，敬请有关专家和读者惠予指正。

编　者

2011 年 8 月

目　　录

第一章　绪　论

第一节　环境的基本概念

一、环境的涵义

“环境”是一个内涵十分丰富、构成极其复杂、应用又相当广泛的名词术语。它与中心事物之间保持着相互依存的关系，其内涵也随着中心事物的不同而有所不同。

在环境科学领域，中心事物是人类社会，此时，环境被定义为“以人类社会为主体的外部世界的总体”。它包括自然环境和社会环境。

我国环境保护法对“环境”也作出了明确的规定：“本法所称环境，是指影响人类生存和发展的各种天然的和经过人工改造的自然因素的总体，包括大气、水、海洋、土地、矿藏、森林、草原、野生生物、自然遗址、人文遗迹、自然保护区、风景名胜区、城市和乡村等。”

国际环境管理体系标准对“环境”的定义是：“组织运行活动的外部存在，包括空气、水、土地、自然资源、植物、动物、人，以及它们之间的相互关系。”同时，加注说明“从这一意义上，外部存在从组织内延伸到全球系统”。由本定义可知，环境的主体是组织的运行活动，外部存在是运行活动中客观存在的各种要素的总体，它包括空气、水、土地、自然资源、植物、动物、人以及它们之间的相互关系。这里值得指出的是，伴随组织运行活动的开展，外部存在的各种要素及其相互关系也在不断地演变，因此，环境也非固定不变的。

二、环境的基本功能

环境是各种生命的基础。其基本功能可概括为以下几方面。

1. 能量的提供和接受

人类从环境中获取物质和能量主要表现为人们开发和利用各种自然资源（包括煤、石油、天然气等能源），以维持生存、生活和发展的需要。但是当人们消费这些自然资源时，又会产生一些废气、废水、废碴，迫使环境来接纳和承受。尤其是当人类对自然资源过度开发，超过自然资源的再生能力时，就会引起自然界的生态平衡失调，导致环境恶化和功能减弱，乃至丧失。

2. 物质循环（水循环、碳循环、氮循环等）

水、碳、氮是自然环境中广泛存在的重要物质，也是人体和其他生物体中以各种形式存在的重要成分。在生态平衡情况下，在自然环境中，三者处于循环状态（图 1－1 至图 1－3）。如因自然因素发生异常变化（如地震、水灾、旱灾等）或人为因素（如向环境中排放大量污染物）引起生态平衡破坏，就可能使水、碳、氮的循环受阻或中断。

3. 气候维持与变化

因受地心引力作用而随地球旋转的大气层被称为大气圈。按热力学性质可将其分为对流层、平流层、中间层、暖层和逸散层。对流层是大气圈接近地表的最低层，是人类生产、生活影响最大的环境组成部分。它的显著特点是：①空气对流运动显著，对流运动强度因纬度和季度而异；②因受地球表面的影响，对流层中温度、湿度的水平分布不均，天气现象复杂多变，云、雾、雨、雪等均在此层形成。

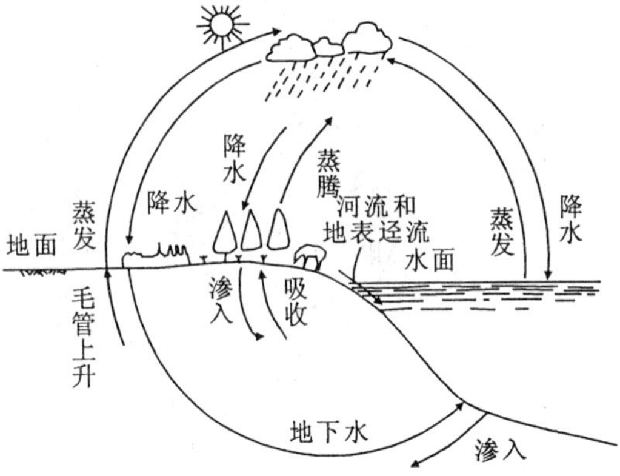

图 1-1　水的循环图

（据金鉴明等，1983）

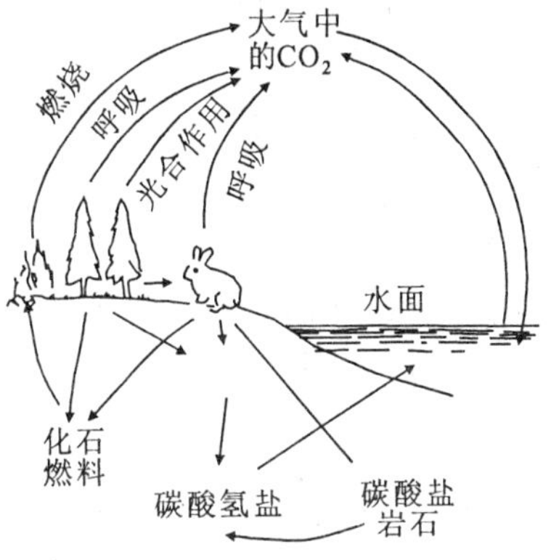

图 1-2　碳的循环图

（据金鉴明等，1983）

4. 生命维持与进化

人类和其他生物一样，依赖环境而生，依赖环境而长，依赖环境而维持生命的延续。不仅如此，而且在繁殖和发展过程中，在利

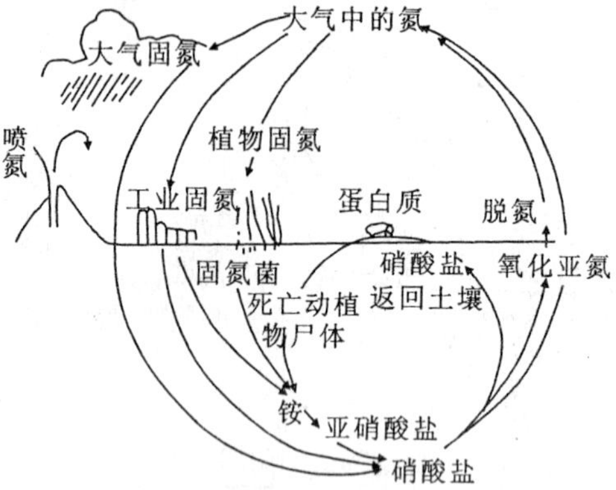

图 1-3 氮的循环图
（据金鉴明等，1983）

用自然环境的同时，逐渐有意识地改造自然环境，甚至在相互竞争中破坏环境。自然生态失去平衡，环境就会反作用于人类，人类在与环境的对立和统一中进化、发展乃至衰亡。

5. 信息的传递与交流

信息存在于我们的周围，当今，人们几乎一天也离不开信息。信息需要传递与交流才能发挥作用。然而，这一切都离不开环境。尤其是信息传递和交流的现代化器具的生产、使用和传输效率都与环境有关。

三、环境的分类与管理

从不同的角度可将环境分成不同的类型。若由近及远、由小到大来划分人类的生存环境，可将其划分为以下几类。

1. 聚落环境

这类环境就是人类聚居场所的环境。聚居环境的发展使人们工作和生活越来越方便和舒适，但是，伴随人口密度的加大、人类活动的频繁，环境污染问题也随之而来。加强聚居环境的管理和研究，已成为国际和国内环境科学研究的重要课题。

2. 地理环境

这类环境是指与人类关系密切的水、土地、大气、生物等环境因素构成的具有一定结构的多级自然系统。由于地理位置的不同，地理环境的构成存在很大差别。怎样全面规划、合理布局，这是此类环境管理中的重大问题。

3. 地质环境

这类环境是指地球的岩石圈。它为人类的生存和发展的需要提供了丰富的矿产资源。值得指出的是，这些矿产资源是难以再生的，如何合理开采和保护地质环境，不致造成地质灾害，这是从环境管理角度和环境与资源保护方面均应予以关注的问题。

4. 星际环境

地球是太阳系的一个行星，太阳系的星际环境对人类生存的地球和地理环境有着重要的影响。人们虽然无法控制和管理星际环境，但是，研究太阳系对人类生存的地球和地理环境的影响是很有必要的。

对于聚落环境，还可进一步将其划分为城市环境、院落环境和村落环境。三者在功能、性质和特点等方面都存在明显的差别，在环境管理和环境保护方面也应有所不同。

第二节 人类面临的环境问题

当前人类面临相当严重和复杂的环境问题，主要表现在以下几方面。

一、温室效应加剧，全球气候异常

所谓温室效应，系指大气中某些气体（如二氧化碳、甲烷、氮氧化物、氟化物等）的含量增加而导致地球表面平均气温上升的情况。温室效应产生的机理，普遍认为是由于温室气体对来自太阳的短波辐射具有高度的透过特性，而对地面反射的长波辐射（如红外辐射）却具有高度的吸收特性。

温室效应带来的影响主要是：气候变暖、两极和高原的积雪融化、海平面上升（图 1－4、图 1－5）。

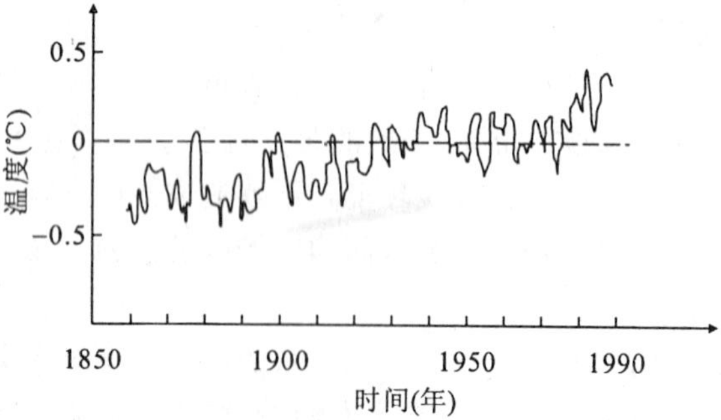

图 1－4　全球地表温度年平均值的变化

图 1－5　极地积雪融化景观

二、臭氧层破坏

臭氧是大气中一种含量较少的气体，主要汇集在 20～25km 的平流层高空，形成大气的臭氧层。它具有阻止过量紫外线直接辐射到地球表面的作用，是人类健康的保护伞。

但是，人类活动产生的大量氮氧化物、氟利昂之类的气体排放到大气中，严重破坏了臭氧层，使高空臭氧层出现空洞（图 1-6），紫外线辐射到地球表面的强度增大约 20%，直接危害人类和生物的健康，并会导致地球气候异常。

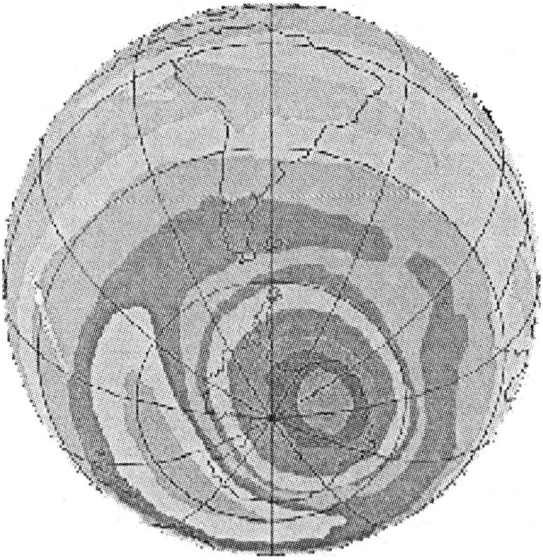

图 1-6 南极臭氧层空洞

三、大面积酸雨污染

所谓酸雨，系指 pH＜5.6 的大气降水（如雾、露、雨、雪等）。造成酸雨的主要原因是燃烧煤炭或化工生产过程产生的二氧化硫和氮氧化物所致。

酸雨的主要危害是：腐蚀建筑物和金属设备、伤害人和生物的呼吸系统、破坏森林生态系统。20世纪发生的世界著名的环境公害事件——比利时马斯河谷烟雾事件、美国多若拉烟雾事件、英国伦敦烟雾事件，都与燃烧煤炭或化工生产过程排放的二氧化硫和氮氧化物密切相关。

四、水污染和淡水资源缺乏

工业化和城市化的迅速发展，集中用水量加大，不少地方超过了当地的供水能力，同时又排放大量污染物，使水源受到污染，加之淡水资源在地球上分布不均，许多国家和地区缺乏淡水，这就使人民生活水平的提高和经济发展受到明显的制约。

近十多年来，突发性的水污染公害事件陆续出现：瑞士巴塞尔市化学公司仓库起火，事故段生物绝迹，160km内鱼类死亡，480km内水不能饮用；英国威尔士化工公司将酚排入迪河，使200万居民饮水污染，44%的人中毒。

五、海洋污染

全世界每年向大海排放的废物垃圾和污水中的有机物达330万t，悬浮物和溶解盐类多达200多亿t，给海水中的鱼类、海鸟、浮游生物带来致命的威胁。近十年内，油轮漏油事件频繁发生：法国西北部布列塔尼半岛，阿摩科卡的斯油轮触礁，22×10^4t原油流入大海；美国埃克森·瓦尔迪兹油轮在阿拉斯加漏油，$4.2\times10^4m^3$原油流入大海；这些原油使海域受到严重污染。2011年发生在日本福岛的核污染，使周边的鱼虾、蔬菜等不能食用，引起了亚洲、美洲、大洋洲许多国家和地区的极大关注。

六、生态环境恶化

人均耕地面积逐年减小，森林被砍伐的速度超过栽植和生长速度，大面积的生态环境恶化，森林和草原覆盖面积锐减，水土保持能力下降，土地沙漠化和草原退化加剧，生物多样性受到严重威胁。

第三节 可持续发展与环境保护

一、国际在行动

可持续发展是满足当代人的需要，又不对后代人满足其需要的能力构成危害的发展。可持续发展概念的提出经历了以下过程。

1972 年 6 月 5 日至 16 日，在瑞典首都斯德哥尔摩召开联合国人类环境会议，发表了《人类环境宣言》。

1982 年 5 月，联合国为纪念人类环境会议 10 周年，在内罗毕召开了特别会议。

1992 年 6 月，联合国在巴西里约热内卢召开了环境与发展大会。有 103 位国家元首及政府首脑和 180 多个国家的代表参加，被称为“20 世纪地球盛会”。在这次会上，提出了“可持续发展的战略”，通过了《环境与发展宣言》，产生了《21 世纪议程》。

上述会议和相关文件集中体现出全球环境管理的几项基本原则：①国家环境主权原则。即各国享有按自己的环境政策开发自己的自然资源的主权，同时还有义务保证在他们管辖或控制下的活动，不致损害他国的环境或属于国家管辖范围以外地区的环境。②国际环境合作原则。种类越来越多的环境问题，因为它们在范围上是地区性或全球性的，或者因为它们影响着共同的国际领域，将要求国与国之间广泛合作和国际组织采取行动以谋求共同的利益。

世界各国应在环境与发展领域内加强国际合作，为建立一种新的公平的全球伙伴关系而共同努力。③共同而有区别的原则。各国对保护全球环境都负有共同的责任，但发达国家和发展中国家对全球环境问题应负的责任是有区别的。这是由于全球环境问题主要来自工业发达国家，或与发达国家长期掠夺与廉价收购发展中国家的资源有关。④预防原则。为了保护环境，各国应按照本国的能力，广泛采用预防措施，遇有严重或不可逆转损害的威胁时，不得以缺乏科学充分确实证据为理由，延迟采取符合成本效益的措施防止环境恶化。

二、我国的对策

我国在 1973 年召开的第一次全国环境保护工作会议上，确定了“全面规划、合理布局、综合利用、化害为利、依靠群众、大家动手、保护环境、造福人类”的 32 字方针。

1979 年颁布了《中华人民共和国环境保护法（试行）》，标志着我国的环境保护工作进入了法治阶段。1989 年修订后，于该年 12 月重新颁布，对环境保护方面的重要问题作出了全面的规定，明确了环境保护的基本原则：①预防为主、防治结合原则；②污染者负担原则；③环境权利原则；④公众参与原则；⑤可持续发展原则；⑥协调发展原则。

1992 年 8 月，我国发布了第一份环境与发展方面的纲领性文件，提出了十大对策：

（1）实行可持续发展的“三同步”战略，这是这个纲领性文件的核心。

（2）工业污染的防治对策：①预防为主，防治结合，②集中控制和综合治理；③转变经济增长方式，由粗放型向集约型转变，大力推行清洁生产。

（3）城市环境综合整治：重点减轻和逐步消除四害（“三废”

和噪声）污染。

（4）生态环境的保护：①推广生态农业；②植树造林；③加强生物多样性保护。

（5）能源利用率的提高：①降低单位产品能耗；②调整能源结构。

（6）加强科学研究和技术开发：①大力推进科技进步；②加强环境科学研究；③积极发展环保产业。

（7）运用经济手段保护环境：①资源的有偿占用；②资源核算、计价；③环境成本核算。

（8）提高全民族的环境意识。

（9）健全环境法制，强化环境管理。

（10）实施可持续发展战略的行动计划。

1998 年 11 月修订发布的《建设项目环境保护管理条例》对“三同时”的管理程序作了具体的规定。

2002 年 1 月 30 日国务院第 54 次常务会议通过了《排污费征收使用管理条例》。

2002 年 10 月 28 日九届全国人大常委会第三十次会议通过《中华人民共和国环境影响评价法》等。

这些法规为我国环境保护和可持续发展起到了重要保证作用。

思考与练习

1. 何谓环境？环境和人类生活、生存和发展有什么关系？
2. 怎样保护环境的正常功能？
3. 从人类面临的环境问题中得到什么启示？
4. 为什么在节能减排、保护环境方面，发达国家应承担更大的责任？

第二章　大气污染及其防治

第一节　大气圈的构成及其与生物的关系

一、大气圈的构成

大气圈是包围地球的气体圈层，它是气候系统和自然地理系统的重要组成部分，也是这两个系统中最为活跃的子系统。

（一）大气组成

大气是由多种气体及固体微粒、液体微滴（水汽）混合组成的混合物，而不是化合物。除去固体杂质和水汽之外的混合气体，称为干洁空气（简称干空气），主要由氮气、氧气及稀有气体组成。根据大气各组成成分的浓度，可以将大气的所有成分分为三大类。

1. 主要成分

地球表面的大气主要由氮（N_2）、氧（O_2）、氩（Ar）等气体组成，氮气和氧气约占了整个大气总体积的99%以上，加上氩（Ar），三者约占99.96%，其他气体含量极少，仅占0.04%。

2. 微量成分

也称为次要成分，它们的浓度在0.000 001%到1%之间，主要是CO_2、水汽、CH_4、N_2O、SO_2、CO、H_2、NH_3及惰性气体氦（He）、氖（Ne）、氪（Kr）等。

3. 痕量成分

其浓度在10^{-3}mL/L以下，主要是H_2S、NMHC（非甲烷类烃）、O_3（臭氧）、NO_2、NO、H_2O_2 等。

目前，人们关心最多的是含量较少、寿命较短的微量和痕量成分，如二氧化碳（CO_2）、臭氧（O_3）、水汽以及气溶胶等。这是因为尽管它们的浓度很低，但它们在大气中的浓度均有较大的时空变化，对地-气系统热量的收支、大气温度的垂直结构及人类有着明显的影响。

（1）二氧化碳（CO_2）是大气中的可变成分之一。它主要来自火山喷发、动植物的呼吸以及人类活动等。尽管 CO_2 是大气最主要的微量成分，对太阳辐射的吸收也很少，但它能强烈吸收地面长波辐射，从而使低层大气变暖；同时，它能向周围及地面放射长波辐射，对大气和地表温度有明显的“温室”作用。近几十年来，二氧化碳的温室效应及其对当代气候的影响已引起人们的高度重视。

CO_2 对大气辐射收支的影响主要表现在两方面：一方面，CO_2 的增加将导致平流层放射更多的长波辐射，从而引起平流层的冷却；另一方面，将吸收更多的地面长波辐射，同时吸收能量的一部分又重新辐射回地面，从而引起对流层和地面温度的升高。

（2）臭氧（O_3）是大气重要的可变成分和微量成分之一。它主要是由于氧分子在太阳辐射下，通过光化学作用，分解为氧原子后再与另外的氧分子结合而形成的。臭氧能强烈地吸收太阳紫外辐射（几乎能吸收 $0.2\sim0.3\mu m$ 波段的全部太阳紫外辐射），使大气温度升高。在大气温度的垂直结构上，平流层形成了一个暖区，这很大程度上取决于平流层 O_3 的分布。同时，使地面上的生物能够免受过多的太阳紫外辐射的伤害，而穿透大气层到达地表的少量紫外辐射对人类和大部分地表生物是有益的，对生物圈起着保护作用，故平流层臭氧被称为地面生物的“保护神”。臭氧还能够强烈地吸收波长为 $0.96\mu m$ 附近的红外辐射，因此是一种非常重要的温室气体，如果对流层臭氧增加，将会使地表温度升高。

O_3 对地面温度的影响强烈依赖于 O_3 浓度发生改变的高度：在

22km 以下，O_3 增加将使地面温度升高，其中，10km 左右高度 O_3 的改变对地面温度的影响最大；而在 22km 以上则相反。在 22km 以上的区域，O_3 的增加将导致地面温度的下降，这是因为 O_3 的增加将吸收更多的太阳辐射，阻止太阳辐射到达更低的高度，从而使对流层吸收的能量减少。而在 22km 以下区域，O_3 的增加将引起地面温度的上升，这是因为 O_3 的增加将吸收和放射更多的长波辐射，从而使对流层吸收的能量增加，即所谓的温室效应。虽然对流层大约只含有 O_3 的 10%，但是对流层 O_3 的浓度变化对地面温度的影响远比平流层对地面温度的影响要大。整个对流层内，O_3 的改变和地面温度的改变是一致的，且对流层顶附近 O_3 的改变引起的地面温度的改变最大，而平流层内 O_3 的改变和地面温度的改变与 O_3 高度有关，且幅度远比对流层小。

臭氧具有极强的氧化能力，在对流层大气化学过程中起着重要作用，当其浓度增高时，会对人体的健康造成一系列不利影响。有研究指出，从 1765 年至 2050 年，对流层 O_3 一直在增加，平流层 O_3 一直在减少，而且这种趋势将一直持续下去。自 20 世纪 80 年代初期以后，平流层中臭氧量的减少更加急剧。其中，南极减少得最为突出，在南极中心附近形成了“南极臭氧洞”。随着人类活动，进入平流层的一些污染物，如喷气式飞机排放的废气和用作冷冻剂和除臭剂的氟里昂等，都能与臭氧结合，有可能使臭氧浓度降低，导致较多的紫外辐射到达地面而危害地球上的生物及生命。

南极臭氧洞指的是南极春天（每年 10 月），南极大陆上空气柱臭氧总量急剧下降，形成一个面积与极地涡漩相当的气柱臭氧总量很低的地区。臭氧洞有两层含义：一是从空间分布的角度来看，随着纬度增加气柱臭氧总量逐渐增加，在南极环极涡漩外围形成臭氧含量极大值，进入环极涡漩后，气柱臭氧总量突然大幅度下降，形成低值区；二是从时间角度看，9 月到 10 月南极地区气柱臭氧总量突然大幅度下降，形成季节变化中的谷。10 月份南极的臭氧均值已从1979年的290减少到1985年的170左右，南极上空的臭氧层已是极其稀薄，与周围相比，好像形成了一个“洞”。美国宇航局和国家海洋与大气管理局于1998年10月发表的报告说，今年（1998年）南极洲上空臭氧洞的面积已达$2.72\times10^2 km^2$，比整个北美洲面积还要大，臭氧洞异常之深，已切入平流层几乎达到24km，其中心部分已无臭氧可言。

南极臭氧洞的形成及变化的原因，是一个有争议的课题，至少在目前还无法完全弄清楚。比较有影响的推测有四种：与太阳活动周期有关、与当地天气动力学过程有关、与火山活动有关以及与人类活动产生的氯化物进入大气层有关。

（3）水汽。大气中水汽的含量极少，只占全球淡水总量的0.035%，且时空分布极不均匀，主要集中在大气的低层，以夏季和低纬地区（热带沙漠地区除外）为最多。冬季北极地区一定体积的干冷空气中，水汽含量几乎为零，而湿润的赤道地区的空气中，水汽含量可达4%～5%。

大气中水汽含量虽然不多，但它在天气和气候的形成和演变中担当着非常重要的角色。作为一种特殊物质，在大气温度变化的范围内，水汽可以变为水滴和冰晶，成云致雨、落雪降雹，出现常见天气现象，并通过水相变和水循环以及伴随的潜热转换，把大气圈、生物圈和地球表面紧密地联系起来。此外，水汽也能强烈地吸收地面辐射，同时它又向周围空气和地面放射长波辐射，在水相变化中又能吸收或放出热量，这些都对地面和空气的温度有一定的影响。总之，水汽的存在对大气中物质、能量的传输以及天气、气候的形成具有非常重要的影响。

因为自然和人为的原因，大气中还增加了许多新的组分，主要指污染气体和气溶胶。它们留存在大气中，成了大气的临时组分。

（4）污染气体。由于工业、交通运输业的发展，对废气不加以回收利用的情况下，空气中增加了许多有害气体，称为污染气体。

主要有二氧化硫（SO_2）、一氧化碳（CO）、硫化氢（H_2S）、氟化氢、氮氧化物、氨等。这在工业和交通发达的城市尤为严重，它们的含量虽微，却对人类健康和生存环境带来严重危害。

（5）气溶胶。大气中均匀分布的相当数量的固体微粒和液体微滴，如海盐粉粒、灰尘（特别是硅酸盐）、烟尘和有机物等多种物质所构成的稳定混合物，统称为大气气溶胶。气溶胶的产生，除了火山爆发、流星燃烧、森林火灾、海浪飞沫、风尘、植物花粉传播等自然原因外，更重要的是由于人类活动，如工业生产、生活燃烧以及各种交通工具排放的烟雾粉尘等。

气溶胶主要集中在大气底层，成为水汽的凝结核，对云、雾、降水等的形成起重要作用。它的存在，对天气和气候产生了不小的影响，最直接的后果是降低了大气透明度，削弱了到达地表的太阳辐射，降低了大气温度；同时，它也削弱了地面的长波辐射，对地面产生了一定的保温作用。有研究表明，气溶胶对天气和气候的影响，随浓度的变化而有所不同：对天气而言，浓度较弱的气溶胶，使大气层结构朝不稳定方向发展，易产生云雨天气；而浓度强的气溶胶，在夜间可使大气朝不稳定方向发展，在白天却使大气朝稳定方向发展。对气候而言，当气溶胶浓度较弱时，一年四季气溶胶层都相当于一个冷源；浓度较强时，在冬季相当于冷源，而在夏季则相当于热源。

气溶胶的气候效应有直接和间接两种。直接效应是通过散射和吸收，改变大气中的长短波辐射传输特征，间接效应是改变液态水、云的微结构及其光学特性（如增加云中的水滴的密度，使平均半径变小，增加云的反照率和吸收率等）。气溶胶对地-气系统是加热还是冷却，主要取决于气溶胶的反照率（α_e）是否大于地表和云的反照率（α_p）。若 $\alpha_e > \alpha_p$，则使气候系统少收入热量；若 $\alpha_e < \alpha_p$，则总效应是使气候系统增加热量，从而改变气候。

（二）时空变化

大气成分由地表排放到大气中后，便随着大气不停地在三维空间运动。一些快速反应化学活性成分可能在离源区不远的地方就已转化为其他成分，它们的浓度分布主要取决于地表源的分布和化学转化率；而一些反应速度慢或化学稳定的成分，却可能在区域和全球范围输送，它们的浓度分布就与区域和全球尺度的大气运动密切相关。

1. 随高度的变化

大气成分随高度的垂直分布，可由火箭探测资料得知：在低层（90km 以下）基本保持不变，再往上空去，大气成分则有所改变。这是因为：在低层，大气的所有气体成分随着大气的湍流运动，彼此间能够充分扩散，从地面开始，向上直到 90km 处，干洁空气主要成分的比例基本保持不变（除 CO_2、水汽、O_3 和污染气体外），以致干洁空气可以看成分子量为 28.97 的单一气体；而 90km 以上，大气中的 N_2 和 O_2 由于吸收太阳辐射中波长较短的辐射，分子离解为原子，同时发生电离，原子和离子数量增加，因此大气成分发生了改变。

对于具体的大气成分来说，随着高度的变化，其浓度变化也十分显著。

（1）二氧化碳。大气中 CO_2 集中在大气圈底部从地面到 20km 高度以下这一薄层。在 20km 以下的大气中一般占 0.03%，到了 20km 以上含量显著减少。它的天然源主要是海洋脱气、甲烷转化、生物过程、岩石的风化和沉积，如火山喷发，动植物的呼吸和有机物的腐烂、燃烧等；人为源主要是煤、石油、天然气等矿物燃料的燃烧过程以及大量砍伐森林，随着人类活动的不断加剧，大气中 CO_2 的浓度不断增加。

（2）臭氧。臭氧的浓度随高度的分布，具有不连续或突变现象（图 2－1）。大气中 O_3 主要存在于 10～50km 的大气层中，绝大部分集中在平流层，对流层只占了10%左右。近地面层臭氧含量少，从10km高度开始增加，到20～30km高度浓度达到最大值，称为“臭氧层”，再往上逐渐减少，到50km以上就极少了。这是由于不同高度上O_3的形成条件不同造成的。

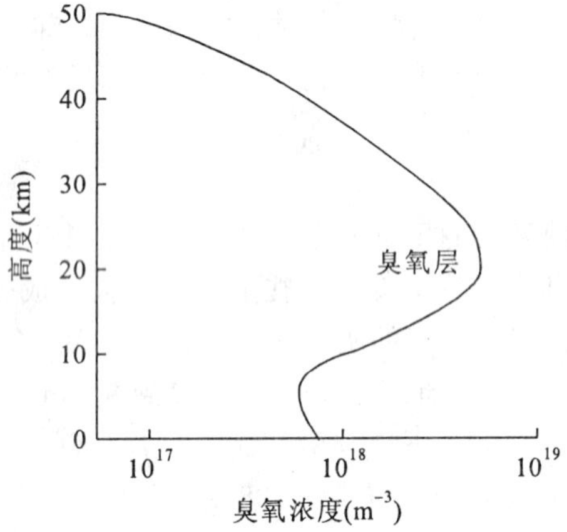

图2-1 大气臭氧浓度随高度的变化

（引自《大气科学辞典》编委会，1994）

因为大气中的O_3的形成主要是在太阳辐射的作用下，氧分子与氧原子结合而成的。在大气的上层，太阳辐射的强度很大，使得氧分子离解过多，因此氧分子与氧原子相遇形成O_3的机会很少，即使臭氧形成，由于吸收太阳辐射，又促使O_3自身发生分解，因此上层大气臭氧含量不多。而在20～30km高度的大气层，具备臭氧形成的最适宜条件，既有充足的氧分子，又有充足的氧原子，因此这一层次的臭氧含量特别丰富，浓度达到最大值，被称为“臭氧层”。在低层大气（对流层），由于太阳辐射大为减弱，O_3的形成主要受闪电作用影响，但因闪电又不经常发生，氧分子难以分解，缺乏形成臭氧所需的大量氧分子，因此含量极少，且非常不稳定。在各个高度上含臭氧的各层臭氧量浓度不一且厚度各异。

（3）水汽。大气中的水汽主要来源于地表面水的蒸发和植物的蒸腾，因此地表面开旷的水域、雪面、冰面或潮湿的土壤和植被是大气中水汽的源区，而干燥的沙漠地区则是水汽的汇区。一般说来，在垂直方向上，水汽含量随高度的增高而减少，这种向上减少的速度很快。大气中的水汽几乎全部集中在近地面 12km 以下的气层中，往上就几乎绝迹了。观测结果表明：在 1.5～2km 高度上，大气中水汽的含量减少为地面的一半；到 5km 高度，只有地面的 1/10；再往高空去，水汽含量更少，到 12km 以上就几乎绝迹了。这就是为什么绝大多数天气现象（如云、雾、雪、雹等）总发生在大气低层的原因。

2. 随纬度和季节的变化

大气与地表面关系最为密切的圈层是大气圈的最底层——对流层。由于地表面的受热不均，使该层空气产生了强烈的对流运动。又因不同纬度、不同季节对流作用的强弱不同，使对流层大气厚度随纬度和季节的不同存在着明显的变化：低纬厚、高纬薄；夏季厚、冬季薄。据观测，对流层的平均厚度在低纬度地区为 17～18km，中纬度地区为 10～12km，高纬度地区为 8～9km。

大气中的许多成分，随着时间和空间的改变，其浓度也会发生明显的变化。其中，二氧化碳、臭氧以及水汽等的含量虽然极少，但随着纬度和季节的改变，它们的含量变化十分显著，对大气温度的分布及人类的影响较大。其中以水汽和臭氧最为重要。

（1）水汽。大气中的水汽含量，不但有垂直分布的变化，而且还因纬度、地势高低以及海陆的不同存在显著差异。随着时间和地点的不同，其容积可在 0～4%之间变化。纬度越高，大气中水汽含量越少，在寒冷干燥的陆面上其含量几乎接近于零，而在温度较高的洋面（如赤道洋面）上空，其含量按容积可达 4%。水汽含量的变化与温度密切相关，一般来说，气温越高，则大气从地面获得的水汽越多。夏季和低纬度地区，大气中水汽含量多（热带沙漠地区除外），而冬季及高纬度地区水汽含量少。

（2）臭氧。大气臭氧的分布随纬度和季节的不同而异：对纬度而言，臭氧总量的极小值在赤道附近，极大值在南、北纬 60°附近；就季节而言，春季出现极大值，秋季出现极小值。

（3）二氧化碳。底层大气中 CO_2 的含量略因时间和空间的不同而不同。大致来说，夏季较少，冬季较多；城市较多，农村较少。在人口稠密的大工业城市或工业区，其含量明显增高，可占空气体积的 0.05%～0.07%；在人口稀少的地区及海洋上，其含量大为减少。就纬度分布而言，平均来说，赤道地区最大，极地最小。

（三）大气圈的构成

由于地球引力的作用，大气密度随高度的增加逐渐减小。大气质点主要集中在大气圈低层，大约有 50% 的大气总质量（5.3×10^{15}）集中在距离地面 5 500m 以下的气层内，在离地面 36～1 000 km 的气层中，只占了大气总质量的 1%。地表层大气的平均密度为 1.2kg/m³，到 5 000m 附近已减小为 0.7kg/m³，接近于人类生活的极限，这是高山上人口稀少的最主要原因之一。

大气的各种成分是随高度的变化而变化的。在着重考虑大气的组成物质时，把以 25km 为中心臭氧含量多的气层称为臭氧层，把大约 70km 以上离子浓度开始增大的气层称为电离层。

从地面到高空，不仅大气的密度、成分不同，大气的温度也存在着明显的变化。可以这么认为：地球大气在垂直方向上形成三个相对的暖层和两个相对的冷层。三个相对的暖层分别出现在近地面层、50～60km 高度以及 120km 以上的气层，其间被两个冷层隔开，这两个冷层分别出现在 10～30km 和 80km 左右的高度上。

世界气象组织（WMO）根据气温从地面到高空垂直方向的分布，将整个大气分成对流层、平流层以及高空的中间层、暖层和散逸层五个圈层。

（1）对流层。大气的最底层称为对流层，它的底界是地面。对流层是受地面影响最大、最直接的圈层，同时它也是对地表影响最直接、对人类生产生活影响最为强烈的圈层。云、雾、雨、雪等主要的天气现象都出现在此层。

对流层受地表的影响最大，主要表现在两个方面：①可以直接从地表获得物质，增加了对流层大气的物质，并使对流层物质组成发生了改变，最为明显的就是大气中污染物质及气溶胶物质的产生；②可以从地表获得热量，影响对流层大气的水平和垂直温度分布。这是因为对流层大气主要靠吸收地面长波辐射增热，地面温度越高，空气吸收的地面长波辐射热越多，温度就越高。这就是低纬地区温度高而高纬地区温度低、且温度随高度的升高而逐渐降低的原因。同时，由于大气吸热的不均，常造成地表温度高地区的大气垂直上升运动显著，而温度低的地区则以下沉运动为主，即产生了大气的强烈对流运动，使天气现象复杂多变。

反过来，对流层大气对地表的自然环境以及人类活动也产生着深刻的影响。对流层大气的垂直运动（如对流、湍流运动）和水平运动（如风），可以将地表面不同地区的热量和水分在全球范围内进行重新分配，对地表形态（尤其风蚀地貌、流水地貌）的形成、植被的生长、河川的径流、土壤的形成等都具有直接的作用。地球上的人类及绝大多数生物都生活在对流层大气中，对流层大气环境的质量直接影响着生物的生存及人类的生产和生活。对流层有以下三个主要特征：

1）一般情况下，气温随高度升高而降低。对流层大气主要靠吸收地面长波辐射增热，愈近地面，空气吸收地面长波辐射热愈多，温度愈高。温度随高度的升高逐渐降低，降低的幅度为平均高度每升高 100m 气温降低 0.65℃，称为气温直减率，也叫气温垂直梯度，通常用 Y 表示：

$$Y=0.65℃/100m$$

2）空气的对流运动显著。由于对流层距离地面最近，受地表面热力作用影响，对流层大气产生了强烈的对流运动。又由于地表面不同纬度、不同季节受热不均，因此对流作用的强弱随着纬度和季节的不同其厚度有明显的变化。

3）天气现象复杂多变。尽管对流层厚度只相当于整个大气层厚度的1%，但它集中了整个大气质量的3/4和几乎全部的水汽。水汽是天气变化的重要角色，随着空气的对流、湍流运动和气温的垂直变化，可产生一系列的物理过程，形成复杂的天气现象，大气中的天气现象主要发生在这一层次。

（2）平流层。从对流层顶以上到50～55km高度为平流层。平流层气温基本上不受地面影响，随着高度的升高，气温起初不变或微有上升；大约到30km以上时，因为O_3的存在及强烈的太阳辐射的作用，温度随高度的增加升高很快，并在50km高空形成一个暖层，在55km高度上，气温可达－3℃。平流层内气流平稳，以水平运动为主，垂直混合作用微弱，且水汽含量极少，几乎没有任何天气现象产生。稳定的气流以及极佳的透明度非常适合飞机的空中飞行。平流层大气几乎不受地面影响，但平流层的大气活动对地面的影响却不容忽视。

（3）中间层。自平流层顶到80～85km高度为中间层。该层的特点是气温随高度的升高而迅速下降，并有相当强烈的垂直运动，故又称高空对流层。其顶部气温可降到－113℃～－83℃。

（4）暖层。自中间层顶到800km高空为暖层，又称热层。该层中的大气物质（主要是氧原子）能强烈吸收波长小于0.175μm的太阳紫外线辐射，因此气温随高度增加而迅速升高。暖层的大气密度很小，且处于高度电离状态，因此该层又称为电离层。电离层能够反射无线电波，对远距离无线电通讯具有特别重要的意义。

（5）散逸层。暖层以上的最高层大气称为散逸层，又称外层。这层大气十分稀薄，但因远离地面，受地心引力小，运动速度极快，经常有大气质点散逸到星际空间，因此称为散逸层。该层气温随高度增加很少变化。

除此之外，还有两个特殊层，即臭氧层和电离层。臭氧层距地面 20～30km，实际介于对流层和平流层之间。这一层主要是由于氧分子受太阳光的紫外线的光化作用造成的，使氧分子变成了臭氧。电离层很厚，大约距地球表面 80km 以上。电离层是高空中的气体被太阳光的紫外线照射，由带电荷的正离子和负离子及部分自由电子形成的。电离层对电磁波影响很大，我们可以利用电磁短波能被电离层反射回地面的特点，来实现电磁波的远距离通讯。

二、大气圈与生物的关系

大气圈是生物免受来自太阳的有害辐射的不可缺少的保护层，而且大气中的许多气体满足了生物圈中动植物维持生命的需要。同时，大气本身的运动、大气中物质和能量的传输，还直接导致了气象要素（气温、降水等）的不同组合和时空变化，直接影响了地球气候的形成和分异。

大气圈与地球上的一切生命息息相关。现代地球大气是距今 3.5 亿年前，当大量植物在陆地上出现时，逐渐演变而成的二次大气。大气成分在地气辐射收支中起着重要作用，大气成分的变化是引起地球系统 10～100 年时间尺度的全球变化的重要起因。

生物圈（biosphere）是地球表层中的全部生物和适于生物生存的范围，它包括岩石圈上层、水圈的全部和大气圈下层。岩石圈包括土壤，是陆生生物生存的基底。大多数生物生存于土壤上层几十厘米内，植物根系可伸得较深。限制生命向深层分布的主要因素为缺光、缺氧。石油细菌可生存在地下 2 500～3 000m 深处。水圈中几乎到处有生物，但水体表层和底层生物较多。限制生物分布于深海的主要因素是缺光、缺氧和随深度而增加的压力。但在大洋 11 000m 以下仍有深海生物。大气圈厚度有 1 000km 以上，接近地面的对流层是发生天气现象的场所，也是直接构成生物的气体环境。大多数鸟类只能在 1 000km 以下的空中活动，极少数能飞到 5 000m 以上的空中。限制生物向高空分布的主要因素是缺氧、缺水、低温和低气压。有些昆虫可能被大气环流带到 22 000m 高的平流层中，但万米以上的空中不能为生物提供长期生活条件，故此空间称为“副生物圈”。生物圈是一个不断进行物质循环和能量流动，并具有一定调节功能的动态平衡的系统。人类对生物圈的主要影响有：温室效应、破坏大气臭氧层、酸雨和排放有毒物质造成环境污染。

生物群落与它的无机环境相互作用而形成的统一整体，叫做生态系统。

第二节　大气污染及其危害

一、大气污染

按照国际标准化组织（ISO）的定义：“大气污染通常是指由于人类活动或自然过程引起某些物质进入大气中，呈现出足够的浓度，达到足够的时间，并因此危害了人体的舒适、健康和福利或环境污染的现象。”凡是能使空气质量变差的物质都是大气污染物。大气污染物目前已知的有 100 多种。有自然因素（如森林火灾、火山爆发等）和人为因素（如工业废气、生活燃煤、汽车尾气等）两种，并且以后者为主要因素，尤其是工业生产和交通运输所造成的。主要过程由污染源排放、大气传播、人与物受害这三个环节所构成。影响大气污染范围和强度的因素有污染物的性质（物理的和化学的）、污染源的性质（源强、源高、源内温度、排气速率等）、气象条件（风向、风速、温度层结等）、地表性质（地形起伏、粗糙度、地面覆盖物等)。防治方法很多，根本途径是改革生产工艺，综合利用，将污染物消灭在生产过程之中。另外，要全面规划，合理布局，减少居民稠密区的污染；在高污染区限制交通流量；选择合适厂址，设计恰当烟囱高度，减少地面污染；在最不利气象条件下，采取措施，控制污染物的排放量。大气污染，按其存在状态可分为两大类。一种是气溶胶状态污染物，另一种是气体状态污染物。气溶胶状态污染物主要有粉尘、烟液滴、雾、降尘、飘尘、悬浮物等。气体状态污染物主要有以二氧化硫为主的硫氧化合物，以二氧化氮为主的氮氧化合物，以二氧化碳为主的碳氧化合物以及碳、氢结合的碳氢化合物。大气中不仅含无机污染物，而且含有机污染物。随着人类不断开发新的物质，大气污染物的种类和数量也在不断变化着，就连南极和北极的动物也受到了大气污染的影响。

二、形成条件

大气中有害物质的浓度越高，污染就越重，危害也就越大。污染物在大气中的浓度，除了取决于排放的总量外，还同排放源高度、气象和地形等因素有关。污染物一进入大气，就会稀释扩散。风越大，大气湍流越强，大气越不稳定，污染物的稀释扩散就越快；相反，污染物的稀释扩散就慢。在后一种情况下，特别是在出现逆温层时，污染物往往可积聚到很高浓度，造成严重的大气污染。降水虽可对大气起净化作用，但因污染物随雨雪降落，大气污染会转变为水体污染和土壤污染。

地形或地面状况复杂的地区，会形成局部地区的热力环流，如山区的山谷风、滨海地区的海陆风，以及城市的热岛效应等，都会对该地区的大气污染状况产生影响。

烟气运行时，碰到高的丘陵和山地，在迎风面会发生下沉作用，引起附近地区的污染。烟气如越过丘陵，在背风面出现涡流，污染物聚集，也会形成严重污染。在山间谷地和盆地地区，烟气不易扩散，常在谷地和坡地上回旋。特别是在背风坡，气流作螺旋运动，污染物最易聚集，浓度就更高。夜间，由于谷底平静，冷空气下沉，暖空气上升，易出现逆温，整个谷地在逆温层覆盖下烟云弥漫，经久不散，易形成严重污染。

位于沿海和沿湖的城市，白天烟气随着海风和湖风运行，在陆地上易形成“污染带”。

早期的大气污染，一般发生在城市、工业区等局部地区，在一个较短的时间内大气中污染物浓度显著增高，使人或动、植物受到伤害。20世纪60年代以来，一些国家采取了控制措施，减少污染物排放或采用高烟囱使污染物扩散，大气的污染情况有所减轻。

高烟囱排放虽可降低污染物的近地面浓度，但是把污染物扩散到更大的区域，从而造成远离污染源的广大区域的大气污染。大气层核试验的放射性降落物和火山喷发的火山灰可广泛分布在大气层中，造成全球性的大气污染。

三、大气污染的危害

人类体验到的大气污染的危害，最初主要体现在对人体健康的危害，随后逐步发现了对工农业生产的各种危害以及对天气和气候产生的不良影响。人们对大气污染物造成危害的机理、分布和规模等问题的深入研究，为控制和防治大气污染提供了必要的依据。

1. 对人体健康的危害

大气污染后，由于污染物质的来源、性质、浓度和持续时间的不同，污染地区的气象条件、地理环境等因素的差别，甚至人的年龄、健康状况的不同，对人均会产生不同程度的危害。

大气污染对人体的影响，首先是感觉上不舒服，随后生理上出现可逆性反应，再进一步就出现急性危害症状。大气污染对人的危害大致可分为急性中毒、慢性中毒、致癌三种。

（1）急性中毒。某些特殊条件下，如工厂在生产过程中出现特殊事故，大量有害气体泄露外排，外界气象条件突变等，便会引起人群的急性中毒。如印度帕博尔农药厂甲基异氰酸酯泄露，直接危害人体，造成了 2 500 人丧生，十多万人受害。

（2）慢性中毒。大气污染对人体健康有慢性毒害作用，主要表现为污染物质在低浓度、长时间连续作用于人体后，出现的患病率升高等现象。近年来我国城市居民肺癌发病率很高，其中最高的是上海市，城市居民呼吸系统疾病明显高于郊区。

（3）致癌。这是长期影响的结果，由于污染物长时间作用于肌体，损害体内遗传物质，引起突变，如果生殖细胞发生突变，使后代肌体出现各种异常，称致畸作用；如果引起生物体细胞遗传物质和遗传信息发生突然改变作用，又称致突变作用；如果诱发成肿瘤的作用，称致癌作用。这里所指的“癌”包括良性肿瘤和恶性肿瘤。环境中致癌物可分为化学性致癌物、物理性致癌物、生物性致癌物等。致癌作用过程相当复杂，一般有引发阶段、促长阶段。能诱发肿瘤的因素统称致癌因素。由于长期接触环境中致癌因素而引起的肿瘤，称环境瘤。

主要大气污染物及危害：

（1）煤烟。引起支气管炎等。如果煤烟中附有各种工业粉尘（如金属颗粒），则可引起相应的尘肺等疾病。

（2）硫酸烟雾。对皮肤、眼结膜、鼻粘膜、咽喉等均有强烈刺激和损害。严重患者如并发胃穿孔、声带水肿、狭窄、心力衰竭或胃脏刺激症状，均有生命危险。

（3）铅。略超大气污染允许浓度以上时，可造成血红素的合成障碍引起贫血等中毒症状，高浓度时可引起强烈的急性中毒症状。

（4）二氧化硫。浓度为$(1\sim5)\times10^{-6}$时可闻到臭味，5×10^{-6}常吸入可引起心悸、呼吸困难等心肺疾病。重者可引起反射性声带痉挛、喉头水肿以致窒息。

（5）氧化氮。主要指一氧化氮和二氧化氮，中毒的特征是对深部呼吸道的作用，重者可致肺坏疽；对黏膜、神经系统以及造血系统均有损害，吸入高浓度氧化氮时可出现窒息现象。

(6) 一氧化碳。对血液中的血色素亲和能力比氧大210倍，能引起严重缺氧症状即煤气中毒。约100×10^{-6}时就可使人感到头痛和疲劳。

(7) 臭氧。其影响较复杂，轻者表现为肺活量减小，重者表现为支气管炎等。

(8) 硫化氢。浓度为100×10^{-6}，吸入2～15min可使人嗅觉疲劳，高浓度时可引起呼吸麻痹而死亡。

(9) 氰化物。轻度中毒有黏膜刺激症状，重者可使意识逐渐丧失，强直性痉挛，血压下降，迅速发生呼吸障碍而死亡。氰化物中毒后遗症为头痛、失语症、癫痫发作等。氰化物蒸汽可引起急性结膜充血、气喘等。

(10) 氟化物。可由呼吸道、胃肠道或皮肤侵入人体，主要使骨骼、造血、神经系统、牙齿以及皮肤黏膜等受到侵害。重者或因呼吸麻痹、虚脱等而死亡。

(11) 氯气。主要通过呼吸道和皮肤黏膜对人体产生中毒作用。当空气中氯气的浓度达0.04～0.06mg/L时，30～60min即可致严重中毒，如空气中氯气的浓度达3mg/L时，则可引起肺内化学性烧伤而迅速死亡。

2. 对工农业生产的危害

大气污染对工农业生产的危害十分严重，这些危害可影响经济发展，造成大量人力、物力和财力的损失。大气污染物对工业的危害主要有两种：一是大气中的酸性污染物和二氧化硫、二氧化氮等对工业材料、设备和建筑设施的腐蚀；二是飘尘增多给精密仪器、设备的生产、安装调试和使用带来的不利影响。大气污染对工业生产的危害，从经济角度来看就是增加了生产的费用，提高了成本，缩短了产品的使用寿命。

大气污染对农业生产也造成很大危害。酸雨可以直接影响植物的正常生长，又可以通过渗入土壤及进入水体引起土壤和水体酸化、有毒成分溶出，从而对动植物和水生生物产生毒害。严重的酸雨会使森林衰亡和鱼类绝迹。

3. 对大气和气候的影响

大气污染还会影响天气和气候。颗粒物使大气能见度降低，减少到达地面的太阳光辐射量。尤其是在大工业城市中，在烟雾不散的情况下，日光比正常情况减少40%。高层大气中的氮氧化物、碳氢化合物和氟氯烃类等污染物使臭氧大量分解，引发的“臭氧洞”问题成为全球关注的焦点。

从工厂、发电站、汽车、家庭小煤炉中排放到大气中的颗粒物，大多具有水汽凝结核或冻结核的作用。这些微粒能吸附大气中的水汽使之凝成水滴或冰晶，从而改变了该地区原有降水（雨、雪）的情况。人们发现在离大工业城市不远的下风向地区，降水量比四周其他地区要多，这就是所谓的“拉波特效应”。如果微粒中央夹带着酸性污染物，那么，在下风地区就可能受到酸雨的侵袭。

大气污染除对天气产生不良影响外，对全球气候的影响也逐渐引起人们关注。由大气中二氧化碳浓度升高引发的温室效应，是对全球气候的最主要影响。地球气候变暖会给人类的生态环境带来许多不利影响，人类必须充分认识到这一点。

4. 生态影响

河流干涸、森林减少、动物灭绝、臭氧层破坏、温室效应等就是由大气污染衍生出的环境效应。这种由环境污染衍生的环境效应具有滞后性，往往在污染发生的当时不易被察觉或预料，然而一旦发生就表示环境污染已经发展到相当严重的地步。当然，环境污染的最直接、最容易被人所感受的后果是使人类环境的质量下降，影响人类的生活质量、身体健康和生产活动。例如城市的空气污染造成空气污浊，人们的发病率上升等；水污染使水环境质量恶化，饮用水源的质量普遍下降，威胁人们的身体健康，引起胎儿早产或畸形等。严重的污染事件不仅带来健康问题，也造成社会问题。随着污染的加剧和人们环境意识的提高，由于污染引起的人群纠纷和冲突逐年增加。目前在全球范围内都不同程度地出现了环境污染问题，具有全球影响的有大气环境污染、海洋污染、城市环境问题等。随着经济和贸易的全球化，环境污染也日益呈现国际化趋势，近年来出现的危险废物越境转移问题就是这方面的突出表现。地球的破坏给人类带来不利影响的表现有：生态环境形势十分严峻，一是水土流失严重，土地沙化速度加快，森林生态功能衰退，草地资源退化，水生态环境系统仍在恶化；二是农业和农村水环境污染严重，食品安全问题日益突出；三是有害外来物种入侵，生物多样性锐减，遗传资源丧失，生物资源破坏形势不容乐观；四是由于我国人口规模庞大，人口自然增长率较高，导致关系到国计民生的重要资源人均占有量不断下降，资源危机显现；五是生态功能继续衰退，生态安全受到威胁，工业固体废物产生量急剧增加，大气污染排放总量仍处于较高水平，全球变暖，臭氧层破坏等。生态环境现状不仅给生态环境带来了巨大的破坏力，而且制约了经济和社会的协调发展，减缓了社会发展进程。首先，生态环境的巨大破坏给我们造成了巨大的经济损失。就拿每年所发生的洪涝灾害来说，一场灾难过后，成千上万的人永远离开了我们，大批的人无家可归，不计其数的美好家园遭到破坏，无数的良田被洪水淹没，再加上因道路毁坏所造成的交通中断等，仔细估算一下，是不是在经济上蒙受了巨大的损失呢？其次，废水、废气、废渣等废弃物的任意排放，导致大气、河流、土地遭到污染，生态环境遭到严重破坏，同时也严重地损害了广大人民群众的身心健康。第三，由于植被遭到严重破坏致使水土流失严重，土地沙漠化越来越严重，这样迫使许多农民远走他乡，而大部分又没有固定的栖身之地，这加重了社会不安定因素。其实，由于环境遭到破坏所带来的恶果还很多。环境污染可以是人类活动的结果，也可以是自然活动的结果，或是这两类活动共同作用的结果。如火山喷发，往大气中排放大量的粉尘和二氧化硫等有害气体，同样也造成大气环境的污染。但通常情况下，环境污染更多地是由人类活动，特别是社会经济活动引起的。我们平常所指的就是这类源于人类活动的环境污染。人类活动之所以会造成环境污染，是因为人类跟其他生物有一个根本差别：人类除了进行自身的生产外，还进行更大规模的物质生产，而后者是其他所有生物都没有的。由于这一点，人类活动的强度远远大于其他生物。例如，对生态系统中水的利用，其他生物仅取用满足其生存要求的量，而人类对水的利用则不知道要比其他生物多多少倍，多到有的局部生态系统所有的水都不够用。

四、大气污染案例

1999 年 11 月 19 日晨，特大环境污染事故在江苏省淮阴县果林场营西村发生。

早晨，营西村上空弥漫着一层淡黄色薄雾和一股刺鼻的气味。这股雾气弥漫在该村学校的四周。7 点刚过，孩子们陆续觉得不舒服，先是一个学生呻吟起来，接着更多的学生呻吟起来。老师也同样不舒服，但坚持指挥学生往雾气少的地方跑。教室内外一片呻吟声，操场上有的孩子半蹲在地上欲呕吐；有的学生咳嗽，有的扶着栏杆头昏眼花、乏力，连腿也迈不动；还有的根本不能站立，倒在地上打滚，喊“肚子疼”。下地去干活的村民也是一副痛不欲生的样子。不仅如此，昨天还是绿油油的庄稼、蔬菜，一夜之间全都卷起了边儿，像遭了霜打一般。

上午 9 点多，中毒学生已达 100 多人，教师 2 名，村民若干，土地受损 100 多亩。虽经极力抢救，但危害后果还在蔓延，消息很快上报到县委、市委、省委。省、市委领导作了专门批示，并传真到指挥现场，督促从快处理好中毒事件。县委领导接报后，火速赶往事发现场，参与协调有关救助事宜后，又赶往医院看望中毒人员。到案件侦破时为止，全案共造成 204 名学生、2 名教师及若干村民中毒；农田 127.9 亩受损，部分庄稼和作物绝收。

经当地环保部门监测认定，发出毒气的大铁罐为化工用氯气罐，所释放的刺激性气体为纯氯气。人畜闻后出现呕吐、咳嗽、乏力等中毒症状。

这起重案的肇事者是 3 名普通的唯利是图的个体废品收购者——淮阴县北吴集乡李葛村八组农民吴自柱、该县果林场营村 6 组个体户王启和姜翠兰。其违法收购的带有氯气的铁罐的氯气直接向空气中散发，导致“11·19”惨案发生。

该案造成的后果之严重，是该县建国以来首次，淮阴县人民检察院于 2000 年 4 月 27 日以吴自柱、王启、姜翠兰 3 人行为构成重大环境污染事故罪向同级人民法院提起公诉。法院受诉后于 2000 年 5 月 19 日及 2000 年 5 月 22 日两次公开开庭审理了本案。法庭上，公诉人与 3 名被告人及其辩护律师进行了一场激烈的唇枪舌战。庭审过程中，当公诉人讯问 3 名被告人为何这么做时，3 人均回答：还不是为了赚点钱。造成这么严重的后果，是他们始料不及的。

2000 年 6 月 12 日，江苏省淮阴县人民法院公开审理了吴自柱、王启、姜翠兰涉嫌重大环境污染事故罪一案，法庭作出下述一审判决：3 被告分别被判处有期徒刑 1 年 6 个月、有期徒刑 8 个月、有期徒刑 6 个月缓刑 1 年，并分别处罚金 2 000 元、1 000 元、1 000 元。

第三节　大气环境标准体系

为了保护人类健康、社会物质财富和维持生态平衡，对不同功能的大气环境含有有害物质或因素限值所作的统一规定，是环境标准体系的重要组成部分。根据大气污染防治法的规定，大气环境质量标准分为两级：一级是国家大气环境质量标准，一级是地方大气环境质量标准。

一、环境空气质量标准

《环境空气质量标准》最初是1982年制定的，经1996年修订和2000年发布的《环境空气质量标准》的修改单后，形成现在的9项污染物的空气质量标准。

（一）环境空气质量功能区的分类

环境空气质量功能区分为三类。一类区为自然保护区、风景名胜区和其他需要特殊保护的地区。二类区为城镇规划中确定的居住区、商业交通居民混合区、文化区、一般工业区和农村地区。三类区为特定工业区。

功能区的划分是根据不同功能对环境质量的不同要求，实现对不同保护对象进行分区保护而制定的。一类区以保护自然生态及公众福利为主要对象，二类及三类区以保护人体健康为主要对象。标准中制定的三类区是从当时国民经济技术能力考虑，有些污染严重的工业区，大气自净能力又较低的地区，短期内进行污染治理有一定的困难，允许这部分地区采用三类区的空气质量标准，但其标准限值也是接近或在环境基准阈值之内。随着国民经济技术能力的提高，目前各城市的环境空气质量功能区划分已经很少有三类区了。

（二）环境空气质量标准分级

标准分级是对应于不同环境空气质量功能区，为不同保护对象而建立的评价和管理环境空气质量的定量目标。环境空气质量标准共分为三级，一类区执行一级标准，二类区执行二级标准，三类区执行三级标准。

（三）常规污染物的浓度限值

《环境空气质量标准》中制定了九种污染物在不同取值时间情况下的各级别的浓度限值，其中包括二氧化硫（SO_2），总悬浮颗粒物（TSP）、可吸入颗粒物（PM_{10}）、二氧化氮（NO_2）、一氧化碳（CO）、臭氧（O_3）、铅（Pb）、苯并［a］芘（B［a］P）、氟化物（F）。TSP是指能悬浮在空气中，空气动力学当量直径不大于100μm的颗粒物；PM_{10}是指悬浮在空气中，空气动力学当量直径不大于10μm的颗粒物；Pb是指存在于总悬浮颗粒物中的铅及其化合物；B［a］P是指存在于可吸入颗粒物中的苯并［a］芘；氟化物是指以气态及颗粒态形式存在的无机氟化物。

在2000年国家环保总局又颁布了“关于发布《环境空气质量标准》（GB3095—1996）修改单的通知”，考虑到与国外大部分国家制定的环境空气质量标准一致性，修改单中取消了氮氧化物（NO_x）指标；二氧化氮（NO_2）的二级标准的年平均浓度限值由0.04mg/m^3改为0.08mg/m^3，日平均浓度限值由0.08mg/m^3改为0.12mg/m^3，小时平均浓度限值由0.12mg/m^3改为0.16mg/m^3，二级标准的小时平均浓度限值由0.16mg/m^3改为0.20mg/m^3。

二氧化碳、总悬浮颗粒物、可吸入颗粒物、二氧化氮、一氮化碳、臭氧是我国的主要常见污染物，主要来源于燃煤的排放和机动车的排放。

人为活动产生的臭氧主要是由交通运输、石油化工、燃煤电厂以及冶炼、化肥、农药、垃圾焚烧、溶剂蒸发等排向大气的挥发性碳化合物及氮氧化物，经一系列光化学反应产生的。其他如电弧焊接、高压静电、紫外灯等设备的使用，也会造成局部臭氧浓度的升高。

环境空气中铅及其化合物主要是一种无机颗粒物或有机气体，大气中的铅来自含铅汽油的分解，含铅矿石的采矿、熔炼，铅的二次熔炼，含铅化合物及物品的精炼加工，以及废物焚烧。

苯并芘是多环芳烃中的一种致癌活性最强的化合物，人为活动产生的苯并芘主要是由矿物燃烧、机动车排放尾气及其他废物焚烧等产生的。

人为活动产生的氟化物主要是由含氟矿石及其以燃煤为能源的工业过程产生的。包括铝厂、钢厂、磷肥厂、陶瓷厂、硅厂、玻璃厂及石油加工工业等产生的氟化物。

一个地区的大气环境质量是否符合所适用的大气环境质量标准是表明该地区大气是否已被污染的根据。通常所说的一个地区的"大气已被污染"，就是指该地区的大气环境质量已经达不到国家规定的大气环境质量标准。

大气污染防治法规定，国家大气环境质量标准由国务院环境保护行政主管部门制定。而地方大气环境质量标准的制定应根据以下原则，即省、自治区、直辖市人民政府只能对国家大气环境质量标准中未作规定的项目制定地方大气环境质量标准；对国家大气环境质量标准中已作规定的项目，不能再制定地方标准。此外，地方大气环境质量标准还应当报国务院环境保护行政主管部门备案。

1. 大气污染物综合排放标准

在我国现有的国家大气污染物排放标准体系中，按照综合性排放标准与行业性排放标准不交叉执行的原则，有专项排放标准的就执行相应的专项排放标准，其他大气污染排放执行本标准。例如：有专项锅炉标准的锅炉执行《锅炉大气污染物排放标准》（GB 13271—2001），火电厂执行《火电厂大气污染物排放标准》（GB13233—2003），工业炉窑执行《工业炉窑大气污染物排放标准》（GB9078—1996）。

本标准适用于现有污染源大气污染物排放管理以及建设项目的环境影响评价、设计、环境保护设施竣工验收及其投产后的大气污染物排放管理。

2. 恶臭污染物排放标准

《恶臭污染物排放标准》(GB14554—93) 规定了本标准的适用范围、各功能区应执行的标准级别、恶臭污染物厂界标准限值、恶臭污染物排放标准值以及有关恶臭污染物监测技术与方法等。标准中规定了氨 (NH_3)、三甲胺 [$(CH_3)_3N$]、硫化氢 (H_2S)、甲硫醇 (CH_3SH)、甲硫醚 [$(CH_3)_2S$]、二甲二硫醚、二硫化碳、苯乙烯、臭气浓度等恶臭污染物的一次最大排放限值、复合恶臭物质的臭气浓度限值及无组织排放源的厂界浓度限值。

人为活动产生的恶臭污染物主要来源于石油及天然气的精炼工厂、石油化工厂、焦化厂、牛皮纸纸浆厂、缫丝厂、金属冶炼厂、水泥厂、胶合剂厂、化肥厂、食品厂、油脂厂、皮革厂、养猪场、养鸡场、污水处理厂、粪便无害化处理厂及柴油汽车等。

《恶臭污染物排放标准》适用于所有向大气排放恶臭气体的单位及垃圾堆放场的排放管理,以及建设项目的环境影响评价、设计、环境保护设施竣工验收及其投产后的大气污染物排放管理。

3. 工业炉窑大气污染物排放标准

《工业炉窑大气污染物排放标准》(GB9078—1996) 规定了本标准的适用范围、适用区域划分、分时段的 10 类 19 种工业炉窑烟(粉) 尘浓度、烟气黑度、6 种有害污染物的最高允许排放浓度(或排放限值) 和无组织排放烟 (粉) 尘的最高允许浓度、各种工业炉窑的二氧化硫、氟及其化合物、铅、汞、铍及其化合物、沥青油烟等有害污染物最高允许排放浓度以及有关烟囱高度和监测的规定等。

《工业炉窑大气污染物排放标准》适用于除炼焦炉、焚烧炉、水泥工业以外使用固体、液体、气体燃料和电加热的工业炉窑的管理,以及工业炉窑建设项目的环境影响评价、设计、竣工验收及其建成后的排放管理。

4. 锅炉大气污染物排放标准

《锅炉大气污染物排放标准》（GB13271—2001）规定了本标准的适用范围、适用区域划分及年限划分、分时段的锅炉烟尘最高允许排放浓度和烟气黑度限值、锅炉二氧化硫和氮氧化物最高允许排放浓度、燃煤锅炉烟尘初始排放浓度和烟气黑度限值以及有关烟囱高度和监测的规定等。

《锅炉大气污染物排放标准》（GB13271—2001）分年限规定了锅炉烟气中烟尘、二氧化硫和氮氧化物的最高允许排放浓度和烟气黑度的排放限值。适用于除煤粉发电锅炉和单台功率大于45.5MW（65t/h）发电锅炉以外的各种容量和用途的燃煤、燃油和燃气锅炉排放大气污染物的管理，以及建设项目环境影响评价、设计、竣工验收和建成后的排污管理。使用甘蔗渣、锯末、稻壳、树皮等燃料的锅炉，参照本标准中燃煤锅炉大气污染物最高允许排放浓度执行。

为消除日趋严重的大气污染，除抓紧对大气污染源治理，尽量减少以致消除某些大气污染物的排放之外，还应通过其他一系列措施做好对大气质量的管理工作，包括制定和贯彻执行环境保护方针政策，通过立法手段建立健全环境保护法规，加强环境保护管理等。制定大气环境标准是执行环境保护法规、实施大气环境管理的科学依据和手段。

二、大气环境标准的种类和作用

大气环境标准按其用途可分为：大气环境质量标准、大气污染物排放标准、大气污染控制技术标准及大气污染警报标准。按其适用范围可分为：国家标准、地方标准和行业标准。

1. 大气环境质量标准

大气环境质量标准是以保障人体健康和正常生活条件为主要目标，规定出大气环境中某些主要污染物的最高允许浓度。它是进行大气污染评价、制定大气污染防治规划和大气污染物排放标准的依据，是进行大气环境管理的依据。

2. 大气污染物排放标准

制定大气污染物排放标准应遵循的原则是，以大气环境质量标准为依据，综合考虑控制技术的可能性和地区的差异性。排放标准的制定方法大体上有两种：①按最佳适用技术确定的方法；②按污染物在大气中的扩散规律推算的方法。最佳实用技术是指在现阶段效果最好且经济合理的实际应用的污染物控制技术。按该技术确定污染物排放标准的方法，就是根据污染现状、最佳控制技术的效果和对现有控制得好的污染源进行损益分析来确定排放标准。这样确定的排放标准便于实施，便于监督，但有时不一定能满足大气环境质量标准，有时又可能显得过严。按污染物在大气中扩散规律推算排放标准的方法，是以大气环境质量标准为依据，应用污染物在大气中的扩散模式推算出不同烟囱高度时的污染物容许排放量或排放浓度，或者根据污染物排放量推算出最低烟囱高度。这样确定的排放标准，由于计算式的准确性和可靠性可能存在一定的问题，各地区的自然环境条件和污染源密集程度等并不相同，对不同地区可能偏严或偏宽。这是以实现大气环境质量标准为目标，对污染源排入大气的污染物容许含量作出限制，是控制大气污染物的排放量和进行净化装置设计的依据，同时也是环境管理部门的执法依据。大气污染物排放标准可分为国家标准、地方标准和行业标准。我国于1962年颁发工业企业设计卫生标准并于1979年修订的《工业企业设计卫生标准》（TJ36—79），规定了居住区大气中有害物质的最高容许浓度标准和车间空气中有害物质的最高容许浓度标准。居住区大气中有害物质的最高容许浓度的数值，是以居住区大气卫生学调查资料及动物实验研究资料为依据而制定的。鉴于居民中有老、幼、病、弱，且有昼夜接触有害物质的特点，故采用了较敏感的指标。这一标准是以保障居民不发生急性或慢性中毒，不引起黏膜的刺激，闻不到异常气味和不影响生活卫生条件为依据而制定的。这一标准在我国大气环境质量标准未制定出来之前，多年来起到替代大气环境质量标准的作用。

车间空气中有害物质最高允许浓度的数值，是以工矿企业现场卫生学调查、工人健康状况的观察以及动物实验研究资料为主要依据而制定的。最高容许浓度是指工人在该浓度下长期进行生产劳动，不致引起急性和慢性职业性危害的数值，在具有代表性的采样测定中均不应超过的数值。

3. 大气污染控制技术标准

这是大气污染物排放标准的一种辅助规定。它根据大气污染物排放标准的要求，结合了生产工艺特点、燃料及原料使用标准、净化装置选用标准、烟囱高度标准及卫生防护带标准等，都是为保证达到污染物排放标准而从某一方面作出的具体技术规定，目的是使生产、设计和管理人员易掌握和执行。

4. 大气污染警报标准

这是为大气环境污染不致恶化或根据大气污染发展趋势，预防发生污染事故而规定的污染物含量的极限值。超过这一极限值时就发出警报，以便采取必要的措施。警报标准的制定，主要建立在对人体健康的影响和生物承受限度的综合研究基础之上。

第四节　大气污染防治

大气是人类以至其他生物赖以生存和发展的基本环境要素。我国大气污染较为严重，主要大气污染物是粉尘、二氧化硫和氮氧化物，必须加以控制和防治。控制和防治的途径主要可分为三个方面：一是运用法律手段限制和控制污染物排放数量和扩散影响范围；二是运用技术手段治理排放的污染物或更新工艺流程，免除或减小污染物的排放；三是合理利用环境的自净作用，达到保护环境的目的。

一、严格实施大气污染防治法

1. 控制大气污染物排放总量

《中华人民共和国大气污染防治法》第十五条规定：国务院和省、自治区、直辖市人民政府对尚未达到规定的大气环境质量标准的区域和国务院批准划定的酸雨控制区、二氧化硫污染控制区，可以划定为主要大气污染物排放总量控制区。主要大气污染物排放总量控制的具体办法由国务院规定。

大气污染物总量控制区内有关地方人民政府依照国务院规定的条件和程序，按照公开、公平、公正的原则，核定企业事业单位的主要大气污染物排放总量，核发主要大气污染物排放许可证。

有大气污染物总量控制任务的企业事业单位，必须按照核定的主要大气污染物排放总量和许可证规定的排放条件排放污染物。

实行污染物排放总量控制，是进行大气污染防治的重要措施之一。国务院和省、自治区、直辖市人民政府对尚未达到规定的大气环境质量标准的区域和国务院批准划定的酸雨控制区、二氧化硫污染控制区，可以划定为主要大气污染物排放总量控制区。在大气污染物总量控制区内，有关的地方政府要按照公开、公平、公正的原则，本着有利于保护大气环境，遏制大气环境质量继续恶化的宗旨，核定本区域内排污单位的主要大气污染物排放总量。有关排污单位在向当地政府申请获得大气污染物排放许可证之后，方可按照核定的主要大气污染物排放总量和许可的排放条件排放污染物。

国务院环境保护行政主管部门会同国务院有关部门，根据气象、地形、土壤等自然条件，可以将已经产生、可能产生酸雨的地区或者其他二氧化硫污染严重的地区，经国务院批准后，划定为酸雨控制区或者二氧化硫污染控制区。《中华人民共和国大气污染防治法》规定了重点防治大气污染城市、酸雨控制区和二氧化硫控制区等大气环境质量控制区制度。

2. 防治燃煤产生大气污染

《中华人民共和国大气污染防治法》第二十四条至第三十一条，分别就防治燃煤产生的大气污染作了规定。这里突出强调以下几点：

(1) 推行煤炭洗选加工，推广洁净煤技术。国家推行煤炭洗选加工，降低煤的硫分和灰分，限制高硫分、高灰分煤炭的开采。新建的所采煤炭属于高硫分、高灰分的煤矿，必须建设配套的煤炭洗选设施，使煤炭中的含硫分、含灰分达到规定的标准。对已建成的所采煤炭属于高硫分、高灰分的煤矿，应当按照国务院批准的规划，限期建成配套的煤炭洗选设施。国家采取有利于煤炭清洁利用的经济、技术政策和措施，鼓励和支持使用低硫分、低灰分的优质煤炭，鼓励和支持洁净煤技术的开发和推广。

(2) 用清洁燃料替代直接燃用原煤。国务院有关部门和地方各级人民政府应当采取措施，改进城市能源结构，推广清洁能源的生产和使用。大气污染防治重点城市人民政府可以在本辖区内划定禁止销售、使用国务院环境保护行政主管部门规定的高污染燃料的区域。该区域内的单位和个人应当在当地人民政府规定的期限内停止燃用高污染燃料，改用天然气、液化石油气、电或者其他清洁能源。大、中城市人民政府应当制定规划，对饮食服务企业限期使用天然气、液化石油气、电或者其他清洁能源。对未划定为禁止使用高污染燃料区域的大、中城市市区内的其他民用炉灶，限期改用固硫型煤或者使用其他清洁能源。

(3) 鼓励采用先进技术。国务院有关主管部门应当根据国家规定的锅炉大气污染物排放标准，在锅炉产品质量标准中规定相应的要求；达不到规定要求的锅炉，不得制造、销售或者进口。国家鼓励企业采用先进的脱硫、除尘技术。企业应当对燃料燃烧过程中产生的氮氧化物采取控制措施。

3. 防治废气、粉尘和恶臭污染

《中华人民共和国大气污染防治法》第三十二条规定：机动车船向大气排放污染物不得超过规定的排放标准。任何单位和个人不得制造、销售或者进口污染物排放超过规定排放标准的机动车船。

《中华人民共和国大气污染防治法》第三十六条至第四十五条分别就防治废气、尘和恶臭污染作了规定。如向大气排放转炉气、电石气、电炉法黄磷尾气、有机烃类尾气的，须报经当地环境保护行政主管部门批准。

可燃性气体回收利用装置不能正常作业的，应当及时修复或者更新。在回收并利用装置不能正常作业期间确需排放可燃性气体的，应当将排放的可燃性气体充分燃烧或者采取其他减轻大气污染的措施。

炼制石油、生产合成氨、煤气和燃煤焦化、有色金属冶炼过程中排放含有硫化物气体的，应当配备脱硫装置或者采取其他脱硫措施。

在人口集中地区和其他依法需要特殊保护的区域内，禁止焚烧沥青、油毡、橡胶、塑料、皮革、垃圾以及其他产生有毒有害烟尘和恶臭气体的物质。

4. 建立大气环境质量状况公报、预报制度

《中华人民共和国大气污染防治法》第二十三条规定：大、中城市人民政府环境保护行政主管部门应当定期发布大气环境质量状况公报，并逐步开展大气环境质量预报工作。大气环境质量状况公报应当包括城市大气环境污染特征、主要污染物的种类及污染危害程度等。

二、控制大气污染的技术途径

1. 改革能源结构

（1）发展城市燃气。停止燃用高污染燃料，改用天然气、液化

石油气、电或者其他清洁能源。

(2) 采用清洁能源。开发利用太阳能、地热能、风能、水能、生物能、核能等较清洁的能源。

2. 集中供热

(1) 发展锅炉房集中供热。

(2) 利用工业余热实现集中供热。高炉炼钢、焦化、化工、熔炉等排放的废水都有大量的余热，利用这些余热实现集中供热，具有投资小、见效快等特点。

3. 燃料的预处理

燃煤经过洗选、筛分、成型和添加脱硫剂等加工处理，不仅可以降低含硫量，减少二氧化硫的排放量，而且具有明显的经济效益。

4. 改革工艺设备，改善燃烧过程

改造锅炉，改变燃烧方式，提高燃烧效率，是十分有效的技术措施。

5. 发展大气污染的治理技术

(1) 除尘技术。大气粉尘污染治理技术通常被称为除尘技术。依据除尘机理、方法和设备，可将其分为以下四类：

1) 机械式除尘，如旋风除尘器。它是利用重力、惯性、离心力等作用将粉尘从气流中分离出来，达到净化的目的。这种除尘技术具有设备结构简单、投资少、能耗低等特点，除尘效率一般为40%～90%。

2) 管式电除尘器，它是利用含尘气体通过高压电场，使尘粒带电，并在电场作用下使尘粒从含尘气体中分离出来。这种除尘技术具有适用范围广（包括温度、压力范围宽）、除尘效率高等特点，但设备造价偏高，钢材消耗较大。

3) 湿式除尘，利用水形成液膜、液网或液滴，从废气中捕集粉尘及其他气态污染物。这种除尘技术的特点是：既可除粉尘，又可除其他某些污染物，除尘效率较高，并可处理高温废气和粘性粉尘。不足之处是能耗较大，废液需处理。

4）过滤式除尘，它是利用多孔过滤介质分离捕集气体中的粉尘的方法。这种方法应用很广，但不耐高温，不适合含油、含水和粘结性的粉尘。

（2）净化技术。常用气体净化方法有吸收法、吸附法、催化法、燃烧法、生化法等。现以氮氧化物、二氧化硫为例作进一步阐述。

1）烟气中氮氧化物的净化

①非选择性催化还原法。含有氮氧化物的气体，在一定的温度和催化剂的作用下，与还原剂（如氢、一氧化碳等）发生反应，其中氮氧化物被还原成非污染性的氮气，同时，还原剂与气体中的氧反应生成水和二氧化碳。

②选择性催化还原法。本法通常采用氨为选择性催化还原剂，在贵金属催化剂的作用下，将废气中的氮氧化物还原成氮气。

③液体吸收法。利用水或酸、碱、盐的水溶液来吸收废气中的氮氧化物，使废气得以净化。由于吸收剂的种类较多、来源广、适应性强，可因地制宜和综合利用，因此，广为中小型企业所采用。

④ 吸附法。这种净化法既能较彻底地消除氮氧化物污染，又可回收有用物质。但存在吸附剂再生的困难，有待研究克服。

2）烟气中二氧化硫的净化。目前能用于工业生产的烟气脱硫的方法有十多种，大致可分为干法脱硫和湿法脱硫两大类。干法脱硫是使用粒状及粉状吸收剂、吸附剂或催化剂去除烟气中的二氧化硫。其优点是不产生废水、废酸，减少了二次污染。缺点是脱硫效率较低。湿法脱硫是采用液体吸收剂（如水或碱溶液）洗涤烟气中的二氧化硫或采用催化氧化法使其成为可利用的硫酸盐。其优点是脱硫效率较高，获得的副产品可利用。因此，湿法脱硫是受重视的方法。下面简要介绍几种常用烟气脱硫技术。

①氨法。利用氨水洗涤吸收烟气中的二氧化硫，其中间产物为亚硫酸铵和亚硫酸氢铵。再经空气氧化、浓缩、结晶等过程，即可回收硫铵。

氨法工艺成熟，流程设备简单，操作方便，副产品有较高的利用价值，但氨易挥发而污染空气，在缺氨的地方不便采用。

②石灰或石灰石法。采用石灰或石灰石等作为脱硫吸收剂脱除烟气中的二氧化硫，可采用干法，也可采用湿法。湿法是将石灰或石灰石制成浆液，洗涤含二氧化硫废气，生成硫酸钙，呈炉碴形式排出，可利用。其缺点是易结垢堵塞装置。

③双碱法。为克服石灰或石灰石法易结垢堵塞装置的缺点，发展出双碱法。它是先用可溶性的碱性清液作为吸收剂，吸收二氧化硫，然后再用石灰乳或石灰对吸收液进行再生，由于在吸收和吸收液处理中使用了不同类型的碱，故称为双碱法。其优点是克服了堵塞问题，且副产品石膏可利用。

三、利用环境的自净作用

环境对大气污染物有一定的自净能力，合理利用环境的自净作用是大气污染防治的一项重要内容。对经济和技术相对落后的发展中国家尤为重要。

（1）合理工业布局，搞好城镇功能分区。工业布局和是否合理与大气污染的形成关系极为密切。应结合城镇规划，全面考虑工业的合理布局。工业区一般应配置在城市的边缘或郊区，工厂不宜过于集中。在选择厂址时，充分考虑地形、气象等环境条件，要有利于污染物的扩散、稀释，位置应当在当地最大频率风向的下风侧，使得废气吹向居住区的次数最少。居住区不得修建有害工业企业。

（2）选择有利于污染物扩散的排放方式。废气排放方式不同，其扩散效果也不一样。一般来说，地面污染物浓度与烟囱高度的平方成反比。提高烟囱高度有利于减轻地面污染。

(3) 发展绿色植物，加强环境绿化。绿色植物除美化环境外，还具有调节气候，阻挡、滤除和吸附灰尘，吸收大气中的有害气体等功能，可以在大面积的范围内长时间、连续地净化大气。

思考与练习

1. 简述大气圈的构成。
2. 简述大气污染与形成条件。
3. 臭氧层为什么会出现空洞？
4. 简述大气污染的危害。
5. 环境空气质量功能区分为哪几类？
6. 环境空气质量标准分哪几级？
7. 《环境空气质量标准》中制定的常见污染物有哪几类？
8. 简述《大气污染物综合排放标准》的适用范围。
9. 我国主要大气污染物有哪些？大气污染物排放总量控制区是怎样划分的？
10. 简述大气污染防治的基本途径。

第三章　地表水污染及其防治

水是人类宝贵的自然资源，是生命的源泉，是人类赖以生存和发展不可缺少的最重要的物质资源之一。可以说水是“万物之本”，人的生命一刻也离不开水，水是人生命需要最主要的物质。

第一节　地球表面水的分布

地球上的水分布在海洋、湖泊、沼泽、河流、冰川、雪地以及大气、生物体、土壤和岩土层中。其中地球表面大部分为蓝色的海洋所覆盖，海洋面积约占地球总表面积的70%以上，如果全部铺在地球表面上，水层厚度可达到约3 800m，因此海洋可以看作一个浩瀚的“水库”。地球上的水约有97%储存在这里，其余3%左右的水则分别存在于大气、地球表面和地表以下的地壳中。

地球水的总量约为13.86亿km^3，但是分布很不均衡（表3-1、表3-2），其中海水占96.5%，淡水为0.35亿km^3，占总水量的2.35%。由于开发困难或技术、经济的限制，到目前为止，海水、深层地下淡水、冰雪固态淡水、盐湖水等很少被直接利用。比较容易开发利用的，与人类生活和生产关系密切的淡水储量为400多万立方千米，仅占淡水的11%，总水量的0.3%，这部分淡水在陆地上的分布也不是很均匀。

我国地表水径流总量约2.8万亿m^3，地下水资源约8 000亿m^3，冰川年平均融水量约500亿m^3，近海海水约500万km^3。我国目前可供利用的水资源量每年约有11000亿m^3，平均每人占有

表 3-1　地球上的水量分布

水的种类	水量（km^3）	比率（%）
海水	1 338 000 000	96.5
地上水	23 716 000	1.71
冰雪水	24 064 100	1.74
湖泊水	176 400	0.013
沼泽水	11 470	0.000 8
河水	2 120	0.000 2
大气水	12 900	0.001
生物水	1 120	0.000 1
总计	1 385 984 610	100

表 3-2　全世界淡水储量

水的种类	水量（km^3）	比率（%）
地下水	10 846 500	30.96
冰雪水	24 064 100	68.70
湖泊水	91 000	0.260
沼泽水	11 470	0.033
河水	2 210	0.006
大气水	12 900	0.037
生物水	1 120	0.003 2
总计	35 029 210	100

地表水资源约 2 700m^3，居世界第 88 位，仅为世界人均占有量的 1/4。每亩土地占有地表水 1 755m^3，只相当于世界平均水平的 1/2。总的说来，我国淡水资源并不丰富，处于缺水状态，而且水资源的时空分布非常不均衡，东南多，西北少，耕地面积只占全国

33%的长江流域和长江以南地区，水资源占全国的70%。我国许多地方缺水或严重缺水，水污染比较严重。另一方面，由于人口的剧增，工农业生产的迅速发展，我国和西方国家一样也面临水质下降、水源不足的威胁。因此，控制水体污染，保护水资源已成为刻不容缓的任务。

第二节　水体污染及其危害

一、概述

水体污染可简称为水污染，是指由于人类活动排放的污染物进入河流、湖泊、海洋或地下水等水体，使水体中水的物理、化学性质或生物群落组成发生变化，从而降低了水体的使用价值。向水体中排放污染物的场所、设备、装置和途径称为水的污染源。

水污染源分类方法较多。按造成水体污染的原因可分为天然污染源和人为污染源；按污染源释放的有害物种类可分为物理性（如热和放射性物质）污染源、化学性（无机物和有机物）污染源、生物性（如细菌、病毒）污染源；按污染源分布和排放特征可分为点污染、面污染和扩散污染。

点污染源主要包括工业污染源和生活污染源；面污染源主要指农田灌溉水形成的径流和地面雨水径流；扩散污染源是指随大气扩散的有毒、有害污染物通过重力沉降或降水过程污染水体的途径，如酸雨、黑雪等。

（一）点污染源

1. 城市废水

城市废水中包括生活污水、工业废水和一部分城市地表径流。生活污水主要来自家庭、商业、机关、学校、旅游服务业及其城市设施，包括厕所冲洗水、厨房洗涤水、洗衣机排水、沐浴排水及其他排水等。生活污水含纤维素、淀粉、糖类、脂肪、蛋白质等有机物质，其浓度可以 BOD（生化需氧量）或 COD（化学需氧量）表示。一般生活污水的 BOD_5 在 200～400mg/L 之间。生活污水还含氮、硫、磷等的无机盐类，一般 30%～75%的磷来自洗涤剂，近年来含磷洗涤剂使用量的增加，使废水中磷含量显著增加。生活污水中含有多种微生物，新鲜生活污水中细菌总数在 5×10^5～5×10^6 个/L 之间，并含有多种病原体（如病菌和病毒）。生活污水中悬浮固体物质一般在 200～400mg/L 之间，且多为无毒物质。

工业废水种类繁多，性质复杂，其在城市废水中的比重取决于城市工业生产的规模、性质和水平。有的工业废水中含有易燃、易爆、腐蚀性很高的污染物，在其排入城市排水管网之前，应经过适当的处理，达到规定的排放标准。

城市地表径流是由于雨雪降落至地面形成的，其中含有淋洗大气及冲洗建筑物、地面、废渣、垃圾所携带的各种污染物。这种废水的水量、水质随季节和时间而变化，成分较复杂，在降雨初期所含污染物浓度甚至比生活污水还高。某些工业废渣及城市垃圾堆放物经雨水冲淋后产生的废水往往比生活污水更具危险性。

不同城市排放废水量的大小及生活污水与工业废水的比例虽不同，但都含有不等量的悬浮物、好氧有机物、植物性营养素及病原体等污染物。随着工业化的不断发展及人们生活水平的不断提高，城市废水的水量及污染物含量相应增加，水质亦日趋复杂。

2. 工业废水

工业废水产自工业生产过程，其来源、水量及性质随生产过程而异。一般可分为工艺废水，设备冷却水，原料或成品洗涤水，设备和场地冲洗水以及由于跑、冒、滴、漏产生的废水等。废水中常含有工业生产原材料、中间产物、产品及其他杂质。

工业废水按所含的主要污染物性质，通常可分为有机废水、无机废水、兼含有机物和无机物的混合废水、重金属废水、含放射性物质的废水和造成热污染的废水等；按产生废水的行业可分为造纸废水、制革废水、农药废水、印染废水、电镀废水、焦化废水等。

不同工业排放废水的性质差异很大，由于所用原料、工艺路线、设备条件、操作管理水平的差异，即使是生产同一产品的同类型工厂所排放的废水水量的水质也会很不相同。但一般来说，工业废水具有下列特点：

（1）废水量大。我国城市废水中，工业废水所占比例一般在50%～70%，1990 年工业废水排放量为 $249\times10^8m^3$，占全国废水排放量的 70%左右。

（2）废水中污染物浓度高。某些工业废水悬浮物含量可高达 10^5mg/L（而生活污水一般在 200～400mg/L），BOD_5 和 COD 最高可达 10^5mg/L（而生活污水中 BOD_5 一般在 200～400mg/L），1990 年全国工业废水排放的 COD 总量为 $708\times10^4m^3$。

（3）成分复杂不易净化。有的废水具有酸性或碱性，pH 值变化幅度在 2～13 之间。有的废水含无机污染物，有的废水含有机污染物，有的则含有重金属、氰化物、多氯联苯等毒性很大的污染物。如 1990 年我国排放的工业废水中，重金属（汞、镉、铅和六价铬）排放量为 2 189m^3，氰化物排放量为 3 891m^3，挥发性酸排放量为 9 325m^3，石油类排放量为 6 560m^3。

（4）带有颜色和异味。工业废水中常常带有不同的颜色、臭味或易生泡沫，呈现使人厌恶的外观，如含有铬酸盐的废水呈黄色，含亚铁盐的废水呈褐色，炼油废水、农药废水常常带有刺激性气味，造纸废水、酿造废水常产生许多泡沫。

（5）温度高。有的工业废水排放温度达 40℃以上。

（二）面污染源

面污染源又称做非点污染源，包括农村灌溉水形成的径流、农村废水、地表径流和其他污染源。如数量很小、分布很广的点污染源，也可视为面污染源。

农村废水包括农业废水和农村居民的生活污水。农业废水指在农作物栽培、禽畜饲养、农副产品加工等过程中排出的影响人体健康和环境质量的废水或液态物质。农村废水中含有多种病原体、悬浮物、化肥、农药、好氧有机物、氨氮、磷不溶性固体物质和盐分等。如农村牛圈所排放的废水 BOD_5 可达 4 300mg/L，猪圈废水 BOD_5 可达 1 200mg/L，是生活污水的几十倍。农村废水分布面积广，不易收集，难以处理。现代农业发展以来，为了获得大面积高产，提高农产品质量，大量施用化学肥料、杀虫剂、除莠剂、植物生长调节剂等化学药剂，农副产品加工业的生产规模越来越大，使农村废水数量增加，污染质增多。近年来发展起来的乡镇企业（如小造纸厂、小印染、小电镀等）工艺技术相对落后，设备比较简陋，又缺乏废水处理设施，排放出的大量废水形成了面污染源中最危险的部分。

（三）扩散污染源

大气中所含的工业生产废气及汽车尾气等通过重力沉降或降雨淋溶进入地表水体，气流刮起的泥沙、粉尘进入水体影响水体水质的过程，地表水下渗和地下水流动将地层中某些矿物质溶解带入水体中，水中盐分、微量元素、重金属或放射性物质浓度增高而使水质恶化的过程等都属于扩散性污染源，这种污染也可看作是对水体的面污染。

二、污染物的类型及其危害

（一）污染物在水中的形态

按污染物在水中的形态，可以分为以下几类。

1. 无机悬浮固体

无机悬浮固体（5nm～10mm），包括卵砾石（4～10mm）、粒砂（2～4mm）、粗砂（0.5～2mm）、中砂（0.25～0.5mm）、细砂

(0.06～0.25mm)、黏土 (5nm～4μm) 等。它们在水体中呈悬浮状态。

2. 浮游生物

浮游生物 (4μm ～10mm)，包括浮游动物 (7μm～10mm) 和浮游植物 (3μm～0.2mm)。主要浮游动物有枝角目、太阳虫目、腰鞭虫目、轮虫类等。主要浮游植物有蓝藻纲、硅藻纲等。这些生物虽然不直接影响人体健康，但可以改变水的感官形状、恶化水质。赤潮和水华就是藻类过分生长的结果。

3. 微生物

微生物 (80nm～50μm)，包括变形虫类 (10～50μm)、细菌 (0.8～50μm)、病毒 (8～400μm)。主要变形虫类是痢疾变形虫；主要细菌是硫细菌、葡萄球菌、大肠杆菌、破伤风杆菌、绿脓杆菌等；主要病毒有噬菌体、流感病毒、肝炎病毒等。

4. 胶体

胶体包括胶体黏土、硅体胶、胶体重金属氢氧化物、腐殖质、蛋白质、多糖、类脂等。这些胶体悬浮在水中，增加水的浊度。有的胶体物质在生物降解过程中消耗水中大量溶解氧，使水质变坏。

5. 低分子化合物

低分子化合物包括有机酸、有机碱、氨基酸、糖类、油脂等。这些化合物或溶解或悬浮在水里，大多可以被水中微生物分解，分解过程要消耗掉水中大量溶解氧。

6. 无机离子

无机离子包括 H^+、NH_4^+、Mg^{2+}、Ca^{2+}、Fe^{3+}、Mn^{2+}、Cu^{2+}、Al^{3+}、OH^-、HCO_3^-、Cl^-、CN^-、NO_2^-、NO_3^-、Hs^-、$H_2PO_4^-$、SO_4^{2-}、SO_3^{2-}、HPO_3^{2-}、CO_3^{2-}、PO_4^{3-} 等，这些离子有的具有毒性，有的使水的硬度升高，影响水的使用。

7. 溶解性气体

溶解性气体主要包括 CO_2、CO、Cl_2、H_2S、SO_2、NH_3 等，

这些气体中，有的具有毒性，能杀死水中的一些水生生物，有的酸性较强，溶于水内使水酸化，影响水中鱼类的生存及水的利用。

(二) 污染物按危害特征分类

1. 好氧有机物

生活污水和某些工业废水中含有糖、蛋白质、油脂、氨基酸、脂类、木质素等有机物质，这些物质以悬浮或溶解状态存在于废水中，在微生物作用下可分解为简单的无机物、CO_2 等，这些有机物分解过程中消耗氧气，因而被称为好氧有机物。

污染水体中的好氧有机物主要来自工业废水和生活污水。制浆造纸、食品、制革、印染、制糖、焦化和石油化工等工业废水均含有大量有机物。据估计，我国造纸行业排放的好氧有机物占工业废水排放的好氧有机物总量的 1/4。城市生活污水的好氧有机物浓度虽不高，但因排水量大，排放有机物总量亦大。畜禽养殖业排出的粪尿及冲洗水含好氧有机物量十分巨大，有时比工业废水和生活污水的含量高得多。

由于有机污染物组成复杂，分别测出其中各种有机物的浓度相当困难，实际工作中通常采用单位体积水中有机物好氧生物分解所消耗的氧量，即生化需氧量（BOD）表示。也可用化学需氧量（COD）、总有机碳（TOC）、总需氧量（TOD）作为指标。水体水的生化需氧量愈高，溶解氧消耗愈多，水质愈差。一般情况下，当 BOD 低于 3mg/L 时，水体水质较好；BOD 达 7.5mg/L 时，水质已较差；BOD 10mg/L 以上则表明水质很差，其中溶解氧浓度已极低，甚至已为零。

好氧有机物对水体的污染和危害是通过降低水中的溶解氧来实现的。好氧有机物排入水体后，一方面，在其生化分解过程中消耗了水中的溶解氧；另一方面，由于这些有机物的排入，为水体中的微生物提供了充足的养分，促进了微生物的生长繁殖，而这些微生物大多是好氧微生物，它们的呼吸过程也消耗水中的溶解氧。水中溶解氧下降，直接影响到水的利用。在通常状况下，天然水体的溶解氧在 5～10mg/L 之间。当好氧有机物污染水体使水中溶解氧降至 5mg/L 以下时，这就使水体丧失饮用价值；溶解氧降至 4mg/L 以下，将影响到水体中的鱼类的生存，这种水体不能作渔业用水水源，当水中溶解氧降低至 1mg/L 时，水中的鱼类就要窒息死亡，水中溶解氧耗尽后，水中厌氧菌就发展，有机物将进行厌氧分解，产生甲烷、硫化氢、氨和硫醇等难闻气体，使水质进一步恶化。

2. 难降解有机物

难降解有机物主要指有机氯化物、有机胺（芳香胺类）化合物、有机重金属化合物及多环有机化合物等一些难以被微生物分解的有机物。这些物质大多具有较强毒性，并有致癌、致畸、致突变作用，进入水体后能长时间残留在水中，并可通过食物链不断积累、富集，最终进入动物或人体内产生毒性或其他危害。

难降解有机污染物主要来自农药、染料、塑料、合成橡胶、化纤等工业废水及农田排水。农药废水中常含有有机重金属化合物、有机氯和有机磷化合物。有机重金属化合物污染状况与重金属相似。有机氯化合物性质非常稳定，在环境中毒性减低一半需要十几年，由于其难溶于水而易溶于脂肪中，水生生物对它有极高的富集能力，它们将水中微量的有机氯农药蓄积于体内，其含量可比水中含量高几千倍到几百万倍，这样通过食物链逐级富集，进入人体。进入动物体和人体中的有机氯化合物大都累积于脂肪含量高的组织中。如有机氯在人体脂肪中的含量比在肌肉中的含量要高得多。由于有机氯农药具有上述特点，它们对环境的污染是全球性的，非洲施用的农药可以在美洲出现，甚至在荒无人烟的南极也能找到。无论从水中的浮游生物到鱼类、贝类，从家禽、家畜到野生动物，几乎所有生物体内都可以找到有机氯农药。可见，有机氯农药对生态环境的影响和破坏是及其严重的。目前，世界上许多国家（包括我国）已停止生产和施用有机氯农药，但由于过去较长期施用，故其残存毒害作用仍然存在。

另外，某些有机磷农药及一些工业废水中的萘胺、联苯胺等芳香胺类化合物都具有很强的毒性和致癌、致畸、致突变作用，它们像有机氯化合物一样，通过食物链进入人体，对人类健康构成很大威胁。

3. 植物性营养物

植物性营养物指硝酸盐、亚硝酸盐、铵盐、氨氮、有机氮化合物及一些磷化合物等，它们能为水中植物及藻类的生长、发育提供所需要的养分—N 和 P 等。

水体是氮、磷循环的一个重要环节，天然水体中本来就含有植物营养物质，只是含量很低。

城市废水中磷的含量原先每人每年不到1 000g，近年来由于大量使用含磷洗涤剂，含量显著增加，来自洗涤剂的磷占生活污水中磷的含量的30%～70%。城市废水中氮素的主要来源是皮革、造纸、食品、化肥等工业废水、粪便废水及地面径流。据研究，每人每天带进废水中的氮约为5～8g。

随着工农业的发展，化肥的生产量和消耗量逐年增加。1970—1985年期间，全世界氮肥增加120%，磷肥使用量增加32%。大量化肥的施用，促进了农业的增产丰收，这对人类无疑是件好事，但是，施入农田的化肥只有一部分被农作物吸收。以氮肥为例，一般农作物对氮肥的利用率不足50%，低的甚至不足20%，这样，未被植物利用的化肥，一部分随着农田排水和地面径流渗到地下水和流入地表水，一部分挥发到大气中，然后随降雨再返回地表水和地下水中。现在农业生产中施用的农药有不少是有机磷农药，这些农药中的有机磷也是以同样的方式进入水体的。

农业废弃物（植物秸秆、牲畜粪便等）也是水体中氮磷化合物的重要来源。据国外有关资料介绍，在一个规模化牛奶场中，400头母牛每天可产生约14t固体废物和4.5t液体废物。一个自动养鸡场，10 万只家禽每天可产生约 5t 废物，在所有这些废物中含丰富的植物营养素—N 和 P 等。

植物性营养物污染水体的主要危害是使水体富营养化。由于水体中植物性营养物显著增加，引起藻类及其他浮游生物迅速繁殖，水体溶解氧含量下降，鱼类大量死亡。如果饮用水源被植物性营养物污染而富营养化，则会给自来水厂的给水处理带来很多麻烦，处理成本显著增加。

植物性营养物中所含氮化合物主要是硝酸盐和氮，有时也含有少量亚硝酸盐，亚硝酸盐对人体有毒害作用，硝酸盐在人体中可还原为亚硝酸盐，亚硝酸盐在胃里可与仲铵作用形成强致癌物亚硝酸铵。硝酸盐含量高时，婴儿饮用后还有可能引起变性血色蛋白症。一些国家的饮用水对亚硝酸盐提出了严格要求，规定在饮用水中不得检出，对硝酸盐含量的限制也在逐步严格，世界卫生组织规定的饮用水标准是 10mg/L（以 NO_3—N 计）。

4. 重金属

所说的重金属实际上主要是指汞、镉、铬、铅、镍以及类金属砷等生物毒性显著的元素，也指具有一定毒害性的一般重金属，如锌、铜、钴、锡等，其中汞的毒性最大，镉次之，铬、铅、砷也有相当大的毒性。

水体重金属污染的特点与危害在于：①在水体中浓度很低时即可产生毒性；②不能被微生物降解，长期停留与积累在环境中，最多不过是改变化合价和化合物的种类；③可被生物吸收，通过食物链逐步浓缩千万倍，最终进入人体，人体吸收后不易排泄，容易积累在一些脏器中，造成慢性中毒；④在一定条件下可被某些微生物转化为毒性更大的物质。

由于重金属毒性强，对人体危害大，重金属对人体的污染是当前最关注的问题之一，下面对造成水体污染的几种主要金属的来源与危害分别加以介绍。

(1) 汞。汞主要来自氯碱、造纸、电子、仪表、塑料、石油化工、印染、玻璃等工业废水。汞对人体的危害是累积性的，但人体对汞有一定的排泄能力。据试验报道，成年人每天摄入甲基汞0.02mg可能是不产生累积的最大剂量，如摄入量超过人体排除能力，汞会在体内蓄积。无机汞先在肾脏蓄积，然后在肝脏累积，甲基汞则极易在脑中累积。日本的水俣病事件就是当地工厂排出的含汞废水污染了水俣湾海域，鱼贝类将水中甲基汞富集于体内，人和动物食用了含甲基汞的鱼贝类，在脑中累积到一定程度后，破坏了神经系统功能而造成的。这种病有严重的后遗症和较高的死亡率，还可以由母亲遗传给婴儿。

(2) 镉。镉主要来自金属矿山、冶金、电镀、油漆、颜料、电池、玻璃、陶瓷、塑料等生产企业排出的废水。人饮用了镉污染的水或食用了镉污染的食物，可以引起镉中毒。据研究表明，成年人每天允许摄入量为0.057～0.071mg，超过此剂量，则会在人体内累积。镉主要累积于肾脏和骨骼中，引起肾功能衰退、骨质软化等各种疾病，发生在日本富山的“骨痛病”事件就是由于当地铝厂将含镉废水排入水体，居民较长期食用含镉大米，饮用含镉的水，体内镉积累过多，引起肾功能失调，骨质中钙被镉取代，使骨骼软化、骨折而造成的。

(3) 铬。铬在工业上用途很广泛，因此水中铬污染来源也很多。主要来源于有机合成、塑料、染料、涂料、电镀、鞣革、冶金化工等工业废水。三价铬是人体必需的微量元素之一，但六价铬对人体是有毒的，人饮用被铬污染的水可引起肠胃痛和肠胃功能紊乱等疾病，甚至致癌、致畸等。我国某铁合金厂的含铬废水污染了地下水，井水铬含量超过饮用水标准400倍，使附近居民患有各种消化系统疾病。另外，铬对水体动物（鱼类）、微生物及某些农作物生长有抑制作用，从而影响了水的利用和水体的自净功能。

(4) 铅。铅污染的来源主要是油漆、颜料、釉料、药品、塑料、橡胶、电池等生产企业的废水。此外，由于汽车尾气排放导致大气中铅化物含量逐年增加，大气中的这些铅化合物经降水、落尘进入水体，是水体铅污染的一个更广泛的来源。铅对人体毒性作用是累积性的。据有关资料说明，成年人平均每天由食物及饮料中摄入量为 0.32mg 时，人体可排除、无蓄积。但当每日摄取量超过 1.0mg 时，体内有明显累积，长时间摄取会引起慢性中毒。铅对人体许多系统都有毒害，但突出影响是损害造血和心血管系统、神经系统和肾脏。铅对造血系统和心血管系统的毒害主要表现为抑制血红蛋白合成、溶血和血管痉挛。铅对鱼类及水中微生物有毒害作用，对人体自净和污水生化处理影响较大。

(5) 砷。砷主要来自砷的开采和冶炼以及农药、化肥、皮革、木材、玻璃、制药、颜料、涂料等工业废水。水体中的砷含量大于 1mg/L 时，对鱼类生长开始有影响，有的鱼类甚至被毒死。砷对人体的健康危害主要是影响神经系统、毛细血管通透性和新陈代谢，具有不同程度的皮肤和黏膜刺激作用。由于三价砷可与体内的巯基化合而蓄积，导致慢性中毒，因此三价砷比五价砷毒性强得多。三氧化二砷是一种剧毒品，它对人的致死剂量为 0.06～0.20g，中毒剂量为 0.01～0.025g。

5. *无机悬浮物*

水体的无机悬浮物主要指泥沙、炉渣、铁屑、灰尘等颗粒状物质，它们在水体中呈悬浮状态。主要来自水土流失、水力排灰、农田排水及洗煤、选矿、冶金、化肥、化工、建筑等一些工业废水和生活污水。另外，雨水径流、大气降尘也是其重要来源。这些物质本身是无毒的，但它可以吸附有机毒物、重金属、农药等，形成危害更大的复合污染物，随水流扩散，迁移到很远的地方，扩大污染范围，亦可沉淀于底泥中，水中悬浮物含量过多，使水变得浑浊，令人厌恶。同时，它能阻挡光线，影响水生植物的光合作用。悬浮物还可以伤害鱼鳃，浓度很大时可使鱼死亡，并使水底甲壳类、珊瑚虫窒息死亡。高浓度悬浮物淤积河床、水库和港口，妨碍水上交通，缩短水库使用年限，增加挖泥费用等。

6. 放射性污染物

污染水体的最危险的放射性污染物为^{90}Sr、^{137}Cs 等，这些物质半衰期长，化学性能与组成人体的主要元素钙、钾相似，经水和食物进入人体后，能在一定部位积累，增加对人体的内照射。

污染水体的放射性物质主要来自：①天然放射性核素，如^{40}K、^{238}K、^{236}Ra、^{14}C、^{3}H 等；②核武器试验的沉降物；③核电站的废水、废气、废渣，包括事故泄露；④放射性同位素的生产、运输和应用等。第二次世界大战以后，由于核工业的发展，水体放射性浓度日益增高。有的放射性核素在水体、土壤中可转移到水生生物、粮食、蔬菜等食物中，并发生明显的浓缩与富集。例如，水藻对^{90}Sr的浓缩倍数为 10 000，鱼为 1 000，这些富集的核素可通过食物链进入人体。这种污染物很难用物理、化学或生物作用去降低其辐射强度，只能靠自然衰变减少对环境的危害。

7. 石油类

水体中的石油主要来自炼油厂、石油化工厂的废水，沿海、河口和海底石油开采及事故泄露，油船事故和各种机动船的压舱水、洗舱水等含油废水。当前，石油对海洋的污染已成为世界性的严重问题。据估计，因人类活动每年排入海洋的石油及其制品达 $1\times10^{6}m^{3}$ 左右。

被污染水体中的石油主要靠自然降解和微生物分解，少部分挥发到大气中，微量的粘附于泥沙表面而沉积于底泥中。

石油比水轻，且不溶于水，因此进入水体后漂浮于水面，并迅速扩散，形成一层极薄的油膜，阻止大气中的氧进入水中，妨碍水浮游生物的光合作用。石油在自然降解及微生物分解过程中要消耗水中大量溶解氧，造成水体严重缺氧，使水体变黑发臭。

石油污染对鱼类和鸟类的危害最大。油膜堵塞鱼鳃，使其呼吸困难直至死亡。水中含油 0.01～0.1mg/L 对鱼类及水生生物即可产生有害影响。石油污染可使水产品带油臭味，失去应用价值。石油及其制品中含有多种致癌作用的多环芳香烃，可通过水生生物的食物链而富集，最后进入人体诱发癌症，这是石油污染对人体健康的主要危害。

8. 酸碱

酸主要来源于冶金、金属加工、化纤、制酸、农药等工厂的废酸水及矿山排水。矿坑中的矿土往往含有二硫化铁，经空气氧化和水化合生成硫酸；雨水淋洗空气中的 SO_2、NOx 及其他酸性物质形成酸雨，也是当前水体酸污染的重要来源。

碱主要来自碱法造纸、化学纤维、印染、制革、炼油、制碱等工厂排出的废水。天然水通常都是中性水。pH 值在 6.5～8.0 之间，由于天然水体中的无机悬浮物及各种矿物质可以和废水中的酸、碱成分起化学反应生成盐类，所以天然水对酸碱废水有一定的自然中和作用。

酸碱污染水体后，水的 pH 值将发生变化，破坏其自然缓冲作用。当 pH 值小于 6.5 或大于 8.5 时，水中微生物的生长会受到抑制，致使水体自净功能减弱。若水体长期遭受酸、碱污染，将导致水生生态系统的破坏，影响渔业生产。由于酸的腐蚀性很强、水体酸化会腐蚀船舶、桥梁及其他水上建筑。用酸化或碱化的水浇灌农田，会破坏土壤的理化性质，造成土壤酸化或盐碱化，影响农作物生长，致使农业减产。酸碱对水体的污染，还会使水中含盐量增加，提高水的硬度。高硬度的水对工业、农业、渔业及生活用水过程都会带来许多麻烦和影响。

9. 热污染

水体的热污水，是指向水体中排放的废热使水温升高，从而影响水生生物的生存及对水资源的利用。

水体热污染主要来自火力发电厂、核电站、金属冶炼厂、石油化工厂等，在其他生产过程中向水体排放大量温热的废水，或直接向水体倾倒高温废渣，造成在一定范围内水温明显升高。一般以煤、油为燃料的热电厂，只有1/3的热能转变为电能，其余热量则排入大气或随冷却水进入水体。一个大型核电站，每秒钟就可排出1 500m^3 的热水。

水体受热污染后水温升高，溶解氧减少。水温升高使水体中水生生物的代谢速率增大。一般来说，水温每升高10℃，水生生物代谢速率就增大1倍，机体需氧量就相应增大。这样，一方面水中溶解氧大量减少，另一方面水中生物需氧量加大，对水生生物构成很大的威胁，最终将导致水体自净能力降低、水质恶化。

10. 病原体

水体中的病原体主要来自生活污水、医院污水以及屠宰、制革、洗毛、生物制品等工业废水，常见的病原菌是肠道传染病菌，每升污水可达几百万个，可传播霍乱、伤寒、胃炎、婴儿腹泻、肠炎、痢疾等肠道传染病；常见的病毒有肠道病毒、腺病毒、呼吸道病毒及传染性肝炎病毒等。

病原体污染水体的主要危害就是传播疾病。历史上流行的瘟疫，有的就是水媒型传染病。如1991年秘鲁霍乱大流行，1988年我国上海市甲型肝炎流行。因病原体在水中存活时间较长，有的病毒和寄生虫（卵）用一般的废水消毒法不易杀死。

第三节　水质标准体系

水质是指水和水中所含杂质共同表现出来的综合特性。水质指标则用于表示水中杂质的成分、种类和数量，是判断水质的具体指标。水质指标项目繁多，按其性质一般可以分为物理性水质指标、化学性水质指标和生物性水质指标三大类。

一、物理性水质指标

属于这类的水质指标主要有：感官物理性指标，如温度、色度、嗅和味、浑浊度、透明度，以及固体的含量和电导率等。

1. 感官性水质指标

（1）温度。是最常用的水质指标之一。水的许多物理性质、水中进行的化学和生化反应均与其有密切关系。水温影响水生生物的生命活动过程，如鲤鱼的致死温度为31℃～34℃；水温影响着生化反应速率，通常水温每升高10℃，生化反应速率约可增加一倍；水温还影响可溶性有机物和盐类在水中的溶解度，随着水温的升高，氧在水中的溶解度可降低，这对水体的自净过程和水生生物的生存均有影响。

（2）色度。各种水体的水和废水常常会显示不同的颜色。新鲜的生活污水呈暗灰色，陈腐的生活污水呈黑褐色；工业废水则颜色各异，印染、化工、造纸等废水的色度较大。即使是天然水，由于带色有机物（主要是腐殖质）、金属或高色度的工业废水的影响，也会呈不同颜色，如浅黄、浅褐、黄绿等。色度较高的地面水经净化处理后，色度一般可达15度以下。水的色度是评价感官质量的一项重要指标。一般来说，水色在卫生上意义不大，饮用水标准规定色度不应大于15度，主要考虑不应引起感官上的不快。但有时水中的颜色是由于有毒有害物质所引起的，对此应引起高度重视。

（3）浑浊度。浑浊度是天然水和饮用水的一项非常重要的水质指标，也是水受到污染的重要标志。我国饮用水标准规定浑浊度不超过3度，特殊情况下也不得超过5度。虽然很低的浑浊度并无多大害处，但应考虑感官上的要求。某些工业用水对浑浊度有一定的要求，如冷却水为防止结垢和堵塞，其浑浊度不应超过50～100度，造纸工业用水不应超过2～5度，纺织、印染用水不得超过5度，半导体集成电路用水浑浊度应为零度，以确保产品的质量。

(4) 嗅和味。水臭的产生主要是由于有机物的存在，是生物活性增高或工业污染所致。公共供水产生臭味可能是原水水质改变或水处理不充分所致。

纯净的水是无味的，各种化合物和外来杂质会使水具有不同的味道。如氯化钠带咸味，硫酸镁和氯化镁带苦味，铁盐带涩味，硫酸钙略具甜味等。国家规定饮用水不得有异臭或异味。

2. 固体物质

水中固体按其溶解性能可以分为溶解固体（DS）和悬浮固体（SS）。各种水中溶解固体和悬浮固体的数量和性质可能有很大差异。在饮用水中大部分固体物质是溶解性的，主要包括无机盐和少量有机物等。废水中不溶性悬浮固体数量和性质随污染程度而变化。对水样经过过滤操作，则滤液在10℃～110℃温度下烘干后的残渣是溶解固体，而滤渣经烘干后的重量就是悬浮固体重量。

水中固体还可根据其挥发性能分为挥发固体（VS）和固定性固体（FS）。挥发性固体的重量是指在600℃温度下，将水样经蒸发干燥后的固体灼烧而失去的重量，故也称灼烧减重，它可以粗略代表水中有机物的含量。灼烧后参与物质的重量，则称为固定性固体，它可代表水中无机物质量。

饮用水、工业用水、渔业用水和灌溉用水等对悬浮固体和溶解性固体均有不同要求。作为饮用水水源的总固体应小于500mg/L，悬浮固体和挥发性悬浮固体是表示废水强度的重要指标，是废水处理厂设计的重要参数之一。

3. 电导率

水中各种溶解性盐类都以离子状态存在，均具有导电能力，水中溶解的盐类愈多，离子也愈多，水的电导率就愈大。因此，根据水电导率的大小，可以间接表示水中溶解固体的多少。

二、化学性水质指标

化学性水质指标主要有：一般性水质指标，如 pH 值、硬度、各种阳离子和一般性有机物等；有毒物质的水质指标，如重金属、氰化物、多环芳烃和各种农药等；植物性营养物质水质指标，如硝酸盐和磷酸盐；有机物含量水质指标，如生化需氧量（BOD）、化学需氧量（COD）、总需氧量（TOD）和总有机碳（TOC）等。

（一）有机物

有机物进入水体后，将在微生物作用下进行氧化分解，使水中溶解氧逐渐减少。当氧化作用进行太快，而水体不能及时从大气中吸收足够氧来补充消耗的氧时，水中的溶解氧可能降得很低，如低于 3～4mg/L，这时就会影响鱼类的正常生活；当水中的溶解氧耗尽后，有机物开始厌氧消化，产生臭气，影响环境卫生。表示有机物的综合指标可分为：以氧（O_2）表示的指标，如生化需氧量、化学需氧量和总需氧量等；以碳（C）表示的指标有总有机碳。

1. 生化需氧量

生化需氧量表示在有氧的情况下，由于微生物（主要是细菌）的活动，降解有机物至稳定所需的氧量，常以 BOD 表示，BOD 愈大，表示水中的有机物愈多，污染愈严重。

由于有机物全部分解稳定所需时间很长，可达 10 天以上，实际上采用 20℃下 20 天的生化需氧量为代表，以 BOD_{20} 表示。生产应用中 20 天的时间仍嫌过长，常采用 20℃下 5 天的 BOD_5 作为衡量污染水有机物浓度的指标。对于生活污水和多种工业废水的 BOD_5 约为 BOD_{20} 的 70％～80％。

造纸工业、食品工业、纤维等化学工业废水及城市生活污水中含有许多有机物，如碳水化合物、脂肪酸、油脂、含氮有机物等，这些有机物未经处理排入水体时被好氧菌分解，消耗水中的溶解氧，BOD 值愈高，水质愈差。

BOD不仅是一个重要的水质指标，而且在废水生物处理中是一个极为重要的设计参数。

2. 化学需氧量

化学需氧量是指在一定条件下水中有机物与强氧化剂（如重铬酸钾、高锰酸钾）作用所消耗的氧量，或称化学需氧量，以COD或COD_{Cr}表示。水的COD值不仅代表水中有机物的含量，同时包括了水中还原性无机物被氧化的耗氧量；用高锰酸钾作为氧化剂，测得的耗氧量常称为耗氧量，以OC或COD_{Mn}表示。由于高锰酸钾的氧化能力比重铬酸钾低，OC仅表示出一部分易氧化的有机物量。

由于高锰酸钾对有机酸类、苯、纤维素和氨基酸类等有机化合物几乎不能氧化，而重铬酸钾对这些有机物差不多能全部氧化。因此，采用重铬酸钾法测定COD作为控制有机物污染的综合性指标更为适合，我国及欧美多数国家都把重铬酸钾法定为标准方法。但由于COD锰法测定简单、快速，所以在国内的水质评价监测中应用得较为普遍，为了能衔接以前的工作和评价监测等数据的延续使用，仍保留了高锰酸盐指数（COD_{Mn}）这个指标。

当水中存在有毒有机物时，一般不能准确地测定废水中的BOD值，采用COD值可以较准确地测定水中的有机物含量，但COD值不能区别可生物降解和不可生物降解的物质。由于COD测定方法比测定BOD快速，所以，在水处理工程中被广泛应用。

3. 总需氧量

总需氧量（TOD）是指水中的还原性物质（主要是有机物）在燃烧中变成稳定的氧化物时所需要的氧量。TOD值能反映出水中几乎全部有机物（CHONPS）经燃烧后变成CO_2、H_2O、NO、SO_2等时所需氧的量。在我国未将次指标纳入水质标准，但却用于废水处理的理论研究中。

4. 总有机碳

总有机碳（TOC）是近年来开发的用以间接表示水中有机物含量的一种综合指标。将水样在高温下燃烧，有机碳即被氧化成 CO_2，量测 CO_2 的量，即可求得水样的 TOC，单位常以碳的 mg/L 来表示。一般较清洁的河水 TOC＜10mg/L，而一般城市污水可达 200mg/L 左右；二级处理出水的 TOC＜50mg/L。在废水处理的研究中有用 TOC 作为有机物指标的，但在现行的水质标准中尚未使用这个指标。

（二）植物营养物质

植物营养物质包括氮、磷及其他一些物质，它们是植物生长、发育所需要的养料。过多的植物营养物质进入水体，使水体中藻类大量繁殖，产生所谓“富营养化”，会恶化水质，影响渔业生产和危害人体健康，危害水体的植物营养性物质水质指标主要有氮素化合物（如有机氮、氨氮、亚硝酸盐和硝酸盐）和磷酸盐。

1. 含氮化合物

常用的代表含氮素化合物的水质指标有：总氮、氨氮、凯氏氮亚硝酸盐和硝酸盐等。

（1）氨氮。氨氮是水中以 NH_3 和 NH_4^+ 形式存在的氮，它是有机氮化合物氧化分解的第一步产物，是水体受污染的一种标志。氨氮不仅是一种肥料，可被植物利用，会促使水体中藻类的繁殖，而且游离的 NH_3 对鱼类有很强的毒性，不同鱼类的致死浓度在 0.2～2.0mg（NH_3）/L 之间。

（2）凯氏氮。这是氨氮和有机氮化合物的总和，如果测定时去除水中原有的氨氮，即得有机氮。有机氮在水中经微生物作用，可分解转化成氨氮或硝酸盐，这一过程是水体自净过程。如这一过程太强，则促使大量氨氮和硝酸盐氮在水体中积累过多，不仅导致水中溶解氧降低、有毒物质增加，还可能为水生植物（藻类等）提供过多的营养物，从而为水体发生富营养化提供条件。凯氏氮水质指标不仅是控制有机氮污染物的指标，而且可作为控制水体富营养化的参考指标。我国凯氏氮在五类水域中的标准分别为：Ⅰ、Ⅱ类：0.5mg/L；Ⅲ类：1mg/L；Ⅳ、Ⅴ类：2mg/L。

（3）亚硝酸盐、硝酸盐。硝酸盐是保证人体健康的指标，亚硝酸盐又是人体健康毒理学指标，两者都是控制氮污染指标，均以N计。

天然水中的所有含氮物质都有转化成硝酸盐的可能。氨在亚硝酸菌作用下氧化成亚硝酸盐（以 NO_2^- 表示），而亚硝酸盐在硝酸菌作用下氧化成硝酸盐（以 NO_3^- 表示）。当水中出现硝酸盐时，表明水体已达到自净，所以水中氮存在的形式可作为了解有机物在水体净化程度的指标。

饮用高浓度的硝酸盐或亚硝酸盐水，对人体健康有危害，我国饮用水卫生标准硝酸盐允许浓度为20mg/L（以N计）。

（4）总氮。为水中有机氮、氨氮、亚硝酸氮和硝酸氮的总和，或凯氏氮与总氧化氮之和，代表水中氮素的化合物的总和，不仅是水体污染控制的一个重要指标，也是废水处理过程的一个重要的控制参数。

2. 含磷化合物

磷是生物生长必需的元素之一，天然水和废水中的磷绝大多数以各种形式的磷酸盐存在，也有呈有机磷化合物存在的，可分为：磷酸盐，如 PO_4^{3-}、HPO_4^{2-}、$H_2PO_4^-$；缩合磷酸盐，包括焦磷酸盐、偏磷酸盐和聚合磷酸盐等，如 $P_2O_7^{4-}$、$P_3O_{10}^{5-}$、$HP_3O_9^{2-}$、$(PO_3)_6^{3-}$ 等；及有机磷化合物。上述含磷化合物的总和称总磷，是一项重要的水质指标。

欣德勒（Shindler）把磷作为富营养化的限制物质，美国环境保护局（EPA）在全国富营养化的调查中也把磷作为判断标准，并规定流入湖泊、水库和河流的总磷（以P计）不得超过50μg/L，或者在湖泊、水库中不得超过25μg/L。当总磷超过100μg/L，会干扰水处理厂的絮凝工艺。

我国对防止水体富营养化初步制定了几类水域的标准值：

表 3-3 我国防止水体富营养化参数（湖泊、库区）

类别	Ⅰ	Ⅱ	Ⅲ	Ⅳ	Ⅴ
总磷量 (mg/L)	≤0.01	0.025	0.05	0.1	0.2

注：河流中水体防营养化参数可放宽1倍。

(三) 无机性非金属有害物

水中无机性非金属有害有毒污染物主要有砷、硒、硫化合物、氰化物、氟化物等。

1. 总砷

砷在标准中为保证人体健康及保护水生生物的毒理学指标，以水中砷总量计。元素砷不溶于水，几乎没有毒性，但在空气中极易被氧化成剧毒的三氧化二砷，即砒霜。砷的化合物种类很多，固体的有 As_2O_3、As_2S_2、As_2S_3 和 As_2O_5 等，液态的有 As_2Cl_3，气态的有 AsH_3。水环境中的砷多以三价和五价形态存在，其化合物可能是有机的，也可能是无机的，三价无机砷化物比五价砷化物对于哺乳动物和水生生物的毒性大。我国饮用水规定砷的卫生标准为 0.05mg/L，渔业水质标准不超过 0.1mg/L。

2. 硒（四价）

硒是保证人体健康及预防地方病的毒理学水质指标。当食物中的含硒量在 0.1～10mg/kg 时，动物食用之后会中毒，如牲畜脱毛、脱蹄、脱角、四肢僵直等病症均是由于硒中毒。人群中出现的地方性硒中毒，其症状与动物相似。我国饮用水卫生标准规定硒的含量为 0.01mg/L，农灌水质标准为 0.02mg/L。

3. 含硫化合物

硫在水中存在的主要形式是：硫酸盐（SO_4^{2-}）、硫化物（S^{2-}、

HS^-、H_2S）和有机硫化物。硫酸盐（SO_4^{2-}）分布很广，天然水中它的主要来源是石膏、硫酸镁、钠等矿岩的淋溶、硫酸矿的氧化、含硫有机物的氧化分解以及某些含硫工业废水的污染，水中硫酸根离子的浓度可从几毫克/升至几千毫克/升不等，饮用水中硫酸根的含量不得超过 250mg/L。高浓度的硫酸盐可能对植物有毒，有人认为含硫酸盐超过 960mg/L 的水不适于灌溉，美国农灌用水标准为小于 200～250mg/L。我国地面水环境质量标准为不大于 250mg/L（以 SO_4^{2-} 计）；水中的硫化物有三种存在形式：H_2S、HS^-、S^{2-}，各自的数量与 pH 值有关，在酸性条件下，主要以 H_2S 形式存在，pH>8 时，主要以 HS^- 和 S^{2-} 形式存在。

硫化氢（H_2S）有强烈的臭味，水中只要有零点几毫克/升，就会引起不愉快的臭味，根据 H_2S 的臭味可以判别水是否处于厌氧状态。厌氧产生的 H_2S 气体，不仅造成了恶臭危害，而且会腐蚀下水道和水处理构筑物，空气中 H_2S 超量会引起人畜中毒死亡。

当硫酸盐废水厌氧消化时，由于硫酸盐还原菌的作用，沼气中含有较多的 H_2S，当沼气中 H_2S 浓度超过 $20mg/m^3$ 时，沼气必须进行脱硫处理。由于 H_2S 对产甲烷菌有很强的抑制作用和毒性，所以高浓度有机废水中如含有硫酸盐，可对该废水的厌氧处理带来极为不利的影响。一般认为硫化物的最大允许浓度为 150mg/L。

4. 氰化物

氰化物水质指标是一种毒理学指标，以水中氰化物总量计。氰化物是含有—CN 基一类化合物的总称，分为单分子氰化物、氰络合物和有机氰化物（腈）三种。简单氰化物，最常见的是氰化氢、氰化钠和氰化钾，易溶于水，有剧毒，一般人只要一次误服 0.1g 左右就会死亡。长期毒害鱼类的氰化物阈值为 0.1mg/L，当超过 0.3mg/L 时就会影响微生物对水体的自净作用。

天然水体一般不含有氰化物，水中如发现有氰化物存在，一定是工业废水污染所致，如电镀、煤气、炼焦、纤化、选矿和冶金等工业废水中都有氰化物的存在。地面水中氰化物可以很快降解，pH值越低，水温越高，氰化物的降解越快。

我国饮用水卫生标准规定，氰化物为0.05mg/L，渔业用水水质标准为不超过0.02mg/L。

5. 氟化物

水中氟含量太高，会引起地方性氟中毒，其主要特征是氟斑釉齿和氟骨症。标准中的氟化物是作为保证人体健康及防止地方病的毒理学指标，以水中F^-计。饮用水中含氟量在0.5mg/L以下，龋齿发病率高；0.5～1.0mg/L是龋齿和氟斑齿发病率最低范围，无氟骨症发生；当水中含氟量在1.0mg/L以上时，随含氟量的增高，斑釉齿发病率上升；当大于4mg/L时，氟骨症逐渐增多。

（四）重金属

污染水体的重金属主要有汞、镉、铬、铅等。

（1）汞。汞的毒性强，产生毒性剂量最小，我国饮用水、农灌用水都要求汞的含量不超过0.001mg/L，渔业用水要求汞不得超过0.000 5mg/L。

（2）镉。镉含量可作为保障人体健康和保护水生物毒理学的水质指标，要求饮用水镉的含量不得大于0.01mg/L，农用水和渔业用水规定要小于0.005mg/L。

（3）铬。铬的化合物有二价铬（如CrO）、三价铬（如Cr_2O_3）和六价铬（如CrO_3、K_2CrO_4和$K_2Cr_2O_7$）三种。六价铬化合物及其盐类均溶于水，其毒性大于三价铬100倍，三价铬在水中不稳定，易形成氢氧化铬沉淀，二价铬和金属铬毒性很小。

六价铬对人体健康的影响主要见于职业性接触，已发现的疾病有肺癌、鼻中膈充血、溃疡以至穿孔，以及多种呼吸道并发症和皮肤病。六价铬对水生动物有毒性，对一般鱼类的安全浓度为0.2mg/L，铬对水体有着色作用，其着色阈值为0.1mg/L，这个浓度对水中微生物有抑制作用，会对水体自净产生影响。当六价铬浓度超过 0.1mg/L 时会对水稻种子发芽产生抑制。

六价铬可作为保证人体健康的毒理学指标和保护水生生物毒理学指标，饮用水卫生标准为 0.05mg/L，渔业用水标准规定不超过 1.0mg/L，农灌水质标准为：一类，≤0.1mg/L；二类，≤0.5mg/L。

(4) 铅：铅对人体是累积性毒物。据美国调查，成年人由食物摄入铅量日平均为 0.32mg 时，人体可排除而无蓄积；当日平均摄入量为 0.5～0.6mg，人体内有少量残留，但未见健康异常。如日摄入量超过 1.0mg 时，则体内有明显反应，可引起慢性中毒。

铅作为毒理学水质指标，我国饮用水卫生标准为 0.05mg/L，渔业水标准不得超过 0.1mg/L，要求农灌用水一类不大于 0.5mg/L；二类农灌用水不大于 1mg/L。

（五）有害有毒有机污染物

有害有毒有机污染物，除了少部分（如挥发酚等）外，大部分是难被生物降解的，而且对人体有较大的危害，如石油类、阴离子表面活性剂、有机氟和有机磷农药、多氯联苯、多环芳烃、高分子合成聚合物、染料等有机物。

(1) 酚类化合物。酚类化合物种类繁多，且酚的许多衍生物的嗅味阈值浓度很低，所以一旦鱼类等食品被污染后易被人们察觉和厌弃。高浓度酚对农作物有危害作用，抑制光合作用和酶的活动，妨碍细胞功能，破坏植物生长素的形成，并使生物体内酚量增加，影响产品的质量。我国饮用水标准规定挥发酚含量不得超过 0.002mg/L，渔业水质标准不超过 0.005mg/L，农灌水标准不得超过 1.0mg/L。

(2) 石油类。石油类在水质标准中定位为保护水生生物的毒理学指标和人体感官指标。石油是由烷烃、环烷烃、芳香烃以及不饱和烃和少量硫、氧、氮化合物所组成的一种复杂的混合物。由于石油的毒性变化很大，所以很难建立一个适用于各种油的标准，另外受分析方法所限，在制定水质标准时，以考虑臭味、毒性较大的芳烃类为主，并不包括所有的石油类。由于石油在运输过程中的泄漏、海上石油的开采，对海洋和水生生物的污染极为严重。当石油产品的浓度达到 10～100μg/L 时，就会干扰水生生物的摄食和繁殖。我国饮用水卫生标准中虽暂无此项，但欧共体饮用水水源地面水标准规定溶解度或乳化烃为 0.05mg/L，我国渔业用水标准规定不得超过 0.05mg/L，农灌用水标准为不大于 5.0mg/L。

三、生物性水质指标

属于这类水质指标的有细菌总数、大肠杆菌数、各种病源生物和病毒等。

（一）细菌总数

水中细菌总数可作为评价水质清洁程度和考核水净化效果的指标，一般要求饮用水中的细菌总数不得超过 100 个/mL。细菌总数增多说明水被有机物质污染，但不能说明污染的来源，因此必须结合大肠杆菌群数来判断水质污染的来源和安全程度。

（二）总大肠菌数

总大肠菌数是作为保证人体健康的卫生指标，以每升水样中所含有的总大肠菌群的数目计。水是传播疾病的一种媒介，而大肠菌群被视作是最基本的粪便污染指示菌，水中总大肠菌数的含量可表明水被粪便污染的程度，而且可间接地表明肠道病菌存在的可能性。

我国城市、农村卫生工程普及率低，非点源影响尚无力控制，地面水水域大肠菌群数普遍达不到标准，从游泳区和经处理饮用的水质要求考虑，仅在三类区规定总大肠菌数 10 000 个/L 的标准。

（三）病毒

关于水中病毒问题，由于已发现有多种病毒性疾病，如肝炎、小儿麻痹症等均可通过水传染，因而已引起人们的重视。这些疾病的病毒也存在人的肠道中，通过病人的粪便污染水体。由于目前尚缺乏完善的经常性检测技术，所以各国的卫生水质标准对病毒还没有作出明确的规定。世界卫生组织《饮用水国际标准》（1971 年）提出每升水中不超过 1 个病毒蚀斑，可认为是安全的；而 1974 年在墨西哥城召开的病毒问题国际会议则认为：娱乐用水每 10 加仑（38L）所含病毒不超过 1 个蚀斑，生活饮用水则每 100～1 000 加仑中不得含有 1 个病毒蚀斑。

第四节　水体污染及其防治法

水体污染依据水源、污染类型不同，其水处理方法也不同。本节以城市污水、工业污水、化工废水、焦化废水、农药废水、放射性废水的防治等案例进行介绍。

一、工业污水处理

（一）工业用水水质要求

由于各种工业生产的工艺、产品质量和设备材料等对用水水质要求不同，因此，各种工业的不同生产部门需要不同质量的水，也就需要根据原水水质和用水水质要求之间的差异，选用适当的水处理工艺系统。有些生产部门只要求符合沉淀池出水水质的水，有些生产部门则需用符合生活水质要求的水，这些都可通过前述的生活饮用水处理系统的相应处理方法和流程来达到水质要求。而当生活饮用水水质不能满足某些生产部门的要求时，常对城市供水作进一步的处理，使水质达到软水、除盐水、纯水、高纯水或循环冷却的水质的要求。

软水是钙、镁离子较低的水。除盐水、纯水和高纯水的主要水质参数为导电率和残余含盐量，它们的指标有差别，但无明显界限。

除盐水处理以去除水中无机盐类为主要目标，同时亦去除部分机械杂质和有机物质。

纯水对无机盐类含量的要求较除盐水高，各种金属离子、有机物、微粒、微生物等都有要求较高的指标。高纯水的纯度要求高于纯水，具体规定常由用水部门制定。水质指标接近理论纯水的，可称为“超纯水”。

（二）工业污水处理方法

各种工业用水的预处理和后处理方法，都有去除水中某些杂质的功能。根据水中杂质颗粒大小考虑，几种常用处理方法用以去除杂质的方法可分为：电渗析、离子交换、微孔过滤、超过滤、活性炭吸附、反渗透。

对水质要求高于生活用水的工业用水的预处理主要是软化和除盐。用化学沉淀法软化硬水时，不需要预处理。其他软化和除盐方法常常需要预处理。预处理的目的是初步改善原水的水质，使它不至于妨碍后续的主要处理。所以预处理过程的确定决定于原水水质和后续处理对原水水质的要求。例如离子交换法用于软化时，原水除需清澈外，并应去除对交换树脂有害的杂质，如氧化剂；用于除盐时，原水除需清澈外还应去除对阴、阳两种不同交换树脂有害的杂质，如有机物镁锰余氯胶体硅等，从经济合理的原则出发，根据原水水质和用水水质要求，上述各种处理方法常组合使用。如电渗析通常认为可经济合理地处理含盐量为300～4 000mg/L的原水，出水的含盐量不宜低于10～50mg/L，故常作为工业用水处理中高含盐量原水的预除盐工艺，而与离子交换器串联使用（离子交换除盐通常适用于处理含盐量小于500mg/L的原水）。离子交换一级复合床出水的电导率可低达1～10μs/cm，二级复合床可低达0.1～0.2μs/cm，且效率比较稳定。

深度除盐一般用混合离子交换器，杀菌用紫外线。去除微细颗粒则采用超过滤和微孔过滤膜过滤法。超过滤的分离过程与反渗透相同，但超过滤膜的孔径略大（一般为 30～50nm），主要用以去除水中胶体大分子化合物和微生物。超过滤的工作压力比反渗透低得多。微孔滤膜是用高分子材料制成的多孔性薄膜，孔径 0.01～10μm，孔隙率很高。

二、造纸废水处理

（一）概述

造纸废水主要来自化学制浆过程。我国化学浆占总浆产量的 80%，其中烧碱及硫酸盐法制浆占 70%以上。采用碱回收工程，可以回收碱及硫酸盐法制浆废液中的碱和热能。先进国家中碱回收车间已成了碱法制浆厂不可缺少的一部分，已做到碱基本自给（每吨浆只需补充几十千克芒硝），能源自给而有余，并可消除有机污染 90%以上。同样酸法制浆厂也可通过回收或制浆废液的综合利用来降低污染。

近年来，我国造纸工业迅猛发展，每年人均消费量约 16kg，仍远远落后于世界平均 40 余千克的水平。长期以来，由于缺乏环境意识，我国造纸工业对水环境造成了十分严重的污染。1988 年造纸工业的废水排放量达 $40\times10^8 m^3$，占全国工业废水排放总量的十分之一；排放 BOD$190\times10^4 t$，约占全国 BOD 排放总量的四分之一。

我国造纸企业大多为制浆联合企业。其特点是：①数量多，由于存在大量村办企业，很难确切统计其总数，估计已近万家。②规模小，据国家统计局 1988 年统计，我国造纸企业 5 360 个（估计为乡办以上企业），平均生产规模年产 2 000 余吨（实际数值要小得多），万吨以上的大中型企业仅 189 个。③碱回收装置仅限于大中型碱法木浆厂，至 1990 年投产的碱回收车间为 57 个，回收碱能力 $45\times10^4 t$，1990 年实际回收碱 $35\times10^4 t$。目前大中型碱法木浆厂都已配备燃烧法碱回收车间，回收的碱占总回收碱量的 72%，其中有些厂“三率”（黑液提取率、碱回收率、碱自给率）都在 90%以上，接近世界先进水平。草浆回收碱约 6×10^4t，主要由大中型草浆厂回收。但是近 5 000 家小草浆厂对废液未做任何回收处理而直接排放。我国现有的七个大型酸法浆厂中，仅有一厂配备酸回收装置，也由于技术不过关，不能投入运转。酸法制浆废液主要靠综合利用来降低污染，但也只有个别厂的综合利用率达到 50%左右。

造纸工业是耗水大户，我国造纸工业由于技术、装备落后，吨产品耗水量达 $400m^3$ 以上，比国际先进水平高出 2～8 倍，亟待改进。制浆废水中含有有毒、有害物质，近年来在漂白废水中检出剧毒物质二噁英类化合物，引起广泛关注，对此也应采取适合国情的对策。

由于制浆厂废液中的有机污染物难以用生物降解处理及其高色度也不易处理，处理费用十分昂贵。因此，应尽量采用厂内预防设施，使污染最大限度地减少或消灭在工艺过程中，即推广应用清洁生产技术。

美国造纸工业主要的厂内预防措施是：提高黑液提取率及回收利用率；封闭筛浆系统；汽提及回用污冷凝液；建立纸机纤维回收和白水气浮回收系统及减少跑、冒、滴、漏等。瑞典造纸工业的厂内预防措施也大致相同。这些措施都是我国应该学习也能够做到的。对于我国大多数小型草浆造纸厂，虽然回收利用制浆废液的经济效益较差，但应认识到这是防治污染的重要手段，应加以认真对待。

（二）造纸废水的污染物

制浆造纸工业所用的纤维原料，不论木材或草类原料，利用生产化学浆的主要成分纤维素含量一般都不超过 50%，其他组分有木素、半纤维素、无机物、可抽提物、多糖类等。制浆造纸过程排放的主要污染物有以下几种。

（1）悬浮物。造纸工业中所称的悬浮物包括可沉降悬浮物和不沉降悬浮物两种，主要是纤维和纤维细料（即破碎的纤维碎片和杂细胞）。

（2）易生物降解有机物。在制浆和漂白过程中溶出的原料组分，一般易于生物降解，其中包括低分子量的半纤维素、甲醇、醋酸、蚁酸、糖类等。

（3）难生物降解有机物。制浆造纸厂排水中的难生物降解有机物主要来源于纤维原料中所含的木素和大分子碳水化合物。浆厂难生物降解的物质通常都带色。

（4）毒性物质。浆厂排放的污染物中有许多有毒物质。主要有：黑液中含有的松香酸和不饱和脂肪酸；污冷凝液含有的对鱼类特别有毒的成分硫化氢、甲基硫、甲基醚；漂白碱抽提废水中的多种氮代有机化合物，其中尤以剧毒的二噁英引起广泛的注意。

（5）酸碱物质。制浆废水中酸碱物质可明显改变接受水体的pH值，碱法制浆废水的pH值为9～10；漂白废水的pH值变化很大，可低于2，可高于12；而某些酸法浆厂的废水pH值则可低至1.2～2.0。

（6）色度。制浆废水中所含残余木素是高度带色的。

（三）造纸废水的综合利用

造纸废水主要由两部分组成，其中无机物约占30%，以回收碱为主，有机物约占70%。习惯上将化学品回收称为蒸煮废液的回收，将利用废液的有机组分生产各种产品叫做蒸煮废液的综合利用。

目前，国内外造纸工业的碱回收仍然是以传统燃烧法——常规碱回收为主。在制浆造纸厂中，习惯上碱回收车间并不包括黑液提取。由于黑液提取操作的成败对碱回收乃至废液综合利用的经济指标至关重要，因此现将其列为碱回收的第一道工序，即碱回收分为提取、蒸发、燃烧、苛化-石灰回收四个工段。

（1）提取。无论化学品回收或废液综合利用，前提是充分地提取高浓度废液。即采用最小的洗涤水量，保持黑液有较高的浓度和温度，而同时取得最高的提取率。在大型碱法浆厂，要求碱回收率达到90%以上。

（2）蒸发。无论是回收化学品或综合利用，废液的有效增浓也是必要的前提。提取工段送来的黑液含固形物10%～13%，在燃烧之前，还需蒸发到一定的浓度。常规的多效蒸发器可将黑液浓度蒸发到47%～55%；但草浆黑液因含硅多、黏度大，一般只能达到40%左右。

多效蒸发系统包括黑液、蒸汽、冷凝水三个流程。其中采用的蒸汽流程多与各效顺序相同，即新蒸汽进入Ⅰ效汽室，Ⅰ效产生的二次蒸汽进入Ⅱ效汽室，依次顺序向后，最后一效的二次蒸汽进入冷凝系统。黑液有三种给料方式，采用混流供液的较多，它兼有顺流和逆流供液的优点。常用方案有Ⅲ→Ⅳ→Ⅴ→皂化物分离→预热器→Ⅱ→Ⅰ，或Ⅲ→Ⅳ→Ⅴ→皂化物分离→预热器→Ⅰ→Ⅱ。

冷凝液有净冷凝液和污冷凝液之分，应分别加以收集后回用或去处理系统。多效蒸发的经济效益取决于1kg新鲜蒸汽能从黑液中蒸发多少水量。Ⅲ效蒸发时，新鲜蒸汽蒸发水量为2.2～2.5L/kg，Ⅳ效为2.8～3.3L/kg，Ⅴ效为3.5～4.0L/kg，Ⅵ效为4.2～4.8L/kg。效数愈多，节俭的蒸汽愈多，但随效数增加，蒸汽节俭增加程度愈低，且增加投资。一般常采用Ⅳ—Ⅴ效，先进大厂有采用Ⅵ效的。

蒸发器的形式有长管升膜式、短管升膜式和降膜式蒸发器等。对于某些黏度很高，含细小纤维、无机杂质多的草浆黑液，可以采用短管式或降膜式蒸发器。

此外，在蒸发前对黑液进行过滤、除硅等预处理，也能显著改善草浆黑液黏度高、流动性差、易结垢的现象。

我国已引进新型高效的降膜板式蒸发器并生产。在这种结构中，加热元件分成前后两个部分，其上部连在一起，前后两部分面积比例分别为90%和10%。蒸汽与黑液热交换形成的冷凝液，经上升蒸汽汽提，大部分污染物带入后部元件。后部流出的污冷凝液污染负荷要占80%，水量仅占10%，简化了后继污冷凝液处理。

(3) 燃烧。喷射炉燃烧系统是我国最常用的碱回收燃烧系统。流程的特点是采用文丘里-旋风分离器作为黑液增浓和烟气除尘。设备简单，操作容易，但由于黑液与烟气直接接触，发热效率低，排除的烟气中含较多硫分，大气污染较重。国外已逐渐采用除臭式燃烧流程，即以蒸发站增浓器来取代直接接触蒸发。燃烧的主要设备是燃烧炉，有全水冷壁燃烧炉、移动式圆形夹套熔炉半水冷壁喷射炉、半风冷壁炉和简易喷射炉。

全水冷壁燃烧炉：它是由炉膛燃烧室和锅炉两部分组成。由于燃烧室的炉壁、炉顶和炉底都由水冷壁组成，故称全水冷壁型，这种炉生产能力大，废热利用率达60%，但是构造复杂，造价只适合用于大型厂。

移动式圆形夹套熔炉半水冷壁喷射炉：又称TW型炉，是由移动的，外有水冷夹套，内有衬炉、焙炉和半水冷壁炉几部分组合而成的碱回收炉。具有结构与操作简单、投资小的优点，但锅炉效率低，故只适合于中小型厂。

在对TW型炉进行全面改造的基础上，1984年试制成功了半风冷壁炉。这种炉子特别适合用于黏度高、热度低的草浆黑液，因为用冷风代替水冷，可以提高炉温，不用喷油也能保证草浆黑液燃烧，节约了能源，避免了因水冷壁漏水而可能引起的爆炸。

简易喷射炉：它是耐火砖砌结构，不带锅炉也不带水冷壁，因此燃烧草浆黑液也无须有助燃，但运行周期短，热效率低，仅适用于小厂。

(4) 苛化-石灰回收。黑液燃烧后从燃烧炉底部流出的熔融物，主要成分是碳酸钠和硫化钠，溶于稀白液后，称为绿液。在苛化工段，往绿液中加消石灰，使碳酸钠转化为氢氧化钠。澄清后的液体称为白液，即蒸煮用的碱液，沉淀出的碳酸钙称为白泥。白泥需要进行洗涤，回收其中的残碱，经过滤、脱水后送白泥回收设备。

三、硫酸工业废水处理

硫酸工业是重要的基础化学工业之一。硫酸广泛应用于国民经济的各个部门，消耗量最大的是化肥工业，其次是冶金和国防工业。硫酸工业废水的处理具有十分重要的环保意义。

（一）硫酸生产工艺和废水的产生

硫酸的制备原理如下：

$$\text{含硫原料} \xrightarrow{\text{焙烧}} SO_2 \xrightarrow{\text{催化氧化}} SO_3 \xrightarrow{H_2O} H_2SO_4$$

催化氧化方法有两种：硝化法和接触法。按生产设备，硝化法有铅室法和塔式法之分。我国通常采用接触法。其流程如下：

$$\text{含硫原料} \xrightarrow{\text{焙烧}} SO_2 \xrightarrow[\text{酸洗或水洗}]{\text{气体净化}} \text{净化 } SO_2 \xrightarrow[V_2O_5]{\text{催化氧化}} SO_3 \xrightarrow[\text{水}]{\text{吸收}} H_2SO_4$$

有焙烧炉逸出的二氧化硫，其中除了含有三氧化二砷、二氧化硒与氟化氢等杂质外，还夹带了固体炉渣及未反应的矿粒。对于固体粒子，主要采用旋风分离、电除尘方法去除，一些微粒则采用洗涤法去除，采用的洗涤液有浓硫酸、稀硫酸或水。

水洗时产生废水。酸洗时洗涤液常循环使用。我国主要采用酸洗法，此时有少量的设备和厂房有冲洗液排出。

（二）硫酸废水的水质及水量

采用水洗法净化炉气时，每生产 1t 硫酸的废水量高达 7～12m^3，废水中不仅含有硫酸和大量矿尘，而且还含有砷、氟、铅、锌、汞、镉等有害物质。特别是利用有色金属冶炼厂烟气制酸的工厂和以有色金属矿山副产品硫精砂为原料的工厂，洗气废水中的有害物质则更多、更杂。采用酸洗流程工厂，还由于设备滴漏洗涤设备均产生一定量的废水。

（三）废水处理技术与典型流程

硫酸废水处理的目的是中和酸类，降低氟、砷和去除悬浮固体。常用的是化学沉淀法——石灰法。石灰沉淀法有两种，一种是单级澄清法，另一种是三段逆流石灰法。通常所说的石灰法指前一种。

石灰（或电石渣）中和废水中酸类后，废水中各种金属离子（铁、铅、锌、镉等）（以 Me 表示）可在 pH 值为 6～9 的范围内与氢氧化钙作用形成氢氧化物沉淀，使废水得到净化。影响石灰中和法净化硫酸废水效果的主要因素有以下几个方面。

1. pH 值

为使废水中砷、氟等杂质达到国家排放标准，同时考虑到节省石灰用量，一般将废水的 pH 值控制在 6～9 范围内。

2. 混凝剂

水洗废水中铁离子的浓度一般在 100mg/L 以下，故在混凝过程中不需另加硫酸亚铁。实践证明，当废水中的 pH 值调至 8 以上时，氢氧化亚铁将被氧化成氢氧化铁，除砷效果可明显提高。根据实验，要使废水中的砷含量降至国家规定的排放标准，在单独加石灰处理时，废水中的铁含量须大于砷含量约 20 倍（即铁/砷＞20）。

焙烧高砷矿时废水中砷的含量很高，在用石灰法处理硫酸废水过程中，需加入适量硫酸亚铁，才可使砷达到排放标准。必要时还可同时加入适量漂白粉，使溶解度较大的三价砷氧化为溶解度较小的五价砷，二价铁氧化为三价铁，以降低铁盐的用量和提高石灰处理废水的效果。

为了提高混凝效果，也可加入聚丙烯酰胺等高分子絮凝剂，投加量一般控制在 10mg/L 左右。

3. 混凝时间和沉降时间

混凝时间应根据废水量和水质等条件而定。一般在 400m^3 的大池中，当搅拌转速为 120 转/min 时，需 20～30min。沉降时间约 1.5h。

(四) 实例

上海某硫酸厂，日产硫酸（以 100%浓度计）400t/d，排放的废水量为 2 880～3 360m^3/d，废水的性质如表 3－4、表 3－5 所示。

表 3－4 某硫酸厂废水性质表

成分	砷	氟	SS	总酸度
浓度（mg/L）	10～30	100	17 000	1 500～2 500

表 3－5 废水经净化后的水质情况

成分	砷	氟	SS	总酸度
浓度（mg/L）	0.2～0.5	8～12	<100	6～9

废水用电石渣中和，采用二次中和二次沉淀的流程。废水经处理后基本可达到排放标准。

废水中各种重金属离子经净化后基本上可达到排放标准。

四、焦化废水的处理

(一) 焦化废水的产生

焦化废水主要来自炼焦、煤气净化及化工产品的精制等过程，排放量大，水质成分复杂。从焦化废水产生的源头分，有炼焦带入的水分（表面水和化合水）、化学产品回收及精制时所派出的水，其水质随原煤和炼焦工艺的不同而变化。剩余氨水及煤气净化和化学产品精制过程中的介质分离水属于高浓度焦化废水；对于焦油蒸馏和酚精制蒸馏中分离出来的某些高浓度油及污水，因其中含有大量不可再生和生物难降解的物质，一般要送焦油车间管式焚烧炉焚烧；煤气净化和产品精制过程中，从工艺介质中分离出来的其他高浓度污水要与剩余氨水混合，经蒸氨后以蒸氨废水的形式排出，送焦化厂污水处理站处理。

焦化厂的生产全过程，一般可以分为煤的准备、炼焦、煤气净化和回收以及化学品精制等步骤。因此，焦化厂所产生的废水数量与性质，随采用的工艺和化学产品精制加工深度的不同而有所不同。目前，我国焦化生产工艺流程及废水来源如图 3-1 所示。

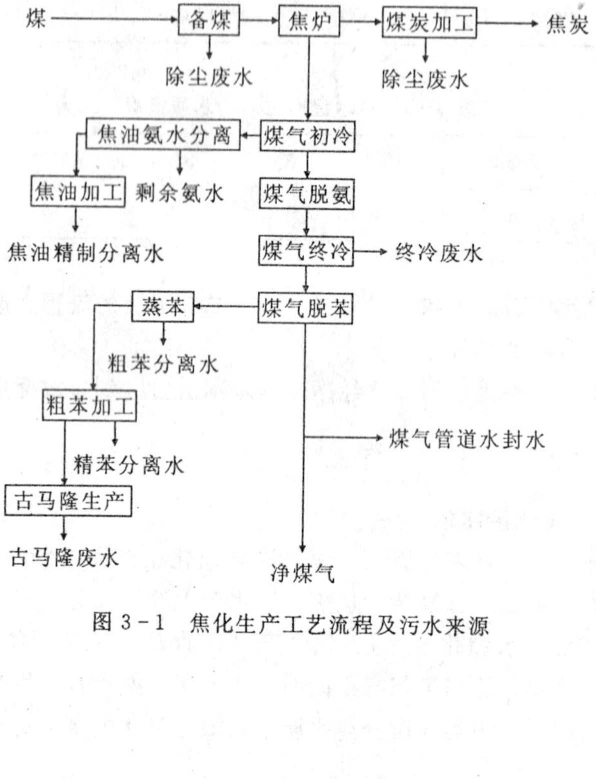

图 3-1 焦化生产工艺流程及污水来源

（二）焦化废水的组成及分类

1. 炼焦煤中表面水及化合水

炼焦煤一般都经过洗选，常规炼焦时，装炉煤水分控制在10%左右，这部分附着水在炼焦过程中挥发逸出；同时煤料裂解，有析出化合水。这些水蒸汽随粗干馏煤气一起从焦炉引出，经初冷器冷却形成冷凝水，称剩余氨水；该股废水含有高浓度的氨、酚、氰化物、硫化物以及有机油类等，这是焦化工业主要治理的废水，是污水处理站主要的废水来源。

2. 生产过程中引入的生产用水和蒸汽等形成的废水

生产过程中引入的生产用水所形成的废水主要有洗选煤、物料冷却、换热、熄焦、水封、冲洗地坪、化检、补充循环水系统等生产过程排放的废水。这些废水可分为生产净排水和生产废水两部分。

生产净排水主要分为间接冷却水排水以及排放的蒸汽冷凝水等，该废水基本不含污染物。

生产废水来源于与物料直接接触的水，主要有以下3种：

（1）接触煤、焦粉尘物质的废水。该类废水主要有：炼焦煤储运、转运、破碎和加工过程中的除尘洗涤水，焦炉装煤或出焦时的除尘洗涤水，湿法熄焦水，焦炭转运、筛分和加工过程的除尘洗涤水。

这种水主要污染物是高浓度的固体悬浮物，一般经澄清处理后可重复使用。水量因采用除尘器的种类及数量的不同而有很大变化。

（2）含有酚、氰、硫化物和有机油类的酚、氰废水。该类废水主要有：煤气终冷的直接冷凝水，粗苯加工的直接蒸汽冷凝分离水，焦油精制加工过程的直接蒸汽冷凝分离水、洗涤水，煤气管道水封水，车间地坪或设备清洗水等。

这类污水含有一定浓度的酚、氰、硫化物及石油类，与前述煤中所形成的剩余氨水一起通称酚氰废水。该类废水不仅水量大，而且成分复杂、危害大，是焦化废水治理的重点。

（3）生产古马隆树脂过程中的洗涤废水（图 3-2）。

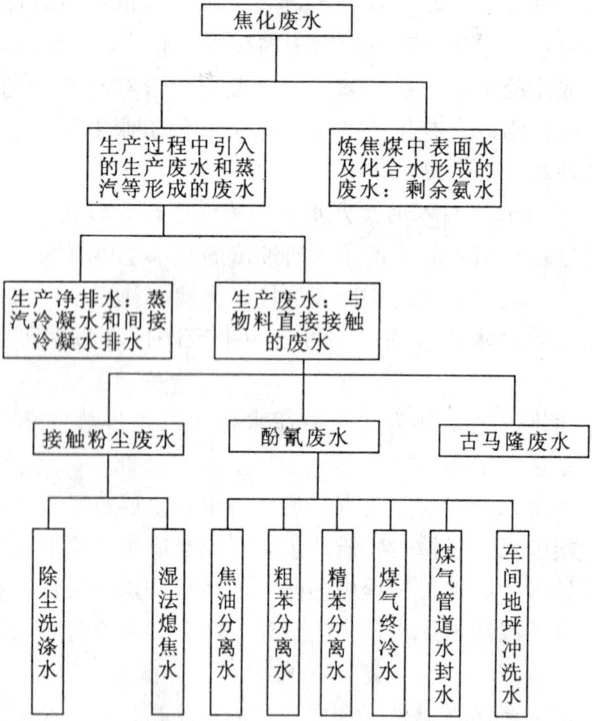

图 3-2　焦化废水组成

该类废水主要是古马隆树脂水洗废液。废水的水量很小，且只在少数生产古马隆产品的焦化厂所具有。这种废水一般呈白色乳化状态，除含有酚、油物质外，还因聚合反应所用的催化剂不同，而含有其他物质。

(三) 焦化废水的特征及危害

1. 焦化废水的水质特点

(1) 成分复杂。焦化废水组成复杂，其中所含的污染物可分为无机污染物和有机污染物两大类。

无机污染物一般以铵盐的形式存在，包括$(NH_4)_2CO_3$、NH_4HCO_3、NH_4HS、NH_4CN、$NH_4(COO)NH_4$、$(NH_4)_2S$、$(NH_4)_2SO_4$、NH_4SCN、$(NH_4)_2S_2O_3$、$NH_4Fe(CN)_3$、NH_4Cl等。

有机物除酚类化合物以外，还包括脂肪族化合物、杂环类化合物和多环芳烃等。其中以酚类化合物为主，占总有机物的85%左右，主要成分有苯酚、邻甲酚、对甲酚、邻对甲酚、二甲酚、邻苯二甲酚及其同系物等；杂环类化合物包括二氮杂苯、氮杂联苯、氮杂芘、氮杂蒽、吡啶、喹啉、咔唑、吲哚等；多环类化合物包括萘、蒽、菲、a-苯并芘等。

(2) 水质变化幅度大。焦化废水中氨氮变化系数有些可高达2.7，COD变化系数可达2.3，酚、氰化物浓度变化系数达3.3和3.40。

(3) 含有大量的难降解物，可生化性较差。焦化废水中有机物(以COD计)含量高，且由于废水中所含有机物多为芳香族化合物和稠环化合物及吲哚、吡啶、喹啉等杂环化合物，其BOD_5/COD值低，一般为0.3～0.4，有机物稳定，微生物难以利用，废水的可生化性差。

(4) 废水毒性大。其电氰化物、芳环、稠环、杂环化合物都对微生物有毒害作用，有些甚至在废水中的浓度已超过微生物可耐受的极限。

2. 焦化废水水质情况

由于煤的种类、车间组成、工艺流程和操作制度不同，焦化废水的水质也不同。表3-6列出了焦化厂主要生产工序排放污水的水质情况。

表 3-6 焦化废水水质表

项目排水点	pH 值	挥发酚	氰化物	油	挥发氨	COD
蒸氨塔后(未脱酚)	8～9	500～1 500	5～10	50～100	100～250	3 000～5 000
蒸氨塔后(已脱酚)	8	300～500	5～15	2 500～3 500	100～250	1 500～4 500
粗苯分离水	7～8	300～500	100～350	150～300	50～300	1 500～2 500
终冷排污水	6～8	100～300	200～400	200～300	50～100	1 000～1 500
精苯分离水	5～6	50～200	50～100	100	50～250	200～3 000
焦油加工分离水	7～11	5 000～8 000	100～200	200～500	1 500～2 500	15 000～20 000
硫酸钠污水	4～7	7 000～20 000	5～15	1 000～2 000	50	30 000～50 000
煤气水封槽排水		50～100	10～20	10	60	1 000～2 000
酚盐蒸吹分离水		2 000～3 000	微量	4 000～8 000	3 500	30 000～80 000
沥青池排水		100～200	5	50～100		100～150
泵房地坪排水		1 500～2 500	10	500		1 000～2 000
化验室排水		100～300	10	400		1 000～2 000
洗罐站排水		100～150	10	200～300		500～1 000
古马隆洗涤污水	3～10	100～600		1 000～5 000		2 000～13 000
古马隆蒸馏分离水	6～8	1 000～1 500		1 000～5 000		3 000～10 000

注：pH 值无量纲，其余单位为 mg/L。

氨氮和 COD 是焦化废水的主要污染物。氨氮是导致水体富营养化的重要因素，当含有大量氨氮的污水流入湖泊时，会加快藻类和微生物的繁殖生长，造成水体缺氧，使水质恶化变臭。传统废水处理工艺对氨氮的去除率极低，全国有 80%以上的焦化企业存在着废水氨氮和 COD 排放不达标的状况。20 世纪 90 年代以后，国家颁布的《污水综合排放标准》（GB 8978—1996）和《钢铁工业水污染物排放标准》（GB13456—1992）中，对焦化工业排放废水中的氨氮和 COD 提出了更高要求（表 3-7）。

表 3-7 氨氮、COD 的排放标准

氨氮（mg/L）			COD（mg/L）		
一级	二级	三级	一级	二级	三级
15	25	—	100	200	1 000

截至 2005 年上半年，我国有不同规模的焦化厂约 700 多家，各类焦炉 1 900 多座，年机焦生产能力已达 1.8×10^8t，在建约 8 100×10^4t，排放的焦化废水中 COD 和氨氮严重超标。除少数焦化厂外，绝大部分焦化厂几乎未对氨氮进行处理，按一般焦化厂蒸氨废水水质指标 COD_{Cr}＝3 500mg/L、氨氮＝280mg/L 计，则每吨焦炭最少可产生 0.65kg COD 和 0.05kg 氨氮；按全国机焦产量 1.8×10^8t 计算，则每年可产生 117 000t COD 和 9 000t 氨氮。如果焦化废水未得到很好的治理，将会对环境造成严重的污染。

3. 焦化废水的危害

焦化废水中含有大量环链有机化合物、叠氮类无机化合物和氨氮等，这些物质无论是进入水体（如排入地面水体或渗入地下水体），还是其中的一些物质释放进入大气，都会直接或间接地对动、植物产生严重的危害。如果人直接饮用了含一定浓度这类物质的水或长时间吸入含该类物质的空气，将会危害身体健康，严重者可以致癌；特别是有些物质可在动物或植物体内富集，使其浓度浓缩许多倍，最终通过食物链侵害到人类；焦化废水中的含碳类化合物多数都是耗氧类物质，它们进入水体后要消耗水体中的溶解氧，严重时可以导致水体的腐化；而焦化废水中的含氮类物质，能导致水体的富营养化，可以导致藻类的大量孳生和繁殖；氨氮在水体中还能转化成硝态氮，婴幼儿饮用了含有一定浓度硝态氮的水，可导致白血病。因此，焦化废水对自然生态的破坏极其严重，对人类的威胁巨大。焦化废水危害性主要表现在以下几方面：

（1）对人体的危害。焦化废水中含有的酚类化合物是原型质毒物，可通过皮肤、黏膜的接触和经口服而侵入人体内。高浓度的酚可以引起剧烈腹痛、呕吐和腹泻、血便等症状，重者甚至死亡。低浓度的酚可引起积累性慢性中毒，有头痛、头晕、恶心、呕吐、吞咽困难等反应。酚可以引起皮肤灼伤，小量的接触也可引起接触性皮炎。酚溅入眼睛立即引起结膜及角膜灼伤、坏死，长期饮用被酚污染的水会引起头晕、贫血以及各种神经性系统病症。

水中氰化物大多数是氢氰酸，毒性很大。当 pH 值在 8.5 以下时，氰化物的安全浓度为 5mg/L。致人死亡平均剂量：氢氰酸为 30～60mg/L，氰化钠为 0.1g，氰化钾为 0.12g。

在多环芳香烃中，有的物质已经被证明具有致癌、致畸和致突变特性，这已引起了人们的广泛关注。

焦化废水中含有大量的氨氮，即使经处理后氰并未完全脱除，可能转化为 NO_2^- 或 NO_3^-。人若饮用了 NH_4^+—N＞10mg/L 或 NO_3^-—N＞50mg/L 的水，可使人体内正常的血红蛋白氧化成高铁血红蛋白，失去血红蛋白在体内的输氧能力，出现缺氧的症状，尤其是婴儿，当人体血液中高铁血红蛋白大于 70％时，会发生窒息现象。若亚硝酸盐长时间作用于人体，可引起细胞癌变，经水煮沸后的亚硝酸盐浓缩，其危害程度更大。以亚硝酸盐为例，自来水中含量为 0.06mg/L 时，煮沸 5min 后增加到 0.12mg/L，增加了 100％。亚硝酸盐与胺类作用生成亚硝酸胺，对人体有极强的致癌作用，并有致畸胎的威胁。

（2）对水体和水生生物的危害。焦化废水中含有大量有机物，部分有机物具有生物可降解性，因此，能消耗水中的溶解氧。当氧的浓度低于某一限值时，水生生物的生存会受到影响。例如，鱼类要求的氧的限值是 4mg/L，如果低于此值，会导致鱼群大量死亡。当氧消耗殆尽时，将造成各种水生生物的死亡，水质腐败，严重地影响周围环境卫生。

酚类对给水水源的影响也特别严重。长期饮用被酚污染的水会引起头晕、贫血以及各种神经系统病症。我国政府在《地面水中有害物质的最高允许浓度》中规定挥发酚的最高允许浓度为0.01mg/L；在《生活饮用水卫生标准》中规定，挥发酚类不得超过0.02mg/L。加氯消毒的水，当酚量超过0.001mg/L时则产生令人不愉快的氯酚味。酚污染严重影响水产品的产量和质量，能使贝类减产，海带腐蚀，养殖的砂贝、牡蛎逐渐死亡。当水体中含有酚时，能影响鱼类的洄游繁殖；浓度为0.1～0.2mg/L时，鱼肉有酚味；浓度更高时，引起鱼类大量死亡，甚至绝迹。我国《渔业水体中有害物质的最高允许浓度》中规定，挥发酚的最高允许浓度为0.01mg/L。酚的毒性还可以抑制一些微生物如细菌、海藻等的生长。

含氮化合物能导致水体的富营养化，其危害表现在以下几个方面：①消耗受纳水体中的氧，导致水中溶解氧急剧降低，使水体出现亏氧、水变质，造成恶臭。②对于具有饮用功能的水体，若受到氨氮污染，在加氯消毒时，水中的氨氮会与氯及其中所含的溴反应，生成氯胺或三卤甲烷，具有较强的致癌作用，成为危害公众健康的一大隐患。③当水体中pH值较高时，氨态氮往往呈游离氨的形式存在，游离氨对水体中的鱼及生物皆有毒害作用；当水体中NH_4^+—N＞1mg/L时，会使生物血液结合氧的能力下降；当NH_4^+—N＞3mg/L时，在24～96h内大部分鱼类和水生生物就会死亡。④导致水体富营养化，使水体中藻类大量繁生，从而也使水质恶化变臭，尤其对沼泽、湖泊等封闭水域的危害更大，并对饮用水源、水产业和旅游业造成危害。

(3) 降低水体的观赏价值。若焦化废水泵入具有观赏价值的水体，将会大大降低水体的观赏价值，通常1mg氨氮氧化成硝态氮需消耗4.6mg溶解氧。水体中氨态氮越多，耗去的溶解氧就越多，水体的黑臭现象就越严重，这就影响了水体中鱼类等水生生物的生存，使其易因缺氧而死亡。富营养化的水质不仅发臭，且透明度差

（仅有 0.2m），往往影响了江河湖泊的观赏和旅游价值。随着改革开放的深入，人民群众的生活水平日趋提高，旅游已成为人们越来越广泛的需求。而水质优良的江河、湖泊、公园是城市景观的重要组成部分，也是人们生活娱乐、游泳、观赏、休闲的最佳场所。但我国的大部分湖泊已呈现出不同程度的富营养状态，有些已发黑、发臭，人们已经无法在其中游泳、游览，更观赏不到鱼类在其中嬉戏的情景，大大降低了这些湖泊的娱乐观赏价值，影响当地人民的生活，并且也严重影响当地的旅游业发展。

（4）对农业的危害。采用未经处理的焦化废水直接灌溉农田，将使农作物减产或枯死，特别是在播种期和幼苗发育期，幼苗因抵抗力弱，含酚的废水使其霉烂。而用未达到排放标准的污水灌溉，收获的粮食和果菜有异味；焦化废水中的油类物质能堵塞土壤孔隙，含盐量高而使土壤盐碱化；农业灌溉用水中 TN 含量如超过 1mg/L，作物吸收过多的氮就会产生贪青倒伏现象。

（四）焦化废水的防治

我国开办的第一座焦化厂是 1914 年开始修建的石家庄焦化厂。现在我国焦化工业已经伴随钢铁工业发展成为煤化工领域中重要的分支，达到了较高的水平。

我国焦化废水处理自 20 世纪 50 年代起经历了从无到有、逐步提高、逐步完善的发展过程。50～60 年代处于低水平阶段，仅有几个大型焦化厂对酚氰废水进行简易的机械处理（如鞍钢化工总厂、宝钢焦化厂等），仅设有平流沉淀池或圆形带刮泥机的沉淀池去除浮油和重油，处理后将部分酚氰废水送去做熄焦补充水。进入 70 年代后，运用了国内外的生化技术，在首钢焦化厂首先兴建了生物脱酚装置，同时一批大、中、小型焦化厂都相继设立了生物脱酚装置，当时的重点是脱除废水中的酚，处理方式和流程也比较简单。

20 世纪 80 年代由于国家对环保工作的重视，使焦化废水处理水平向前推进了一大步。以宝钢一、二期焦化废水处理技术的引进为起点，各科研院所加大了研究开发焦化废水处理的力度，开展了两段生化和投加生长素的试验研究以及后混凝处理和污泥脱水的研究。

20 世纪 80 年代末和 90 年代初，针对国家对焦化废水排放标准的更严格要求，开展了焦化废水的脱氮和进一步降低 COD 的实验研究，并将研究成果应用于工厂实践，在原生物脱酚处理工艺的基础上，将其改造成为 A/O 或 A^2/O 生物脱氮工艺。

1. 延时两段好氧生物脱酚工艺

目前，我国焦化厂广泛使用的工艺是延时两段好氧生物脱酚工艺，基本上由油池、调节池、浮选池、曝气池、二次沉淀池、混凝沉淀池和风机等设施构成。由于氨氮浓度太高，故在进入生化处理装置前，污水先混合送蒸氨装置脱除大部分氨氮污染物。其废水处理工艺如图 3-3 所示。

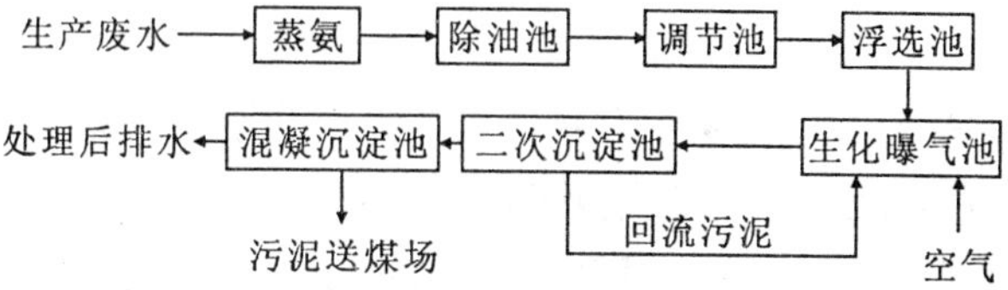

图 3-3　现有焦化厂所采用的延时两段好氧生物脱酚污水处理工艺

普通生化处理设施能将焦化废水中的酚类、氰化物等有效地去除，两项污染物指标均能达到排放标准。但由于该技术的局限性，其处理出口排水中的 COD_{Cr}、BOD_5、NH_3—N 等污染物指标均难以达标，特别是对 NH_3—N 污染物几乎没有降解作用。生化处理设施出口排水中 NH_3—N 在 200mg/L 左右，COD_{Cr}在 300mg/L 左右，这与国家《污水综合排放标准》（GB 8978—96 一级）中所要求的 COD_{Cr}<100mg/L、NH_3—N<15mg/L 相差甚远。

2. 生物脱氮工艺

我国的焦化废水生物脱氮试验研究始于20世纪80年代末90年代初。此间，鞍山焦耐院曾与哈尔滨建筑大学、宝钢化工公司、山东薛城焦化厂等单位合作分别完成了改进型A/O生物脱氮工艺的小试、中试以及工业性生产试验，都取得了较好的效果。随后，由鞍山焦耐院设计的A/O生物脱氮装置，先后于1993年、1994年在宝钢化工公司投入运行，其氨氮、COD_{Cr}等各项参数均达到设计要求。

A/O生物脱氮工艺流程如图3-4所示。

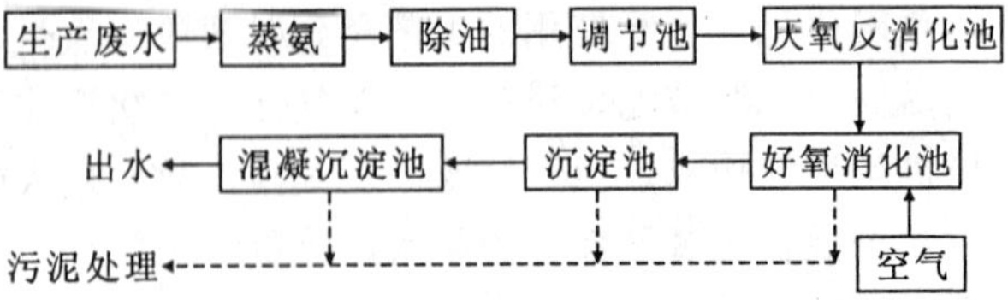

图3-4　A/O生物脱氮工艺流程

尽管A/O和A^2/O生物脱氮工艺在焦化废水处理上得到一定范围的应用，证明了其工艺技术比较先进可靠，但仍存在着不少问题，如处理构筑物较大、投资高、运行费用高等，生物脱氮工艺设计的基建投资较普通生化处理增加约30%。

3. 催化湿式氧化工艺

催化湿式氧化法是20世纪70年代发展起来的新工艺。污水在高温、高压且保持在液相状态下，通入空气，并在催化剂的作用下对污染物进行较彻底的氧化分解，使之转化为无害物质，从而使污水得到深度净化。

催化湿式氧化工艺不仅可去除酚、氰等污染物，也可去除污水中的氨氮，故对剩余氨水、高浓度煤气化污水、古马隆废水等处理十分有效。从经济及节能角度看，此工艺尤其适用于高浓度

年代初也开始对有机磷农药工业废水处理进行研究，并确认生物法为一条可行的技术途径。

由于有机磷农药废水成分复杂，污染物浓度高、毒性大，直接用生物法处理较困难，一般在进行生物处理前需辅之以适当的预处理措施。有机磷农药废水预处理技术主要有吸附法、湿式氧化法和水解法等。

1. 吸附法

（1）活性炭吸附。活性炭吸附是处理有机磷农药废水的有效方法之一。经用活性炭处理后的废水，其污染物的浓度能降至可被生物氧化的水平。

（2）树脂吸附。采用树脂吸附法处理有机磷农药废水，具有效果好、处理量较大、性能较稳定、可回收废水中的有机物等优点。目前市售的树脂较多，常用的有 CHA－101、CHA－103、H－103、X－5 和 DA－201 等。

2. 湿式氧化法

湿式氧化法是将农药废水在加温加压条件下，不断通入空气（或氧气），并使氧溶解于水，使有毒的有机污染物氧化分解为无毒物。当维持反应温度在 230℃～240℃，压力在 6.5～7.5MPa，反应 1h，COD 去除 50%左右，有机氮去除 90%以上，有机氮去除 80%以上。目前，湿式氧化法正向湿式催化氧化的方向发展。

3. 水解法

水解法又可分为碱性水解和酸性水解两种：①碱性水解法：有机磷农药在碱性条件下一般都不稳定，容易水解。常用的碱是液碱或石灰乳。当采用石灰乳时，将废水 pH 值维持在 11 左右，在常温常压下搅拌 6h，水解后 COD 去除 50%左右，有机磷去除 27%左右。若将反应温度提高到 60℃～80℃，反应 30～45min，效果显著提高，COD 可去除 80%左右，有机磷去除 80%以上，但会产生很大的臭味。② 酸水解法：酸水解法处理有机磷农药废水，可以将废水中的硫代磷酸酯水解成二烷基磷酸，再进一步水解成正磷酸与硫化氢。硫化氢从水中逸出与石灰乳中和，生成硫氰酸钙，正磷酸与石灰乳中和生成磷酸钙。

六、放射性废水的处理

放射性废水（液）处理系统的选择涉及一系列因素的决策。这些因素主要包括五个方面。即：①废水（液）来源的特性及分类收集的可能性；②现行工艺技术及其费用；③水质净化后的排放要求；④产生的浓缩物的调理技术；⑤经过调理的浓缩物的贮存和处理措施。

在选择废水（液）处理方法前，应检查产生废水（液）的生产工艺和设施有无改变或减少排出量的可能，如限制化学物质进入、避免二次废物产生量、分类收集、尽量回用和再循环等。废水（液）处理决策系统的过程分析如图 3－6 所示。

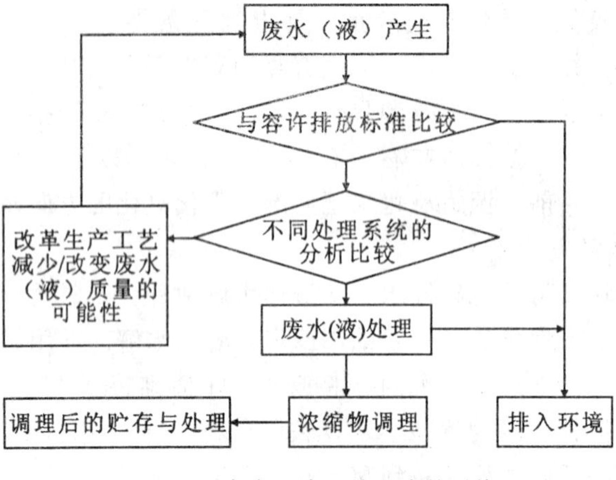

图 3－6　废水（液）处理决策系统

(一) 放射性废水(液)的处理方法

放射性废水（液）的基本处理方法有化学沉淀法、离子交换法和蒸发法三种。

用于放射性废水（液）处理的化学沉淀法工艺有：石灰-苏打法，氢氧化物沉淀法，磷酸盐沉淀法，硫酸钡沉淀法，亚铁氰化物法，除钌沉淀法，α 放射性沉淀法，联合法（如蒸发、离子交换等）。

采用离子交换法处理时，需认真考虑所产生的二次废物（液态、固态物）的储存、调理和处置。

对于含盐量较高（或含有硝酸成分）即电导率高、体积小、要求净化系数高的废液，蒸发法是一种最为有效的处理工艺。对于含盐量在 1～5g/L 的放射性废液，通常分两步进行，第一步为净化，第二步为浓缩。对含盐量高的废液或离子交换再生废液可一次完成蒸发过程；另有一种多级蒸发系统，能处理高含盐量的大体积废液，可获得较高的净化系数。

(二) 放射性废水(液)的处理新方法

涉及放射性废水（液）处理的新型技术有：①膜处理技术（包括反渗透、电渗析、超滤法）；②高低度磁分离；③电处理；④泡沫分离；⑤新型离子交换；⑥吸附技术等。其中膜处理技术的三种操作已应用于实际。

水的再循环处理是一种可以减少外排水量，缓解放射性污染的新工艺，采用化学澄清、过滤和离子交换的组合系统。此法对主要的放射性核素的净化系数可达 10^3～10^4，适用于接近零排放系统的中、低放废水处理。但对来水的限制条件是：凝絮-澄清前须控制 pH 值在 7～8，含盐量相当低。

(三) 放射性浓缩物固化处理

放射性浓缩物包括化学沉淀法处理的污泥浆、离子交换再生废液、蒸发所得蒸残液等。它们的容量虽较原废水（液）大为减少，但集中了绝大部分的放射性核素和杂质盐分，因此比强增大，浓度提高。若对其采用地下贮存处理，除需要考虑用于贮存的容器保持安全稳妥外，还应对贮存场地的地质水文条件、工程实施及资金耗费等进行研究。液态物的存放虽然省事，但有渗漏隐患，一旦发生，难予收拾，较妥当的方法是将其作进一步固化处理，以杜绝贮存、转运、失控等影响。

按以上方法处理后的放射性固化体，尚须依据其辐射水平置于近地表或深层地下处置库中作安全埋藏，以保证其与人类生物圈隔离。目前这一最终处置技术正处在深入研究阶段，有待实践验证。

思考与练习

1. 水体污染物有哪几种类型？
2. 水质指标有哪些？
3. 简述造纸废水特性及处理方法。
4. 简述硫酸废水的特性及处理方法。
5. 简述焦化废水的特性及处理方法。
6. 简述几种有机磷农药废水的特性及处理方法。
7. 简述放射性废水的特性与处理方法。

第四章　地下水污染与防治

第一节　地下水的基本概念

一、地下水及地下水资源

地下水（groundwater；subsurface water）是指存在于地表以下岩石或土壤空隙中的水。

广义上，地下水不但包括所有存在地表以下岩石土壤空隙之中的水，还包括结合在岩石矿物分子结构中的水，比如矿物结晶水甚至在熔融的岩浆中以［OH］形式存在的组分，其深度可延至地球深部数千千米以下。通常在研究地球上水的起源、壳幔物质交换与演化过程等问题时常常用到广义上的地下水概念，具有重要的科学意义。

狭义的地下水概念，也是通常意义上的地下水，往往指存在于地表以下岩石或土壤空隙中可以流动的重力水，它与大气降水、地表水共同组成自然界的水文循环系统。该部分地下水容易受到人类生产生活的影响，其埋藏深度的下界一般在1～10km之内，同时也是参与水文循环最为活跃的部分。

与人类活动密切相关的主要是在小于1km深度范围内的自由重力水。

地下水是水资源的重要组成部分，由于其具有分布广、水质好、不易被污染、调蓄能力强、供水保证程度高等优点，开发利用越来越广泛。尤其在干旱半干旱地区，地下水往往就是当地重要的、甚至唯一的水源。据计算，我国可更新地下淡水资源总量为8 700亿立方米，占我国水资源总量的31%。平原区（含盆地）地下水储存量约23万亿立方米，10m深度内含水层中的地下水储存量相当于840mm水层厚度，略大于全国平均降水量648mm，这个比例与世界地下水储存量的平均值相近似。

从目前地下水的供水情况看，我国地下水的利用量占全国水资源利用总量的16%，其中地下水开发利用程度最高的是华北地区，其地下水供水量占全区总用水量的52%。据统计，全国有近400个城市开采地下水作为城市供水水源，其中以地下水水源地作为主要供水水源的城市超过60个，如石家庄、太原、呼和浩特、沈阳、济南、海口、西安、西宁、银川、乌鲁木齐、拉萨等；以地下水与地表水联合供水的城市有北京、天津、大连、哈尔滨、南京、杭州、南昌、青岛、郑州、武汉、广州、成都、贵阳、昆明、兰州、长春、上海等。在我国北方地区农业用水中，地下水平均占38%左右，其中河北省高达75%，山西和河南省都在50%以上。

目前我国地下水的使用主要包括工业、农业及生活用水三个方面。以往工农业用水往往占据主要部分，但随着经济的发展，由于许多地表水饮用水源容易遭受外界不同程度的污染，城镇居民对饮用优质地下水的需求正在不断增长，使得城镇用水中生活用水的比例有逐步增大的趋势。

由于人类活动如打井开采、农田灌溉等的影响，以及在地下水自身参与水文循环而带入地表物质的过程中，这部分地下水很容易受到影响而导致其发生变化，可能会使得地下水的使用价值发生变化。这些变化的程度及其发展过程与地下水赋存的条件有很大的关系。

二、地下水含水层与隔水层

与地表水不同，地下水存在于岩石土壤空隙之中。自然界的岩石、土壤的固体骨架间存在着形状不一、大小不等的孔隙、裂隙或溶隙，我们形象地称之为多孔介质，在这些空隙中有的含水，有的不含水。通常把含水的多孔介质称为含水介质，而含水层是指储存有地下水，并在自然状态或人为条件下，能够流出一定量地下水的含水介质。即含水层不但储存地下水，而且地下水可以在其中运移。

自然界的岩石或土体大多呈层状分布，如砂层、砂砾石层等，含水层空间分布往往与这些岩土层一致，就是这也是称它为“层”的原因之一。

要构成含水层，必须具备下列条件：

（1）透水的空间条件。地下水需要有可以贮存和运动的空间，含水层中空隙愈大，数量愈多，连通性愈好，则透水性愈强，重力水易于入渗，水量丰富。

（2）储水的地质构造条件。并不是所有的透水岩土层都能成为含水层，还必须具备保存住水的地质构造条件，即下部要有隔水层托住重力水，并在水平方向具有某种隔水边界，使之不至于完全流失。透水岩土层必须与隔水岩层组合起来才能成为含水层。

（3）水源补给条件。当上述条件满足后，还要有足够的水源，使储水空间能获得补给，方能成为含水层。

对于那些虽然含水，但几乎不透水或透水能力很弱的岩土体，称为隔水层，如质地致密的花岗岩，以及孔隙细小的页岩、黏土层等，均为良好的隔水层。在实际工作中，含水层与隔水层之间的划分是相对的，如砂岩含水层在与岩溶含水层相邻时，往往被视为隔水层，但在与泥岩一起时，砂岩就成为相对较强的含水层，泥岩被认为是隔水层。

三、地下水类型及其划分

地下水可以按照不同的性质与赋存条件等进行分类，其中地下水的赋存特征对其水量、水质的时空分布有决定意义，同时也是地下水污染研究中重点关注的特征。在赋存特征中，最重要的是埋藏条件与含水介质类型。

（一）按埋藏条件划分

所谓地下水的埋藏条件，是指含水岩土层在地质剖面中所处的部位及受隔水层（弱透水层）限制的情况，据此可将地下水分为包气带水、潜水及承压水三种类型（图 4-1）。

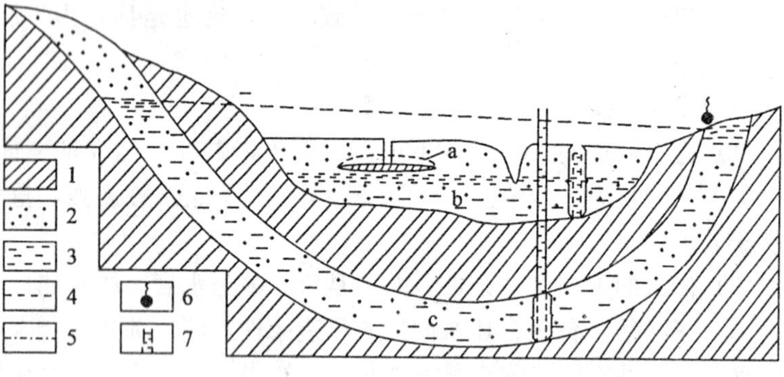

图 4-1　潜水、承压水及上层滞水示意图

（据张人权，2011）

1—隔水层；2—透水层；3—饱水部分；4—潜水位；5—承压水测压水位；6—泉（上升泉）；7—水井，实线表示井壁不进水；a—上层滞水；b—潜水；c—承压水

1. 包气带水

包气带是地表以下第一个含水层之上的岩土体，包气带中的空隙未被水所充满，其中的水不能自由地运动。在包气带中，空隙壁面吸附有结合水，细小空隙中含有毛细水，未被液态水占据的空隙

中包含空气及气态水。上述以各种形式存在于包气带中的水统称为包气带水。包气带水一般不具有供水意义，但由于它是污染物进入地下水的主要通道，所以目前对其的研究也非常广泛。

2. 潜水

饱水带中第一个具有自由表面的含水层中的水称做潜水。一般埋深不大，便于开采，是主要的地下水开采水源。潜水没有隔水顶板，或只有局部的隔水顶板。潜水的表面为自由水面，其形状与地表形状相似。潜水在自然界中分布很广，一般埋藏在第四纪松散沉积物的孔隙及坚硬基岩风化壳的裂隙内。

（1）潜水的基本特征

相对于承压水而言，潜水的基本特征主要表现在以下三个方面：

1）潜水具有自由表面。当用钻孔揭露潜水含水层时，初见水位与稳定水位相一致。

2）潜水含水层通过包气带与地面相通，因而潜水分布区都可以接受大气降水和地表水体的补给。补给区和分布区相一致，因此气象因素与地表水文因素的变化将影响潜水的动态。

3）潜水在重力作用下，由潜水位较高的地方向潜水位较低的地方流动，其运移的速度取决于势能梯度（水力坡度）和含水层的透水性。

可见潜水的基本特点是与大气圈及地表水圈联系密切，积极参与水循环。

（2）潜水的补给

潜水是大陆水循环系统的一个组成部分，它不断地获得补给，形成径流，又不断地排泄消耗。

潜水的补给来源很多，天然的补给来源主要有大气降水、地表水体以及承压含水层的越流。

大气降水垂直渗入是潜水最主要的补给来源，由于潜水直接连接大气，可以获得降水渗入补给。受大气降水补给的潜水水位与降水密切相关，往往雨季水位升高，旱季少雨，水位则下降。

地表水（包括河流、湖泊和水库）的入渗也是潜水补给的重要来源，尤其在干旱地区，地表水体往往是河流下游地区地下水的最主要来源，如果没有河水的补给，潜水就会很快枯竭。

潜水另一个补给是越流补给。当下部承压含水层测压水头高于潜水位时，承压水能越过透水性弱的相对隔水层（弱透水层）补给潜水，这就是越流补给。

除上述天然补给外，潜水还可以得到人工补给，如水库、渠系、田间地区的渗漏补给、人工回灌补给等。

(3) 潜水的排泄

潜水的排泄方式可分为垂直排泄和水平排泄。

潜水的垂直排泄一个重要途径是潜水蒸发，尤其在河流的中下游平原地区，地形平坦，沉积物颗粒细小，地下水埋藏浅，径流缓慢，蒸发成为潜水天然消耗的主要途径。

潜水垂直排泄的另一个途径是人工开采。有些地区人工开采量远远超过潜水蒸发量，已成为当地潜水垂直排泄最主要的方式。我国地下水年开采量由 1979 年的 $4\times10^8 m^3$ 增加到 2004 年的 $1\ 032\times10^8 m^3$，短短二十余年的时间开采量变成原来的 258 倍。人工开采量已成为平原地区最主要的排泄方式。

潜水垂直排泄的另一个途径是越流排泄，当潜水面高于相邻承压含水层的压力面时，潜水有可能透过弱透水层渗入下部承压含水层。

潜水水平排泄也是主要的排泄方式之一，一是沿水平方向流出含水层，在地表出露，形成下降泉；二是排泄进入地表河流、湖泊。

3. 承压水

充满于两个隔水层（弱透水层）之间的含水层中的水，叫做承压水（图 4-1）。承压含水层上部的隔水层（弱透水层）称做隔水顶板，下部的隔水层（弱透水层）称做隔水底板。承压水不具有潜水那样的自由水面，所以它的运动方式不是在重力作用下的自由流动，而是在静水压力的作用下，以水交替的形式进行运动。

承压含水层隔水顶板到底板的垂直距离称为含水层厚度。当钻孔刚开始凿穿隔水顶板时，在钻孔中出现的水位称为承压水初见水位，这个水位等于隔水顶板的高程；如果继续钻进，承压水将沿钻孔上升，最后稳定的水位即为该处的测压水位或称承压水位；自隔水顶板到测压水面之间的垂直距离称为该处的测压管高度，它表示该点隔水顶板所承受的水压力值。测压水位高于地表时，钻孔能自喷出水。

（1）承压水的基本特征

承压水与潜水相比，有以下主要特征：

1）承压含水层具有连续完整的隔水顶板，而没有自由水面，钻孔中的稳定水位高于初见水位。

2）承压水补给区与分布区不一致。由于受上部隔水层的限制，承压分布区的水量、水质、水温受气候影响较小，季节性变化与年际变化都不大，它的动态具有相对稳定性。

3）承压性是承压水最重要的一个特征。由于补给区位置较高，水从补给区进入分布区后，受到上部覆盖层的约束，使地下水承受压力，水也以一定的压力反作用于隔水顶板上。

（2）承压水的补给、排泄

承压水的补给来源，主要也是大气降水和地表水。补给范围越广，则水量越大，且流量稳定。当上下顶底板为弱透水层时，只要有足够的水头差，也可以通过弱透水层与其上下的水体发生水力联系，获得越流补给。

承压水的排泄，主要以上升泉的形式在排泄区溢出。与地表水体（如河、湖、海洋）相通时即转化成地表水，如与潜水含水层沟通，则以补给潜水方式排泄承压水。

承压水的补给和排泄是通过径流来完成的，径流条件受补给区和排泄区的水头差、含水层的透水性等因素影响。当补给区和排泄区的水头差越大，含水层透水性越强，则径流畅通，反之则差。

（3）承压含水层形成条件

由隔水层与含水层组合而成的能够富集地下水的地质构造形体称为蓄水构造。承压水的蓄水构造有下列三个基本要素：

1）上、下相对隔水层，构成承压蓄水构造的隔水边界；

2）透水的岩层或土体，构成承压蓄水构造的含水介质；

3）高于隔水顶板的水位，可以形成地下水流的承压性。

（二）按含水介质划分

按含水介质（空隙）类型，可将地下水区分为孔隙水、裂隙水及岩溶水。

孔隙水是指赋存于疏松岩土体孔隙中的地下水。一般储存于第四系松散沉积物及第三系少数胶结不良的沉积物的孔隙中。

裂隙水是指赋存于坚硬、半坚硬基岩裂隙中的地下水。裂隙水的埋藏和分布具有不均一性和一定的方向性，因此含水层的形态也是多种多样的。另外，裂隙水的埋藏和分布明显受地质构造的因素的控制，其水动力条件比孔隙水要更为复杂。

岩溶水是指赋存于岩溶空隙中的地下水。岩溶水水量丰富而分布不均一，其含水系统中多重含水介质并存，既有具统一水位面的含水网络，又具有相对孤立的管道流。岩溶水水质水量动态受岩溶发育程度的控制，在强烈发育区，动态变化大，对大气降水或地表水的补给响应快。

四、水文地质单元与地下水系统

在地下水的研究中，为了系统研究地下水的运动和过程，往往会按照某个边界来界定所要研究的地下水的范围，经常用到的是水文地质单元和地下水系统这两个相近的概念。

水文地质单元是指具有统一补给边界和补给、径流、排泄条件的地下水系统，而地下水系统则是一个具有相对完整的边界、含水介质和地下水流场的综合概念。一个水文地质单元可以是一个联合的或单式的蓄水构造或完整的地下水系统，也可以是二者结合的水文地质体。一般来说，一个完整的水文地质单元应包含以下四个基本要素：

（1）含水层或含水体。它们是地下水储存和径流的场所，如岩溶含水层、裂隙含水层、断层含水带等。

（2）隔水层或隔水围岩。作为边界条件对地下水的储存起约束作用。

（3）补给区。地下水接受补给的地区，一般位于地下水径流的上游，地势较高的地方。

（4）排泄区。是排泄地下水的地区，一般位于地下水径流下游或地势较低的地方。

第二节　地下水污染及其过程

一、地下水污染的概念

污染（pollution；contamination）一词在 Wikipedia 上的定义为污染物引入自然环境中导致生态系统或生物不稳定、失序、受到损害或者不舒服的现象。一般指化学物质或能量的引入，也可能是原有的天然存在的来源。目前国内外普遍认同的一点是这种引入是由于人类活动引起的直接或间接的结果。

关于地下水污染的含义，目前国内外概念尚未完全统一。有的学者从地下水的本底和人类干扰谈污染，认为人类活动导致地下水中某种化学物质增加就属于污染，但大多数学者是从人类用水的水质要求角度来谈污染的概念。

1984年颁布的《中华人民共和国水污染防治法》中为“水污染”下了明确的定义，即“水体因某种物质的介入，而导致其化学、物理、生物或者放射性等方面特征的改变，从而影响水的有效利用，危害人体健康或者破坏生态环境，造成水质恶化的现象称为水污染”。

《中国水利百科全书》定义的水污染为“污染物进入水体，引起水体的物理、化学或生物学特性的改变，影响水的正常用途或损害水环境质量，甚至危害人体健康、动植物安全的现象。”

正因为水污染是从生产、生活和生态用水的水质要求角度来定义的，因此，目前水污染评价包括地下水污染评价均采用与用水有紧密联系的水质标准来评价。

在法国弗里德（Fried J. J）的《Groundwater Pollution》一书中，地下水污染的定义是“水的物理、化学和生物特性的改变，这种改变通常会限制或阻碍地下水在各方面的使用”。弗里基（Freeze R. A）和彻里（Cherry J. A）在《Groundwater》一书中谈到“凡由于人类活动而导致进入水环境的污染物，不管其浓度是否达到使水质明显恶化的程度都称为污染物（Contaminants），而将污染（Pollution）一词作为污染浓度已达到人们不能允许程度的状况的一个专门术语。”

沈照理在其《水文地球化学基础》一书中谈到地下水污染时也认为，由于人类活动导致地下水水质出现恶化的现象都应看成是污染，而不应该将超过某种水质标准时的状态定义为污染，那样是不科学的。尤其是考虑到地下水污染治理的复杂性和难度，以预防为主的原则，更应该强调恶化现象的识别和控制。

王焰新等在《地下水污染与防治》一书中提出“凡是在人类活动的影响下，地下水水质变化朝着水质恶化方向发展的现象，统称为地下水污染。不管此种现象是否使水质恶化达到影响其使用的程度。”这是当前我国学术界较为认同的一个定义。但在“恶化”一词的界定上未予以论述，仅笼统地以水质标准作为参考，从操作上而言有其实用之处，而从全面性来看仍有可商榷之处。根据污染的定义，恶化内涵的受体为生物或生态系统，但在实际工作中，往往更多地考虑以人类社会为核心，并没有完全着眼于生物或生态系统。

本书认为地下水污染的定义应为：由于人类活动直接或间接导致地下水水质不能保持在原有的水质波动或变化趋势范围内，并表现出持久性的偏离趋势，从而导致与此相关的生态系统或生物不稳定、失序、受到损害或者不舒服的现象。

根据以上定义，比如咸水含水层的洗盐淡化等行为也将可列入污染的行为，因为这种变化可能导致嗜盐生态系统的退化，符合污染的特征。

另外，地下水水质相关的研究表明，与地表水类似，存在有许多天然不符合用水水质标准的地下水，这部分通过漫长地质历史时期形成的、与其地质和水文地质条件相协调的不合格地下水往往称为地下水水质异常，而不是定义为污染。

二、地下水水质指标及其标准

与地表水类似，地下水水质指标也包括了物理性质、化学成分和微生物存在状况等三大方面的指标。

（一）地下水物理性质及其指标

地下水的物理性质，包括比重、温度、透明度、颜色、嗅味、口味、导电性和放射性等方面。

1. 温度

地下水的温度主要受太阳热与地热的影响，并随自然地理、地质条件以及循环深度的不同而变化，一般的浅层地下水的温度往往接近当地年平均气温，而温泉、地下热水等往往温度较高。

2. 比重

地下水的比重决定于其中所溶解盐类的含量。地下水的比重一般为 1 左右，水中溶解盐类愈多，其比重愈大。

3. 透明度

地下水的透明度与水中矿物质、有机质、胶体物质的含量有关。常见的地下水一般是透明的。

4. 颜色

地下水的颜色取决于某些化学成分及杂质的存在，通常地下水是无色的。含有低价铁和硫化氢的水呈翠绿色，含氧化铁的水呈红褐色。

5. 嗅味

地下水的嗅味（即气味）取决于所含气体成分和有机质。例如，硫化氢气体使水具有“臭鸡蛋味”，腐植质使地下水具有“沼泽气味”。嗅味的强弱与水温有关，一般低温下不易辨别，而在40℃左右嗅味最显著。

6. 口味

地下水的味道与它的化学成分有关。含有 CO_2 时，地下水清凉可口，含氯化钠的水具有咸味，含有机质的水稍有甜味。测定口味时应将水加热至 20℃～30℃进行测定。

7. 导电性

地下水导电性直接由所含电解质浓度与性质而定。离子含量愈多，离子价愈高，则水的导电性愈强。除此之外，也与温度有关。

8. 放射性

地下水在不同程度上多少都具有放射性，但一般地下水的放射性极微弱。埋藏并运动于放射性矿体及酸性岩浆岩地区的地下水，其放射性相应增强。

(二) 地下水化学成分

地下水化学成分系指地下水所溶解的盐分和气体。从理论上讲，地下水可以含有地壳中所有元素，只不过很多元素在地下水中的含量极其稀少。现已查明，地下水中可检测出60多种元素，分别呈离子状态、胶体状态、气体状态存在于地下水中。地下水中分布最广、含量较多的离子有7种，分别为Cl^-、SO_4^{2-}、HCO_3^-、K^+、Na^+、Ca^{2+}、Mg^{2+}，这些成分决定着地下水化学成分的基本类型和特点，被称为地下水中的常量组分。其他含量较少的有Fe^{3+}、Al^{3+}、NH_4^+、NO_3^-、PO_4^{3-}等，气体成分有CO_2、O_2、N_2、CH_4等。

氯离子（Cl^-）是地下水中分布最广的离子，几乎所有地下水中都含有氯离子。但其含量变化很大，从几毫克每升至几百毫克每升不等。其来源一为无机成因，来自岩盐矿床及含氯沉积岩的溶解，岩浆岩中含氯矿物如方纳石、氯磷灰石的风化和分解；二为有机成因，即来自废水、污水、动物的排泄等。因此，居民及工业点附近地下水中氯离子含量较多。

硫酸根离子（SO_4^{2-}）在地下水中的含量由不足1毫克每升至几百毫克每升不等。主要来自石膏和硫酸盐岩的溶解。

重碳酸根离子（HCO_3^-）主要来自碳酸盐的溶解，比如方解石的溶解，其反应式为：

$$CaCO_3 + H_2O + CO_2 \longrightarrow Ca^{2+} + 2HCO_3^-$$

在地下水中的主要阴离子成分中，由于氯化物的溶解度高，因此其含量很大，每升水中含量可达几百克，而碳酸盐的溶解度很小，只有在水中有CO_2存在时，才较易溶于水，因此，在含盐量大的水中，以Cl^-占优势，在含盐量小的地下水中，相对的HCO_3^-才显得占有重要地位。当HCO_3^-在地下水中成为主要成分时，水中总的含盐量很低，属于地下淡水。

钠离子（Na^+）最大含量可达100g/L以上。地下水中Na^+的来源，一是岩盐矿床的溶解；二是岩浆岩、变质岩中含钠矿物的风化溶解。

钾离子（K^+）的来源，基本上与 Na^+ 相同，钾盐的溶解度也很大，但在地下水中的含量不多，这是因为 K^+ 容易被粘性土颗粒吸附和植物吸收，而且 K^+ 在原生矿物风化过程中易于形成次生矿物。

地下水中钙离子（Ca^{2+}）主要来自碳酸盐岩的溶解，它也像重碳酸根离子一样分布广泛，但绝对含量不高，两者常伴生。

镁离子（Mg^{2+}）主要来源为白云岩以及基性岩含镁矿物的风化和分解。镁盐的溶解度高于钙盐，可是在地下水中 Mg^{2+} 的含量低于 Ca^{2+}，主要原因是 Mg^{2+} 更易被粘性土颗粒和植物摄取。Mg^{2+} 在地下水中也是跟重碳酸根离子伴生。

地下水中除含有上述离子之外，还含有多种气体，常见的有 CO_2、O_2、N_2、CH_4 等。O_2 和 N_2 主要来源于大气，因此，在浅层上部地下水中它们的含量较大，愈往深处，含量愈低。人们常将 O_2 和 N_2 含量较多的地下水认作来自大气降水入渗补给的一个标志。

除以上组分以外，地下水中还有很多其他的化学指标可以用来表征水质，如 pH 值、硬度和总溶解固体等。

（三）地下水微生物存在状况

地下水中存在各类的微生物。与地表水相比，由于岩土空隙大小的限制，微生物的分布受到机械过滤的控制，相对数量较少，但在某些情况下仍然会有很高的微生物含量，比如岩溶地下水中，基本上含有与地表水相当的微生物数量。地下水中的生物学指标有细菌总数和大肠杆菌总数两种。

三、地下水中的污染物与污染途径

（一）地下水中的污染物

从前面的地下水污染定义讨论中可以发现，地下水污染主要是由于人类活动导致某种物质增加并影响到其物理、化学和生物特性的现象。因此，在地下水污染机理分析中，就要甄别污染物质。不同的污染物质来源不同，水化学特性不同，迁移转化机理不同，危害也不同。

从大的类型来划分，地下水污染物可以划分为三类：化学物质、生物、放射性污染物。

1. 化学污染物

化学污染物分为两类，一是无机污染物，二是有机污染物。无机污染物包括水中各种宏量的阴阳离子和微量的金属及非金属离子，如 Cr^{6+}、Hg^{2+}、Cd^{2+}、Zn^{2+}、Pb^{2+} 等。无机污染物中 NO_3^- 是最普遍、浓度最高、污染面积最大的污染物，其次是 Cl^-、硬度（Ca^{2+} 和 Mg^{2+}）、SO_4^{2-} 及总溶解固体（TDS）等。无机污染物的微量组分主要是 F^- 和 As（以砷酸根形式存在）、Cr^{6+}、Hg^{2+} 和 Pb^{2+} 等。

有机污染物则包括各种能够致癌、致畸、致突变（简称“三致”）的有毒有机物，有机污染物目前已在地下水中发现有 100 多种，其中经常出现的是卤代烃类挥发性有机物，诸如二氯乙烯、三氯乙烯、四氯乙烯、二氯乙烷、氯仿等。这些有毒有机污染物由于含量甚微，浓度往往在 ppb（10^{-9}）甚至 ppt（10^{-12}）级，因此需要十分精密的测量仪器才能检测出来。近二三十年来，有毒有机污染监测、分析和治理研究是水污染包括地下水污染研究领域的热点。

2. 生物污染物

它们包括细菌、病毒和寄生虫三类，以前两类为主。在人和动物类粪便中有400多种细菌，已鉴定出的病毒细菌100多种，它们都有可能进入含水层。生物污染物对地表水的污染较常见，但地下水尤其是浅层地下水也经常受到生物污染，例如地表病毒、有害细菌（如大肠杆菌）等通过包气带或者注射井直接进入地下水含水层中。这些细菌和病毒对人体构成直接威胁。

3. *放射性污染物*

地下水中的放射性污染可能来自人类活动，如核废料的地下处理和泄漏、医院废水排放等，但更多情况是天然放射性矿物所导致的，主要是Ra-226、Sr-90、Pu-239、Cs-137等。

根据调查统计，我国目前已经有90%的城市地下水不同程度地遭受有机和无机有毒有害污染物的污染，已呈现由点向面、由浅到深、由城市到农村不断扩展和污染程度日益严重的趋势。由中国118个大中城市近年来的地下水监测结果得出，较重污染的城市占64%，较轻污染的城市占33%。在区域上，中国地下水“三氮”污染突出，主要分布在华北、东北、西北和西南地区，淮河以北10多个省份约有3 000万人饮用高硝酸盐水，海河流域受污染的地下水资源量占地下水总资源量的62%，农村约有3.6亿人喝不上符合标准的饮用水。

（二）地下水污染源及污染途径

地下水污染源可以划分为点状污染源、线状污染源和面状污染源。

点状污染源主要是生活垃圾场、加油站、工业或生活排污口、养殖场等。据报道，目前加油站已经成为美国最重要的地下水点污染源。我国加油站、城市垃圾场以及工业排污等都对地下水水质构成严重威胁。

线状污染源主要是受污染的河流、渠道和排水输油的管线泄漏等。尤其是污染的河流，直接成为地下水的重要污染源。我国很多平原区河流污染严重，污染的河水渗漏进入地下水含水层，构成地下水的沿河污染，给沿河居民的生产和生活构成极大威胁。

面状污染源主要以农业和养殖业等的废弃物、排放物为主。另外，一些大气污染十分严重的地区甚至诱发降水污染问题，导致地下水发生污染，也属于面状污染源。

地下水的污染源除了按照空间划分为点源、面源等外，还有按照产生污染物的行业进行划分的，例如生活污染源、工业污染源和农业污染源等。

污染物进入地下水含水层的途径是不同的。研究地下水污染途径对于治理地下水污染源、保护地下水水质具有十分重要的意义。

污染物一般是随着补给地下含水层的水分一起迁移。因此，地下水污染途径也和地下水补给来源有直接关系。有的学者将地下水污染途径划分成间接入渗型、连续入渗型等，但根据地下水补给途径，可以划分为间接污染和直接污染两大类。间接污染是通过包气带发生的污染；直接污染是污染物随着水分直接进入含水层。

间接污染又可以按照水分来源分成间歇淋滤型、污水渗入型等。如农药、化肥对地下水的污染就是通过降水渗入土壤包气带并补给地下水后产生的。农村和城市周边的垃圾场在降水淋溶作用下，一些污染物也随之渗入地下污染包气带甚至地下水。地面的污水排放或者加油站、输油管线、下水道等的渗漏都可能通过包气带并污染地下水。例如，一些城市在建设地下工程时会经常发现历史遗留的污染的土壤，有些严重污染的土壤甚至危害了人体健康和生命。

直接污染包括地下水井直接污染型、污染水体直接渗漏型等。一些工业企业为了逃避污染治理责任和执法部门的监督，往往通过隐蔽的渗井直接偷偷排放污水进入地下水中。这种污染方式隐秘性大，危害严重。污染水体的直接渗漏在很多污染的河流、湖泊、池塘等周边地区十分普遍。

四、地下水中污染物的迁移

污染物质进入到地下水之后，随着时间的推移，不断发生变化，可以是随着地下水运动而不断扩散，也可能随着化学、生物等作用而逐步减少、变化或消失。随着地下水运动的污染物质遵循地下水运动规律，地下水的运动由地下水动力学来描述。

由于污染物进入含水层以后，一方面被水挟带随水流运动；另一方面由于和原来的地下水中的该物质含量存在浓度差，产生分子扩散；结果，随着地下水流动，污染物在含水层中分布的范围越来越大，这种现象称为水动力弥散。弥散和扩散是污染物在地下水中重要的运移机制，在地下水运移过程中，这些机制可以将污染物带入到地下水系统中。运移过程中，在地下水系统的某些位置污染物浓度可能会有所降低，而在另一些地区污染物浓度却会有所增加。分子扩散是指溶质在浓度梯度的作用下，由浓度高处向浓度低处运动，致使液体中的溶质浓度趋于均匀。而弥散是指由于多孔介质中孔隙系统的存在，致使流体的微观速度在孔隙中的分布大小和方向都不均匀，流体质点的实际运动迂回曲折。弥散使得溶质的运动比单纯对流扩散的范围更广。

五、地下水中污染物质的变化

地下水中污染物质的变化主要是指化学性质的改变。污染物进入地下水后，一方面使地下水的物质组成及其性质发生了变化，同时也介入了一系列的变化过程，同周围介质发生物理、物理化学、化学和生物化学作用。

1. 物理化学吸附作用

吸附作用分为物理吸附和化学吸附。物理吸附是由于电引力作用发生的吸附，不生成新物质；而化学吸附伴随着表面化合物的生成，离子交换是其中的一种特殊情况。它们在地下水污染物的运移过程中起到重要作用。

吸附作用一般发生在岩石颗粒表面，影响吸附的因素有岩石的性质、矿物成分、污染物迁移形态、浓度以及地下水的 Eh 值和 pH 值等。

2. 微生物被吸附和衰亡作用

细菌在岩层中除了可以被吸附之外，还有其自身的衰亡。细菌在岩层中迁移距离大小取决于岩层性质、渗流速度以及细菌生存时间。黏土、重黏土、细砂等土层颗粒细，比表面积大，对细菌吸附能力强；含水层渗透系数越小，微生物分布范围越小，越局限在表层。对透水性强的岩层，细菌迁移距离取决于细菌生存时间。

3. 微生物分解作用

存在于岩土层中特别是包气带土壤中的微生物种类极其繁多，数量极其庞大，它们对于有机污染物的迁移有着特殊的作用。无论是好氧还是厌氧的微生物，都能最终将有机物变成简单乃至无害的无机物。

4. 化学沉淀作用

化学污染物在地下水中迁移时，常发生沉淀和沉淀物的溶解。地下水的污染物可以从地下水中沉淀脱离出来。沉淀作用是各类化学反应的结果，可以是酸碱中和、复分解、氧化还原反应等。这些反应一般在污水同地下水相混时发生，并与污水和地下水的化学成分、渗流量之比、组分的迁移形式、温度差以及污水和原来地下水的 Eh 值和 pH 值等因素有关。

5. 地下水的其他作用

除具有物理化学吸附作用、微生物被吸附和衰亡作用、微生物分解作用、化学沉淀作用外，还具有放射性污染物的衰变作用、混合稀释作用、气体交换作用，地下水中还同时可能包括氧气的溶入、挥发性污染物及气体生成物的逸出等。

第三节 地下水污染评价与监测

要对地下水污染进行治理与预防，首先应进行地下水污染的调查和研究。对于已经或者怀疑受到污染的地下水，首先在技术上对地下水进行调查、评价，并选择合适的治理技术进行修复。而对于未受污染的地下水则着重于管理，对其进行监测、评估其脆弱性等是其主要的任务。而从整个地下水环境的角度考虑，制定明确有效的管理制度是根本防范之道。

一、地下水污染评价

地下水水质是指地下水体的物理、化学和生物学特征和性质。地下水水质评价的内容包括水质现状评价和水质预测评价；水自然环境评价和水污染环境评价；单指标评价（如水化学类型、总矿化度以及少量特征指标评价）和综合评价等。对于具体地区，可根据实际情况确定评价内容和方法。

区域性地下水水质评价内容通常包括地下水化学分类、地下水现状水质评价、近期地下水水质动态变化趋势和地下水污染分析等。

首先是基础资料收集与水化学分类。包括历年地下水水质监测资料，以及历史评价成果。若在地方病区，还应收集特征水质参数及对人体健康的影响、发病率等。深入调查主要污染物及其对地下水质的影响程度等。在此基础上确定地下水化学类型。

接着按照国家标准《地下水质量标准》（GB/T 14848—93），对的地下水水质现状进行分类。通常评测 pH 值、矿化度（M）、总硬度（以 $CaCO_3$ 计）、氨氮、挥发性酚类（以苯酚计）、高锰酸盐指数、总大肠菌群等共 7 项主要指标。因地区差异，各地也可进一步选用评价氟化物（以 F 表示）、氯化物、氰化物、碘化物、砷、硝酸盐、亚硝酸盐、铬（六价）、汞、铅、锰、铁、镉、化学需氧量以及其他有毒有机物或重金属等水质监测项目。

同时，在广泛收集各有关部门地下水水质监测资料基础上，选用质量较好且具有代表性，尽可能多年份的地下水水质监测井进行地下水水质变化趋势分析。综合分析地下水各监测项目的变化趋势，作为相应地区的地下水水质变化趋势。

除此之外，还要调查有可能造成地下水污染的污染源。污染源包括水质低劣的地表水体（如排污河道、渗井、纳污湖库塘坝等）、污灌区和农药化肥施用量较高的农田、废弃物堆放场等。地下水污染分析的重点区域是污染源附近。个别区域还应调查分析海水入侵、地下咸水侵入淡水含水层的情况，分析其变化趋势，绘出现状条件下咸淡水界线。

充分利用地下水水质现状评价和变化趋势分析成果，密切结合污染源种类、物质组成和地理分布特征，通过综合分析，确定地下水现状污染区域界线、主要污染项目和污染程度。

地下水环境质量评价主要包括地下水污染现状评价和地下水（环境）质量评价等方面。

1. 地下水污染现状评价

评价目的旨在说明地下水的污染程度及范围，并不说明地下水的适用性，受污染的地下水并不一定影响其使用。

评价标准是背景值或对照值。超过标准者视为污染。

背景值是不受人类活动影响的地下水有关组分的天然含量。背景值的一个明显特点是具有区域差异性，它随地质、水文地质条件而变。因此，在确定各区的背景值时，必须进行环境水文地质分区，分别确定各区的背景值。分区时应注意区内地层岩性、水文地质条件及环境状况大致类似。计算背景值常用的公式为

$$Y=\overline{X}\pm S$$

式中：Y——背景值；

$\overline{X}$——算术平均值；

S——标准偏差。

背景值不是一个单值，应该是一个区间值。在研究区内，往往没有可以利用的背景值数据，因此人们常常用对照值作为评价标准。对照值可以是历史水质数据，或者是区内无明显污染源的水质数据，或者邻区水文地质条件相似的水质数据。

2. 地下水环境质量评价

评价目的旨在说明质量的好坏及其适用性。

评价标准是各种水质标准。诸如评价作为生活饮用水的适用性，用生活饮用水水质标准。评价矿泉水的适用性，用矿泉水水质标准（包括热水及医用矿泉水）。

在评价污染时，一般都根据（综合）污染指数进行污染程度的分级，诸如分为未污染、轻污染、中等污染及重污染等；在评价其（环境）质量时，一般也根据（综合）水质指数进行质量好坏的分级，诸如很好、好、中等、坏、极坏等。

二、地下水水质评价方法简介

科学地选取地下水水质评价方法，对评价区域的地下水水质作出真实客观的评价，对于地下水环境和资源的保护显得尤为重要。然而，由于评价因子与水质等级间复杂的非线性关系，以及水体污染的随机性和模糊性，对于地下水水质评价至今仍没有一个被广泛接受的评价模型。目前常用的地下水水质评价方法主要有单因子评价方法、综合指数法、人工神经网络模型、模糊综合评判法、灰色聚类法等。

1. 单因子评价方法

单项因子评价是指分别对单个指标进行分析评价。在我国建设项目环境影响评价和规划环境影响评价实践中主要采用此评价方法。该方法的特点是计算简便，且通过评价结果能直观地反映水质中哪一类或哪几类因子超标，同时可以清晰地判断出主要污染因子和主要污染区域。但由于此方法是对单个水质指标独立进行评价，因此得到的评价结果不能全面地反映地下水质量的整体状况，可能会导致较大的偏差。

2. 综合指数法

综合指数法是指采用多个指标并赋予各指标不同的权重，经过算术平均、加权平均、连乘及指数等数学运算，得到一个综合指数来判定地下水质标准。综合指数法在地下水水质评价中一直被广泛应用，该方法简洁易懂、运算方便、物理概念清晰，决策者和公众可以快捷明了地通过评价结果掌握水质信息。我国《地下水质量标准》（GB/T14848—1993）中推荐使用的地下水质量评价方法——内梅罗指数法即是综合指数法的思路。

3. 人工神经网络模型

20 世纪中期兴起的神经网络技术在地下水水质评价领域也被广泛应用。人工神经网络与传统的综合指标评价方法相比，主要具有以下优点：①通过模型的自学习和自适应能力，可自动获得水质参数间的合理权重，无需人为干预，因此评价结果具有客观性。②一旦对标准训练完毕，就可以用训练好的网络对实测样本进行评价，计算简便，可操作性强。③可以通过在训练过程中适当改变输入节点数和输出节点数来修改评价参数和等级，从而使模型的应用具有一定的灵活性。④基于大量成熟的计算机软件的支持，使工作效率得到极大的提高。

4. 模糊综合评判法

与传统的评价方法相比，模糊集理论更适应于水质污染级别划分的模糊性，更能客观地反映水质的实际状况。模糊综合评判法最主要的优点就是通过构造隶属函数可以很好地反映水质界限的模糊性。应用模糊综合评判法最关键的问题是如何构造合理的隶属函数和权重矩阵。

5. 灰色聚类法

灰色系统理论也被广泛应用于地下水水质综合评价中。灰色聚类法处理环境污染评价问题，不必事先给定一个临界判断，而可以直接得到聚类评价结果。灰色聚类法能对水环境进行评价，反映水质的综合状况，因而比指数法更全面直观、更有说服力，同时又比模糊综合评价简便，易于推广。灰色聚类法也存在着一些不足。例如，由于采用了“降半梯形”形式，每一评价级别仅与相邻级别间存在隶属关系，当污染物浓度分布过于离散时，可能会损失较多有用信息。灰色聚类方法在地下水水质评价过程中也需要考虑不同评价指标的赋权问题，不同的赋权方法直接影响评价结果。

三、地下水水质监测

地下水监测工作是地下水环境保护的基础工作，地下水监测资料是地下水环境保护工作的信息来源和决策依据。

我国目前全国性和区域性的地下水监测主要由水利部牵头执行。自 20 世纪 50 年代以来，水利部门开始规模化监测地下水水位、水质、开采量和水温等要素。经过 70 年代大规模的发展和多年的努力，在我国北方 17 省（市、自治区）已初步建成了以大中城市和平原区为主的地下水动态监测站网。截至 2005 年底，全国共布设地下水监测站 24 515 处，其中，基本监测站 12 859 处，收集、积累了大量地下水监测资料。

可靠的地下水监测数据是地下水环境保护与治理的依据。根据地下水环境保护与治理工作的不同目的，结合已有的地下水监测站网，重新调整和布设地下水监测站网，完善地下水监测网络体系，是搞好地下水监测工作的基础。

地下水监测站网应满足下列需要：

(1) 满足区域地下水环境评价所需监测资料的需要，即提供各种参数计算所需的水位、水量数据和水质评价的水质分析数据。

（2）满足地下水环境合理开发利用的需要。

（3）满足环境治理与保护、加强监测管理的需要。

（4）满足科学管理的需要。监测数据（包括日常和突发信息）进行处理加工后，建立地下水环境管理模型和预警机制，为管理部门制定政策提供信息支撑。

地下水监测站布设的原则是为地下水环境科学管理需要而进行总体规划和布设。根据地下水环境保护与治理工作的需要，地下水监测站网布设的重点区域如下：① 农业灌溉区；② 超采区；③ 城市建成区；④ 大型、特大型水源地；⑤ 海水入侵区；⑥ 地面沉降区；⑦ 次生盐渍化区；⑧ 地下水污染区等特殊类型区。另外地下水站网规划与布设还应符合《地下水监测规范》（SL183—2005）的要求进行。

地下水监测站网的布设密度、监测内容及监测频次均应服从地下水环境管理工作的需要来确定。特殊类型区内的站网密度及监测频次应满足解决已发生地下水环境问题的需要来确定。

地下水监测内容包括：地下水水位、开采量、水质及水温四项监测内容。其中水质监测应从生产使用井内取样。水质监测频次同样根据分析目的提出不同频次要求。

地下水位（埋深）、水质、开采量、水温站网的布设密度除应满足 SL183—2005 中的要求外，还应根据各特殊类型区管理工作的需要，各特殊类型区监测站密度还应根据特殊类型区面积大小、水文地质条件的复杂程度、已发生的环境地质问题的严重性以及防治措施的需要来确定监测站网的密度及相关监测项目。

地下水监测频次应首先满足地下水资源管理的需要来确定。地下水位（埋深）、水质、开采量、水温的监测频次应根据不同工作目的任务的需要分别规定不同的监测频次。

重点监测区域内的站网密度、监测项目及频次要求如表 4 - 1

所示。

表 4-1 重点监测区域站网布设密度表

（单位：站/100km²）

序号	重点区域名称	建议布站数量	频次	主要监测项目	备注
1	农业灌溉区	1～2	6次/月、月年统计	水位、开采量	监测站数量及监测频次要求根据面积大小、造成环境问题的严重程度来确定
2	超采区	2～5	1次/日、月年统计	水位、开采量	
3	城市建成区	2～3	6次/月、月年统计、2次/年	水位、开采量、水质	
4	大型、特大型水源地	5～10	1次/日、月年统计、1次/月	水位、开采量、水质	
5	海水入侵区	2～5	1次/月、6次/月	水质、水位	
6	地面沉降区	8～15	1次/日、月年统计	水位、开采量	
7	次生盐渍化区	2～3	1次/季、6次/月	水质、水位	
8	地下水污染区	1～3	1次/月	水质	

第四节 常见的地下水污染修复技术

目前较典型的地下水污染修复技术已经有十多种，根据技术原理可分为四大类，即物理法、化学法、生物法和复合修复技术。按修复方式可分为异位修复和原位修复技术。

一、地下水污染的异位修复技术

污染土体开挖技术。对于污染范围较小的情形，可以采用开挖污染源处的污染土体，然后进行处理的方法来去除污染源。这一方法对于地下水污染的控制和治理的效果很好，但对于污染面积较大的场地，污染土体的开挖去除往往不现实，难以进行。

抽取-处理方法。抽取-处理方法（Pump and treat）就是采用先抽取已污染的地下水，然后在地表进行处理的方法。处理方法可以是物理化学法也可以是微生物法等。通过不断的抽取污染地下水，使污染晕的范围和污染程度逐渐减小，并使含水层介质中的污染质通过向水中转化而得到清除。目前，抽取-处理方法被应用于地下环境中易溶污染质的恢复和治理。有时需要注入表面活性剂来增强吸附在地层介质颗粒上的有机污染物的溶解性能，从而加快抽取—处理的速度。对于从含水层中抽取出来的污染地下水，可以采用环境工程污水处理的多种方法进行处理，如碳吸附方法、化学氧化以及微生物处理等。

二、地下水污染的原位修复技术

指在基本不破坏土体和地下水自然环境条件下，对受污染对象不作搬运或运输，而在原地进行修复的方法。原位修复技术不但可以节省处理费用，还可减少地表处理设施的使用，最大程度地减少污染物的暴露和对环境的扰动，因此应用更有前景。

1. 渗透反应墙（PRB）修复技术

渗透反应墙（permeable reactive barriers，缩写为 PRBs）技术是目前在欧美等发达国家新兴起来的用于原位去除污水中污染物的方法。PRBs 是一个填充有活性反应介质材料的被动反应区，当受污染的地下水通过时，其中的污染物质与反应介质发生物理、化学和生物等作用而被降解、吸附、沉淀或去除，从而使污水得以净化。

PRBs 使用的反应材料一般根据污染物的组分及修复目的不同而各异，最常见的是零价铁（Fe^0）。其机理是根据化学热力学和化学反应动力学理论，Fe^0 易被氧化，失去的电子传递给具有氧化性的有毒重金属离子和有机氯代烃等有机物，使其被还原，从而达到地下水修复的目的。渗透反应墙常见的有氧化还原和生物降解两种类型。

PRBs 修复技术较目前应用比较广的 P&T 技术而言具有更大的优越性。抽出-处理技术在将污染地下水抽出的过程中需要泵产生动力，因而要花费大量的电费，在地面污水处理过程中需要费用，最后在回灌过程中又需打井的费用。而渗透反应格栅技术是一次性投资，一般情况下将其安装好以后就不需要再进行追加投资。但是当反应材料使用完了以后，必须进行材料的更换，不过时间一般是 20～30 年。PRBs 技术不但经济，而且对污染物处理效果较好。研究表明利用 P&T 技术处理三氯乙烯（TCE）时，由于地下水的流动导致溶质分散以及被土壤等吸附，使进入抽提井的 TCE 浓度只有污染源头处的 60%，因此利用该技术治理地下水中 TCE 的效率小于 60%，然而利用 PRBs 技术处理地下水中 TCE 的效率可达 90%以上。P&T 对非水溶性的污染物质处理效果极差，而用 PRBs 技术可以有效地治理地下水中的非水溶性污染物质。使用 P&T 技术时对泵放置的位置要求较高，处理不好可能造成污染的进一步恶化，而 PRBs 技术不会产生这些影响。但是渗透性反应墙具有易被堵塞、地下水的氧化还原电位等天然环境条件易遭破坏、工程措施及运行维护相对复杂等缺点，加上双金属系统—纳米技术成本较高，这些因素阻碍了渗透性反应墙的进一步发展及大力推广。

2. 原位曝气技术

原位曝气技术（ air sparging，缩写为 AS）是一种新兴的地下水可挥发性有机物的原位修复技术。AS 是与土壤气相抽提互补的一种技术，将空气注入污染区域以下，将挥发有机物从地下水中解析到空气流并引至地面上处理的原位修复技术。该技术被认为是去除地下水挥发性有机物的最有效方法。C. D. Johnston 等将原位曝气法和土壤蒸气抽提法相结合，去除砂质地下含水层中的石油烃。结果表明，与单独使用土壤蒸气抽提法比较，将原位曝气技术与土壤蒸气抽提法联用，28 天后石油烃去除量提高 1.9 倍，同时原位曝气还为地下水中残留的 NAPL（非水相液体）的去除创造了更有利条件。曝入的空气能为地下水中的好氧微生物提供足够氧气，促进土著微生物的降解作用。

应用该技术的成本在可接受的范围内，能够处理较多种类的受污染地下水，系统容易安装和转移，容易与其他技术组合使用。但是对既不容易挥发又不易生物降解的污染物处理效果不佳，并且对土壤和地质结构的要求比较高。

3. 原位化学氧化技术

原位化学修复氧化技术（ISCO）具有所需周期短、见效快、成本低和处理效果好等优点。ISCO 采用的氧化剂包括高锰酸盐、Fenton 试剂、O_3 和过硫酸盐等。其中 Fenton 试剂法因其能够氧化大多数有机物，具有无选择性、反应迅速、处理彻底（甚至矿化为 CO_2 和 H_2O）、原料简单便宜、无需复杂设备、操作简便、反应条件温和、无二次污染、残存的 H_2O_2 可自然分解成氧气，从而为微生物繁殖提供电子受体等特点，因此成为最有前景的原位修复技术之一。

Fenton 修复技术继承和发展了传统 Fenton 试剂（Fe^{2+}—H_2O_2）法，通过改变和耦合反应条件，改善反应机制，可以得到一系列机理相似的类 Fenton 试剂。有研究表明，利用铁（Ⅲ）盐溶液、可溶性铁以及铁的氧化矿物（如赤铁矿、针铁矿等），可以使 H_2O_2 催化分解产生 OH，从而达到降解地下水有机物的目的。在研究 H_2O_2 被过氧化铁催化分解的过程中，发现 Fe^{3+} 同样可以取代 Fe^{2+} 而催化 H_2O_2 的分解。与双氧水—硫酸亚铁体系相比，双氧水—铁矿物（针铁矿或磁铁矿）体系更能有效地降解土壤中的石油烃。Teel 等在对比类 Fenton 试剂和传统 Fenton 试剂降解三氯乙烯（TCE）试验中发现，传统 Fenton 试剂和可溶性铁—Fenton 试剂对 TCE 的去除率分别为 78%和 91%。这类改性的类 Fenton 体系，因其铁的来源较为广，且处理效果比传统 Fenton 试剂更为理想，所以得到广泛的应用。

ISCO 技术发展近 10 年来已有较多的研究和现场实例。在国外，原位高锰酸盐氧化技术已较成熟；在国内，原位臭氧氧化技术已有开展。但是原位高锰酸盐氧化带来的渗透性下降、O_3 气相传质问题以及 Fenton 所需的强酸性等限制了这些技术的发展。最近将过硫酸盐用于 ISCO 技术，成为最新发展且最有前景的原位修复技术。其机理是在热、光（紫外线 UV）、过渡金属离子（Fe^{2+}、Ag^{+}、Ce^{2+}、Co^{2+} 等）等条件的激发下，过硫酸盐活化分解为硫酸根自由基 SO_4^{2-}，具有较高的氧化能力，理论上可以快速降解大多数有机污染物，将其矿化为 CO_2 和无机酸。其氧化过程可通过从饱和碳原子上夺取氢和向不饱和碳上提供电子等方式实现。其中以过硫酸钠（EPS）为常用的过硫酸盐，EPS 可施入渗透性较低的土壤地下水环境，进行原位修复。它的氧化修复一般需要三要素：注入井、氧化剂、活化方式。通常在有机污染的现场，将氧化剂通过井注入到受污染区域，借助射频探头等方式对 EPS 加热活化，或通过注入含 Fe 盐的催化剂溶液对其进行化学激活。

4. 原位电动修复技术

电化学动力修复技术是利用电动力学原理对土壤及地下水环境进行修复的一种绿色修复新技术，可以用来清除一些有机污染物和重金属离子，具有环境相容性、多功能适用性、高选择性、适于自动化控制、运行费用低等特点。在电动修复过程中，金属和带电荷的离子在电场的作用下发生定向迁移，然后在设定的处理区进行集中处理；同时在电极表面发生电解反应，阳极电解产生氢气和氢氧根离子，阴极电解产生氢离子和氧气。而对于大多数非极性有机污染物，则通过电渗析的方式去除。

5. 原位生物修复技术

原位生物修复是利用生物的代谢活动减少现场环境中有毒有害化合物的工程技术系统。用于原位生物修复的微生物一般有三类：土著微生物、外来微生物和基因工程菌。目前地下水有机物原位生物修复方法主要包括生物注射法、有机黏土法、抽提地下水系统和回注系统相结合法等。原位生物修复技术有其独特的优势，表现在以下几方面：现场进行，从而减少运输费用和人类直接接触污染物的机会；以原位方式进行，可使对污染位点的干扰或破坏达到最小；使有机物分解为二氧化碳和水，可永久地消除污染物和长期的隐患，无二次污染，不会使污染物转移；可与其他处理技术结合使用，处理复合污染；降解过程迅速、费用低，费用仅为传统物理、化学修复法的30%～50%。

第五节　地下水的管理与污染预防

一、地下水污染预防的主要措施

地下水一旦污染，治理起来决非易事。这是因为污染物不仅会污染地下水体，还会被含水介质（砂、黏土）吸附。2004年，一位日本专家估计，全日本污染重点场地达40万处之多。如果全部进行处理，需要10兆日元以上；从经济角度考虑，这样做的可能性基本没有。因此，防止地下水污染，才是釜底抽薪之计。

(1) 加强防治地下水污染的宣传、教育，让社会公众和各级政府了解地下水污染的危害性和防治的重要性。

(2) 制定完善的地下水污染防治法律法规。通过法律控制土壤和地下水污染是非常必要的，尤其在工业化国家中，这种必要性尤为显著。这一点可以参照发达国家的做法。在美国、欧洲一些发达国家，土地利用变更之前，必须进行所在区的土壤和地下水污染评价。只有符合规定质量标准的才可进行土地转让和项目建设。这种做法可以约束企业的污染行为，培养其保护环境的自觉性。

(3) 尽快查明全国地下水污染状况，制定和实施地下水污染防治规划，切实保护地下水资源。近期应重点完成东部城市密集区、重要经济区（带）、重要城市的地下水污染调查评价和防治规划的制定。

(4) 解决污染物排放无序问题，做到先处理再排放。由于地下水污染治理难度大、时间长、费用高，因此保护地下水免受污染最有效的办法就是切断污染源。城市主要的污染源是废水、废液和垃圾。在发达国家，这些都是经过处理后再排放的。而在我国，不少城市依旧直接排放、填埋，对地下水构成严重威胁。

(5) 尽快建立全国地下水污染监测网络和信息系统，实现对重要饮用地下水源水质的实时监控；应加强地下水污染机理和防治技术的攻关，建立一批土壤和地下水污染防治示范工程，为今后大规模实施地下水污染防治提供技术方法和积累经验。

二、地下水脆弱性评价

（一）地下水脆弱性概念与评价指标

1968 年 Margat 首次提出地下水脆弱性（Groundwater Vulnerability）这一术语，但在其后的二十几年间，有关地下水脆弱性概念的定义问题基本上处于众说纷纭的状态，许多学者从不同的角度给地下水脆弱性以不同的定义。大体来说，地下水脆弱性概念的发展过程可以 1987 年为界分为两个发展阶段。在 1987 年以前，有关地下水脆弱性的概念多是从水文地质本身的内部要素（如地下水位埋深、地下水的平均流速、表层沉积物的渗透性等）这一角度来定义的。例如，Vrana 于 1984 年这样定义地下水脆弱性：地下水脆弱性是影响污染物进入含水层的地表与地下条件的复杂性。Villumsen、Olmer 与 Rezac、Vierhuff、Goosens 与 Van damme、Klauco、Friesel、Johnston 等其他学者也给出了类似的定义。在 1987 年的土壤与地下水脆弱性国际会议上，地下水脆弱性的定义方式有了新的突破，不少学者在考虑上述因素的同时，还考虑到了人类活动和污染源等外部因素对地下水脆弱性的影响。例如，Foster 认为地下水污染是由含水层本身的脆弱性与人类活动产生的污染负荷造成的。Bachmat 与 Collin、Sotonikova 与 Vrba、Palmquist 等其他学者也给出了类似的定义。该发展阶段的一个重要事件是美国国家科学研究委员会于 1993 年给予地下水脆弱性如下定义：地下水脆弱性是污染物到达最上层含水层之上某特定位置的倾向性与可能性。同时，这个委员会将地下水脆弱性分为两类：一类是本质脆弱性，即不考虑人类活动和污染源而只考虑水文地质内部因素的脆弱性；另一类是特殊脆弱性，即地下水对某一特定污染源或人类活动的脆弱性。

国内关于地下水脆弱性的研究开始于 20 世纪 90 年代中期，因而“地下水脆弱性”这一术语在国内出现得较晚。目前，国内多是研究地下水的本质脆弱性，至今尚没有明确的“地下水脆弱性”定义，其定义多引用外文资料。在叫法上常以“地下水的易污染性”、“污染潜力”、“防污性能”等来代替“地下水脆弱性”。

总之，鉴于目前的研究水平，国内外都倾向于美国国家科学研究委员会关于将地下水脆弱性分为两类的主张。随着研究的不断深入，地下水脆弱性的概念将不断得到丰富、完善和发展。

按照地下水脆弱性评价，对于高脆弱性地区，就要执行最严格的保护标准，对于中脆弱区可以适度放宽。但具体的定量标准则需要具体问题具体分析，加强科学研究，合理确定。

影响地下水脆弱性的各种潜在因素很多，概括起来可分为自然因素和人为因素两类。因此，地下水脆弱性评价指标体系应包括自然因素指标和人为因素指标。自然因素指标主要包括含水层的地形、地貌、地质、水文地质条件以及与污染物运移有关的自然因子等；人为因素指标主要指可能引起地下水环境污染的各种行为因子。以上诸多因子构成了地下水脆弱性的评价指标体系。

（二）地下水脆弱性评价方法

评价方法大体分为指数评价法、统计法、基于过程的评价法和综合评价法三大类。指数评价法直接为政策和管理目标服务，评价结果显示为评价区不同级别的脆弱性（通常分为高、中、低）。统计或基于的过程评价法通常给出如污染源区、超过环境标准的概率有多大等结果，由科学家为管理者提供地下水脆弱区为什么脆弱的科学解释，以科学目标为主，在评价结果应用于地下水环境管理实际中还要向管理者作进一步的解释和说明。综合评价法则为前两类方法的结合应用。

1. 指数评价法

指数评价法对影响地下水污染脆弱性的各类关键因子进行排序、分级并评分，按一定的权重关系将所有因子的得分叠加后得到综合脆弱性指数，再按数值的高低分为不同的脆弱性等级。这种方法运用得最早，也最普遍。目前国外这类评价方法多达 30 多种，主要有 DRASTIC、SINTACS、GOD、SEEPAGE、AVI、EPIK 等方法。这类方法的主要特征就是定义众多的因子，并进行分级评分赋值，来区分地下水脆弱性的高、中、低，通常也称为主观分级评价法，其中最流行的方法是 DRASTIC 评价方法，以所选 7 个评价指标英文单词的第一个字母命名而得：“Depth to water，Net recharge, Aquifer media, Soil media, TopograpHy, Impact of vadose zone media, and hydraulic conductivity of the aquifer。" DRASTIC方法的计分分级系统是在总结分析美国全国水文地质条件的基础上，由经验丰富的水文地质专业人员综合评判建立起来的，这种方法可以编制大、中、小不同比例尺的图件，包括全国尺度的、省级尺度的或县镇级尺度的，这种方法之所以受到普遍欢迎，是因为相对省钱、直观、数据容易得到，评价结果易于解释并直接服务于决策过程。

2. 统计法

统计方法利用区域上已有的地下水污染监测资料和发生地下水污染的各种相关信息进行统计分析，确定影响地下水污染的主要因素及其权重，并计算区域上发生地下水污染（或超过标准浓度值）的概率，按照概率的高低来确定地下水脆弱性的分区。该方法包括常见的对地下水污染物浓度的简单统计描述（最大值、最小值、平均值、中值）和考虑较多影响地下水污染因素的多元回归分析。

统计方法的一个突出的优点在于，通过统计分析，客观地筛选出影响地下水污染的主要因素，并在回归方程中给出适当的权重值，避免了指数评价法中专家评判的主观性。但这种方法本质上还是将评价对象当作黑箱处理，没有涉及发生污染的基本过程，所统计出的显著相关的因素并不一定存在必然的因果关系。同时，用统计方法进行评价必须有足够的监测资料和信息。目前，这种方法在地下水脆弱性评价中的应用不如叠置指数法和过程模型法那样得到重视。

3. 基于过程的评价法

基于过程的评价法是在对水分和污染质运移过程分析和模型模拟的基础上，确定不同地区地下水受到人为污染活动影响的脆弱性。常用于确定含水层的固有脆弱性和评价供水水源对某一目标污染物的脆弱性。利用过程模拟模型来评价固有脆弱性，重点是认识地下水的来源和运动（包括地下水的年龄）；而特殊脆弱性的评价主要关注污染物的来源、运移和转化。尽管描述污染物质运移的二维、三维等各种模型很多，但目前还没有用在区域地下水脆弱性的评价中，脆弱性研究多数集中于土壤和包气带的一维过程模型。如RAO等，分别从土壤和包气带的衰减能力、污染质的对流弥散、污染质及其代谢物的毒理性等角度，提出了衰减因素指数模型AF、污染质的渗漏潜势指数评价模型LPI、分级指数模型RI。这种数学模型要求输入的数据较少，便于应用，但缺陷是不能详细模拟污染质迁移、转化的所有过程，这些模型均被应用于美国的伊阿华南部一个农业区杀虫剂污染地下水的脆弱性评价中。

4. 综合评价法

综合评价法是指由统计评价法、基于过程的评价法和指数评价法（或这些方法的某一部分）相结合而形成的评价方法。分为客观综合评价法和主观综合评价法，区别在于客观法用统计、过程模拟及其他一些客观的方法来刻画变量或过程；而主观法也可能包括部分客观评价法，但同一些主观分类和脆弱性分级指数联合使用。主观综合法通常不依赖于预先设计的评分系统（如DRASTIC或其他指数评价法），而是根据项目具体特点设计分类方案。

地下水脆弱性评价是一个复杂的系统工程，需要统筹兼顾多指标的属性，其评价理论与手段随着人们对评价对象本身认识广度和深度的增强而不断加深，评价方法的实效性也逐步提高。

三、地下水管理与污染防范实例

以色列位于地中海的东岸，北邻黎巴嫩，西南与埃及的西奈半岛相接，东邻约旦和叙利亚，最南端为亚喀巴湾。根据1947年联合国关于巴勒斯坦分治决议的规定，以色列的面积为1.49万km^2，全国总人口约659.2万。以色列西部为地中海沿岸平原，中部为低山丘陵区，东部为约旦河谷。属地中海气候，同时还受沙漠气候的严重影响，全年只分冬夏两季，夏季（4～10 月）炎热干燥，冬季（11～3 月）温和多雨。

以色列年平均降雨量约 350mm，降雨很不均匀，大体上从北到南，由西向东递减，沿海地区年降雨量北部为 600mm，南部为 150mm。年蒸发量占降雨量的 70%～80%。水资源短缺，可利用的地表和地下淡水资源量约 18 亿 m^3，人均占有水资源量为 321m^3，是世界人均的 1/33，是我国人均的 1/7。近年来将可重复利用的废水也列入水资源，包括废水利用在内，全国可利用的水资源量约 21 亿 m^3。其中地下水占 65%，地表水（包括污水处理回用、截流水）占 35%。

以色列水资源开发利用方式有开采地下水、拦蓄地表径流和污水处理回用。拦蓄地表径流包括两种方式：一种是建水库，将蓄水引至供水系统；另一种是通过回灌系统补给地下水。地下水回灌主要在沿海平原地区。目前，每年拦蓄的地表径流量约 0.25 亿 m^3。由于容易开发的水资源基本已全部开发，污水处理回用日益变为重要的水资源。以 1990 年为例，大约有 11%的需水量将取自废水，大约为 2.2 亿 m^3。2000 年的污水处理回用量大约为 3.25～4.35 亿 m^3，在目前的技术情况下，海水淡化成本较高，在近期内海水不可能成为重要的水源。

以色列 1998 年总供水量为 21 亿 m^3，农业用水约占总用水量的 61%，城市生活用水占 33%，工业用水占 6%。农业用水主要是灌溉用水，灌溉面积约 25.5 万 hm^2。

从目前以色列对地下水的开发利用程度看，未来开发新的水资源几乎不可能。未来居民的用水主要通过微咸水和海水的淡化，农业用水主要是通过污水的再生利用解决。

开发地下水是以色列目前最主要的水资源利用方式，每年开采量约 11 亿 m^3。从目前开发利用情况看，总体上以色列对地下水的开发利用是可持续的，但开发利用程度几乎到了最大限度。几十年的开发利用，使得含水层的分布埋藏及水动力条件发生了一些变化，同时，人口的大量增加、城市化及工农业的快速发展，地表的土地利用也相应地发生了一些变化。地下水的开发利用过程中出现了一些问题，集中体现在以下 3 个方面。

1. 地下水质恶（盐）化

以色列地下水盐化问题比较普遍，主要原因是过量开采导致地下水位的持续下降，含水层系统水动力条件发生了变化，含盐量较高的地下水大量补给淡水含水层，使淡水含水层水质恶化。以沿海平原为例，在地下水开发利用过程中，始新世灰岩和白垩含水层中矿化度高的地下水进入到沿海平原含水层中；而从加利利湖大量引水灌溉，使下覆白垩岩层中补给量增加，同时，由于全新世和第三系隔水层中的溶蚀通道内充填着大量的可溶性盐，上覆土壤层灌溉回归水的增加使得地层中可溶性盐进入地下水，最终流入沿海平原含水层。

2. 地下水污染

在人口数量急剧增加、城市化和工业化发展过程中，地下水污染随之出现。以色列地下水污染问题主要发生在污水灌溉地区和沿海平原地区。地下水的污染主要来自 3 个方面：

（1）污水下渗。地下水大量开采的同时，一定数量没有经过处理的污水下渗补给地下水造成地下水污染。

（2）污水回灌。处理后的污水尽管去除了一部分 BOD 和 COD，但水中有机物含量相对于地下水仍然很高，灌溉回归水补给地下水引起地下水污染。

（3）处理后的污水人工回灌含水层。以色列将一部分处理后的污水用于地下水人工回灌，可以控制海水的入侵，但也对含水层造成一定程度的污染。以特拉维夫地区为例，每年有大约 6 000 万 m^3 的污水（占污水总量 3 亿 m^3 的 20%）经过处理以后人工回灌进入沿海含水层，而后对这些水进行开采，主要用于以色列南方的灌溉。为此管理部门已采取措施，促使用户主动控制水污染，另一方面管理部门也将制定一系列防止水污染的措施。

3. 海水入侵

在过去的几十年中，移民的大量涌入使人口激增，需水量增加很快，由此大量开发利用地下水，引起了水位下降，使得地下水位低于海平面，造成海水向内陆地区侵袭。海水入侵主要发生在沿海平原的西部沿海岸地带。

以色列开发利用地下水的同时，从 1955 年开始相继完成了一系列与地下水有关的立法工作，从法律层面上奠定了地下水的地位和管理基础，同时在政府部门成立了相应的地下水管理机构。

针对所面临的地下水水质恶化、地下水污染、海水入侵以及潜在的问题，如在严重干旱情况下地下水资源衰竭的可能性等问题，以色列水资源委员会围绕着地下水资源的可持续利用，采取了多个层次的管理措施，概括起来有以下几个方面。

1. 依法加强管理

以色列是个法制国家，依法行政，一切以法律为基准。

在地下水管理方面，主要依据《水井控制法》、《量水法》和《水法》等法规条例，以及水资源委员会制定的各种条例，对地下水管理的基本内容和管理程序建立起一套规范的制度。按照法律的有关条文，对地下水的开发利用实行取水许可制度，打井和开发地下水必须经过政府批准。通过法律、取水许可、水价和适当的组织结构等手段，对地下水资源系统进行行政管理。同时，根据《量水法》强制进行水量量测，控制供水水量，鼓励用户节约用水。

2. 统一规划

以色列实行水资源的联合调度，将地下水和地表水结合起来统一规划和管理。

20 世纪 80 年代中期，以色列因干旱造成了地下水长期超采，导致供水危机。1988 年颁布的新规划把水资源管理由增加供给量转变为提高水资源供给的可靠程度及提高水的质量。

3. 建立地下水水流水质管理模型

以色列地下水管理先进，管理水平很高。除了完备的法律体系和地下水地表水统一规划联合调度外，以色列在地下水管理中注重提高管理的技术含量，通过先进的技术手段，提高管理的层次和水平。以色列在采用现代化的水管理信息系统对水资源进行优化调度和配置，大幅度提高水资源利用效率的同时，注重全国范围内的地下水调查和研究。以色列水文地质调查研究的重要内容是含水层的三维制图，包括三维图件的编绘和含水层参数的研究。在水文地质调查的基础上，在全国范围内建立了水文地质的概念模型，对水文地质条件有了更好的理解。目前已建立了全国不同地区不同含水层的水量均衡方程，同时，在重要的地下水分布区建立了地下水的水流水质模拟模型和管理模型，这些地下水模型都经过了严格的率定和验证，可以作为地下水科学管理的技术支持，由此极大地提高了地下水管理的水平和层次。合理规划、科学研究和与施工单位的密切协作，是以色列地下水管理水平高的关键。

4. 地下水人工回灌

以色列在雨季通过供水管网和回灌系统补给中部和南方超采的地下水，每年约回补地下水 2 亿 m^3，用以满足季节性地下水开发和经济发展的需要，使地下水位保持平衡。此外，以色列正实施城市污水处理和人工回灌含水层的区域性规划，其主要目的是将首都及相邻几个城市平均每天 27 万 m^3 的废水进行处理后回灌沿海含水层。在区域规划中这种特殊的补给—恢复含水层的方法是很好的含水层处理方法。这种含水层处理方法使处理后的废水进入包气带和含水层，一方面可进一步净化水质；另一方面实现了季节性储水。含水层所得到的处理后再利用水适合于除饮用以外的各种用途，特别是农业灌溉用水。在过去的 5 年间，每年大约 1 亿 m^3 的回灌水用于以色列南部地区的农业灌溉。地下水回灌主要在沿海平原地区。另外，人工回灌可以形成水力屏障，控制海水入侵，实现对内联地区含水层进行保护和恢复的目的。

5. 防治水污染，保护地下水资源

以色列是世界上废水利用率较高的国家，城市废水回收再利用率达40%以上，每年大约有3亿m^3净化污水用于农业灌溉，约占农业用水量的20%。通过污水处理后回用这种办法，既缓解了缺水的矛盾，减少了水污染，又保护了生态环境。

思考与练习

1. 地下水的类型有哪些，最容易受到污染的是什么类型的地下水？
2. 与地表水相比，地下水污染的污染物和途径有何不同？
3. 与地表水相比，地下水污染的迁移和转化方式有何不同？
4. 试举一例说明地下水受到污染后的危害。
5. 常用的地下水修复技术有哪些？
6. 地下水脆弱性评价有何意义？

第五章　土壤污染及其防治

土壤是指陆地表面具有肥力、能够生长植物的疏松表层，其厚度一般在 2m 左右。土壤不但为植物生长提供机械支撑能力，并能为植物生长发育提供所需要的水、肥、气、热等肥力要素。凡是妨碍土壤正常功能，降低作物产量和质量，还通过粮食、蔬菜，水果等间接影响人体健康的物质，都叫做土壤污染物。土壤污染防治是防止土壤遭受污染和对已污染土壤进行改良、治理的活动。土壤保护应以预防为主。

第一节　土壤的组成与特性

一、土壤组成

土壤是环境中特有的组成部分，是一个极其复杂的由固体、液体和气体三相组成的多相疏松多孔体系（图 5-1）。土壤固相包括土壤矿物质和土壤有机质。土壤矿物质占土壤的绝大部分，约占土壤固体总重量的 90%以上。土壤有机质约占固体总重量的 1%～10%，一般在可耕性土壤中约占 5%，且绝大部分在土壤表层。土壤液相是指土壤中水分及其水溶物。土壤气相是指土壤孔隙所存在的多种气体的混合物。液相和气相共存于土壤孔隙内，按容积计，在较理想的土壤中，矿物质占 38%～45%，有机质占 5%～12%，土壤孔隙约占 50%。

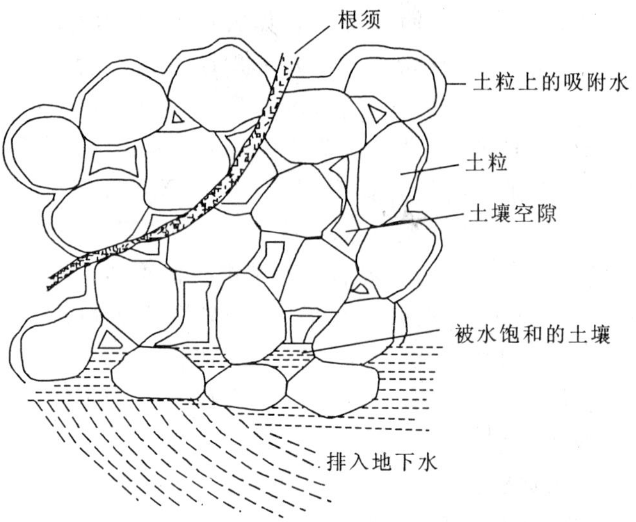

图 5－1　土壤中固、液、气相结构图
（据 S. F. Mun aban，1984）

1. 土壤矿物质

土壤矿物质来源于地壳岩石（母岩）和母质，它对土壤的性质、结构和功能影响很大。可分为原生矿物和次生矿物两大类。

（1）原生矿物。是各种岩石（主要是岩浆岩）受到程度不同的物理风化而未经化学风化的碎屑物，其原来的化学组成和结晶构造都没有改变。一般土壤中 1～0.01mm 的砂和粉砂几乎全都是原生矿物。其种类和含量随母质的类型、风化强度和成土过程的不同而异。土壤中最主要的原生矿物有四类：硅酸盐类矿物、氧化物类矿物、硫化物类矿物和磷酸盐类矿物。其中硅酸盐类矿物占岩浆岩重量的 80％以上。

（2）次生矿物。由原生矿物经化学风化后形成的新矿物，其化学组成和晶体结构都有所改变。包括各种简单盐类、三氧化物类和次生铝硅酸盐类。其中简单盐类，如方解石（$CaCO_3$）、白云石[Ca、$Mg(CO_3)_2$]、石膏（$CaSO_4 \cdot 2H_2O$）、泻盐（$MgSO_4 \cdot 7H_2O$）、岩盐（$NaCl$）、芒硝（$Na_2SO_4 \cdot 10H_2O$）、水氯镁石（$MgCl_2 \cdot 6H_2O$）等，易淋溶流失，一般土壤中较少，多存在于盐渍土中。而三氧化物类，如针铁矿（$Fe_2O_3 \cdot H_2O$）、褐铁矿（$2Fe_2O_3 \cdot 3H_2O$）、三水铝石（$Al_2O_3 \cdot 3H_2O$）等。次生铝硅酸盐类，如伊利石、蒙脱石、高岭石，是土壤矿物质中最细小的部分，粒径小于 0.25mm，一般称之为次生黏土矿物。土壤很多重要的物理、化学性质，如吸收性、膨胀收缩性、粘着性等都和土壤所含的黏土矿物，特别是次生铝硅酸盐的种类和数量有关。

2. 土壤有机质

土壤有机质是土壤中各种含碳有机化合物的总称。包括腐殖质、生物残体及土壤生物，如图 5－2 所示。其中腐殖质是土壤有机质的主要部分，占有机质总量的 50％～65％，在土壤中可以呈游离的腐殖酸盐类状态存在，亦可以铁、铝的凝胶状态存在，也可与粘粒紧密结合，以有机-无机复合体等形态存在。这些存在形态对土壤一系列的物理化学性质有很大影响。

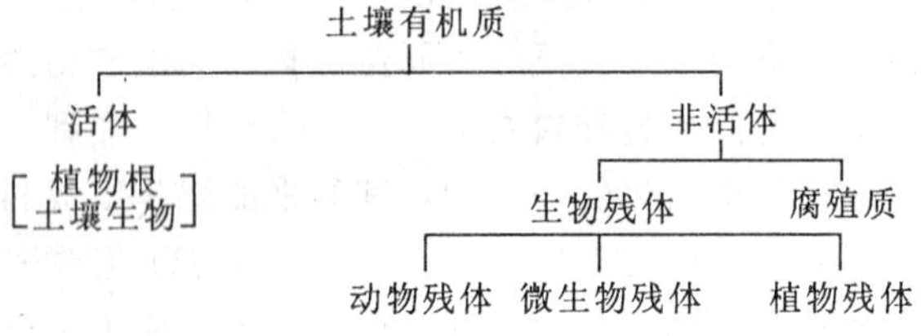

图 5－2　土壤有机质构成

3. 土壤水分

土壤水分主要来自大气降水和灌溉。在地下水位接近地面的情况下，地下水也是上层土壤水分的重要来源。此外，空气中水蒸汽冷凝也成为土壤水分。土壤水分并非纯水，不仅含有 Na^+、K^+、

Mg^{2+}、Ca^{2+}、Cl^-、NO^{3-}、SO_4^{2-}、HCO_3^- 等离子以及有机物，还含有有机的、无机的污染物。因此土壤水分既是植物养分的主要来源，也是进入土壤的各种污染物向其他环境圈层（如水圈、生物圈等）迁移的媒介。

4. 土壤空气

土壤空气存在于未被水分占据的土壤孔隙中。这些气体主要来源于大气，其次产生于土壤中的生物化学和化学过程。其组成接近于大气的正常组成，但又有明显的差异，表现在 O_2 和 CO_2 的含量上，土壤空气中 O_2 的含量较少，而 CO_2 的含量显著增加，且随深度有明显的变化。一般来说，CO_2 的浓度随深度的增加而慢慢地增加，在表土约为 0.03%，到植物根区则增加到 1%～5%，O_2 则相应缓慢地减少。土壤空气的水汽含量一般总比大气高得多，并常含有少量还原性气体，如甲烷（CH_4）、硫化氢（H_2S）、氢气（H_2）。在某些情况下还可能产生磷化氢（PH_3）及二硫化碳（CS_2）等气体。如果是被污染的土壤，其空气中还可能存在污染物。

二、土壤剖面形态

典型土壤随深度呈现不同的层次（图 5－3）。最上层为覆盖层（A_0），由地面上的枯枝落叶所构成。第二层为淋溶层（A），是土壤中生物最活跃的一层，土壤有机质大部分在这一层，金属离子和黏土颗粒在此层中被淋溶得最显著。第三层为淀积层（B），它受纳来自上一层淋溶出来的有机物、盐类和黏土颗粒类物质。C 层也叫母质层，是由风化的成土母岩构成。母质层下面为未风化的基岩，常用 D 层表示。

以上这些层次统称为发生层。土壤发生层的形成是土壤形成过程中物质迁移、转化和积聚的结果，整个土层称为土壤发生剖面。

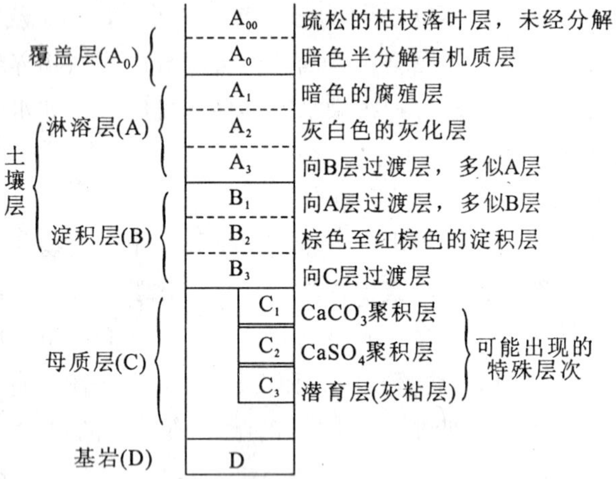

图 5－3　自然土壤的综合剖面图

（据南京大学等，1980）

三、土壤的粒级分组与质地分组

1. 土壤的粒级分组

土壤中的矿物质由岩石风化和成土过程中形成的不同大小的矿物颗粒组成，它们的直径差别很大（从几微米到几厘米）。大颗粒常由岩石、矿物碎屑或原生矿物组成，细颗粒主要由次生矿物所组成。它们的性质和成分有相当大的差异。为了研究方便，人们常按粒径的大小将土粒分级，同组土粒成分和性质基本一致，组间则有明显差异。表 5－1 为我国土粒分级标准。

矿物的粒级不同，其矿物成分有较大的差别。一般直径在 1mm 以上的颗粒是岩石风化后的碎屑，大都保留着母岩原有的矿物组成。直径在 1～0.05mm 的颗粒主要是石英、白云母、钾长石等原生矿物的碎屑，质地疏松。直径小于 0.005mm 的颗粒在湿润状态下聚集时膨胀并粘滞，干燥状态则收缩结成坚硬的板块。直径小于 0.002mm 的颗粒主要矿物成分是次生的粘粒矿物和晶质及非晶质的硅、铝、铁的水合氧化物。而在小于 0.001mm 的颗粒矿物组成中，晶质硅、铝、铁的水合氧化物达 30% 以上，其余为黏土矿物，具有胶体颗粒所特有的膨胀性、高吸水能力，具有强吸附力，是土壤颗粒中最活跃的部分。

表 5-1　我国土粒分级标准

颗粒名称		粒径（mm）
石块		＞10
石砾	粗砾	10～3
	细砾	3～1
砂砾	粗砂粒	1～0.25
	细砂粒	0.25～0.05
粉粒	粗粉粒	0.05～0.01
	细粉粒	0.01～0.005
粘粒	粗粘粒	0.005～0.001
	粘粒	＜0.001

2. 土壤的质地分组

自然界的土壤都是由很多大小不同的土粒按不同的比例组合而成的，各粒级在土壤中所占的相对比例或重量百分数称为土壤的机械组成，也叫做土壤质地。不同土壤的机械组成各不相同，根据土壤中各种粒级的重量百分数组成，把土壤划分为若干类别，表 5-2 是国际制土壤质地分类情况。

土壤质地可在一定程度上反映土壤矿物组成和化学组成，同时土壤颗粒大小与土壤的物理性质有密切关系，并且影响土壤孔隙状况，因此对土壤水分、空气、热量的运动和养分转化均有很大的影响。质地不同的土壤表现出不同的性状，如表 5-3 所示。

表 5－2 国际制土壤质地分类

质地分类		各级土粒重量(%)		
类别	质地名称	粘粒(<0.02mm)	粉砂粒(0.02～0.002mm)	砂粒(2～0.02mm)
砂土类	砂土及壤质砂土	0～15	0～15	85～100
壤土类	砂质壤土	0～15	0～45	55～85
	壤　土	0～15	35～45	45～55
	粉砂质壤土	0～15	45～100	0～55
粘壤土类	砂质粘壤土	15～25	0～30	55～85
	粘壤土	15～25	20～45	30～55
	粉质粘壤土	15～25	45～85	0～40
黏土类	砂质黏土	25～45	0～20	55～75
	壤质黏土	25～45	0～45	10～55
	粉质黏土	25～45	45～75	0～30
	黏土	45～65	0～35	0～55
	重黏土	65～100	0～35	0～35

表 5－3 土壤质地与土壤性状

土壤性状	土壤质地		
	砂土	壤土	黏土
比表面积	小	中等	大
紧密性	小	中等	大
孔隙状况	大孔隙多	中等	细孔隙多
通透性	大	中等	小
有效含水量	低	中等	高
保肥能力	小	中等	大
保水分能力	低	中等	高
在春季的土温	暖	凉	冷
触觉	砂	滑	粘

四、土壤胶体性质

土壤胶体是指土壤中颗粒直径小于2mm或小于1mm，具有胶体性质的微粒，一般土壤中的黏土矿物和腐殖质都具有胶体性质。土壤的许多重要性质，如保肥、供肥能力、土壤污染与净化、酸碱反应、缓冲作用、氧化还原反应以及其他性质都和土壤胶体有关。

1. 土壤胶体类型

土壤胶体种类按成分及来源可将其分为以下三大类：

（1）有机胶体。主要是腐殖质和生物活动的产物，它是高分子有机化合物，呈球形、三维空间网状结构，胶粒直径在20～40nm之间。

（2）无机胶体。主要是细颗粒的黏土矿物，包括黏土矿物中的高岭土、伊利石、蒙脱土、埃洛石、蛭石、绿泥石和海泡石、水铝英石以及铁、铝、锰水合氧化物等。

（3）有机-无机复合体。是由土壤中一部分矿物胶体和腐殖质胶体结合在一起所形成。这种结合可能是通过金属离子的桥键，也可能是通过交换阳离子周围的水分子氢键来完成，如对钙质蒙脱石和胡敏酸复合胶体的研究表明，腐殖质胶体主要吸附在黏土矿物表面，而未进入矿物的晶层间。

不同的胶体类型，其比表面积、表面电荷密度及阳离子交换容量有较大差异（表5-4）。它们对土壤溶液中的有机物及重金属离子的交换总量也有很大的不同。一般有机胶体的表面积大，每100g腐殖质胶体的交换容量平均约为2 000mol。无机胶体性质差异较大，高岭石表面积较小，不具胀缩性，交换当量低；伊利石具有胀缩性，交换能力较大；蒙脱石表面积较大，交换容量平均为100mol/100g。当矿物和腐殖质两种胶体复合后，交换量降低，因为原来矿物上一部分交换点被覆盖。

表 5-4 不同的土壤胶体成分的表面电荷密度及阳离子交换容量

类型	比表面积 (m^2/g)	表面电荷密度 (meq/m^2)	阳离子交换容量 (mol/kg)
水铝英石	100～700	0.71～2.0	50～100
铁、铝氢氧化物(pH 值 8.0)	25～42	0.12～0.4	0.5～1
高岭土	10～20	1～6	2～6
水云母	90～130	1.5～4.4	20～40
蒙脱土	750～800	0.75～1.6	60～120
怀阿明斑脱土	750	1.33	100
蛭石	750～800	1.5～2.7	120～200
腐殖酸			300～500

2. 土壤胶体性质

(1) 具有巨大的比表面和表面能。比表面是单位重量（或体积）物质的表面积，颗粒越小，比表面越大。土壤胶体由于颗粒细小，因而具有巨大的表面积。且表面分子受到的分子引力是不均衡的，使表面分子具有一定的剩余能量——表面能。物质的比表面越大，表面能也越大。

(2) 电荷性质。土壤胶体带有一定电荷，所带电荷性质主要取决于胶粒表面固定离子的性质。通常，土壤无机胶体如 $SiO_2 \cdot nH_2O$ 离解出 H^+，SiO_3^{2-} 留在胶核表面使胶体带负电；土壤腐殖质分子中的羧基及羟基离解 H^+ 后，胶体表面的 $R—COO^-$ 及 RO^- 表现负电性。两性胶体在不同酸度条件下可以带负电，也可以带正电，胶体在何种状态下带何种电荷与胶体的电荷零点（等电点）的 pH 值有关。不同的两性胶体具有不同的等电点。如 $Al(OH)_3$ 的等电点 pH 值为 4.8～5.2，Fe_2O_3 的 pH 值为 3.2，针铁矿［$\alpha-FeO(OH)$］的 pH 值为 3.2，褐铁矿［$\beta-FeO(OH)$］的 pH 值为 3.6，纤铁矿［$FeO(OH)$］的 pH 值为 5.4。当介质的 pH 值小于等电点时，胶体带正电荷；当介质的 pH 大于等电点时，胶体带负电。

（3）凝聚性和分散性。由于胶体的比表面和表面能都很大，为减小表面能，胶体具有相互吸引、凝聚的趋势，这就是胶体的凝聚性。但是在土壤溶液中，胶体常常带负电荷，即具有负的电动电位，所以胶体微粒又因相同电荷而相互排斥，电动电位越高，相互排斥力越强，胶体微粒呈现出的分散性也越强。

影响土壤凝聚性能的主要因素是土壤胶体的电动电位和扩散层厚度。例如：当土壤溶液中阳离子增多，由于土壤胶体表面负电荷被中和，从而加强了土壤的凝聚。阳离子改变土壤凝聚作用的能力与其种类和浓度有关。一般地土壤溶液中常见阳离子的凝聚能力顺序如下：$Na^+ < K^+ < NH_4^+ < H^+ < Mg^{2+} < Ca^{2+} < Al^{3+} < Fe^{3+}$。此外，土壤溶液中电解质浓度、pH 值也将影响其凝聚性能。

五、土壤酸碱性

由于土壤是一个复杂的体系，其中存在着各种化学和生物化学反应，因而使土壤表现出不同的酸性或碱性。土壤中 H^+ 主要来自二氧化碳溶于水形成的碳酸，有机物分解产生有机酸以及某些少数无机酸，其中 Al^{3+} 水解产生 H^+ 是土壤酸性的重要来源。OH^- 主要来自土壤溶液中的碳酸钠、碳酸氢钠、碳酸钙以及胶体表面交换性 Na^+ 的水解。根据土壤的酸度可以将其划分为 9 个等级（表 5-5）。

我国土壤的 pH 值大多在 4.5～8.5 范围内，并有由南向北 pH 值有递增的规律性，长江（北纬 33 °）以南的土壤多为酸性和强酸性，如华南、西南地区广泛分布的红壤、黄壤，pH 值大多在 4.5～5.5 之间，有少数低至 3.6～3.8；华中华东地区的红壤，pH 值在 5.5～6.5 之间；长江以北的土壤多为中性或碱性，如华北、西北的土壤大多含 $CaCO_3$，pH 值一般在 7.5～8.5 之间，少数强碱性土壤的 pH 值高达 10.5。

表 5－5 土壤酸碱度分级

酸碱度分级	pH 值	酸碱度分级	pH 值
极强酸性	＜4.5	弱碱性	7.0～7.5
强酸性	4.5～5.5	碱　性	7.5～8.5
酸　性	5.5～6.0	强碱性	8.5～9.5
弱酸性	6.0～6.5	极强碱性	＞9.5
中　性	6.5～7.0		

六、土壤氧化还原性

土壤中有许多有机和无机的氧化性和还原性物质，因而使土壤具有氧化－还原特性。一般地土壤中主要的氧化剂有氧气、NO_3^-和高价金属离子，如 Fe（Ⅲ）、Mn（Ⅳ）、V（Ⅴ）、Ti（Ⅵ）等。主要的还原剂有有机质和低价金属离子。此外，土壤中植物的根系和土壤生物也是土壤发生氧化还原反应的重要参与者。

土壤氧化还原能力的大小可以用土壤的氧化还原电位（Eh）来衡量。一般旱地土壤氧化还原电位（Eh）为＋400～＋700mV；水田的 Eh 值在＋300～－200mV。根据土壤的 Eh 值可以确定土壤中有机物和无机物可能发生的氧化还原反应和环境行为。

第二节　土壤污染及其危害

一、概述

近年来，由于人口急剧增长，工业迅猛发展，固体废物不断向土壤表面堆放和倾倒，有害废水不断向土壤中渗透，大气中的有害气体及飘尘也不断随雨水降落在土壤中，导致了土壤污染。

为了控制和消除土壤的污染，首先要控制和消除土壤污染源，加强对工业“三废”的治理，合理施用化肥和农药。同时还要采取防治措施，如针对土壤污染物的种类，种植有较强吸收力的植物，降低有毒物质的含量（例如羊齿类铁角蕨属的植物能吸收土壤中的重金属）；或通过生物降解净化土壤（例如蚯蚓能降解农药、重金属等）；或施加抑制剂改变污染物质在土壤中的迁移转化方向，减少作物的吸收（例如施用石灰），提高土壤的 pH 值，促使镉、汞、铜、锌等形成氢氧化物沉淀。此外，还可以通过增施有机肥、改变耕作制度、换土、深翻等手段，治理土壤污染。

人为活动产生的污染物进入土壤并积累到一定程度，可引起土壤质量恶化，并进而造成农作物中某些指标超过国家标准的现象，称为土壤污染。污染物进入土壤的途径是多样的，废气中含有的污染物质，特别是颗粒物，在重力作用下沉降到地面进入土壤，废水中携带大量污染物进入土壤，固体废物中的污染物直接进入土壤或其渗出液进入土壤。其中最主要的是污水灌溉带来的土壤污染。农药、化肥的大量使用，造成土壤有机质含量下降，土壤板结，也是土壤污染的来源之一。土壤污染除导致土壤质量下降、农作物产量和品质下降外，更为严重的是土壤对污染物具有富集作用，一些毒性大的污染物，如汞、镉等富集到作物果实中，人或牲畜食用后发生中毒。如我国辽宁沈阳张士灌区由于长期引用工业废水灌溉，导致土壤和稻米中重金属镉含量超标，人畜不能食用。土壤不能再作为耕地，只能改作他用。

具有生理毒性的物质或过量的植物营养元素进入土壤，会导致土壤性质恶化和植物生理功能失调。土壤处于陆地生态系统中的无机界和生物界的中心，不仅在本系统内进行着能量和物质的循环，而且与水域、大气和生物之间也不断进行物质交换，一旦发生污染，三者之间就会有污染物质的相互传递。作物从土壤中吸收和积累的污染物常通过食物链传递而影响人体健康。

二、污染物类型

土壤污染物有下列 4 类。①化学污染物。包括无机污染物和有机污染物。前者如汞、镉、铅、砷等重金属，过量的氮、磷植物营养元素以及氧化物和硫化物等；后者如各种化学农药、石油及其裂解产物，以及其他各类有机合成产物等。②物理污染物。指来自工厂、矿山的固体废弃物，如尾矿、废石、粉煤灰和工业垃圾等。③生物污染物。指带有各种病菌的城市垃圾和由卫生设施（包括医院）排出的废水、废物以及厩肥等。④放射性污染物。主要存在于核原料开采和大气层核爆炸地区，以锶和铯等在土壤中生存期长的放射性元素为主。

三、污染物进入土壤的途径

1. 污水灌溉

用未经处理或未达到排放标准的工业污水灌溉农田是污染物进入土壤的主要途径，其后果是在灌溉渠系两侧形成污染带。用污水灌溉属封闭式局限性污染。

2. 酸雨和降尘

工业排放的 SO_2、NO 等有害气体在大气中发生反应而形成酸雨，以自然降水形式进入土壤，引起土壤酸化。冶金工业烟囱排放的金属氧化物粉尘，则在重力作用下以降尘形式进入土壤，形成以排污工厂为中心、半径为 2～3km 范围的点状污染。

3. 汽车排气

汽油中添加的防爆剂四乙基铅随废气排出污染土壤，行车频率高的公路两侧常形成明显的铅污染带。

4. 固体废弃物

堆积场所土壤直接受到污染，自然条件下的二次扩散会形成更大范围的污染。

5. 过量施用农药、化肥

此种污染属农业区开放性的污染。

四、污染物在土壤中的去向

进入土壤的污染物，因其类型和性质的不同而主要有固定、挥发、降解、流散和淋溶等不同去向。重金属离子，主要是能使土壤无机和有机胶体发生稳定吸附的离子，包括与氧化物专性吸附和与胡敏素紧密结合的离子，以及土壤溶液化学平衡中产生的难溶性金属氢氧化物、碳酸盐和硫化物等，将大部分被固定在土壤中而难以排除；虽然一些化学反应能缓和其毒害作用，但仍对土壤环境有潜在威胁。化学农药的归宿，主要是通过气态挥发、化学降解、光化学降解和生物降解而最终从土壤中消失，其挥发作用的强弱主要取决于自身的溶解度和蒸气压，以及土壤的温度、湿度和结构状况。例如，大部分除草剂均能发生光化学降解，一部分农药（有机磷等）能在土壤中产生化学降解；目前使用的农药多为有机化合物，故也可产生生物降解。即土壤微生物在以农药中的碳素作能源的同时，就已破坏了农药的化学结构，导致脱烃、脱卤、水解和芳环烃基化等化学反应的发生而使农药降解。土壤中的重金属和农药都可随地面径流或土壤侵蚀而部分流失，引起污染物的扩散；作物收获物中的重金属和农药残留物也会向外环境转移，即通过食物链进入家畜和人体等。施入土壤中过剩的氮肥，在土壤的氧化还原反应中分别形成 NO、NO_2 和 NH_3、NO_3^-。前两者易于淋溶而污染地下水，后两者易于挥发而造成氮素损失并污染大气。

五、土壤的污染源

土壤的污染，一般是通过大气与水污染的转化而产生，它们可以单独起作用，也可以相互重叠和交叉进行，属于点污染的一类。随着农业现代化，特别是农业化学化水平的提高，大量化学肥料及农药散落到环境中，土壤遭受非点污染的机会越来越多，其程度也越来越严重。在水土流失和风蚀作用等的影响下，污染面积不断扩大。

根据污染物质的性质不同，土壤污染物分为无机物和有机物两类。无机物主要有汞、铬、铅、铜、锌等重金属和砷、硒等非金属。有机物主要有酚、有机农药、油类、苯并芘类和洗涤剂类等。以上这些化学污染物主要是由污水、废气、固体废物、农药和化肥带进土壤并积累起来的。

1. 污水灌溉

生活污水和工业废水中，含有氮、磷、钾等许多植物所需要的养分，所以合理地使用经无害化处理的污水灌溉农田，一般有增产效果。但污水中还含有重金属、酚、氰化物等许多有毒有害的物质，如果污水没有经过必要的处理而直接用于农田灌溉，会将污水中有毒有害的物质带至农田，污染土壤。例如冶炼、电镀、燃料、汞化物等工业废水能引起镉、汞、铬、铜等重金属污染；石油、化工、肥料、农药等工业废水会引起酚、三氯乙醛、农药等有机物的污染。

2. 大气污染

大气中的有害气体主要是工业生产排出的有毒废气，它的污染面大，会对土壤造成严重污染。工业废气的污染大致分为两类：气体污染，如二氧化硫、氟化物、臭氧、氮氧化物、碳氢化合物等；气溶胶污染，如粉尘、烟尘等固体粒子及烟雾、雾气等液体粒子，它们通过沉降或降水进入土壤，造成污染。例如，有色金属冶炼厂排出的废气中含有铬、铅、铜、镉等重金属，对附近的土壤造成污染；生产磷肥、氟化物的工厂会对附近的土壤造成粉尘污染和氟污染。

3. 化肥

施用化肥是农业增产的重要措施，但不合理的使用，也会引起土壤污染。长期大量使用氮肥，会破坏土壤结构，造成土壤板结、生物学性质恶化，影响农作物的产量和质量。过量地使用硝态氮肥，会使饲料作物含有过多的硝酸盐，妨碍牲畜体内氧的输送，使其患病，严重的导致死亡。

4. 农药

农药能防治病、虫、草害，如果使用得当，可保证作物的增产，但它是一类危害性很大的土壤污染物，施用不当，会引起土壤污染。喷施于作物体上的农药（粉剂、水剂、乳液等），除部分被植物吸收或逸入大气外，有一半左右散落于农田，这一部分农药与直接施用于田间的农药（如拌种消毒剂、地下害虫熏蒸剂和杀虫剂等）构成农田土壤中农药的基本来源。农作物从土壤中吸收农药，在根、茎、叶、果实和种子中积累，通过食物、饲料危害人体和牲畜的健康。此外，农药在杀虫、防病的同时，也使有益于农作物的微生物、昆虫、鸟类遭到伤害，破坏了生态系统，使农作物间接遭受损失。

第三节　土壤污染防治途径

污染物可以通过多种途径进入土壤，引起土壤正常功能的变化，从而影响植物的正常生长和发育。然而，土壤对污染物也能起净化作用，特别是进入土壤的有机污染物可经过扩散、稀释、挥发及光化学降解、生物化学降解、化学降解等作用而得到净化。如果进入土壤中的污染物在数量和速度上超过土壤的净化能力，即超过土壤的环境容量，最终将导致土壤正常功能的失调，阻碍作物正常生长。

土壤环境容量是指在一定环境单元、一定时限内遵循环境质量标准，既保证产品的产量和质量，也不使环境污染时土壤所能容纳污染物的最大负荷量。

从某种程度上说，土壤是环境中污染物的“汇合”。土壤与植物的生命活动紧密相连；污染物可通过土壤-植物系统及食物链，最终影响人体健康。因此，土壤污染的防治十分重要。首先要控制和消除污染源，对已经污染的土壤要采取一切有效措施，消除土壤中的污染物，或控制土壤污染物的迁移转化，使其不能进入食物链。

一、控制和消除土壤污染源

控制和消除土壤污染源是防止污染的根本措施。控制土壤污染源，即控制进入土壤中污染物的数量和速度，使其在土体中缓慢地自然降解，以免产生土壤污染。

1. 控制和消除工业“三废”的排放

应大力推广清洁工艺，以减少或消除污染源，对工业“三废”及城市废弃物必须处理与回收，即进行废弃物资源化。对排放的“三废”要净化处理，控制污染物的排放数量和浓度。我国水资源短缺，分布又不均匀，近几年来水体污染日益严重，故我国的水资源日益馈缺，农业用水甚为紧张。因此，我国许多地方已发展了污水灌溉。这一方面解决了部分农田的用水；另一方面，污水中含有相当多的肥料成分，如果施用不当，也可以导致土壤污染。因此利用污水灌溉和施用污泥时，首先要根据土壤的环境容量，制定区域性农田灌溉水质标准和农用污泥施用标准，要经常了解污水中污染物质的成分、含量及动态。必须控制污灌水量及污泥施用量，避免盲目滥用污水灌溉引起土壤污染。此外，工业废渣不能任意堆放。要控制化学农药的使用，禁止或限制使用剧毒、高残留农药，如有机氯农药；发展高效、低毒、低残留农药，如除虫菊酯、烟碱等植物体天然成分的农药；大力开展微生物与激素农药的研究。微生物可使昆虫引起感染而死亡，如核角体病毒防治桑毛虫，效果较好。激素农药有昆虫内激素（昆虫体内腺体分泌物）、蜕皮激素（蜕皮激素固酮防治蛾类幼虫）、保幼激素（天蚕油保幼激素使昆虫无法成活）和外激素，如果蝇、午毒蛾及棉红铃虫等性引诱剂。还可采用含有自然界中构成生物体的氨基酸、脂肪酸、核酸等成分的农药，它们易被降解。探索和推广生物防治病虫害的途径，开展生物上的天敌防治法，如应用昆虫、细菌、霉、病毒等微生物作为病虫害的天敌，另外，还应开展害虫不孕化防治法。

2. 合理使用化学肥料和农药

要合理施用硝酸盐和磷酸盐等肥料，避免过多使用，造成土壤污染。在喷洒农药时，尽可能采用高效低毒的新农药。

二、增加土壤环境容量，提高土壤净化能力

增加土壤有机质含量，砂掺黏和改良砂性土壤，可以增加或改善土壤胶体的性质，增加土壤对有毒物质的吸附能力和吸附量，从而增加土壤环境容量，提高土壤的净化能力。分析、分离或培养新的微生物品种以增加微生物对有机污染的降解作用，也是提高土壤净化能力极为重要的一环，这方面目前已取得了一些进展。

三、其他防治土壤污染的措施

1. 施用化学改良剂

化学改良剂包括抑制剂和强吸附剂。一般施用的抑制剂有石灰、磷酸盐和碳酸盐等，它们能与重金属发生化学反应而生成难溶化合物以阻碍重金属向作物体内转移。在酸性污染土壤中施用石

灰，可提高土壤的pH值，使镉、铜、锌、汞等重金属形成氢氧化物沉淀。据试验，施用石灰后，稻米的含镉量可降低30%。施用钙铁磷肥也能有效地抑制镉、汞、铅、铜、锌重金属的活性，如Cd^{2+}和Hg^{2+}与磷酸盐分别形成难溶$Cd_3(PO_4)_2\downarrow$、$Hg_3(PO_4)_2\downarrow$，这对消除土壤中镉、汞污染具有重要意义。

施用强吸附剂可使农药分子失去活性，也可减轻农药对作物的危害。如加入0.4%的活性炭，豌豆从土壤中吸收的艾氏剂量可降低96%。有机质、绿肥、蒙脱土等都具有类似的缓解效果。

2. 生物改良措施

通过植物的富集而排除部分污染物，包括种植对重金属吸收能力极强的作物，如黄颌蛇草对重金属的吸收量比水稻高10倍；种植这些非食用性作物，在一定程度上可排除土壤中的重金属。另外，种植抗性植物，即种植对重金属吸收能力极差的植物，也是生物改良的方法之一。

3. 控制氧化还原条件

控制土壤的氧化还原条件也能减轻重金属污染的危害。据研究，在水稻抽穗到成熟期，无机成分大量向穗部转移。淹水可明显地抑制水稻对镉的吸收，落干则能促进镉的吸收，糙米中镉的含量随之增加。镉、铜、铅、汞、锌等重金属在pE较低的土壤中均能产生硫化物沉淀，可有效地减少重金属的危害。但砷与其他金属相反，在pE较低时其活性较大。

4. 改变耕作制

改变土壤环境条件，可消除某些污染物毒害。如对已被有机氯农药污染的土壤，可通过旱作改水田或水旱轮作的方式予以改良，使土壤中有机氯农药很快地分解排除。若将棉田改水田，可大大加速DDT的降解，一年可使DDT基本消失。稻棉水旱轮作是消除或减轻农药污染的有效措施。

5. 改良土壤

土壤一旦造成污染，特别是重金属污染，很难从中排除出去。为了消除土壤重金属等的污染，常采用排去法（挖去污染土壤）和客土法（用非污染的土覆盖于污染土表面上）进行改良。但是，这两种方法耗费劳力，易造成污染源扩散，且需要大量的客土源，所以在实际应用上，特别是对于大面积污染区土壤的改良有一定困难，故不太现实。

为了减少污染物对作物生长等的危害，也可采用耕翻土层，即采用深耕，将上下土层翻动混合，使表层土壤污染物含量减低。这种方法动土量较少，但在污染严重的地区不宜采用。近年来，土壤及地下水污染的化学与生物修复已成为研究热点，并取得了一定进展。土壤有机污染的化学修复是用表面活性剂或有机溶剂清洗土壤中的有机物；生物修复是利用微生物将土壤中有毒有害有机污染物降解为无害的无机物质（CO_2 和 H_2O）的过程。降解过程可以由改变土壤理化条件（包括 pH 值、湿度、温度、通气条件及添加营养物）来完成，也可接种特殊驯化与构建的工程微生物提高降解速率。

污染土壤生物修复的特点为：成本低于热处理及物理化学方法；不破坏植物生长所需要的土壤环境；污染物氧化比较完全，不会产生二次污染；处理效果好，对低分子量的污染物去除率可达99%以上；可原地处理，操作简单。

目前国外采用的土壤生物修复技术有原位处理（in situ）、就地处理（on site）和生物反应器（bioreactor）三种方法。

原位处理法是污染土壤不经搅动，在原位和易残留部位之间进行原位处理。最常用的原位处理方式是进入土壤饱和带污染物的生物降解。可采取添加营养物、供氧（加 H_2O_2）和接种特异工程菌等措施提高土壤的生物降解能力；亦可把地下水抽至地表，进行生物处理后，再注入土壤中，以再循环的方式改良土壤。该法适用于渗透性好的不饱和土壤的生物修复。

就地处理法是将废物作为一种泥浆用于土壤和经灌溉、施肥及加石灰处理过的场地，以保持营养、水分和最佳 pH 值。用于降解过程的微生物通常是土著土壤微生物群系。为了提高降解能力，亦可加入特效微生物，以改进土壤生物修复的效率。最早使用的就地处理法是土壤耕作法，并已广泛用于炼油厂含油污泥的处理。

生物反应器是用于处理污染土壤的特殊反应器，通常为卧式鼓状的、气提式、分批或连续培养，可建在污染现场或异地处理场地。污染土壤用水调成泥浆，装入生物反应器内，控制一些重要的微生物降解条件，提高处理效果。还可用上批处理过的泥浆接种下一批新泥浆。该技术尚处于实验室研究阶段。生物反应器是污染土壤生物修复的最佳技术，它能满足污染物生物降解所需的最适宜条件，获得最佳的处理效果。

生物修复是治理土壤有机污染的最有效方法。污染土壤的生物修复效率受污染物性质、土壤微生物生态结构以及土壤性质、环境条件等影响。研究污染物的生物可降解性、微生物对污染物的降解作用机理、降解菌的选育与生物工程菌的应用，是提高污染土壤生物修复效果的关键，值得深入研究。

综上所述，消除或减少土壤污染最根本的是要消除或控制污染源。

第四节　土壤污染及防治案例

一、台湾美国无线电公司（RCA）桃园厂

1. 污染概述

台湾美国无线电公司（RCA）桃园厂于 1970 年成立，生产电

子、电器产品，以电视机的电脑选择器为主要产品。在 1986 年被并入美国奇异（GE）公司，至 1988 年又被法国汤姆生（Thomson）公司并购，继续生产电视机的电脑选择器，至 1992 年停止生产，出售给宏意建设及宏昌建设；1994 年 6 月有人举报该厂土壤、地下水遭受掩埋废弃物污染。

2. *污染源及污染物*

该厂污染源主要发生原因为有机溶剂贮存及操作不当，所产生之污染物以挥发性有机化合物为主，包括 1，1－二氯乙烷（1，1－Dichloroethane）、1，1－二氯乙烯（1，1－Dichloroethene）、1，2－二氯乙烯（1，2－Dichloroethene）、1，1，1－三氯乙烷（1，1，1－Trichloroethane）、四氯乙烯（Tetrachloroethene，PCE）、三氯乙烯（Trichloroethene，TCE）等。

3. *处理情况*

（1）台湾环保署成立调查小组，研究处理方案：污染未清除前暂停该土地用途变更作业。

（2）要求 RCA 公司采取紧急措施，避免危害，降低风险。

（3）由 RCA 公司进行临近民井、场内监测井及水井水质调查，检测址近区域 94 口民井，有 72 口不符合 WHO 饮用水标准。

（4）紧急供应居民瓶装水；接装自来水。

（5）依据 RCA 公司所提整治计划，利用风险管理的观念确定土壤治理标准为：1，2－二氯乙烷 8mg/kg、1，1－二氯乙烯 10mg/kg、四氯乙烯 10mg/kg、三氯乙烯 60mg/kg、顺 1，2－二氯乙烯 800mg/kg；地下水则以符合 WHO 饮用水标准为目标：四氯乙烯 40μg/L、1，2－二氯乙烯 50μg/L、三氯乙烯 70μg/L、1，1－二氯乙烯 30μg/L、1，2－二氯乙烯 50μg/L、三氯乙烷 2 000μg/L、氯乙烯 5μg/L。

（6）成立监督小组，进行驻厂整治监督。

4. 后续处理

（1）RCA公司于1995年10月进行全厂区以50m网格的土壤气体取样检测工作，全厂区采取316个地面下达15m之土壤气体，及少数土壤和地下水样品。再于1996年针对土壤气体浓度较高地区进行取样检测，归纳有六区可能需要整治。主要污染区在原第二厂房西南边，确定超过核定之基准需进行整治，至于其他五处则需再进行确认是否需要整治。

（2）RCA公司对不需整治区再以网格检测66点（132个样品）来确认，对于前述可能需整治地点，宏意公司再更密集网格划定，取115个土壤取样点，共取245个土壤样品，执行过程中再增加87个土壤取样点、233个土壤样品。经此步骤确定超过核定之整治基准，需要整治之范围只在原第二厂房西南区，面积约1 700 m^2。

（3）土壤需整治部分采取抽除土壤气体处理，抽除气体以活性炭处理，并在该期间检测周界空气品质及作业环境。

（4）地下水部分，设置15口抽水井，进行地下水抽除处理，抽取地下水经活性炭处理。

（5）除地下水抽除处理外，在厂址下游利用民井及检测井进行检测。若水样中挥发性有机化合物（VO_{Cs}）浓度连续两年超过WHO建议值，则建立一套应变措施计划。

（6）根据RCA等公司于1998年4月9日提出的“地下水整治技术评估报告”、“场址整治完成报告”、“土壤挖除处理完成报告”及“土壤气体抽除处理完成报告”等。有关于地下水部分，认为场址污染为DNAPL物质，且自然分解旺盛并已达平衡状态，要整治达到核定之基准有困难，且对于附近居民已接装自来水，故仅采取地下水风险管理措施，设置地下水质检测井，每6个月取样检测，如发生污染扩大影响用水时，再采取应变措施方式处理。

二、石油化学工业开发公司台南安顺厂

1. 污染概述

此工厂位于台南市安南区，原为台湾盐业公司所有，自日据时代开始设厂，以水银电解方式制造盐氯，并于1981年间生产五氯酚，后因法令明令禁止生产，于1982年即停工封厂，石化公司与台湾盐业公司合并后，由石化公司承接安顺厂。

2. 污染源及污染物

(1) 五氯酚污染。在1998年调查场内南区除一部分之地表土浓度为 50.7×10^{-6} 外，其他部分较低（平均小于 10×10^{-6}）。黑土浓度高约 40×10^{-6}。1995年调查场内南区至15m深之地下水所含五氯酚浓度最高为 149×10^{-6}，1998年2月除南区场区外检测井为 16.4×10^{-6} 及场内近地表水样为 1.69×10^{-6} 外，其余皆小于 0.1×10^{-6}。

(2) 戴奥辛污染。依据清华大学（台）凌永健教授之报告，在土壤中为 $1\,857\times10^{-6}$，废水池底泥为 16×10^{-6}，鱼肉含量为 247×10^{-6}。

(3) 汞污染。场内北区地表1～1.5m（地下水位以上）之表面土受到不同程度的污染；最高污染浓度为 420×10^{-6}，平均值 17.4×10^{-6}。场内北区水池内底泥汞浓度最高为 $9\,550\times10^{-6}$，池水浓度较低，最高值在 $0.004\,5\times10^{-6}$。前海水贮水池外围临近鱼塭及鹿耳门溪地下水汞浓度均小于 $0.000\,5\times10^{-6}$，安顺厂之污染未有证据显示已扩散至场址外。

3. 处理情形

本案从1995年起进行污染调查工作，1997年再委托国外相关经验之环保顾问公司进行全面性污染调查及整治工作。

(1) 土壤。1995年1月将五氯酚高污染区之土壤挖除，进行隔离处理，以防止污染继续扩大，挖掘面积约0.3ha（公顷），挖

出土壤堆置于一座RC钢筋混凝土贮存槽内，定期翻土曝晒及氧化处理。

（2）地下水。石化公司于1995年9月底完成日处理量为500t之大型活性炭吸附设备安装工程，开始抽取五处抽水井之地下水，五氯酚予以吸附脱除，迄1998年5月共抽除处理超过75 000m^3，已有效控制及降低污染。

4. 后续处理

石化公司向台南市环保局提出整治计划书及污染评估报告书，相关单位督导石化公司已完成全场调查，并依审查委员会意见进行补充调查。另进行五氯酚整治先导计划及研拟整治基准等工作。

石化公司在整治计划书中提出监督工作书。由台南市环保局委托成大环境研究中心进行相关监督工作。

石化公司于6个月内完成健康风险评估工作。

三、裕台彰化农化厂

1. 污染概述

本场址为裕台企业股份有限公司（简称裕台公司）的彰化农化厂，位于彰化市中华西路与金马路口。1999年8月裕台公司将场址租予亚太公司开发，预备兴建集合式卖场。占地约23 000m^2，于1956年开始建厂，并于1966年完工，从事农药生产；此后于1978年与辅导会荣民化工厂合并，但于1981年底迁厂至杨梅。原旧厂址于1983年及1984年间出租侨泰木器公司，再于1987年出租予荣成纸业公司，直至1996年止租，在此期间均作为仓储之用。1999年8月因厂区开挖作业引发异味，导致民众投诉，受到主管机关处以停工列管处分。裕台公司乃于1999年12月向环保局提交调查规划计划，并依相关法令规范，循序完成场址调查及污染评估作业及场址土壤污染整治工程。

裕台公司于2000年3月20日至5月20日完成调查及评估作

业。根据调查评估报告，本场址可能由于早期农药生产或关厂作业疏失，以致有逾 10 000m^3 土壤受到农药类废弃物污染，应予以整治复育。彰化县环保局于 2000 年 8 月 3 日再次召开专案小组会议，邀集各环保主管机关及学者专家审查裕台公司所提报之调查结果；同时核定本场址之整治计划书，并参考环保署所研拟之管制标准值及欧美先进国家标准，制定本场址土壤整治基准值，要求尽快进行场址土壤复育整治工作。

2. *污染源及污染物*

（1）土壤。场址之污染物多属有机氯及有机磷类农药之半挥发性有机物，并无重金属污染情形。场址以外之土壤并无受污染迹象。

场址受污染土壤多集中在厂区中央，其深度在地表下 2～3m 处，调查作业期间估算受污染土壤数量约 9 068m^3。

（2）地下水。场内有两口工程点井所检测的地下水样测出微量的亚素灵（0.013mg/L 及 0.028mg/L），其值均低于本计划所核定之污染评估值（0.1mg/L）。故研判地下水未受污染土壤的影响。

地下水中所含污染物来自土壤中所掩埋之农药释出，根据场址工程点井抽水试验所求得水力参数估算，即使经过 20 年，污染物仅能自源头向外扩散 3.4～34m。故地下水中所含的微量污染物仍局限在场址内。

基于上述场址污染调查结论，本工程所研拟的场址整治方向为：场址土壤的污染物种类、范围及受污染土壤数量已大致确定，应尽快进行土壤整治，将受污染土壤清除处理，以避免污染继续扩大。

场址地下水虽已受土壤中所含污染物释出所影响，但其值尚低，且污染物具生物可分解性，故受污染土壤迅速移除处理后，地下水应可逐步恢复正常水质。但仍在场址整治作业期间持续检测地下水水质，以供后续研判场址整治作业是否完成之参考。

3. 处理情形

本计划场址经污染调查评估后，确认其污染物质为农药类之半挥发性有机物。根据合法性、技术可行性、商业运转实绩及成本效益等参数综合评估后，确认本场址将以热处理法中之热脱附/裂解法为本场址受污染土壤之整治技术，并将于厂区内设置厂房处理设施，进行受污染土壤现场处理作业。

本工程于场址内设置现场土壤复育处理设备，将受污染土壤挖起后，以高温热裂解处理系统将污染物质脱附并分解。该高温热电炉试车及实际操作测试结果证明，处理后土壤所含污染物浓度可降解至 1×10^{-6} 以下。现场热处理设备每天最多可处理 45m^3（约 60t）之土壤。自 2002 年 1 月试车结束，全量运转至 2002 年 11 月 13 日止，共完成处理土壤 10 713m^3。所处理之土壤均经定量定期由监督单位采样送交由环保署检验所核定之实验室检测，确认符合整治标准之土壤并重新回填于场区内。整治作业期间，并分别于 2000 年 12 月，2001 年 3 月、5 月、7 月及 10 月完成 5 次场址周界环境品质检测（空气、噪音/振动、地下水质），以防止作业疏失所造成的二次污染。检测结果均符合相关法规标准，显示整治工程未对周围环境造成负面影响。

4. 后续处理

彰化县环保局已于 2001 年 10 月 29 日、30 日及 11 月 16 日，会同由中兴大学及大业大学共同组成之监督小组，于 2001 年 4 月 26 日召开专案小组会议，所核定之“彰化农化厂土壤污染整治工程完成场址验收作业程序”，办理本场址验收检测。监督小组共在本场址依格点划分采集 28 件土壤样品，其中在 5 个采样点分别采集 2 件分样，同时送至环保署环检所及联美公司例行查验土壤处理成效之实验室，作重复样品品管查核。土壤样品检测结果均符合本计划所核定的整治标准，故确认本场址已成功完成土壤整治作业，应可解除列管，回归土地适当用途之永续经营目标。

四、美国华盛顿州溶剂炼煤试验厂

1. 污染物种

Polynuclear Aromatic Hydrocarbons (PAHs)

2. 污染介质

土壤

3. 污染缘起及影响程度

本试验厂占地约 10ha（公顷），在华盛顿州塔科玛市以南约 19km 处，坐落于佛特路易斯北端的舍卡丽秋湖与哈莫玛旭之间，系以发展利用溶剂热萃取或热裂解方式自煤中提炼石油碳氢化合物的一间试验厂，于 1974—1981 年间，在此从事相关研究与生产，以致作业过程发生泄漏而造成土壤污染。污染物种以 PAHs 为主，并遍布厂内多处地点。虽然检验显示，一般 PAHs 检测浓度均低于 2mg/kg，但最大 PAHs 检测浓度仍高达 410mg/kg。

4. 整治目标

根据华盛顿州毒化物管制模式方法 B，模拟土壤中 PAHs 致癌几率，推估整治目标，规定 7 项致癌性 PAHs 之浓度总和应低于 1mg/kg，柴油及其他燃料油类浓度应低于 200mg/kg。依 Puget Sound Air Pollution Control Agency 规定，整治设施之空气污染物控制技术及排放标准。

5. 整治技术及过程说明

本场址采用热脱附（Thermal Desorption）方法整治，根据整治前之土壤表层化学物质检验结果，拟定 17 个必须整治区域，规划污染土壤挖掘及热脱附整治作业。本场址所使用之热脱附处理设备为旋转窑，并配备滤袋及热氧化系统以处理废气。土壤先经过 $1\frac{1}{2}$inch 栏栅筛选，再送入旋转窑中以 370℃～400℃高温进行热脱附，处理量为 50～150t/h。废气经过滤袋，再送回燃烧室或经高温氧化后排放至大气中。共处理污染土壤 104 000t，完成处理之土壤经采样检验，其所含致癌性 PAHs 浓度大致在低于仪器检测浓度到 0.44mg/kg 之间。

五、美国俄亥俄州佛诺得环境管理计划场址

1. 污染物种

重金属

2. 污染介质

地下水

3. 污染缘起及影响程度

佛诺得环境管理计划场址系核子武器制造厂，场址内将近 89ha（公顷）范围之地下水层遭受铀污染，浓度高于 20μg/L，最高约 490μg/L。

4. 整治目标

根据俄亥俄州地下水补充水水质规定，铀浓度标准为 20μg/L。本案例为整治技术示范计划，以评估整治成效与经费，及地下水回注系统是否能维持水柱中铀浓度为 20μg/L。

5. 整治技术及过程说明

根据本场址决策记录，若实施抽起处理法，约需 27 年才能够完成地下水整治。因此本场址以试验为目的，搭配地下水冲洗系统以加强整治效果。本计划所称地下水冲洗系统，系指放射性元素之移动、抽取及去除（Mobilization，Extraction，and Removal of Radionuclides，缩写为 MERR）。MERR 沿场址南端之土地分界线设置，以 15 座抽取井、5 座注射井进行为期一年的操作。地下水被抽取至地面处理（处理方法未说明），经去除铀之后，1 000gpm 速率注射回地下水层，总共处理并回注 455gallons 地下水。整治结果显示，冲洗系统清除了注射井以南之地下水污染物，而井与井间则否，稳定维持（纵向与横向）地下水柱范围，且并未将水柱推向较

深之地下水层。

六、美国乔治亚州 THAN 公司超级基金场址

1. 污染物种

农药

2. 污染介质

土壤

3. 污染缘起及影响程度

THAN（TH Agriculture & Nutrition Company）公司于1950—1982年间，在乔治亚州奥本尼厂从事农药生产与储存工作，造成厂内土壤受 OCL（organic chlorine）农药污染，污染物种包括地特灵（Dieldrin）、毒杀芬（Toxaphene）、DDT、灵丹（Lindane）。

4. 整治目标

规定整治标准为 Total OCL pesticides<100mg/kg，四项污染物（DDT，toxaphene，BHC－alpha，BHC－beta）达90%以上之浓度去除率。整治设备的空气污染物排放应符合烟道总碳氢化合物小于 100×10^{-6} 的规定。

5. 整治技术及过程说明

本场址于1989年被列入国家优先整治名单，于1992年被环保署要求进行整治。整治方法系将 OCL pesticides 浓度大于1 000 mg/kg之土壤挖起、堆置，再以热脱附法去除污染物。受污染土壤被送入高温热脱附旋转窑中，停留15min，使土壤出炉温度达到445℃～580℃。在设备正常处理量范围内，处理系统采用连锁控制装置，维持土壤正常进料速率。热脱附系统自1993年7月持续操作至10月，一共处理将近4 300t土壤，并如愿达到所有要求的治理目标。经处理后之土壤 Total OCL pesticide 浓度在0.009～4.2mg/kg之间，四项目标污染物之去除率达到98%。

七、美国密西根州安德森开发公司超级基金场址

1. 污染物种

PAHs、有机物、重金属

2. 污染介质

土壤

3. 污染缘起及影响程度

本场址于1970—1979年间，为安德森开发公司在此生产4，4 - methylene bis（2 - chloroaniline）或称MBOCA，系制造塑料所需的硬化剂。制作过程的废水被排放至一处未经不透水处理的污水塘，以致污水塘周边土壤及污泥遭受污染。污染物种包括含氯有机化学物质、多环芳香烃及重金属。MBOCA为最主要污染物，并含重金属锰。

4. 整治目标

土壤中MBOCA浓度标准为1.684mg/kg。土壤及污泥中挥发性有机化合物（VO_{Cs}）及半挥发性有机物（SVO_{Cs}）含量需符合密西根州相关法规。

5. 整治技术及过程说明

受污染土壤及污泥被挖起，经脱水处理后予以堆置。根据1991年的决策记录，选择以热脱附技术处理被挖起的土壤，并制定MBOCA及VO_{Cs}、SVO_{Cs}整治目标。整治工作自1992年1月开始，持续至1993年6月，采用Roy F. Weston LT3系统进行热脱附处理，该系统含两组输送槽，利用螺旋式输送装置，在输送过程中同时进行搅拌及加热处理。加热温度为260℃～280℃，停留时间为90min，经处理土壤被卸入调节槽内，予以冷水调适。在6堆完成整治的土壤中采样分析显示，MBOCA及VO_{Cs}均达到整治目标，而SVO_{Cs}则在8个采样中有7个合格，其中bis（2 - ethylhexyl）被发现有分析上的困难。原规划污染土壤经处理后可回填至原

地，但由于污染物种含重金属锰，故依从州政府规定，转运至场址以外地区处置。共处理约 5.1×10^6kg 土壤。

思考与练习

1. 简述土壤的组成与特性。
2. 土壤污染类型及土壤污染产生的途径有哪些？
3. 论述防止污染的根本措施。
4. 土壤化学改良剂有何作用？何为土壤的生物改良？土壤改良措施有哪些？
5. 在网上或其他媒体上搜集一土壤污染及其防治的典型案例。

第六章 固体废弃物的处置和利用

固体废弃物是指人类在生产、生活过程中丢弃的固态和泥状物质，包括从废水、废气中分离出来的固体颗粒物质废弃物。这只反映人们在特定的时空条件下对所弃物质的主观认识和态度，并不反映所弃物质客观上有无实用价值。其实，在一个地方或国家被看成废弃物的东西，在另一地方或国家可能就是原料或资源，过去认为是废弃物的东西，由于科技的进步，可能已不再是废弃物。这种事例不胜枚举。

第一节 固体废弃物的产生和分类

固体废弃物主要来源于人类的生产和消费活动过程，它的产生具有必然性。因为人类在一定时期利用自然资源的能力有限，不可能把所用的资源全部转化为产品，总要将其中的一部分作为废弃物丢弃；产品的使用寿命有限，一旦超过使用寿命，就成为废弃物。技术创新越快，产品更新换代时间越短，废弃物量越大。

一般将生产过程中产生的固体废弃物称为生产废弃物，将消费过程中产生的固体废弃物称为生活废弃物。无论是生产还是生活过程产生的废弃物种类均多种多样，且组成复杂。为了管理和利用的方便，通常从不同的角度对固体废弃物进行不同的分类。按其组成，可分为有机废弃物和无机废弃物两类；按其来源可分为工业固体废弃物、农业固体废弃物、矿业固体废弃物、城市生活垃圾等；按其危害性可分为危险废弃物和一般废弃物，如图 6－1 所示。

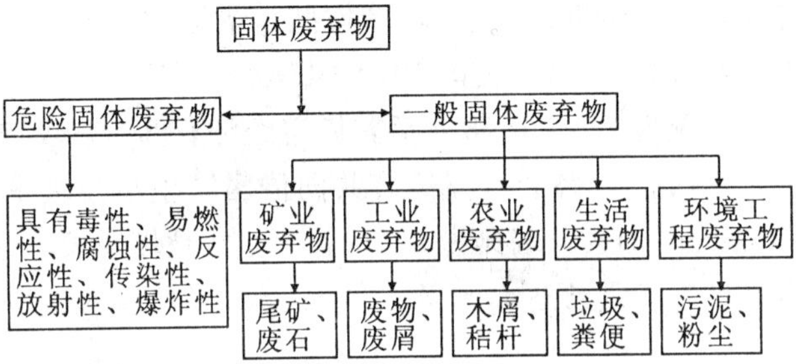

图 6－1　固体废弃物分类示意图

根据《中华人民共和国固体废弃物污染防治法》，固体废弃物分为城市生活垃圾、工业固体废弃物和危险废弃物三大类。

一、城市生活垃圾

城市是产生生活垃圾最为集中的地方，城市生活垃圾已成为世界各国面临的共同问题。城市垃圾的产生途径很多，如表 6－1 所示。

表 6－1　城市生活垃圾的产生和分类

来源	产生过程	城市垃圾种类
居民	产生于城镇居民生活过程	食品废弃物、生活垃圾、炉灰及某些特殊废弃物
商业	仓库、餐馆、商场、办公楼、旅馆、饭店及各类商业与维修活动	食品废弃物、垃圾、炉灰、某些特殊废弃物、偶尔产生危险的废弃物
公共地区	街道、小巷、公路、公园、游乐场、海滩及娱乐场所	垃圾及特殊废弃物
城市建设	居民楼、公园事业、工厂企业、建筑、旧建筑物拆迁修缮等	建筑渣土、废木料、碎砖瓦及其他建筑材料
水处理厂	给水与污水、废水处理厂	水处理厂污泥

据统计，日本最近10年垃圾平均抛弃量增加一倍，英国城市垃圾量15年增加了一倍；美国1970—1987年因经济萧条，生活垃圾增长不快，仅为2%，1978年后，随着经济复苏，垃圾增长率达4%以上，目前达到5%。欧洲经济共同体国家生活垃圾平均增长率为3%，德国为4%，瑞典为2%，韩国生活垃圾增长率达11%。我国城市垃圾年产量已达1.5亿t，并以8%～11%的年增长率递增。

垃圾的组成成分非常复杂，按物理组成可分为纸、木竹、塑胶等18类。在我国，一般将城市生活垃圾分为有机物、无机物、纸、塑料、橡胶、布、木屑、玻璃、金属9类，其中后7类属于可回收废弃物。表6-2所示为中国部分典型城市生活垃圾的组成数据。

表6-2 中国部分典型城市生活垃圾的组成（%）

城市(年份)	有机物	无机物	纸类	布类	木屑	塑料	橡胶	玻璃	金属
青岛(1997)	42.20	36.10	4.00	3.20	—	11.20	—	2.20	1.10
西安(1997)	15.74	63.52	3.35	2.48	3.94	7.93	—	1.84	1.20
芜湖(1997)	67.60	19.50	4.00	0.60	—	1.79	3.60	2.00	1.00
常州(1997)	44.40	34.60	3.56	3.15	1.80	7.95	—	3.50	1.00
浦东(1996—1997)	55.33	11.13	12.30	2.64	0.78	13.98	—	3.01	1.04
武汉(1996)	52.00	19.78	7.12	1.42	1.71	9.29	0.56	7.14	0.83
杭州(1997)	58.19	24.00	3.68	2.23	1.30	6.62	1.01	3.00	0.08
宁波(1996—1997)	53.69	25.48	5.40	2.96	1.10	7.90	—	2.43	1.04
温州龙港(1998)	44.70	17.90	7.68	1.69	1.87	23.86	—	1.30	1.00
广州(1996)	60.17	17.12	5.40	3.40	1.06	8.99	—	3.37	0.49
深圳(1994)	40.00	15.00	17.00	5.00	—	13.00	2.00	5.00	3.00
香港(1997)	25.50	15.70	25.70	4.20	5.00	17.10	—	3.20	3.60

注："—"为数据已归入其他类。

西安的垃圾中有机物只占15.74%，而无机物却高达63.52%，这与西安城市建设及改造的加快和城市居民煤气化水平低有很大关系。芜湖恰相反，有机物达到67.60%，与夏秋季节新鲜蔬菜瓜果的大量上市有关。浦东、深圳、香港的垃圾中纸类含量较其他城市高出许多，是由于这几个地区的工商业发达以及居民的生活水平比较高。龙港的垃圾中塑料含量极高，与当地生产塑料制品有关。龙港、深圳、香港的垃圾中可回收废弃物占到40%～60%之多，其他城市仅占14%～30%不等，城市整体经济和生活水平的差异导致了垃圾中可回收废弃物含量的明显差别。可见，城市生活垃圾成分复杂，随季节、生活水平、生活习惯、生活能源结构、城市规模和地理环境等因素而变化。城市垃圾中含水率一般为40%～60%，容重为0.25～0.5t/m^3。

二、工业固体废弃物

表6-3为主要工业固体废弃物的来源与分类，可见不同工业类型所产生的固体废弃物种类是迥然相异的，因此，所产生的固体废弃物组分、含量、性质也不同。

表6-3　主要工业固体废弃物的来源和分类

来源	产生过程	分类
矿业	矿石开采和加工	废石、尾矿
冶金	金属冶炼和加工	高炉渣、钢渣、铁合金渣、赤泥等
能源	煤炭开采和使用	煤矸石、粉煤灰、炉渣等
石化	石油开采与加工	油泥、焦油页岩渣、废催化剂等
轻工	食品、造纸等加工	废果壳、废烟草、动物残骸、污泥等
其他		金属碎屑、电镀污泥、建筑废料等

全世界每年新增固体废弃物419.49万t，年产量平均增长率达

到 8.24%，高出世界经济平均增长速度 2.5～3 倍，工业废弃物主要发生在采掘、冶金、煤炭、火力发电四大部门，其次是化工、石油、原子能等工业部门。

三、危险废弃物

危险废弃物是造成燃烧、爆炸、腐蚀、毒化和感染等灾害的根源，表 6－4 为《巴赛尔公约》中所列的废弃物类别及名目。

表 6－4　一些应加以控制的废弃物类别

组别	废弃物名称
Y1	从医院、医疗中心和诊所的医疗服务中产生的临床废弃物
Y2	从药品的生产和制作中产生的废弃物
Y3	废药物和废药品
Y4	从生物系杀伤剂和植物药物的生产、配制和使用中产生的废弃物
Y5	从木材防腐化学品的制作、配制和使用中产生的废弃物
Y6	从有机溶剂的生产、配制和使用中产生的废弃物
Y7	从含有氯化物的热处理和退火作业中产生的废弃物
Y8	不适合原来用途的废矿物渣
Y9	废油/水、烃/水混合物乳化液
Y10	苯和多溴碳苯的非物质和废弃物品
Y11	从精炼、蒸馏和任何热解处理中产生的废焦油状残留物
Y12	从油墨、染料、颜料、罩光漆的生产、配制和使用中产生的废弃物
Y13	从树脂、胶乳、增塑剂、胶水/胶合剂的生产、配制和使用中产生的废弃物
Y14	从研究和发展或教学活动中产生的尚未鉴定的和新的 并且对人类或环境的影响未明的化学废弃物
Y15	其他立法未加管制的爆炸废弃物
Y16	从摄影化学品和加工材料的生产、配制和使用中产生的废弃物
Y17	从金属和塑料表面处理产生的废弃物

续表 6-4

组别	废弃物名称
Y18	从工业废弃物处置作业产生的残余物
Y19	金属碳化合物
Y20	铍及铍化合物
Y21	六价铬化合物
Y22	铜化合物
Y23	锌化合物
Y24	砷及砷化合物
Y25	硒及硒化合物
Y26	镉及镉化合物
Y27	锑及锑化合物
Y28	碲及碲化合物
Y29	汞及汞化合物
Y30	铊及铊化合物
Y31	铅及铅化合物
Y32	无机氯化合物（无氯化钙）
Y33	无机氰化合物
Y34	酸熔渣或固态酸
Y35	碱溶液或固态碱
Y36	石棉
Y37	有机磷化合物
Y38	有机氯化物
Y39	酚及酚化合物包括氯酚类
Y40	醚类
Y41	卤化有机溶剂
Y42	有机溶剂（不包括卤化溶剂）
Y43	任何多氯苯并呋喃同系物
Y44	任何多氯苯并-噁英同系物
Y45	有机卤化物，如 Y39、Y41、Y42、Y43、Y44

危险废弃物，又称有害废弃物，主要是指其有害成分能通过环境媒介，使人引起严重的、难以治愈的疾病和死亡率增高的固体废弃物，或指由于对其管理、贮存、运输、处置和处理不善而能导致环境质量恶化，从而对人体健康造成明显的或潜在危害的固体废弃物。一般具有毒性、腐蚀性、易燃性、反应性、放射性和传染性等特性之一的固体废弃物均属有害固体废弃物。对上述有害特性，在各国的有关法规中均有具体的规定和说明。如美国对反应性有害废弃物的规定是：通常情况下不稳定，极易发生剧烈化学反应，与水猛烈反应，或形成爆炸性混合物，或产生有毒气体、臭气含酚化物或硫化物，在常温常压下能发生爆炸反应，在加热或引发时可爆炸，对热或机械冲击不稳定等。

危险废弃物同一般固体废弃物的区别就在于其特有的危害性。有害与无害是相对而言的，一般固体废弃物并非无任何危害，只是与有害固体废弃物相比，其危害性较小罢了。因此，划分出有害固体废弃物需要有一定的依据和标准，通常应经过试验鉴别，但这项工作十分复杂而在不少厂点难以实现。因而不少国家根据其积累的经验，将危险废弃物列成名目表，并以立法形式公布，使产生单位、操作人员、环境管理者以及各有关部门便于掌握。如美国已列表确定 96 种加工工业废弃物和近 400 种化学品，德国确定 570 种，丹麦确定 51 种，还根据科学技术的发展，不断加以修正补充。对有条件进行实际监测鉴别或必需的判定，均应按技术标准规定的方法作适当的处理。

凡已判定属危险废弃物者，应将其数量、性质、去向等登记入档，分别留存在产生点、处置单位和有关的环保部门，保存的年限为 20～30 年，各国不等。

危险废弃物由于对环境的污染严重，危害显著，因此对它的严格管理有特殊意义。20 世纪 70 年代末美国纽约州尼亚加拉县废弃物填埋场渗漏造成严重公害事故的“拉福运河案”曾经震惊了世界。由于对危险废弃物管理不当造成的严重教训，国内外均有不少实例。因而，1984 年联合国环境规划署把有毒废弃物的污染危害列为全球性环境问题之一。

近年来，一些发达国家由于处置危险废弃物在征地、投资、技术、环保等方面的困难，某些不法厂商千方百计将自己的危险废弃物向不发达国家出口，致使进口国深受其害。为了控制危险废弃物的污染转嫁，联合国环境署主持于 1989 年 3 月 22 日通过了《控制危险废弃物越境转移及其处置巴赛尔公约》(简称巴赛尔公约)。我国政府于 1991 年 9 月签署了该公约。

第二节　固体废弃物的污染和控制

固体废弃物对环境的污染是随着固体废弃物排放量的增加而加剧的。在人类进入工业化以前，人口少、生活水平低，排放的固体废弃物主要是生活垃圾，由于排放量低，能纳入自然循环，不会对环境造成污染。人类进入工业化以后，人口迅速增长，并向城市集中，同时大量的矿产资源得到开发利用，使得生活废弃物和生产废弃物同步剧增，固体废弃物的污染已成为严重的环境问题。

一、固体废弃物污染途径

固体废弃物任意露天存放或置于处置场，必将占用大量的土地，破坏地貌和植被。据估算，每堆积 1×10^4 t 渣约占地 1 亩。土地是十分宝贵的资源，尤其是耕地，我国虽幅员辽阔，耕地却十分紧张，人均不到 $1km^2$。固体废弃物大量露天堆存，侵占大量土地，且有增无减，势必使我国本来就紧缺的土地更加紧缺。

固体废弃物露天堆存，长期受风吹、日晒、雨淋，其中的有害成分不断渗出，进入地下并向周围扩散，污染土壤（污染面积常达占地面积的2～3倍）。土壤是许多微生物的聚居场所，土壤受污染，土壤中微生物的生存条件遭到破坏，将影响这些微生物参与自然循环的作用，这将导致受污染土壤草木不生。如我国内蒙古包头市的某尾矿堆积使得尾矿坝下游一个乡的大片土地被污染，居民被迫搬迁。

人如果与污染的土壤直接接触，或生吃此类土壤中种植的蔬菜、瓜果，就会致病。

固体废弃物随天然降水和地表径流进入水体或随风飘落入水体，将增加水的浊度和有害成分含量。如我国一家铁合金厂的铬渣堆场，由于缺乏防渗措施，Cr^{6+}污染了20多平方千米的地下水，致使7个自然村的1 800多眼水井无法饮用。我国某锡矿山的含砷废渣长期堆放，随雨水渗透进入地下水，污染水井，曾一次造成308人中毒，6人死亡。

固体废弃物中原有的粉尘及其他颗粒物，或在堆存过程中产生的颗粒物，受日晒、风吹而进入大气，造成大气污染。如粉煤灰堆遇4级以上风力，一次可被剥离掉厚度为1～5cm的一层粉煤灰，粉煤灰飞扬高度可达20～50cm。在风大季节，使平均能见度降低30%～70%。贮灰场常使附近出现所谓的“黑风口”，使车辆行人难以通行。垃圾场附近遇4～5级风，大气能见度剧烈下降，垃圾装卸时尤甚。

由固体废弃物散发到大气的颗粒物，即使不含有毒成分，也危害不浅，有的固体废弃物在堆存中产生和散发异臭或有害气体，则危害更甚。由于向大气中散发的颗粒物常是病原微生物的载体，所以，它是疾病传播的媒介。

某些固体废弃物，如煤石，因其中含硫而能在空气中自燃（含硫量大于5%时），散发大量SO_2和煤烟，恶化大气环境。20世纪80年代初，辽宁、山东、江苏三省的100余座石山中，自燃的有40座以上。陕西铜川市石堆自燃产生的SO_2每天达20t以上。

可见，固体废弃物的污染与废水、废气污染相比具有显著的特点。首先，它是各种污染物的终态，特别是环境工程设施排出的固体废弃物，浓集了许多污染物成分。人们却往往对这类污染物产生一种稳定、污染慢的错觉。其次，除直接占用土地外，在自然条件下，固体废弃物中的一些有害成分会通过土壤、水、气参与生态系统的物质循环，因此，它是土壤、水、气污染的“源头”，对生态系统具有潜在的、长期的危害。图 6－2 为固体废弃物污染途径。

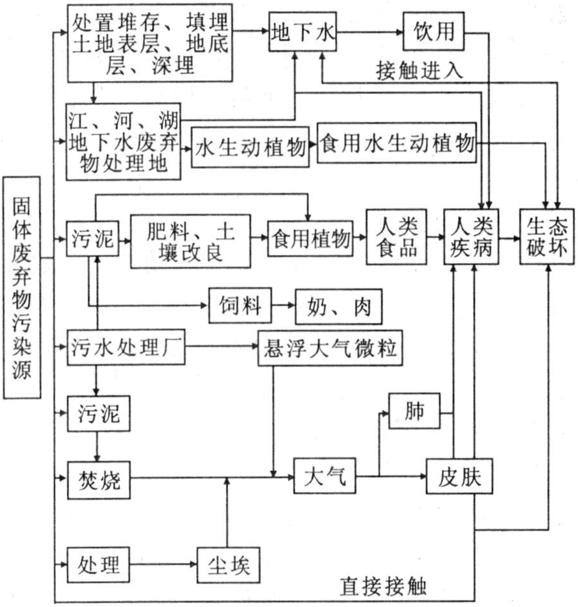

图 6－2　固体废弃物污染途径

由固体废弃物进入大气中的放射尘埃，侵入人体后形成内照射而引起多种疾病。被固体废弃物污染的土壤、水、气经治理后，生成含有污染物的污泥、粉尘、脏土等“新固体废弃物”。这些“新固体废弃物”如不再进行彻底治理，则又会成为土壤、水、气环境的“新污染源”。如此循环污染，形成固体废弃物污染的“特殊性”。

二、固体废弃物污染控制政策

国外20世纪60年代中期以后，固体废弃物污染控制即已提到议事日程，并制定了相关的法律、法规，现在已形成固体废弃物污染控制工程。

我国起步较晚，20世纪80年代初期才开始固体废弃物污染控制工作，20世纪90年代得到迅速发展，1994年制定了《固体废弃物污染防治法》，目前固体废弃物的污染控制已引起管理部门足够重视，制定了固体废弃物污染控制的“减量化、资源化和无害化”政策。

1. 减量化

减量化就是通过适宜的手段减少固体废弃物的排放量或体积的技术。减量化可通过以下4个途径实现：

（1）选用合适的生产原料。原料品位低、质量差，是造成固体废弃物大量产生的主要原因之一。如高炉炼铁时，入炉铁精矿品位越高，则所加造渣溶剂矿物可以越少，产生的高炉渣量越少。一些工业先进的国家采用精料炼铁，高炉渣产生量可减少一半。采用清洁能源、利用二次资源也是实现固体废弃物减量化的重要手段。

（2）采用无废或低废工艺。工艺落后是固体废弃物产生量大的重要原因，应当结合技术改造，从工艺入手，采用无废或少废技术，从发生源消除或减少废弃物的产生。例如，传统的苯胺生产工艺是采用铁粉还原法，该法生产过程产生大量含硝基苯、苯胺的铁泥和废水，造成环境污染和巨大的资源浪费。南京化工厂开发的流化床气相加氢制苯胺工艺，便不再产生铁泥废渣，固体废弃物产生量由原来产出2 500kg/t减少到5kg/t，还大大降低了能耗，是很好的典例。

(3) 提高产品质量和使用寿命。任何产品都有其使用寿命，寿命的长短取决于产品的质量，质量越高的产品，使用寿命越长，废弃的废弃物量越少。

(4) 废弃物综合利用。有些固体废弃物中含有很大部分未起变化的原料或副产物，可以回收利用。如硫铁矿烧渣含 $Fe_2O_3$33%～57%、$SiO_2$10%～18%、$Al_2O_3$26.6%及 Au、Ag、Pt 等贵金属，只要采取适当的物理、化学熔炼等加工方法，就可以将其中有价值的物质回收利用。因此。应从根本上系统地考虑和解决自然资源的全面利用问题。具体地说，就是要以自然资源开发利用为起点，综合运用一切有关的现代科技成就，全面规划和设计，从而进行系统的资源联合开发和全面利用，以创建和实现资源的低废或无废利用生产线，这是最根本、最彻底、也是最理想的减量化过程。当前，在条件许可的情况下，力争为实现这一目标积极创造条件。

2. 资源化

资源化就是将固体废弃物适当处理作为二次资源或再生资源利用的技术，也即综合利用技术。自然界中，并不存在绝对的废弃物质，废弃物是失去原有使用价值而被弃置的物质，并不是永远没有使用价值。现在不能利用的，也许将来可以利用。这一生产过程的废弃物，可能是另一生产过程的原料，所以固体废弃物有“放错地方的原料”之称。

一切废弃物都是尚未被利用的资源，是人类拥有的有限资源的一部分，不能随意抛弃，更不能使之危害环境和生态，必须确立废弃物资源化的方针，寻求废弃物开发利用新途径，使其充分发挥经济效益，达到化害为利、变废为宝，既消除其对环境的污染，又实现物尽其用。这是两全其美的环境和经济政策。

目前，工业发达国家出于资源危机和治理环境的考虑，已把固体废弃物资源化纳入资源和能源开发利用之中，逐步形成了一个新兴的工业体系：资源再生工程。如欧洲各国把固体废弃物资源化作为解决固体废弃物污染和能源紧张的方式之一，将其列入国民经济政策的一部分，投入巨资进行开发。日本由于资源贫乏，将固体废弃物资源化列为国家的重要政策，当作紧迫课题进行研究。美国把固体废弃物列入资源范畴，将固体废弃物资源化作为固体废弃物处理的替代方案。我国固体废弃物资源化虽然起步较晚，但 20 世纪 90 年代已把八大固体废弃物资源化列入国家的重大技术经济政策之中。目前，日本、西欧各国固体废弃物资源化率已达 60%左右，我国固体废弃物处置率和资源化率都很低。

固体废弃物资源化具有以下优势：①环境效益高。固体废弃物资源化可以从环境中除去某些潜在的有毒性废弃物，减少废弃物堆置场地和废弃物堆放。②生产成本低。有人计算过，用废铝炼铝比用铝钒土炼铝能减少能源 90%～97%，减少空气污染 95%，减少水质污染 97%。用废钢炼钢可减少资源 47%～70%，减少空气污染 85%，减少矿山垃圾 97%。③生产率高。如用铁矿石炼 1t 钢需 8h，而用废铁炼 1t 电炉钢只需要 2～3h。④能耗低。用废钢炼钢比用铁矿石炼钢可节约能耗 74%，用铁矿石炼钢的能耗为 $2\ 200 \times 10^4$ kJ/t，用废钢炼钢只需 6 000kJ/t。

我国是一个发展中国家，面对经济建设的巨大需求与资源、能源供应严重不足的严峻局面，推行固体废弃物资源化，不但可为国家节约投资，降低能耗和生产成本，并可减少自然资源的开采，还可治理环境，维持生态系统良性循环，是一项强国富民的有效措施。

3. 无害化

固体废弃物一旦产生，就得千方百计设法利用，使之资源化，发挥其经济效益，这是上策。但由于科学技术水平或其他限制，当前总会有些固体废弃物无法或不可能利用，对这样的固体废弃物，尤其是其中的有害废弃物，必须予以妥善处理或处置，使之无害化，以避免造成环境问题和公害。

所谓无害化就是将固体废弃物通过工程处理达到不损害人体健康、不污染周围自然环境的技术。对不同的固体废弃物，可根据不同的条件，采用各种不同的无害化处理方法。其中包括使用无害化最终处置技术，如卫生土地填筑、安全土地填筑以及土地深埋技术等现代化土地处置技术。

三、固体废弃物处理技术与处理系统

（一）固体废弃物处理技术

固体废弃物处理是指通过采用一定的技术手段将固体废弃物转变成适于运输、利用、贮存或处置的过程，常用的处理技术包括物理处理、化学处理、生物处理、热处理等。

物理处理是通过浓缩或相变化改变固体废弃物结构，但不破坏固体废弃物组成的一种处理方法，包括压实、破碎、分选、增稠、干燥和蒸发等，物理处理固体废弃物主要是一种预处理技术。

化学处理是采用化学方法破坏固体废弃物中的有害成分从而达到无害化，或将其转变成为适于进一步处理、处置的形态。由于化学反应条件复杂，影响因素较多，故化学处理方法通常只用在所含成分单一或所含几种化学成分特性相似的废弃物处理方面。对于混合废弃物，化学处理可能达不到预期的目的。化学处理方法包括氧化、还原、中和，化学沉淀、固化等。

生物处理是利用微生物分解固体废弃物中可降解的有机物，从而达到无害化或综合利用。固体废弃物经过生物处理，在容积、形态、组成等方面均发生重大变化，因而便于运输、贮存、利用和处置。生物处理方法包括好氧处理、厌氧处理和兼性厌氧处理。与化学处理方法相比，生物处理一般比较经济，应用也相当普遍，但处理过程所需时间较长，处理效率有时不够稳定。

热处理是指通过高温破坏和改变固体废弃物组成和结构，同时达到减容、无害化或综合利用的目的。热处理方法包括焚化、热解、湿式氧化以及焙烧、烧结等。

不管采用何种处理技术，最终仍有一定量的固体废弃物残存，对这部分废弃物需要妥当地加以处置或投弃于与人类生物圈相隔离的地方，特别要注意在处理废弃物过程中应避免二次污染的产生，对危险废弃物应确保不对人类产生危害。

不同的固体废弃物，其处理技术不尽相同。表 6 - 5 简略地列出了国内外固体废弃物处理技术现状与发展趋势。

表 6 - 5　国内外固体废弃物处理技术现状与发展趋势

废弃物种类	中国处理技术现状	国际处理技术现状	国际处理技术发展趋势
城市垃圾	填坑、农村堆肥或回收利用、发展无害化处理	填坑、卫生填池、焚烧、堆肥、海洋投弃	压缩填地、堆肥、回收材料和能源化学加工
矿业与工业废渣	堆弃、填坑、综合利用、废品回收利用	填地、堆弃、焚烧、循环利用	循环及回收、化学加工
旧房拆迁及市政垃圾	堆弃、填坑、露天焚烧	堆弃、填坑、露天焚烧	回收利用、焚烧
施工垃圾	堆弃、露天焚烧	堆弃、露天焚烧	回收利用、焚烧
污水处理场污泥	堆肥、制取沼气	填地、堆肥、制取沼气等	焚烧、堆肥、化学加工、制取沼气等
农业废弃物	农村燃料、饲料、建筑材料、堆肥、制取沼气、露天焚烧	焚烧、堆弃、露天焚烧、制取沼气等	堆肥、化学加工、制取沼气等
放射性及有害工业废渣	堆存、隔离堆存、焚烧、化学固化	隔离堆存，陆地填筑，焚烧，固化，物理、化学、生物综合处理	陆地填筑，焚烧，物理、化学、生物综合处理，回收利用

(二) 固体废弃物处理系统

废弃物的种类很多，而且产量很大，对其整个处理过程应有系统的整体观念，也就是对固体废弃物应进行综合处理。如中小型企业常在一般城市占有相当比重，如果将其产生的固体废弃物各部门分散处理，则不但技术上不能满足要求，而且对经济投资和资源利用也是不合理的。因此，就一座城市整体，通盘考虑所产生的废弃物，进行全面的综合性处理很有必要。

1. 综合处理方案设计

所谓综合处理，就是将各中小企业产生的各种废弃物集中到一个地点，根据废弃物的特征，把各种废弃物处理过程结合成一个系统，以便把各过程得到的物质和能量进行合理的集中利用。通过综合处理，可对废弃物进行有效的处理，减少最终废弃物排放量，减轻对地区的污染，防止二次公害的分散化，同时还能做到总处理费用低、资源利用效率高。

要进行废弃物的综合处理，必须弄清废弃物产量随时间的变化状况，以便设计的处理方案适应废弃物负荷的变化幅度。通常，将各工厂排放的同样或类似的废弃物进行混合处理，并从收集方式上进行适当的改变。

设计废弃物综合处理方案时应注意如下几个问题：①调查了解工厂排放污染物的种类和数量及各污染物的允许排放标准，根据排放标准进行废弃物处理有正负两种效益。正效益是经过处理可减轻废弃物排放对生物的不利影响，负效益是在处理过程中要消耗能源和投资。这两方面得失应加以权衡，选择最适宜的方案，做到能源消耗较少、设备投资较小又能取得较大的环境效益。②重金属排放后，经过长时间扩散仍会造成一定的危害，其含量都在 10^{-6} 级微量，目前技术水平监测困难，处理技术也不过关，因此必须对其排放浓度严加控制。③综合处理应考虑资源化问题。为了提高资源化回收物的质量，需要增加设备投资和消耗能源，质量要求越高，消耗的能源也越多。另外，对于所回收产品有无市场以及回收物质能否用于再生产，均要做深入的探讨。④对于设计处理废弃物设备投资费用只能进行估算，一般按实际处理费用乘上系数 1.6 来推算。总费用往往随处理能力增大而减少。

不宜采用混合处理的情况有如下几种：①含有有害重金属的少量废弃物和不含重金属的大量废弃物，或者少量的高放射性废弃物和大量的低放射性废弃物不宜相混，可以就整个混合物按有害或有放射性废弃物进行高级处理。②过热易软化的废弃物和不易软化的废弃物不宜相混，因为在用回转窑处理时，前者会包裹后者形成大块，需要延长燃烧时间，如果前者灰分含量大时，还会形成很厚的灰层，影响导热性，妨碍燃烧进行。③热熔性塑料和非热熔性塑料不宜相混，如用固定床燃烧炉处理时，热熔物会漏过炉床而燃烧，使炉子下部过热，容易烧坏炉床及其驱动装置，使它们变形、断裂或腐蚀，熔融物的炭化还会堵塞通风孔。当②、③两种情况废弃物中熔融物含量较少时，从经济观点出发，采用混合处理还是较有利的。当废弃物中固体物质很多而进行混合处理时，由于在短时间内难以混匀，影响处理效果，故负荷会有很大波动。

宜采用混合处理方案的情况有如下几种：①往含水率高而不能自燃的废弃物里混入高热值废弃物，可使整个混合物作为可自燃物，便于焚烧处理。②有的废弃物焚烧时会产氨类碱性气体，有的废弃物焚烧时会产生氯化氢、二氧化硫之类的酸性废气。如把这两类废弃物混合后进行焚烧处理，就十分合理。

2. *废弃物综合处理系统*

废弃物综合处理系统类似于一般的工业生产系统，也由一些基本过程所组成，把由这些基本过程组成的总系统称为废弃物综合处理系统。整个系统可包括固体废弃物的收集运输、破碎、分选等预处理技术，焚烧、热分解和微生物分解等转化技术和“三废”处理等后处理技术。预处理过程中，废弃物的性质不发生改变，主要利用物理处理的方法，对废弃物中的有用组分进行分离提取并回收，如对空瓶、空罐、设备的零部件、金属、玻璃、废纸、塑料等有用原材料的提取回收。

转化技术是把预处理回收后的残余废弃物用化学的或生物学的方法，使废弃物的物理性质发生改变而加以回收利用，这一过程显然比预处理过程复杂，成本也较高。焚烧和热解以回收能源为目的，焚烧主要回收水蒸气、热水或电力等不能贮存或随即使用型的能源，而热解主要回收燃料气、油、微粒状燃料等可贮存或迁移型的能源。微生物分解主要使废弃物原料化、产品化而再生利用。

预处理过程和转化过程产生的废液可用于制备建筑材料、道路材料或进行填埋等处置。

综上所述，固体废弃物处理系统由若干个过程所组成，每个过程有每个过程的作用。综合处理固体废弃物时，务必从整体出发，选择合适的处理技术及处理过程。

四、固体废弃物的综合利用

固体废弃物主要包括工业废渣和生活垃圾两大类。据估计，当物体消耗 100 份时，就会平均产生固体废弃物 42 份。近 20 年来，全世界固体废弃物年均增长速度高达 8.42%；我国的 400 多个主要城市，至少 2/3 的城市已处于固体废弃物的重重包围之中。

由于工业废渣综合利用率不高，城市生活垃圾的处理率更低，往往堆积在城市郊区或荒滩野地上，弄得堆放处臭气冲天、蝇鼠孳生、传染疾病，或渗入地下、流入江海、污染水源、恶化土壤。即使采用焚化措施，也会将其中含硫、氮的化合物化为有害气体，从而增加大气中的污染物。致癌性极强的二噁英就是焚化时生成的产物。

工业废渣的数量很大，种类繁多，如冶金渣、煤矸石、粉煤灰及各种类化工渣等。据统计，每炼 1t 生铁所产生的高炉渣为 300～

900kg，每炼1t钢产生的钢渣在300kg左右。它们不仅占用大量土地，浪费资源，而且长期堆积，废弃物中的有害物质将污染土壤、江河，最终危及人体健康。同时，也应看到固体废弃物仍是一种可开发的资源，只要对其综合利用，即可收到“化废为宝”之效。

固体废弃物的综合利用方法很多，可概括为：单纯再利用，部件的回收再利用，作为原料的利用，能源的回收利用和生产建材、化肥和其他新产品等。试分述如下。

（一）冶金渣

冶金渣范围极广，包括高炉渣、钢渣、有色金属渣等。其中以高炉渣的利用最为广泛（利用率在80%以上），废钢渣和有色金属渣则利用得较少。

1. 制造矿渣水泥

用水淬高炉渣作为水硬性混合材料，与水泥熟料混合粉磨，生产矿渣水泥，与普通硅酸盐水泥相比，其耐热性和不透水性较好，后期强度较高，加之成本低，故得到广泛应用。

2. 矿渣碎石

用高炉渣经过破碎制得的矿渣碎石，含有许多小气孔，对光的漫反射性能好，摩擦系数大，用它铺设的沥青路面既明亮又能提高抗变形性，增强防滑性能，是很理想的筑路材料，得到广泛应用。

3. 矿渣微晶玻璃

它比铝轻，耐化学侵蚀性、耐热性和机械强度都高，还是良好的电气绝缘和装饰材料，故其用途很广，常用作冶金、化工、机械制品等各部门容器设备的防蚀层和金属表面的耐磨保护层等。

4. 矿渣铸石

是将高炉渣熔成玻璃状熔体后浇铸成制品，再经结晶、退火等工序，代替以玄武岩、辉绿石等为原料而得的产品。如在浇铸时配以钢筋，即可制成钢筋铸石件。如直接用从高炉出来的高温熔渣，更为经济。铸石耐磨耐蚀、绝缘、硬度大、抗压强度高，可代替金属、合金及橡胶制品，最宜于作耐磨耐酸材料使用。

5. 农业肥料

高炉渣作硅钙肥料使用的历史已近半个世纪。将矿渣送入回转炉烘干后粉碎再筛分即得。它除起硅钙肥料的作用外，还起土壤改良剂和微量元素肥料的作用，对水稻、蔬菜、果树等都有肥效。

6. 矿渣棉和连续纤维

用高炉渣生产的矿渣棉，可用作保温、隔热和防火材料；由矿渣棉制成的耐火材料，在700℃下使用不变质、不燃烧。日本以高炉渣为原料拉制连续纤维，它不仅成本低，且耐酸耐碱性均好。此外，膨胀矿渣还可作轻质混凝土骨料，高炉渣还可作为制砖、瓷砖和搪瓷等的原料。

（二）粉煤灰

粉煤灰是燃煤电厂的烟道气经除尘分离收集的细灰，其化学成分以 SiO_2、Al_2O_3 为主，其次为 Fe_2O_3 和少量未燃尽的碳。

粉煤灰在我国年发生量在1亿t以上，大部分（占总量的80%～90%）为小粒飞灰，能与石灰或水泥水化产生的 $Ca(OH)_2$ 等反应生成水化硅酸钙、水化铝酸钙等产物，硬化后有明显的强度，可作混凝土特定的胶凝组分。

粉煤灰的综合利用技术有三个层次：初级层次是结构回填、矿井回填等，是大量利用的有效途径；中级层次是在建筑上用作水泥混合料和混凝土掺和料等，其应用量也大，技术较成熟；高级层次则是高技术综合治理，实现深度开发，从中提取漂珠、微珠、选铁、选碳，并探索微珠在塑料、橡胶中作填料等途径。这些层次既解决了环境污染，又可获得较大的经济效益。

（三）煤矸石

煤矸石是在成煤过程中与煤层伴生的一种含碳量低而质地坚硬的黑色岩石，发热量一般为 $4\sim12kJ\cdot kg^{-1}$。一般每开采1t原煤，排矸石1t以上，煤矿坑口边的矸石山已成一大公害，亟需加以综合利用。

含碳量较高的煤矸石可与煤混合用作燃料，含碳量较低的可用来生产水泥、砖瓦和轻骨料，含碳量少的则用于回填或路基材料。有的煤矸石还用于改良土壤或作肥料。尚未充分利用的煤矸石，可充填矿井、沟谷和塌陷区，也可覆土造田、种草植树。

（四）化工废渣

化工废渣种类极多，包括无机化工和有机化工生产的废渣。其综合利用途径如下：

（1）提取金属及化工产品。如从电解精炼铜阳极泥中提取铂、金等贵金属；从废塑料、橡胶中提取燃料油等。

（2）作二次原料资源。如从硫铁矿渣中炼铁，炼油酸性渣，加氨水制造化肥硫酸铵等。

（3）生产建筑、轻工材料，或用于农牧业。

（五）城市垃圾

城市垃圾成分十分复杂，有各种无机物和有机物，还有微量元素和有害元素以及各类生物病原体。处理好城市垃圾，使之成为有用资源，是艰巨而又必不可少的任务。

（1）分选回收。城市垃圾应逐步推广分类收集，将分选的金属、玻璃、塑料和橡胶等分送不同部门制作新产品。磁选、重介质分选和静电分选等机械化、自动化分选技术已用于生产中。

（2）金属废料可提取和精炼得到再生金属。发达国家使用的再生金属量为总消费量的1/4，有的金属（如铜）竟达52.6％；废玻璃可回炉处理，再生产各类制品，也可综合利用，如制造微晶玻璃、泡沫玻璃、玻璃微珠、玻璃化肥等，或用于生产通用建材（如陶瓷质建材、水磨石、玻璃、马赛克和人造大理石、花岗岩等）以及公路路面覆盖层等。

废纸回收和再利用的意义极大。它节省原材料，降低成本，保护森林，减缓水体的污染并节省外汇支出。废纸可以制成强度较高的复合材料，可用于改良土壤，制作饲料和培育农副产品（如废纸育菇）等。

废塑料、废橡胶的利用有极大的经济意义。就废塑料而言，它可再生（单纯再生与复合再生两类）；也可经热解为单体再聚合为高聚物或直接得到燃油、燃气；也可与其他垃圾混合焚烧，回收热量或用于发电；还可制作建筑材料、化工新产品与日杂用品等。废橡胶的综合利用与此类似，还可得到大量的活性炭。

日本最近建成投产的垃圾处理装置，勿需分选。垃圾经除臭、压缩、脱气后，送至高温气化反应炉进行气化处理。该炉用高浓氧气进行燃烧，最高温度 2 000℃。垃圾在 1 200℃气化改质，熔化金属、陶瓷、玻璃等，并放出大量气体。被熔物于 1 600℃送入“均质化炉”，再分离成金属类和矿渣类。气体则进入快速冷却塔中，在 1 200℃下，通过酸、碱清洗和急冷、降温至 70℃；再送入气体精制装置，制成燃气和硫磺。过程中有大量水和其他物质产生；用水处置装置制出纯水，提出混合盐和金属氢氧化物。

这套装置可 100％地将垃圾转化，残渣可作铺路材料；不会产生二噁英；其建设成本只有一般焚化式的 80％。

（3）制有机垃圾肥料。分选出金属、玻璃、陶瓷等后，根据物理性能，研究和发展机械化、自动化分选垃圾技术。如利用振动弹跳法分选软、硬物质；用旋风分离和其他的分离方法，分离不同的物质等。将垃圾与粪便按一定比例混合，保持通风和适当的水分，在嗜氧微生物作用下，有机物转化为腐殖质，有机胺转化为无机氨，便成为高效的有机肥料。发酵温度在 50℃～80℃，可杀死垃圾中大部分的致病菌和寄生虫卵，故称高温堆肥法。

日本最近发现一种耐高温的微生物，称“YM 菌”。它可在 120℃条件下，对垃圾、污泥等进行发酵处理，并在 40～50d 内使之转化为高效有机堆肥。

若将垃圾等有机废料送入发酵池中，经过生物发酵，化学调控

pH 值等步骤和一定时间，即可产生沼气。待沼气放完，滤出的发酵液可直接用作农肥，滤后的残渣经晒干、粉碎，可制成颗粒复合肥。

(4) 提取有用物质。利用化学方法（如热解，水解，低温氧化、氢化等反应），可从有机垃圾中提取燃油、燃气和工业酒精等。

(5) 焚烧。焚烧垃圾可彻底消灭其中的致病菌和虫卵，产生的热量可供热发电。我国近年来引进国外 90 年代最先进的技术，以垃圾为燃料发电，生产流程全封闭，“三废”排放可达到世界最严格的欧盟标准。广州生活垃圾中含可燃的有机物较多，建成电厂后可日处理2 000t（约占该市垃圾日产量的一半），垃圾处理完全无害化，变废为宝，还洁于民。

(6) 研制可降解塑料。聚乙烯、聚氯乙烯塑料薄膜在土壤中需 300～400 年才能完全降解，因此获得了“白色污染”的恶名。尽快研制可降解塑料已成为当务之急，且已取得可喜的进展。例如，合成光降解塑料、生物降解塑料（如淀粉共聚物、乳酸共聚物和可食性包装材料等）已先后问世，但其价格较贵，推广应用受到限制。从长远看，它们有很强的生命力。

固体废弃物经回收、提取有用物质后，其残渣仍是多种污染物的存在状态，须对它做最终的安全处理。

(1) 化学稳定化。对少量（如放射性废弃物等）的高危险性物质，可将其通过物理或化学方法进行（玻璃、水泥、岩石的）固化，再进行深地填埋或孤岛处置。

(2) 土地填埋。这是许多国家对固体废弃物最终处置的主要方法。要求被填埋的废弃物应是惰性物质或经微生物分解成为无害物质。填埋场地应远离水源，场地底土不透水，不能穿入地下水层。填埋场地可改建为公园或草地。因此，这是一项综合性的土木工程技术。

(3) 废矿井或塌陷区回填。

(4) 改良土壤。将某些可降解的废弃物作为肥料或土壤改良剂用到土地上或混入其表层。但要控制用量，限制有害金属离子量维持在无害的水平；废弃物中不含有“二次污染”的危害组分。

(5) 海洋处置。将废弃物倾入海中是传统的、最方便的方法。但从长远看是“得不偿失”的，目前至少应禁止将核废料和放射性废弃物倒进海洋。

第三节　固体废弃物的综合利用案例

一、利用虾蟹壳制备甲壳素与氨糖

我国是虾蟹养殖大国，出口大量的虾蟹等水产品。然而，虾蟹制作过程中剩余大量的虾蟹壳类废弃物，这些废弃物给当地带来严重的污染。

甲壳素及其衍生物在食品、化工、医药、农业、环保等领域具有十分重要的应用价值，具有抗癌，抑制癌细胞转移，提高人体免疫力及护肝解毒作用。尤其适用于糖尿病、肝肾病、高血压、肥胖等症，有利于预防癌细胞病变和辅助放化疗治疗肿瘤疾病。依靠其壳糖胺作用，对人体的生理产生免疫强化机能，抑制老化，预防疾病，促进疾病痊愈和调节人体的生理机能。医疗上作为机能性健康食品，做隐形眼镜、人工皮肤、缝合线、人工透析膜和人工血管等，同时具有吸附、释解、排泄重金属中毒的功效。工业上做布料、衣物、染料、纸张和水处理等，农业上作杀虫剂、植物抗病毒剂，养殖上作全价饲料，保健上作化妆品美容剂、毛发保护、保湿剂等。

虾蟹壳类废弃物中含丰富的甲壳素、蛋白质和碳酸钙等，虾头和虾壳含有20%左右的甲壳素，经加工处理能制成可溶性甲壳素，这些是提取甲壳素的重要原料。

利用虾蟹壳类废弃物，通过不同方法处理可制备甲壳素、氨基葡萄糖盐酸盐等高附加值产品。

（一）甲壳素制备工艺流程

甲壳素的生产工艺主要分为碱蒸、酸洗脱蛋白、清洗离心、晒干等工序（图 6－3）。虾壳在酸洗浸泡池内浸泡 24h，至虾壳发软。虾壳中 $CaCO_3$ 通过酸浸处理，可去除绝大部分 $CaCO_3$，其反应原理如下：

$$CaCO_3 + 2HCl \longrightarrow CaCl_2 + H_2O + CO_2 \uparrow$$

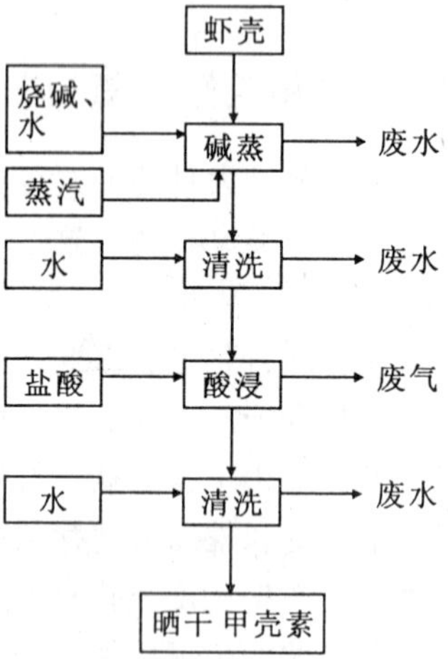

图 6－3　甲壳素的生产工艺流程图

将酸浸后的虾壳捞出、过滤。滤液留在酸浸池内套用，调节酸度后可重复使用，一般三个批次后，酸浸液排放，滤渣（虾壳）在清洗池中清洗至中性，将洗净的虾壳放入脱蛋白锅，加水，加入片碱，加热煮沸，脱去蛋白质；将碱煮后的虾壳捞出、过滤；滤液调节碱度后可重复使用；滤渣在清洗池中清洗。清洗后在离心机上分离取得的固体物质即为甲壳素，经晒干后即为甲壳素成品。在生产过程中产生的污染物主要有：酸浸过程中产生 HCl 的无组织排放废气、酸浸产生的废液、清洗池的清洗废水、脱蛋白过程产生的废碱液和清洗过程产生的废水。

（二）氨糖的生产工艺流程

以废弃虾壳制取氨基葡萄糖盐酸盐（氨糖）的生产工艺为“酸洗—碱洗—水解”过程，甲壳在酸洗浸泡池内浸泡，可去除绝大部分 $CaCO_3$；酸浸后的甲壳在清洗池中清洗至中性后放入脱蛋白锅，加入氢氧化钠加热煮沸，脱去蛋白质；碱煮后的甲壳清洗后离心晒干即成甲壳素；甲壳素和盐酸投入反应釜内加热水解即可生成氨基葡萄糖盐酸盐，经过冷却、结晶、脱色、过滤、干燥后即可得到氨糖产品或 D-氨基葡萄糖盐酸盐/硫酸盐片剂、胶囊剂和复方制剂成品。

二、粉煤灰的综合利用

据统计，全世界煤的年总消耗量为 42.26 亿 t，燃煤电厂粉煤灰的年排放量达 2.9 亿 t。我国的煤年总消耗量约 11.06 亿 t，2002 年我国粉煤灰的年排放量达 1.6 亿 t。即使在电厂节能效率不断提高的情况下，到 2020 年，我国粉煤灰的年总排放量也将是现在的 3 倍左右，加上目前我国已有的 20 亿 t 粉煤灰累积堆存量，总的堆存量将会达到 30 多亿吨。大量的粉煤灰若不妥善处置，则会产生严重的环境污染。

（一）粉煤灰的物理性质和化学成分

1. 物理性质

粉煤灰的物理性质取决于燃煤的种类、煤粉的细度、燃煤方式和燃烧温度以及电厂的收尘效率、排灰方式等。粉煤灰由很多不同结构和形态的微粒组成，颗粒的粒径约为 2.5～300μm，平均几何粒径 40μm，真密度是（2～2.6）$\times 10^3$kg/m^3，堆密度为 550～

658kg/m^3，孔隙率为60%～75%，粒度约4 900孔/cm^2，筛分余量3%～20%，比表面积2 000～4 000cm^2/g。由于粉煤灰的多孔结构、球形粒径的特性，在松散状态下具有良好的渗透性，其渗透性系数比黏土渗透系数大数百倍，比黏土压缩系数小40%～50%。粉煤灰的毛细现象十分明显，其毛细水的上升高度与压实度有着密切关系。

2. 化学成分

粉煤灰的化学成分以SiO_2和Al_2O_3为主，次要成分为CaO和Fe_2O_3以及少量的MgO和SO_3等，其中粉煤灰的主要氧化物SiO_2、Al_2O、Fe_2O_3三者的总和一般大于70%。由于煤粉高温燃烧，其中主要成分铝、硅形成了活性成分，同时由于粉煤灰的比表面积很大，具有很大的比表面能、较小的密度、高渗透性、低压缩性，这些成为其在建筑材料中利用的基础。

（二）粉煤灰在建筑材料中的应用

1. 粉煤灰水泥

粉煤灰中含有大量的活性SiO_2和Al_2O_3，可替代黏土组分进行配料，用于水泥生产，同时能够充分利用粉煤灰中未燃炭，降低水泥的生产能耗。因此，粉煤灰用于水泥生产，体现了经济效益和社会效益相结合，集中表现在节省燃料、增加产量、降低能耗、降低产品成本、改善水泥某些性能及保护环境几方面。但由于粉煤灰活性较低，一般随着在水泥中掺入量的增大，水泥的强度（尤其是早期强度）显著降低，影响了它的使用。

在砂浆中掺用粉煤灰取代部分水泥、石灰膏和砂，可有效增强密实度，后期强度比普通砂浆有较大的提高，并且成本降低，节约水泥与石灰，拌合物的和易性和施工性得到大大改善，是一种有发展前途的新型绿色建筑材料。

2. 粉煤灰混凝土

粉煤灰混凝土泛指掺加粉煤灰的混凝土。粉煤灰在混凝土中主要有以下作用：①改善新拌混凝土的和易性；②提高混凝土的后期强度；③降低混凝土的水化热；④抑制混凝土的碱骨料反应。实践证明，在配置混凝土混合料时，掺入一定数量和质量的粉煤灰，可达到改善混凝土性能、节约水泥、提高混凝土质量和工程质量，以达到降低制品成本和工程造价的目的，实现粉煤灰经济效益和社会效益的一体化。

3. 粉煤灰墙体材料

由于粉煤灰制品容重较轻，作为墙体材料，可以减轻建筑物自重，减少断面尺寸，减少结构配筋，更有利于隔热保温，增加结构的抗震能力，而且可大大减少烧制黏土砖时黏土的用量，节约土地，保护环境，节约能耗。目前，常用的粉煤灰墙体制品有粉煤灰砖和粉煤灰混凝土砌块。

（1）粉煤灰砖。我国目前生产的粉煤灰砖主要有蒸压粉煤灰砖和烧结粉煤灰砖。蒸压粉煤灰砖是一种含有潜在活性的水硬性材料，即在潮湿的环境下砖体内部还将继续产生水化反应，迫使砖体内部结构进一步密实化，有利于提高蒸压粉煤灰砖的强度。研究表明，蒸压粉煤灰砖强度高、性能稳定、生产周期短，适宜于大批量生产。目前，还能替代黏土实心砖适用于6层以下民用建筑和厂房承重墙的建造。

烧结粉煤灰砖作为一种新型墙体材料具有较优异的性能。该种产品尺寸标准，棱角整齐，外观较美，而且耐久性好，其力学性能与普通黏土砖相当，保温隔热性能优于普通砖，表观密度比普通砖小。使用粉煤灰砌块与黏土砖砌体相比，每立方米能节约水泥40%～50%。

（2）粉煤灰混凝土砌块。近年来粉煤灰混凝土空心砌块和水泥粉煤灰膨胀珍珠岩混凝土保温砌块发展较为迅速。粉煤灰混凝土空心砌块的主要原料为粉煤灰、集料、水泥等。为了提高密实度，降低收缩值，原料以制成半干硬的混合料为宜。原料经计量配料、搅拌、成型、养护等工序制成。

水泥粉煤灰膨胀珍珠岩混凝土保温砌块是以水泥作胶结料，粉煤灰既作胶结料又作细集料，膨胀珍珠岩作轻集料制成的砌块。采用与空心砌块相似的工艺，搅拌时要保证物料混合均匀，且要严格控制搅拌时间，防止珍珠岩破碎。原料的比例和生产过程中的控制对其密度与强度有一定的影响。为了提高砌块强度，还可加入适量的外加剂。砌块（390mm×190mm×190mm）保温效果相当于410mm厚的黏土砖墙。

（三）存在的问题

目前粉煤灰在作为建筑材料时依然存在一些问题。如粉煤灰的成分含量具有较大的地方差异，给粉煤灰的使用带来了极大的不便；粉煤灰对混凝土的早期强度、抗冻性及钢筋锈蚀等方面均存有负面影响；此外，易出现裂纹，对养护制度和施工要求严格等。这些还需要进一步改进。

三、磷石膏的综合利用

磷石膏是硫酸分解磷矿[$Ca_5(PO_4)_3F$]、萃取磷酸（即湿法磷酸）过程中的副产物，制取1t磷酸（以100%P_2O_5计），副产物磷石膏约5t。其反应式如下：

$$Ca_5(PO_4)_3F+5H_2SO_4+10H_2O \longrightarrow 3H_3PO_4+5CaSO_4 \cdot 2H_2O\downarrow +HF$$

磷石膏外观为浅灰白色或黑灰色细粉状固体，主要成分为$CaSO_4 \cdot 2H_2O$，与天然石膏相似，一般含游离水20%以上。磷石膏中还含有少量未分解的磷矿、未洗涤干净的磷酸、氟化钙、铁、铝化合物、酸不溶物、有机质以及放射性物质铀和镭等多种杂质。

目前世界磷石膏年产量为1.0～2.8亿t，我国磷石膏累计堆存量已超过1亿t，但对磷石膏再利用程度远远不够。随着磷化工生产规模的不断扩大，愈来愈多磷石膏的储存不仅占用大量土地，而且容易造成大气、水等环境污染，国家环保总局已将磷石膏定性为危险废弃物。

(一) 磷石膏中有害杂质及影响

在磷酸盐法制得的磷石膏中，大小适中的磷石膏中含有的杂质相对少些，导致部分磷石膏相对干净，部分却含杂质量较高。磷是磷石膏中的主要杂质，以可溶磷、共晶磷和难溶磷三种形式存在。三种形态的磷中，可溶磷对磷石膏的性能影响最大。可溶磷会使建筑石膏凝结时间明显延长，强度大幅降低，还会使磷石膏呈酸性，造成使用设备的腐蚀，但可溶性磷可用水洗法有效除去；共晶磷存在于半水石膏晶格中，在水化时会从晶格中溶出，阻碍半水石膏的水化，还会降低二水石膏析晶的过饱和度，使二水石膏晶体粗化，强度降低；难溶磷对磷石膏性能影响甚微。杂质氟来源于磷矿石，以可溶氟 NaF 和难溶氟 CaF_2、Na_2SiF_6 等形式存在。可溶氟对磷石膏性能影响很大，而 CaF_2、Na_2SiF_6 等难溶氟对磷石膏性能基本无影响。可溶氟对建筑石膏有促凝效果，导致水化产物二水石膏的晶体粗化，晶体间接合点减少，强度降低。在磷石膏制品中氟将缓慢地与石膏发生反应，释放一定的酸性，但含量低时影响不大。

其他杂质对磷石膏应用影响相对较大的有碱金属盐、有机物和放射性元素。当磷石膏制品受潮时，碱金属离子会沿着硬化体孔隙迁移至表面，在制品表面析晶后产生粉化、泛霜。若在制品中加入少量石灰可有效抑制 K、Na 离子的析出。有机物包括磷矿石中固有的和生产工艺中的外加剂，分布于石膏晶体表面，会增加磷石膏胶结的需水量，减弱二水石膏晶体间的接合，使硬化体结构疏松，甚至会使石膏制品发黑、凝固速度减慢、制品强度降低。而各地磷石膏放射性物质含量的差异较大，放射性比活度超标的磷石膏不宜利用。

在工业应用中，磷石膏中的杂质通常先通过预处理再应用。常用的预处理方式有水洗、石灰中和改性、煅烧、球磨、浮选、筛分、成粒、水热法、自然陈化等方法，为了更有效地去除杂质，通常将相关方法配合使用。

（二）磷石膏的工业应用

1. 磷石膏应用于建筑材料

（1）熟石膏粉。熟石膏粉又分为α熟石膏粉和β熟石膏粉两种，主要用于生产装饰材料。磷石膏需要先预处理，将一定比例的生石灰与磷石膏原料拌和再在高温高湿条件下煅烧，此工艺可大大降低可溶磷和氟，然后用改性磨将煅烧石膏磨细，提高白度、黏度、强度，最后再利用改性后的磷石膏生产熟石膏粉。该技术国内比较成熟，已广泛应用于首饰模具、医疗卫生、精密铸造和陶瓷工业等特殊领域。

（2）纸面石膏板。经预处理煅烧后的磷石膏符合纸面石膏板原料的质量标准，可生产纸面石膏板。以熟石膏为原料，加入纤维和其他添加剂混合均匀后搅拌成料浆，铺在护面纸之间构成芯材，制成规定尺寸的板材。由于它的生产成本低、价格低廉，且具有耐火、质轻、保温、隔声性能好的优点，已成为我国非承重墙体材料生产的主要原材料之一，普遍用作民用建筑的内隔墙和天花板吊顶。

（3）纤维石膏板。纤维石膏板以煅烧磷石膏为原料，掺入适量木质刨花或纸纤维及其他添加剂作为增强、填充材料，加水一起搅拌成均匀的浆料，采用半干法浇注成型干燥而成。纤维石膏板具备一定的防火、防潮及抗冲击性能，用其设计制作的隔墙价格较低。因此，纤维石膏板具有较大的发展潜力。

（4）石膏空心条板。石膏空心条板以磷石膏煅烧成的β型半水石膏为原料，经加水搅拌、浇注成型和干燥后制成的板状轻质墙体材料，形状似混凝土空心楼板。其优点是可代替传统的黏土砖用于内隔墙，并较好地解决了普通轻质墙板的防火、耐水、开裂、隔音等问题。

（5）石膏胶凝材料。将除杂预处理后的磷石膏煅烧成无水石膏，掺入多种外加剂（如缓凝剂、矿渣等）改性后，可制得无水石膏胶凝材料。该无水石膏胶凝材料具有轻质、高强、耐水等特点，适用于生产轻质墙体和建筑砂浆。

（6）石膏陶瓷饰面砖。用磷石膏、高炉矿渣和平板碎玻璃等为原料，掺入少量其他添加剂，在温度800℃～1 100℃条件下烧制面砖。该石膏陶瓷饰面砖有强度大、抗寒性强、热稳定性高等特点，并能用生产陶瓷饰面砖的生产线进行工业化生产。

（7）石膏砌块。石膏砌块是以除杂煅烧后的β-半水磷石膏为主要原料，掺入其他添加剂（如轻集料、填充料、纤维增强材料、发泡剂等辅助材料）后加水搅拌，浇筑成型，自然干燥后即为制品。石膏砌块防火性能好，并且具有保温隔热、墙体轻、抗震性好的特点，还可钉、可锯、可刨，加工处理十分方便。此外，石膏砌块还具有呼吸功能，可调节室内小气候。

（8）磷石膏砖。磷石膏砖有两类，即磷石膏烧结砖和磷石膏免烧砖。磷石膏烧结砖是以磷石膏为主要原料，先煅烧成β-半水磷石膏后掺入其他添加剂，经混合后在低压下压制成砖；磷石膏免烧砖是以磷石膏为主要原料，直接与其他原料（如水泥等）黏结剂混合后，经高压成型、养护后得到。也有以磷石膏为主料，以铁渣、黄磷渣、炉渣等为辅料，经混合制砖得到磷石膏免烧砖。磷石膏免烧砖具有轻质高强的特点，可调节室内小气候，利用前景较好。

（9）粉刷石膏。将改性处理后的磷石膏，掺入集料、填充剂及添加剂等可制成粉刷石膏，按使用性质可分为底层型、面层型和保温型粉刷石膏。作为粉刷抹灰材料，粉刷石膏既有建筑石膏早强、快硬、质轻、保温隔热、安全防火等优点，又有施工和易性好、黏结强度高、不易空鼓和开裂的特点。其具有的呼吸功能，可调节室内空气湿度，改善居室环境。

（10）仿瓷涂料。将磷石膏、复合激发剂和改良剂混合均匀，其中磷石膏85%～95%，激发剂2%～5%，改良剂3%～10%，混合均匀后烘干至水分低于8%，烘干温度100℃～110℃，进入煅烧炉250℃～300℃，煅烧0.5～1h，自然冷却，制得改性磷石膏粉。再按一定配比与重质碳酸钙、硅酸钠、玻璃纤维、粉煤灰、涂料胶粉制得仿瓷涂料，该涂料具有硬度高、耐擦拭、不脱落、成本低的特点。

(11) 新型材料

1) 石膏基导电材料。在净化处理后的磷石膏中掺入导电物质（如导电聚合物、石墨等）制成石膏基导电材料，可作为屏蔽电磁波、电热材料和耐热导电材料，以及用于建筑材料的光电转换、工业防静电、发热体、传导材料及隐身材料等。

2) 石膏基磁性材料。采用特殊工艺将磁化粒子（如铁氧体类）复合于净化处理过的磷石膏中，使得磁化粒子在制品中定向排列，从而制成石膏基磁性材料。这些材料的应用将使建筑物具有自动传感、自控调节及其他特殊功能，从而使建筑物较容易实现智能化和多功能化。

(12) 制硫酸联产水泥及水泥缓凝剂。将磷石膏高温分解，生成的SO_3用于生产硫酸，CaO用于生产水泥。改性后的磷石膏经烘干脱水成为无水或半水石膏，与焦炭、黏土等混合、粉磨后加入回转窑焙烧，生成水泥熟料，再与石膏、高炉矿渣等混合制成水泥。

往干燥的磷石膏中加入适量的石灰，然后控制在一定温度下煅烧，可得可溶性的无水物和半水物，然后加水造粒可得水泥缓凝剂。研究表明，磷石膏除杂后可以单掺或与二水石膏按适当比例双掺后用作水泥缓凝剂，且双掺效果更显著。也有研究表明，若将磷石膏与石灰石中和并于800℃煅烧后再用作水泥缓凝剂，其性能要优于天然石膏。

2. 磷石膏应用于化工

(1) 磷石膏制硫酸铵和碳酸钙。磷石膏制硫酸铵和碳酸钙是利用碳酸钙在氨溶液中的溶解度比硫酸钙小很多，硫酸钙很容易转化为碳酸钙沉淀，溶液转化为硫铵溶液的原理。工艺为将磷石膏先洗涤除杂后，打成浆与氨及二氧化碳的混合气体反应（或与碳酸钠的水溶液反应），制得硫酸铵与碳酸钙的浆料，用转筒式真空过滤器滤出碳酸钙。过滤出的溶液蒸发浓缩后冷却结晶，离心分离，得到硫酸铵晶体。以磷石膏为原料的生产成本只是天然石膏为原料的64.6％，为硫酸中和法的91％。

（2）磷石膏制硫酸钾。磷石膏制硫酸钾有一步法和二步法之分。由于一步法的副产物为氯化钙，难处理并易导致环境污染，故应用受限；二步法中首先将磷石膏制硫酸铵，然后将反应生成物分离出碳酸钙后的母液与氯化钾进行复分解反应。反应时加入某种有机溶剂，可降低硫酸钾在体系中的溶解度，提高回收率。分离出硫酸钾经洗涤、干燥可得产品硫酸钾；滤液经蒸发、分离可得副产品氯化铵，有机溶剂可返回系统循环使用。

（3）磷石膏制硫脲。磷石膏制硫脲工艺主要分为以下四步：一是煤与磷石膏一起在高温炉中焙烧生成硫化钙；二是用硫化钙、水及硫化氢进行浸取，浸得 20％ 的硫氢化钙溶液；三是将一部分硫氢化钙溶液通入二氧化碳碳化，得硫化氢和碳酸钙，过滤得到轻质碳酸钙，产生的硫化氢和滤液返回浸取工序；四是在另一部分硫氢化钙溶液中加入石灰氮，过滤，滤液冷却结晶合成硫脲。该工艺可回收利用钙、硫资源达 95％以上。

（4）磷石膏回收硫。据中国化工矿业协会预测，到 2020 年硫的需求量将达到 21.0Mt。根据需求预测并考虑选矿损失，国内现有硫铁矿和伴生硫保有储量的保证年限仅为 16 年，在国内硫资源紧缺的情况下，磷石膏回收硫是个不错的选择。

从磷石膏中回收硫是利用生物还原工艺，先将硫酸盐还原成硫化物，然后再在一定条件下加入微生物作用部分还原成元素硫。能够将硫化物还原成单质硫的微生物有丝状硫细菌、光合硫细菌和无色硫细菌。

(5) 磷石膏制晶须。以柠檬酸钠为添加剂，以磷石膏和尿素分别作为钙源和碳酸根源，采用水热法可合成出大小均匀、长径比高、分散性较好的文石型碳酸钙晶须。磷石膏晶须具有强烈的吸附性，它通过大量吸附带正电荷的电解质，与带负电荷的纤维形成桥联作用，从而使石膏晶须附着在纸纤维上，能和木质纤维很好的结合在一起，造出性能优良的纸张。

(6) 其他应用。据报道，以磷石膏及硅酸钠为主要原料，采用化学方法可制得活性硅酸钙。还可以磷石膏为原料生产硫酸钙颜料。

(三) 存在的问题

磷石膏的综合利用是根治磷石膏污染的最佳出路。尽管磷石膏的资源利用方法多种多样，我国磷石膏的利用已经取得很大进展，但是由于多方面的原因，其利用率仍然不高，大量的磷石膏还急需消化。存在的主要问题有以下几点。

(1) 磷石膏综合利用意识仍然不强。我国磷肥企业大多规模小又分散，国家对磷石膏直接堆放等处置形式缺乏行之有效的约束机制，加之我国天然石膏储存丰富，很多企业在没有经济利益驱动的前提下缺乏综合利用的积极性。而且电厂的副产品脱硫石膏，因其品位较高，有害杂质少，地区分布较均匀以及价格优势，对磷石膏的利用有很大冲击，阻碍了磷石膏的利用。

(2) 磷石膏产品生产技术不够完善。近年来，磷石膏综合利用技术已经在我国有所推广，如用磷石膏制石膏板、建筑用石膏粉等，但现在磷石膏综合利用仍需要突破许多技术难关。

(3) 政策支持力度不够。国家虽有相关政策鼓励应用工业废渣生产建筑材料，但鼓励磷石膏应用的政策还需要进一步落实和细化。

思考与练习

1. 简述固体废弃物的种类及危害。
2. 简述固体废弃物的污染途径和处理方法。
3. 简述固体废弃物的综合利用方法。
4. 简述以虾壳废弃物为原料制备甲壳素、氨糖的原理及工艺方法。
5. 简述粉煤灰的利用途径及工艺。
6. 简述磷石膏的综合利用方法。

第七章 物理性污染及其防治

第一节 噪声污染及其防治

一、噪声的含义、特点

在人类生活的环境里有各种声音，其中有的是用来传递信息和进行社会交往，这是人们需要的；有的会影响人的工作和休息、甚至危害人体健康，是人们所不需要的。从环境保护角度来说，凡是干扰人们正常休息、学习和工作的声音，即人们不需要的声音，可统称为噪声。如各种交通工具的马达声、汽车刹车的尖叫声、建筑工地的轰鸣声、闹市的嘈杂声等，均称为噪声。

从声学的角度上看，振幅和频率杂乱、断续或无规则的声振动，称为噪声。但从生理学的角度考虑，噪声对人不利，而人们是否愿意随时接受有规则振动所产生的音乐则不一定。如悦耳的歌声以及乐器声是和谐、优美的，一般情况下可给人以良好的精神感受，然而它对于正在思考、学习和休息的人来说，也会成为令人讨厌的噪声。所以噪声污染与其他物质污染不同点之一是，它与人的主观意愿有关，与人的生活状态有关，在污染的有无和程度上，与人的主观评价密切相关。

噪声的另一特点是局部性和分散性。局部性是指环境噪声影响的范围一般不大，不像大气污染和水污染可以扩散和传递到很远的地区，噪声影响一般局限在一定的环境范围内。分散性是指环境噪声源常是分散的，对它的影响只能规划性防治而不能集中处理。此外，噪声污染是暂时性的，噪声源停止发声后，危害和影响即可消除，不像其他污染源排放的污染物，即使停止排放，污染物亦可长期停留在环境中或人体里。故噪声污染是没有长期和积累影响的。

根据世界卫生组织对欧洲国家的流行病学最新研究，噪声污染已经成为空气污染之外影响人体健康的重要环境因素。过度暴露在噪声污染中，不仅会严重影响心理健康，也会增加患心脏病等疾病的风险。

二、噪声的度量

噪声与其他声波一样，其基本的物理性质有声频、波长与声速。除此之外，常用的污染量还有声功率、声强与声压，这几个物理量都与噪声的能量有关，是用来衡量噪声强度的物理量。

（一）声压与声压级

声压是由于声波的存在而引起的压力增值。声压是用来度量声音强弱的物理量，它不直接衡量声波能量大小，但是却与声波的能量水平有关。声音通过空气传入人耳，引起耳内鼓膜振动，刺激听觉神经，产生声的感觉，声压越大，耳朵中鼓膜受到的压力越大，表明声音越强。声压的单位为 Pa（帕）。由于声压绝对值相差非常大，从人耳听阈压（2×10^{-5} Pa）到痛阈压（20Pa），即最弱的和最强的可听声压相差 100 万倍。因此，用声压的绝对值表示声音强弱很不方便。再者，人对声音响度的感觉与声音强度的对数成比例，所以，为了方便起见，通常用一个声压比的对数来表示声音的大小，这就是声压级。声压级用 Lp 表示，它的单位为分贝，记为 dB。分贝是一个相对单位，对声压与基准声压之比，取以 10 为底的对数，再乘以 20，就是声压级的分贝数。即：

$$\mathrm{Lp}=20\lg\frac{P}{P_0}$$

式中：Lp——声压级（dB）；

P——被测声压（Pa）；

P_0——基准声压（$P_0=2\times10^{-5}$Pa）。

通常声压级变化范围在 0～120dB。

（二）噪声级

1. A 声级

声压级只能反映人们对声音强度的感觉，还不能反映出人们对声音频率的感觉。由于人耳对高频声音比对低频声音较为敏感，因此声压级相同而频率不同的声音，听起来有不同的感觉。这样，要表示噪声的强弱，就必须同时考虑声压级和频率对人的作用，这种共同作用的强弱称为噪声级。噪声级可借噪声计进行测量，它能把声音转变为电压，经过处理后用电表指示分贝数。噪声计中设有 A、B、C 三种特性网络，其中 A 网络可将声音的低频大部分滤掉，能较好地模拟人耳的听觉特性。由 A 网络测出的噪声级称 A 声级，其单位为分贝，仍用 dB（A）表示。A 声级越高，人们越觉得吵闹。因此现在大部分采用 A 声级来衡量噪声的强弱。

2. 等效连续 A 声级

对于不同的连续而稳定的噪声源，如两台不同的风机，当它们稳定工作时，用噪声计的 A 声级进行测量，能较好地反映人耳对两个噪声源强度的主观感觉。在自然环境中，噪声源的发声往往是不连续的，如在测量公路的交通噪声时，有汽车通过时测得的 A 声级较强，没有汽车通过时测得的 A 声级则较弱，因此，用有或没有汽车通过时测得的噪声强度值来比较两条不同公路的噪声影响都是不合适的。为了合理地比较及评价不同的、非连续噪声源的噪声强度，人们提出将一定时间内不连续的噪声能量用总的发声时间进行平均的方法来评价噪声对人的影响。用这种方法计算出来的声级称为等效声级或等效连续 A 声级，用 Leq 表示，计为 dB（A）。等效声级实际上是反映按能量平均的 A 声级。它能合理地反映在

A 声级不稳定的情况下，人们实际接受噪声能量的大小。

三、噪声标准

（一）噪声控制标准体系

根据不同目的，环境噪声标准可分为以下三种：

（1）为了保护听力，噪声应控制在 75～90dB。适用于车间内劳动保护。

（2）为了保证工作和学习，噪声应控制在 55～70dB。

（3）为了保证休息和睡眠，噪声应控制在 35～50dB。

（二）主要噪声控制环境标准

1. 《声环境质量标准》（GB3096—2008）

《声环境质量标准》是为了贯彻《中华人民共和国环境噪声污染防治法》，保障城乡居民正常生活、工作和学习的声环境质量而制定，是环境噪声的质量标准。

《声环境质量标准》的主要规定：

（1）标准适用于我国城市区域和乡村生活区域。

（2）各类声环境功能区适用表 7 - 1 规定的环境噪声等效声级限值。

（3）在下列情况上，铁路干线两侧区域不通过列车时的环境背景噪声限值，按昼间 70dB（A）、夜间 55dB（A）执行：

1）穿越城区的既有铁路干线；

2）对穿越城区的既有铁路干线进行改建、扩建的铁路建设项目。

既有铁路是指 2010 年 12 月 31 日前已建成运营的铁路或环境影响评价文件已通过审批的铁路建设项目。

（4）各类声环境功能区夜间突发噪声，其最大声级超过环境噪声限值的幅度不得高于 15dB（A）。

（5）“昼间”是指 6：00 至 22：00 之间的时段；“夜间”是指

22：00 至次日 6：00 之间的时段。

表 7-1　环境噪声限值　　单位：dB（A）

<table>
<tr><th>类别</th><th colspan="2">适用区域</th><th>昼间</th><th>夜间</th></tr>
<tr><td>0</td><td colspan="2">康复疗养区等特别需要安静的区域</td><td>50</td><td>40</td></tr>
<tr><td>1</td><td colspan="2">以居民住宅、医疗卫生、文化教育、科研设计、行政办公为主要功能，需要保护安静的区域</td><td>55</td><td>45</td></tr>
<tr><td>2</td><td colspan="2">以商业金融、集市贸易为主要功能，或者居住、商业、工业混杂，需要维护住宅安静的区域</td><td>60</td><td>50</td></tr>
<tr><td>3</td><td colspan="2">以工业生产、仓储物流为主要功能，需要防止工业噪声对周围环境产生严重影响的区域</td><td>65</td><td>55</td></tr>
<tr><td rowspan="2">4</td><td rowspan="2">交通干线两侧一定距离之内，需要防止交通噪声对周围环境产生严重影响的区域</td><td>高速公路、一级公路、二级公路、城市快速路、城市主干路、城市次干路、城市轨道交通（地面段）、内河航道两侧区域</td><td>70</td><td>55</td></tr>
<tr><td>铁路干线两侧区域</td><td>70</td><td>60</td></tr>
</table>

2.《工业企业厂界环境噪声排放标准》(GB12348—2008)

《工业企业厂界环境噪声排放标准》是为贯彻《中华人民共和国环境噪声污染防治法》，控制工业企业厂界噪声危害而制定，是噪声污染的控制标准。

《工业企业厂界环境噪声排放标准》的主要规定如下：

(1) 标准适用于工业企业和固定设备厂界的环境噪声。

(2) 工业企业厂界环境噪声不得超过表 7-2 规定的排放限值。

表 7-2　工业企业厂界环境噪声排放限值

单位：dB（A）

厂界外声环境功能区类别	昼间	夜间
0	50	40
1	55	45
2	60	50
3	65	55
4	70	55

（3）夜间频发噪声的最大声级超过限值的幅度不得高于 10dB（A），夜间偶发噪声的最大声级超过限值的幅度不得高于 15dB（A）。

（4）工业企业若位于未划分声环境功能区的区域，当厂界外有噪声敏感建筑物时，由当地县级以上人民政府参照 GB3096 和 GB/T15190 的规定确定厂界外区域的声环境质量要求，并执行相应的厂界环境噪声排放限值。

（5）“昼间”是指 6：00 至 22：00 之间的时段；“夜间”是指 22：00 至次日 6：00 之间的时段。

四、噪声来源与分类

噪声在乡村影响较小，在城市影响比较明显。对于城市噪声，它的来源大致可分为工厂生产噪声、交通噪声、施工噪声和社会噪声。

（一）工厂生产噪声

工厂生产噪声，主要指工业生产劳动中产生的噪声，主要来自机器和高速运转设备。特别是地处居民区而没有声学防护措施或防护设施不好的工厂辐射出的噪声，对居民的日常生活干扰十分严重。我国工业企业噪声调查结构表明，一般电子工业和轻工业的噪声在90dB以下，纺织厂噪声约为90～106dB，机械工业噪声为80～120dB，凿岩机、大型球磨机为120dB，风铲、风镐、大型鼓风机在120dB以上。发电厂高压锅炉、空压机放空排气时，排气口附近的噪声可高达110～150dB，传到居民区常常超过90dB。此外，工厂噪声还是造成职业性耳聋的主要原因。

(二) 交通噪声

交通噪声主要指机动车辆、飞机、火车和轮船等交通工具在运行时发出的噪声。这些噪声的噪声源是流动的，干扰范围大。载重汽车、公共汽车、拖拉机等重型车辆的行进噪声约89～92dB，电喇叭噪声大约为90～100dB，汽喇叭噪声大约为105～110dB（距行驶车辆5m处）。一般大型喷气客机起飞时，距跑道两侧1km内语言通讯受干扰，4km内不能睡眠和休息。超音速客机在15 000m高空飞行时，其压力波可达30～50km范围的地面，使很多人受到影响。

[**案例1**]

北京的交通污染

统计数据显示，在北京市民反映的噪声污染中，约有40%来自交通领域。我国属于噪声污染比较严重的国家，全国有近2/3的城市居民在噪声超标的环境中生活。北京有相当一部分道路噪声超标，上百万市民受噪声之苦，其中三环以内受噪声影响最大，而这些噪音主要来自于道路交通噪音。公交车固有的声音很高，因为公交车主要采用的是柴油发动机以及具有高载客量的特点，目前北京市公交车的流量占到全市车辆的5%～10%，但噪音的排放量却占到了交通噪音的40%～52%，“一辆公交车所产生的噪音相当于21辆小车的排放水平。”交通噪声对于长期居住在公交车站附近的居民以及公交司机的健康都有影响。再者，在北京市运行的公交车，不可能保持匀速行驶状态。公交车的起步和加、减速都会使得噪音不断加大，司机如果长时间在这种高噪声环境中工作，也容易疲劳，引发交通事故。（源自 http://discover.news.163.com/10/0920/10/6H14IUQV000125LI.html）

（三）建筑施工噪声

建筑施工噪声主要指建筑施工现场产生的噪声。随着我国城市现代化建设，城市建筑施工噪声越来越严重。尽管建筑施工噪声具有暂时性，但是由于城市人口骤增，建筑任务繁重，如地铁、轻轨、路桥、房屋建筑等施工项目繁多，施工面广且工期长，因此噪声污染相对严重。据有关部门测定统计，距离建筑施工机械设备10m处，打桩机产生的噪声为88dB，推土机、刮土机产生的噪声为91dB。这些噪声不但给操作工人带来危害，而且严重地影响了居民的生活和休息。

（四）社会噪声

社会噪声主要指人们在商业交易、体育比赛、游行集会、娱乐场所等各种社会活动中产生的喧闹声，以及家庭影院、空调、洗衣机等各种家电的嘈杂声，这类噪声一般在80dB以下。如洗衣机、缝纫机产生的噪声为50～80dB，电风扇产生的噪声为30～65dB，空调机、电视机产生的噪声为70dB。这些噪声虽对人没有直接的危害，但能干扰人们正常的谈话、工作、学习和休息，使人心烦意乱。

五、噪声的危害

2011年4月，世界卫生组织和欧盟合作研究中心公开了一份关于噪音对健康影响的全面报告《噪音污染导致的疾病负担》。这是近年来对噪音污染研究最为全面的一份报告。尽管其对象是欧洲尤其是西欧发达国家，但它却是第一次指出噪音污染不仅让人烦躁、睡眠差，更会引发或触发心脏病、学习障碍和耳鸣等疾病，进而减少人的寿命。噪音危害已成为继空气污染之后人类公共健康的第二个杀手。噪音污染给人体带来的健康风险可以用一个金字塔来表示，金字塔最底层，受到影响人数最多的噪音影响是产生“不舒服感”，比如心情烦躁。再往上一层是导致“压力”。再往上就出现了“风险因素”，引起包括血压、胆固醇、血糖等身体因素的疾病风险。再上一层就是“疾病”，比如能引起睡眠失调、心血管疾病等。而金字塔的最顶层就是可怕的“死亡”。噪音的危害主要有以下几方面。

（一）引起听力损伤

人们在强噪声环境中暴露一定时间后听力会下降，离开噪声环境到安静的场所休息一段时间，听觉就会恢复。这种现象称为暂时性阈移，又称听觉疲劳。但长期在强噪声环境中工作，听觉疲劳就不能恢复，而且内耳感觉器官会发生器质性病变，由暂时性阈移变成永久性阈移，即噪声性耳聋或噪声性听力损失。随着年龄的增加，在正常生活中，人耳也会逐渐变聋，但暴露在 80dB 以上的噪声环境中耳聋得会更快。表 7-3 为 ISO 于 1971 年公布的 0～45 年等效连续噪声 A 声级与噪声性耳聋发病率的关系。

从表 7-3 中可以看出，噪声在 80dB（A）以下的工作环境，可能造成听力损失，一般不致引起噪声性耳聋；在 80～85dB（A），会造成轻度的听力损伤；在 85～90dB（A），会造成少量的噪声性耳聋；在 90～100dB（A），会造成一定数量的噪声性耳聋；在 100dB（A）以上，会造成相当多的噪声性耳聋。

（二）干扰睡眠

睡眠是人消除疲劳、恢复体力的一个重要方式，适当的睡眠是人维持正常生活、工作、学习的必要条件。但是噪声会干扰人的睡眠，当人的睡眠受到噪声干扰后，工作效率和健康都会受到影响。研究表明，连续噪声可以加快熟睡到轻睡的回转，使人多梦，熟睡时间缩短，突出的噪声可使人惊醒。一般说来，40dB（A）的连续噪声可使 10%的人受到影响，70dB（A）时可影响到 50%的人；而突发的噪声在 40dB（A）时，可使 10%的人惊醒，到 60dB（A）

时，可使70%的人惊醒。

表7-3　0～45年等效连续噪声A声级与噪声性耳聋发病率的关系

等效连续噪声A声级 dB（A）		年数（年龄减去18岁）									
		0	5	10	15	20	25	30	35	40	45
≤80	发病率（%）	0	0	0	0	0	0	0	0	0	0
	听力损害者（%）	1	2	3	5	7	10	14	21	33	50
85	发病率（%）	0	1	3	5	6	7	8	9	10	7
	听力损害者（%）	1	3	6	10	13	17	22	30	43	57
90	发病率（%）	0	4	20	14	16	16	18	20	21	15
	听力损害者（%）	1	6	13	19	23	26	32	41	54	65
95	发病率（%）	0	7	17	24	28	29	31	32	29	23
	听力损害者（%）	1	9	20	29	35	39	45	53	62	73
100	发病率（%）	0	12	29	37	42	43	44	44	41	33
	听力损害者（%）	1	14	32	42	49	53	58	65	74	83
105	发病率（%）	0	18	42	53	58	60	62	61	54	41
	听力损害者（%）	1	20	45	58	65	70	76	82	87	91
110	发病率（%）	0	26	55	71	78	78	77	72	62	45
	听力损害者（%）	1	28	58	76	85	88	91	93	95	95
115	发病率（%）	0	36	71	83	87	84	97	75	64	47
	听力损害者（%）	1	38	74	88	94	94	95	96	97	97

（引自中国大百科全书，环境卷）

（三）可引起多种疾病

噪声污染会升高血压、增加压力荷尔蒙的血液浓度，即使暴露于噪声中的人处于睡眠状态，也一样会受到影响。如果长期暴露在噪声污染中，这些症状就会不断积累，导致心脏病以及心血管疾病。有数据显示，城市的噪声每上升一分贝，高血压发病率就增加

3%。德国环境部对柏林地区的1 700名居民进行了一项调查，结果发现那些在夜间睡眠时周围环境噪声超过55dB的居民，其患上高血压的风险要比那些睡眠环境噪声在50dB以下的居民高出一倍。噪声还会使人的唾液、胃液分泌减少，胃酸降低，从而易患胃溃疡和十二指肠溃疡。一些研究指出，某些吵闹的工业企业里，溃疡症的发病率比安静环境高5倍。噪声对人体的内分泌机能也会产生影响，在高噪声环境下，会使一些女性的性机能紊乱，月经失调，孕妇流产率增高。

（四）噪声对心理的影响

噪声引起的心理影响主要是可能让人产生愤怒、失望、不满意、无助、抑郁、焦虑、分心、疲惫等负面心理，也可能导致压力相关的心理症状如疲惫，往往会影响精力集中和工作效率，尤其对那些要求注意力高度集中的复杂作业和从事脑力劳动的人，影响更大。另外，由于噪声的心理学作用，分散了人们的注意力，容易引起工伤事故。特别是在能够遮蔽危险警报信号和行车信号的强噪声下，更容易发生事故。

（五）噪声对儿童智力的影响

噪声还会使少年儿童的智力发展缓慢。在噪声环境下老师讲课，儿童很难听清楚，注意力也难以集中，因而反应迟钝。在大型机场附近上学的儿童，由于长期暴露在飞机噪音下，智力发育特别是阅读能力都受到了影响。总之，在吵闹环境中生活的儿童，智力发育要比在安静环境中的低20%，他们的免疫功能较低，身体各种营养素的消耗量也更多。

[案例2]

武黄城铁锦绣良缘段施工被叫停

武黄城际铁路是武汉城市圈内一条连接武汉市与黄石市、黄冈市的快速城际铁路。行驶于城际铁路上的列车设计时速为200km以上，工程2009年3月开工，预计2012年5月通车运营。建好后的武黄城际铁路将给两个城市的市民交通带来极大的方便，但却给武汉光谷锦绣良缘小区的部分业主带来了担忧。锦绣良缘小区位于紧邻武汉三环线的光谷水蓝路，该小区以前被业主认为是个很好的地方，绿化非常好，小区附近还有湖，有的人在这里买了房子养老，老人们还可以到湖里钓鱼，真是怡然自得。小区门前原有一条曾经冷清的铁路，后来通过的火车数日益增多，打破了业主们恬静的生活。小区的第一排公寓紧挨铁路线，据现场调查，只要有列车经过，小区内有的车辆报警器会因噪声太大而报警。只要有列车经过，在居民家中就能清晰地听到列车驶过的轰隆声，并伴随着震得耳膜发麻的汽笛声。

住在小区第一排的居民们已经习惯了不开窗户。居民郭先生反映，夜里经常被汽笛声吵醒，一般都不敢早睡，否则被吵醒后会失眠。另外，有的孩子受惊吓，被吵醒后哇哇大哭。30岁的赵先生对噪声更为敏感，他去年入住该小区紧邻铁路的第一排，因无法忍受火车噪声而失眠，只好搬到单位宿舍去住。

据《新建铁路武汉至黄石城际铁路工程环境影响报告书》反映，锦绣良缘受现有交通噪声影响较大，白天噪声值为69.6dB，夜间为67.9dB，夜间超标较为严重。按照国家标准规定，交通干线道路两侧区域的噪音，白天不能超过70dB，夜间应低于55dB。《报告书》中预测，武黄城际铁路的建设对锦绣良缘的噪声影响增加值白天为0.2dB，夜间不运行，没有影响。

现有噪声严重尚未解决，担心新建的武黄城铁又将增加新的噪声，锦绣良缘小区居民因此意见不断。湖北省环保厅实地查勘后，暂时叫停该小区段城铁施工，要求建设单位负责该区域的噪声防治工作，拿出区域整体和综合的噪声防治方案，使其低于现有噪声。

（摘自《楚天都市报》）

六、噪声污染控制技术

(一) 噪声污染控制原理与方法

构成噪声污染的要素有三个，即声源、声音传播的途径和接收者。只有这三个要素同时存在，才构成噪声对环境的污染和对人的危害。控制噪声污染必须从这三方面着手，既要对其分别进行研究，又要将它们作为一个系统综合考虑。噪声控制的基本原则是：既要满足降噪的要求，也要符合技术和经济指标的合理条件，权衡治理污染所投入的人力、物力和环境效益，研究确定一个比较合理的控制和治理方案。

1. 降低声源噪声

控制噪声污染的最有效办法是从控制声源的发声着手。通过研制和选用低噪声设备，改进生产加工工艺，提高机械设备的加工精度和装配技术，达到减少发声体的数目，或者降低发声体的辐射声功率。例如，将纺织厂织机的铸铁传动齿轮改为尼龙齿轮，则可使噪声降低 5dB 左右。又如，将轴承滚珠加工精度提高一级，就可使轴承噪声降低 10dB。

2. 在传播途径上控制噪声

由于技术和经济原因，当从声源上难以实施控制噪声时，需要从声音传播途径上加以控制。

(1) 总体设计上合理布局。在城市规划上尽量把高噪声的工厂或车间与居民区、文教卫生区及行政机关办公区等分隔开，防止工业噪声对这些地区的影响；对于一个工厂，把噪声强的车间、作业场所与职工生活区分开；工厂车间内部的强噪声设备应与一般生产设备分隔开来，便于采取其他措施，为保护在一般操作岗位和控制室内的工作人员，可以把各车间同类型的噪声源，如空压机、水泵、通风机等集中在某些机房内，防止声源过于分散，减少噪声污染面，同时也便于采用声学技术措施，集中治理。

(2) 充分利用噪声随距离的衰减规律。在厂址选择上，把噪声级高、污染面大的工厂、车间或作业场所建立在比较边缘的偏辟地区，使噪声最大限度地随距离增加而自然衰减。

(3) 利用屏障阻止噪声传播。利用天然地形如山岗、土坡、树木、草丛和已有的建筑物，阻断或屏蔽一部分噪声的传播。在噪声严重的工厂和施工现场周围或交通道路两旁设置足够高度的围墙或屏障，可以减弱声音的传播。绿化不仅能改善城市环境，而且一定密度和宽度种植面积的树丛、草坪也能使噪声衰减。

(4) 利用声源的指向性控制环境噪声。对于环境污染面广的强噪声源，如果在传播方向上布置得当，也会有显著的降噪效果。火电厂、化工厂的高压锅炉及高压容器的排气放空，经常辐射出高频强噪声，如图 7-1 所示，在图 7-1 (b) 和图 7-1 (c) 中，如果将气流出口朝上或朝向野外和朝向生活区相比能降低环境噪声 10dB。而且工厂中使用的各类风机的进排气噪声大都有明显的指向性，如果把排气管道与烟道或地沟连接起来，噪声从烟囱或地沟排向大气也可减少噪声对环境的污染。

3. 对接收者的防护

当采用以上两种措施仍不能达到预期的降噪效果时，就要对工作人员进行个人防护。在工厂车间内，工人的耳内塞以防声棉、防声耳塞，坦克和飞机驾乘人员配带耳罩和防声头盔等都是对接收者的有效防护措施。此外，采取轮班作业、缩短在高噪声环境中的工作时间也是一种对接收者的辅助防护措施。

(二) 噪声污染控制技术

1. 吸声降噪

声源发出的声音有时是直达声，有时候要经过反射后才能传到听众。声波遇到顶棚、墙面多次反射叠加形成混响声，由于混响声的存在，室内任何声源的噪声级比室外旷野的噪声级明显高。如果在墙面或顶棚上饰以吸声材料、吸声结构，或在空间悬挂吸声板、

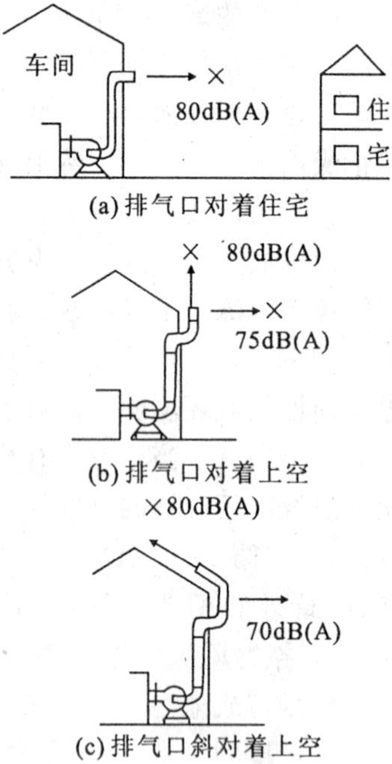

图 7－1　声源的指向性

吸声体，混响声就会被吸收掉，室内的噪声级也就相应降低。利用一定的吸声结构来吸收声能，从而达到降低噪声强度的目的，这种控制噪声的方法称为吸声降噪。吸声降噪对直达声没有效果。

吸声材料大都是由多孔材料制成的。因此，在使用时往往要加护面板或织物封套。在安装吸声材料时要将其分散布置在最易接触声波和反射次数最多的表面上，并且吸声材料应安装在不易损坏的部位。此外，同一种吸声材料对不同频率的噪声，其吸声系数是不同的。对于低频噪声，吸声材料往往不是很有效。因此，对低频噪声常采用薄板共振吸声结构、薄膜共振吸声结构、空间吸声体等共振吸声结构来降低噪声。

2. 隔声降噪

隔声是噪声控制中常用的一种技术措施。隔声降噪是应用隔声结构，阻碍噪声向空间的传播，使吵闹环境与须安静的环境分隔开。各种隔声结构，如隔声室、隔声墙、隔声罩、隔声屏等统称为隔声围护结构。隔声围护结构通常由许多隔声构件组成，如隔声室就是由隔声门、隔声窗、隔声墙以及隔声顶棚等组成，当然还要考虑通风，要有通风消声器。

3. 消声器

在车间里，将有噪声的设备隔离出来，放在一个隔声间内，隔声间内机器要散热，操作和检修人员在其内工作，因此必须有通风设施。伴随着气流的进入和排出，机器噪声必然发生泄漏，导致隔声量的明显下降。在生产中经常有噪声和气流同时存在的情况，如空气压缩机的进气口和出气口、内燃机的进排气口、鼓风机的进风口等。因此，需要采用不同于吸声和隔声的措施来控制噪声。消声器就是防治空气动力性噪声的主要装置，它既阻止声音的传播，又允许气流通过，用以装设在设备的气流通道上，可使该设备本身发出的噪声和管道中空气动力噪声降低。

根据消声机理，消声器主要分成两大类，即阻性消声器和抗性消声器。在此两类消声器的基础上，综合各自的优点，又发展了阻抗复合型消声器。

(1) 阻性消声器。阻性消声器利用吸声材料消声，把吸声材料固定在管道内壁，或按一定方式在管道中排列，就构成了阻性消声器。声波进入消声器后被吸声材料吸收转变为热，就像电流通过电阻产生热一样而消耗电能，吸声材料消耗的是声能，故称为阻性消声器。

阻性消声器的结构型式很多，常见的主要有管式、片式、蜂窝式、列管式、折板式、小室式、圆盘式等。阻性消声器结构简单，对中、高频噪声的消声效果好，不适合在高温、高湿的环境中使用，多用于风机、燃气轮机进排气的消声处理。

（2）抗性消声器。声波在截面积发生改变的管道中传播时，在截面突变处会发生反射，阻止一部分声能的传输。抗性消声器就是利用这个原理制作的。抗性消声器中一部分声能被突变截面反射回声源，贮存起来，类似于电路中电容对电能的存储，故称为抗性消声器。通常，扩张室式消声器、共振消声器、干涉消声器以及弯头、管道内的障板和穿孔片等组合而成的消声器，都是抗性消声器。

抗性消声器的优点是具有良好的低、中频消声性能，构造简单，耐高温，耐气体腐蚀和冲击。缺点是消声频带较窄，高频消声效果较差。

（3）阻抗复合消声器和微穿孔板消声器。阻抗复合消声器是将对低、中频有效的抗性消声器和对高、中频有效的阻性消声器组合起来，以便获得在宽阔的频率范围内的良好消声效果。通常，阻抗复合消声器中既有吸声材料，又有共振器、扩张室、穿孔屏等一种或多种滤波元件。由于消声量大，消声频率范围宽，阻抗复合消声器在实际应用中较为广泛。但由于它含有吸声材料，故在高温、蒸汽浸蚀和高速气流冲击下使用寿命较短。微穿孔吸声结构是一个既能反射声能又可消耗声能的声学元件。用纯金属微穿孔板，通过适当的组合制成的消声器，可以在一个宽阔的频率范围内具有良好的消声效果，而且又耐高温，不怕油雾和水蒸汽。

4. 隔振与阻尼

声音的本质是振动在弹性介质（如空气、水等）中的传播。当振源直接与空气接触，形成声波的辐射，称为空气声。当振动经过固体介质传递到与空气接触的界面，然后再引起声辐射，称为固体声。因此，可以通过隔振来隔绝振动在固体构件中的传递，通过阻尼改变固体界面声辐射部分的物理性质来达到控制噪声的目的。

（1）隔振。机器产生的振动直接传递到基础，并以弹性波的形式从基础传递到房屋结构上，引起房间结构的振动和声辐射。许多隔声材料，如钢筋混凝土、金属虽然是隔绝空气声的良好材料，但对固体声却难以减弱。隔振的原理是用弹性连接代替刚性连接，以削弱机器与基础之间的振动传递。隔振按使用场合可分为积极隔振和消极隔振两种。前者用于减弱机器与基础之间的振动传递，后者用于减轻基础振动对其所承载的精密仪表的工作影响。

各种弹性构件，如弹簧、橡皮、软木、沥青、毛毡、玻璃纤维毡等，可以减小振动的传递。为了减弱沿房屋传播的振动，不仅在机器基座下要安装弹性构件，而且在墙壁和承重梁之间、在房屋的钢架和墙壁之间也要安装弹性构件。控制振动传递的弹性构件称为减振器。减振器有：钢弹簧减振器、橡胶减振器、减振垫层。

（2）阻尼。阻尼就是材料在承受周期应变时，能以热量方式消耗机械能的本领。用金属板制成机罩、风管以及飞机、汽车、轮船的壳体时，常因机器振动的传递而发生剧烈振动，导致噪声辐射。这种由结构振动引起的噪声称为结构噪声。控制结构噪声除了用减振器减少机器与结构之间的振动耦合外，还要减少噪声辐射面积，去除不必要的金属板面。对于不可避免的金属结构和板面，就要涂覆阻尼材料，以抑制其振动。

阻尼层是由沥青、软橡胶和各种高分子涂料等阻尼材料所构成。利用阻尼材料有效地抑制了结构振动和结构噪声。例如，在火车、汽车、飞机的客舱内壁涂覆阻尼材料，可有效地降低舱内环境噪声；地铁电车的车轮采用五层约束阻尼层，噪声由 114dB 下降到 89dB；锯片在采用约束阻尼后，噪声由 95dB 下降到 81dB。

（三）城市噪声的防治

城市噪声直接影响人们的生活、学习和工作，因此，治理城市噪声和治理其他污染一样是环保工作的重要内容。城市噪声污染的防治不仅依靠噪声控制技术的发展，还有赖于立法管理和行政措施。从某种意义上说，环境噪声源的管理对噪声污染的控制至关重要。

1. 交通噪声管理

城市机动车辆必须符合《机动车辆容许标准》，否则，不准驶入市区。在市区行驶的车辆限制鸣笛，严禁夜间鸣笛。车辆噪声检验列为常年验车标准之一。重型车辆进入市区限制路线和时间。加强交通管理，整顿交通秩序，结合市政道路工程建设，改善交通条件。火车进入市区禁用汽笛，合理使用风笛。新建铁路不许穿过市区，市区已有铁路建立防噪设施（如声屏障等），限制飞机在市区上空飞行。

2. 工业噪声管理

各类工业企业必须符合《声环境质量标准）（GB3096—2008）、《工业企业厂界环境噪声排放标准》（GB12348—2008）和《工业企业噪声控制设计规范》。对于厂界噪声超标的工业企业必须采取有效的控制措施，使之达标。对无法达标的企业，有计划地实行“关、停、并、转、迁”。工厂中的设备噪声也要控制在卫生标准以内，保障工人健康。

3. 建筑施工噪声管理

建筑施工机械和设备，应符合国家规定的噪声标准。在城市中设置公园，不仅可以悦目和净化空气，更重要的是吸收间离噪声。可以建筑各种隔音墙减少交通噪声。隔音墙由木材、水泥、透明硬塑料等材料建造，或者仅使用便宜的水泥部件。

用多孔沥青铺设马路，沥青路面已经比水泥路面噪声低，而采用多孔性的沥青路面，路面材料之中含有的孔隙能将声能吸收进去，有效地将噪音降低 3～11dB。

4. 社会生活噪声管理

城市室外禁止使用扩音喇叭（特殊情况除外），必须使用时也要控制音量，不得危害周围环境。使用收录机、电视机、吸尘器等家用电器时，产生的环境噪声不能超过所在区域规定的环境噪声标准。禁止在居民楼内建KTV等娱乐场所、机动车修配厂及其他超标准排放噪音的各类加工厂，不准在公共场所起哄、喧闹。

5. 其他管理措施

加强环境宣传教育，环境宣传教育是开展好环保工作的一项重要手段，只有加强环境宣传教育工作，提高全民的环境法制意识，才能使人们自觉地执行环保法律、法规，正确行使职权，形成全社会共同参与、共同监督的良好氛围。在法规与管理条例中还应规定一系列的排污收费和罚款制度，以及一系列有关噪声监测、控制措施的监督执行以及违法制裁等内容，从经济、行政和法律等方面进行综合管理。

为了改善居民的生活环境，防止噪声污染，各地政府在城市建设规划中应划分功能区，建设安静住宅小区，这些都是预防噪声污染的重大措施，将收到很好的社会效益和环境效益。

第二节　放射性污染及其防治

放射性是指原子裂变而释放出射线的物质属性。放射性的产生主要有两个方面：一是从自然环境中释放出的天然放射；二是人类活动排放出的放射线。我们所说的放射性污染主要是指后者。放射性污染物是指人类活动释放的各种放射性核素，它与一般的化学污染物有显著区别，即放射性污染物的放射性与其化学状态无关。每一种放射性核素都有一定的半衰期，能放射具有一定能量的射线，放射性核素在其未完全衰变之前，污染性不会消失。除了在核反应条件下，任何化学、物理或生化的处理都不能改变放射性核素的这一特性。

一、放射性污染来源

在第二次世界大战中，核军事工业逐渐建立和发展起来，“二战”后核能逐渐被利用到动力工业中。近几十年来随着科学技术的发展，放射性物质被更广泛地应用于各行各业和人们的日常生活中，因而构成了放射污染源。

（一）核试验的沉降物

在大气层进行核试验时，爆炸高温体放射性核素变为气态物质，伴随着爆炸时产生的大量赤热气体、蒸汽携带着弹壳碎片、地面物升上高空。气态放射性核素在升空的过程中会凝聚成颗粒，随着蘑菇状烟云扩散，最后这些颗粒都回落到地面。这些放射性沉降物除了落到爆炸区附近外，还可随风扩散到其他地区，造成对地表、海洋、人及动植物的污染。细小的放射性颗粒甚至可到达平流层并随大气环流流动，经很长时间（甚至几年）回落到对流层，造成全球性污染。

即使是地下核试验，由于“冒顶”或其他事故，仍可造成如上的污染。其中核试验时产生的危害较大的物质有^{90}锶、^{137}铯、^{131}碘、^{14}碳。

核试验造成的全球性污染比其他原因造成的放射性污染重得多，因此是地球上放射性污染的主要来源。

（二）核工业运行过程的排放物

核能应用于动力工业，构成了核工业的主体。核工业的废水、废气、废渣的排放是造成环境放射性污染的一个重要原因。核工业在核燃料的生产、使用及回收中的每一个环节都会排放“三废”放射性污染物，对环境造成程度不同的污染。以上各阶段对环境造成的影响主要为：

（1）核燃料生产过程。这一过程包括铀矿的开采、冶炼、精制与加工过程。产生的污染物有含氡及氡的子体及放射性粉尘的废气；含有铀、镭、氡等放射性物质的废水；含镭、钍等多种放射性物质的固体废弃物等。

(2) 核反应堆运行过程。在核反应堆运行过程中产生了大量裂变产物，一般情况下裂变产物是被封闭在燃料元件盒内。因此，正常运行时，反应堆排放的主要是含放射性物质的废水和废气。

(3) 核燃料后处理过程。核燃料经使用后运到核燃料后处理厂，经化学处理后提取铀和钚循环使用。在此过程排出的废气中含有裂变产物，而排出的废水既有放射强度较低的废水，也有放射强度高的废水，其中包含有半衰期长、毒性大的核素。因此，燃料后处理过程是燃料循环中最重要的污染源。

对整个核工业来说，在放射性废弃物的处理设施不断完善的情况下，处理设施正常运行时，对环境不会造成严重污染。严重的污染往往都是由事故造成的，如 1986 年前苏联的切尔诺贝利核电站的爆炸泄漏事故，2011 年日本由于发生 9.0 级地震引发的福岛核电站的爆炸泄露事故。因此，减少事故排放对减少环境的放射性污染将是十分重要的。

[案例 3]

切尔诺贝利核电站核泄漏事件

1986 年 4 月 26 日，前苏联切尔诺贝利核电站 4 号机组发生爆炸，引发大规模核泄漏事故，放射性物质几乎席卷整个欧洲。切尔诺贝利核电站位于乌克兰北部，距首都基辅只有 140km，是原苏联时期在乌克兰修建的第一座核电站，曾被认为最安全、最可靠。

核事故发生后，大约 11.5 万人从核电站周围撤离。以核电站为中心的 30km 范围内基本被划为禁区，但也有少数人悄悄返回。核电站工人曾经居住的普里皮亚特城过去非常繁华，而今天俨然是一座鬼城，那里的楼房正在朽掉（图 7－2)。

切尔诺贝利核事故发生后，苏联出动超过 50 万人抢险和清理周边区域，用混凝土等材料建造“石棺”式建筑，封存 4 号机组反

图 7-2　核电站所在的普里皮亚特城

（源自 http：//focus. news. 163. com/11/0426/20/72JI5ESB00011SM9. html）

应堆。之后核电站继续运行，1 号、2 号和 3 号机组分别于 1997 年、1991 年和 2000 年停运，核电站最终退役。“石棺”设计寿命 10 年，迄今已使用 25 年，外部表面出现裂缝。为此，乌克兰计划募集资金用于新建一个设计寿命 100 年的拱形钢结构外壳和一个独立乏燃料永久保存设施。这个新外壳预计花费 11 亿英镑。

核泄漏产生的巨大恶果不断降临在一代又一代人身上。癌症患者数目仍在不断增长。联合国卫生署称，已有 9 300 人可能死于核辐射引起的癌症，也有一些组织认为，应该是 9 万多人。根据英国广播公司的报道，乌克兰心脏病、白内障和精神病患者不断增加也与核泄漏有关。

在距离切尔诺贝利只有 177km 的俄罗斯星月村，村民不仅遭受核辐射带来的致病致死，也饱受精神折磨。很多人放弃继续生活。2001 年，村里第一个选择上吊自杀的是 24 岁的弗拉基米尔·拉普杰夫（音译）。随后，又有 5 个年轻人也以同样的方式结束了生命。

在以切尔诺贝利核电站为中心的30km禁区内，聚集了大批动物，诸如海狸、鹿、野马等。2010年，南卡莱罗纳州立大学生物学教授蒂姆·摩梭和同事们发布了迄今最为完整的切尔诺贝利禁区野生动物调查数据。数据显示，哺乳动物出现衰退，甚至包括一些大黄蜂、草蜢、蝴蝶和蜻蜓等昆虫也出现同样情况。生活在切尔诺贝利高辐射区的鸟类大脑要比低辐射区的鸟类小5%。大脑容量小意味着认知能力和生存能力差。研究显示，很多鸟类胚胎可能根本无法存活。

以下是核泄漏发生后的一组数据：

8t多强辐射物泄漏，放射污染相当于广岛原子弹爆炸放射污染的100倍；

30人当场死亡；

320万人受到核辐射侵害，有组织认为，9万多人可能死于核辐射引起的癌症；

6万多平方公里的土地受直接污染；

30km以内的地区被辟为隔离区；

70%放射性尘埃落在白俄罗斯境内；

50万人抢险和清理周边区域，用混凝土等建造“石棺”，封存4号机组反应堆。

（三）医疗辐照设备的射线

随着现代医学的发展，辐射作为诊断、治疗手段也越来越广泛地被应用，医用射线源已成为主要的环境人工污染源。医疗检查和诊断过程中，患者身体都要受到一定剂量的放射性照射，在对癌症进行诊断和医治过程中，患者所受的局部辐射剂量差别较大，大约比通过天然源所受的年平均剂量高出几十倍，甚至上千倍。例如，进行一次肺部X光透视，约接受（4～20）×0.000 1Sv的剂量（1Sv相当于每克物质吸收0.001J的能量），进行一次胃部透视，约接受0.015～0.03Sv的剂量。在进行放射性治疗的时候，除了病人，医务操作人员也受到了辐射。

（四）其他方面的污染源

科研工作中广泛地应用放射性物质，除了原子能利用的研究单位外，金属冶炼、自动控制、生物工程、计量等研究部门几乎都有涉及放射性方面的课题和试验。另外，某些生活消费品中使用了放射性物质，如夜光表、电视机等；某些建筑材料如铀、镭含量高的花岗岩和钢渣砖等的使用也会增加室内的辐照强度。

二、放射性废弃物的分类

放射性废弃物按其物理状态可分为气体、液体和固体三类。对放射性废液，按放射性强度分为：

（1）高水平废液。亦称居里级废液，每升含放射性活度在10^{-2}居里以上。

（2）中水平废液。亦称毫居里级废液，每升含放射性活度在10^{-2}～10^{-5}居里之间。

（3）低水平废液。亦称微居里级废液，每升含放射性活度在10^{-5}居里以下。

1971年国际原子能机构（IAFA）推荐了一种新的放射性废弃物分类标准，如表7-4所示。

三、放射性污染的危害和影响

放射性污染对人产生辐照伤害通常有三种方式：①浸没照射：人体浸没在放射性污染的空气中，全身和皮肤会受到外照射。②吸入照射：吸入放射性气体，使全身或甲状腺、肺等器官受到内照射。③沉降照射：沉积在地面的放射性物质对人体产生的照射，如通过食物链而转移到人体内产生内照射。沉降照射的剂量一般较浸没照射和吸入照射的剂量小，但有害作用持续时间长。

表 7－4 国际原子能机构建议的放射性废弃物分类标准

废弃物	分类	比放射性强度 Ci/L	说明	备注
液体	1	$\leqslant 10^{-9}$	一般可不处理	用通常的蒸发、离子交换或化学方法进行处理
	2	$10^{-9} \sim 10^{-6}$	处理废液的设备不需屏蔽	
	3	$10^{-6} \sim 10^{-4}$	部分设备需要屏蔽	
	4	$10^{-4} \sim 10$	设备需要屏蔽	
	5	>10	必须在冷却下贮存和屏蔽	
气体	1	Ci/m$\leqslant 10^{-10}$	一般可不处理	
	2	$10^{-10} \sim 10^{-6}$	一般要用过滤法处理	
	3	$>10^{-6}$	一般要用综合法处理	
固体	1	表面照射率，R/h$\leqslant 0.2$	运输中不需特殊防护	主要为 β、γ 辐射体，所含 α 辐射体可忽略不计，β、γ 辐射体可忽略不计
	2	$0.2 \sim 2$	运输中要用薄层混凝土或铅屏蔽防护	
	3	>2	运输中要求特殊防护	
	4	α 放射性，Ci/m³	要求不存在临界问题	

（引自刘天齐等，环境保护概论，1982）

放射性物质主要是通过食物链经消化道进入人体，其次是经呼吸道进入人体，通过皮肤吸收的可能性很小。放射性核素进入人体的途径如图 7－3 所示。

放射性污染引起的放射性损伤有急性和慢性之分。对人体的危害程度主要取决于所受辐射剂量的大小。就目前所知，人体内受某些微量的放射性核素污染并不影响健康，只有当照射达到一定剂量时才能出现有害作用。当一次或短期内受到大剂量照射时，可能出现急性效应，如出现头痛、头晕、恶心、呕吐、食欲下降、睡眠障碍等神经系统和消化系统的症状。辐射会伤害毛囊，造成脱发，严重时会造成死亡。例如，全身吸收剂量达 5 戈瑞（1 戈瑞相当于辐

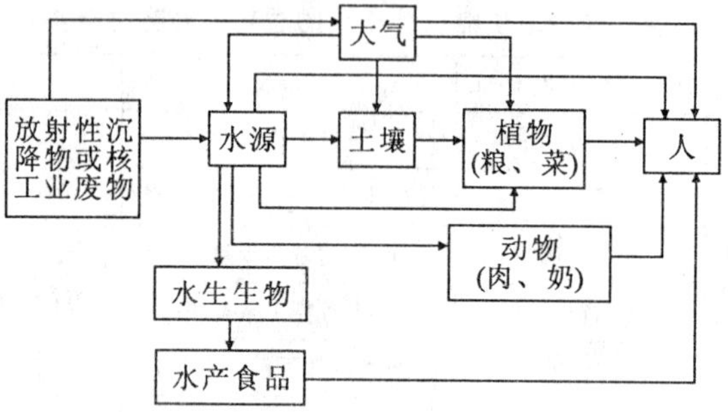

图 7-3　放射性物质进入人体的途径

射授予 1kg 质量组织或器官的能量为 1J）时，1～2h 内即出现恶心、呕吐、腹泻等症状，一周后出现咽炎、体温上升、迅速消瘦等症状，第二周就会死亡，且死亡率 100%，此为致死剂量。超剂量放射物质在体内长期作用，可产生远期效应，如出现肿瘤、甲状腺癌、白血病和遗传障碍等，如 1945 年原子弹在日本广岛、长崎爆炸后，当地居民长期受到辐射远期效应的影响，肿瘤、白血病的发病率明显增高。放射性也能损伤人体遗传基因，主要在于引起基因突变和染色体畸变，使一代甚至几代人受害。

一般来说，放射性污染对人体的危害主要有以下特点：

（1）放射性污染源比较隐蔽。污染源产生的放射性无形无色，既不像化学污染多数有气味或颜色，也不像噪声、振动、热、光等物理污染，有声音或光热感，人们很难感知到，除非借助于专门的仪器进行探测，人们才能得知哪里有放射性危害、甚至什么时候受到了放射性危害、放射性源的强弱有多大。所以，人们很难采取躲避防范行动，以致经常发生偷窃、误用放射性物品事故。

（2）放射性污染对人体伤害潜伏期长。据医学专家研究证明，癌症在人体内的潜伏期长达 20 年以上。

（3）放射性污染对人类作用有累积性。实验表明，多次长时间较小剂量的辐照所产生的危害近似等于一次辐照该剂量总合所产生的危害。所以，即使极少的放射性核发出的很少剂量的辐照剂量，如果长期存在于人身边或体内，也可能长期累积对人体造成严重危害。

另外，由于体质的差异性、有害物质的放射程度及用量、接触时间长短，造成的伤害也是不同的。

[案例 4]

犯罪现场的金属链子

2001 年辽宁省灯塔市破获的一桩情杀案中，犯罪分子随身携带着一把匕首和一条长约 20cm 的异常漂亮的银白色金属链子。犯罪分子用匕首行凶，链子掉到了地上。作为现场的证物，民警把金属链子和匕首一起带回派出所，一路上，这位民警还一直用手拿着这条金属链子。而后办案民警将链子存放在了办公室床下的柜子中，对于这条暗藏极强杀伤力的链子，并没有引起他们太多注意，先后有三位民警近距离接触过这条链子。

案发后过了十多天，这位民警突然发现自己的手心开始红肿起来，随之溃烂化脓。当地的医生看了都说是感染了，吃点消炎药就可以，但是吃了很多的消炎药后都不见效。同时，可怕的事情发生了，另两位民警也是头发脱落，胃痛，呕吐，便血，皮肤变黑，口腔溃烂，牙龈萎缩，失血不止……于是三人到沈阳和辽阳多家医院求医，可是始终没有得到明确的诊断。此时，三人的病情同时严重起来，面部整天血淋淋的，十分吓人，其中两人的头发在案发后一个月里几乎掉光。

后来经诊断，那条金属链子是同位素铱-192 放射源，是专门用于检测锅炉焊接是否存在裂缝的，对人体的辐射能力很强。行凶者由于近身携带，后来不治身亡。这三名警员也因此终身致残。

[案例 5]

不孕综合症

2009 年 5 月 10 日下午，家住学院路的一住户愤怒地砸掉自家已装修的杜鹃绿花岗岩墙面。住户为什么要砸自家的东西呢？原来，这家住户是一对新婚夫妇，长时间不怀孕，并且查不出原因。后来，小伙子在中国地质大学放射性检测专家的帮助下，终于找到了妻子不孕的原因：杀死自己精子的凶手竟是两年前装修厕所的花岗岩。原来该青年结婚后妻子一直不孕，最后经医院检查是他的精子成活率极低，大夫说可能是因为受到过量放射性辐射照射。在他一室一厅的套房里，客厅和厕所装的都是叫做杜鹃绿的花岗石，经过对石材的现场检测，杜鹃绿石材远远超过国家规定的居室内石材使用标准，并且放射性元素含量非常不均匀，个别点的放射性水平相当高，有的测点为 C 类，有的测点在 C 类以上，在建筑物的外墙面都不能用，长期在这么高的放射性辐射环境中生活，当然会对身体造成伤害。

四、放射性污染的控制

(一) 放射性废弃物的处理与处置

对放射性废弃物中的放射性物质，现在还没有有效的办法将其破坏，以使其放射性消失。因此，目前只是利用放射性自然衰减的特性，采用在较长的时间内将其封闭，使放射强度逐渐减弱的方法，达到消除放射污染的目的。

1. 放射性废液的处理与处置

(1) 稀释排放。不少国家将放射性废液直接排入河流、海洋或地下，依靠天然水体的环境容量来稀释废液的放射性强度。这种处理不符合对污染物质排放的总量控制要求，势必严重影响人类环境。我国《放射防护规定》(GBJ8—74) 中对放射性废水的排放规定是：排入本单位下水道的放射性废水浓度，不得超过露天水源中限制浓度的100倍，并须保证在本单位排出口水中的放射性物质含量低于露天水源中的限制浓度。在设计和控制低放射性废水向江河的排放时，应取10倍的安全系数。凡是超过上述浓度的放射性废液，必须经过专门的净化处理。日本在2011年3月由地震引发的核泄漏以后，将大量的核废液排入太平洋，这种做法引发渔业的担忧，同时也引发了韩国、中国等邻近国家的不满，毕竟海水一旦受到污染，其影响将不只是海洋生物，更直接关系到国民的日常生活和身体健康。

（2）浓缩贮存。对半衰期较短的放射性废液可直接在专门容器中封装贮存，经过一段时间，待其放射强度降低后，可稀释排放。对半衰期长或放射强度高的废液，可采用浓缩后贮存的方法。常用的浓缩手段有共沉淀法、离子交换法和蒸发法。用上述方法处理后，分别得到了沉淀物、蒸渣和失效树脂，它们将放射物质浓集到了较小的体积中。对这些浓缩废液，可用专门容器贮存或经固化处理后埋藏。对中、低放射性废液可用水泥、沥青固化；对高放射性的废液可采用玻璃固化。固化物可深埋或贮存于地下，使其自然衰变。处理系统如图7-4所示。

（3）回收利用。放射性废液中常含有不少有用物质，包括裂变产物和盐类。在研究处理放射性废液时，也应贯彻处理与利用相结合、变害为利的方针。可以通过循环使用废水，回收废液中某些放射性物质，并在工业、医疗、科研等领域进行回收利用。如从铀矿山和铀加工厂的废水中回收铀；从铀水冶厂和后处理工艺废液中回收硝酸、氨水、碳酸铵等化学试剂。

2. 放射性固体废弃物的处理与处置

放射性固体废弃物主要是铀矿石提取铀后的废矿渣，受放射性玷污而不能再用的各种报废设备、仪表、管道、过滤器、离子交换树脂、防护衣具、废纸、废塑料等，还有废液处理过程中产生的残渣和滤渣等固化体。处理方法有以下几种：

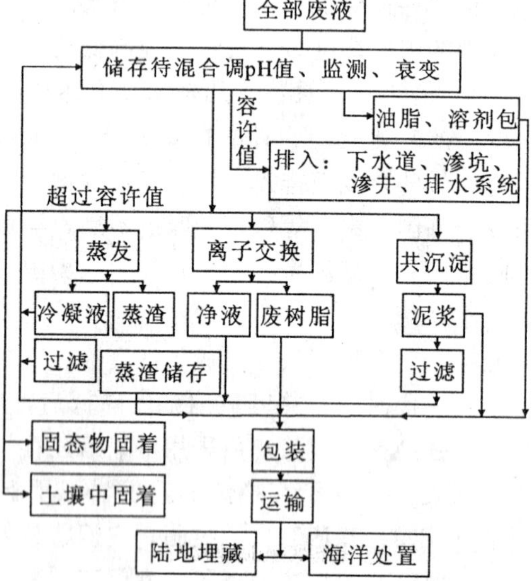

图 7-4　放射性废液的处理过程

（据刘天齐等，1982）

（1）焚烧法。对于可燃废弃物，经焚烧后可减容 10～15 倍，有时还能达到 40 倍以上。焚烧炉需配备良好的废气净化系统。有些废弃物（如聚氯乙稀）焚烧时会产生腐蚀性烟气，有些有机化合物在焚烧时还会产生有毒气体。因此，必须采用废气净化装置。焚烧后的灰烬可在密封的金属容器中封存，也可固化后再埋藏。

（2）埋藏法。通过多重屏障（各种天然屏障和人工屏障），将放射性废弃物与生物圈实行有效的隔离。这是放射性废弃物的一种有效处置措施。许多国家的实践表明，对中、低放射性废弃物可在距地表不超过 30m 的浅地层埋藏。选择场地时应尽量减少对环境的污染，并应经常监控。埋藏地区长期内不准有居民进入，禁止放牧。为避免放射性核素的泄漏，处置单元应回填 1m 以上厚度的封土。对高放射性废弃物，可采用深地层处置，包括利用废矿井、深层海洋弃置等。

（3）固化处理。在埋藏某些放射性废弃物时，为防止其浸出污染地下水，需要做固化处理。固化处理的方法有：①水泥固化，将放射性废弃物掺进水泥中，制成混凝土块以牢固地吸附放射性核素；②沥青固化，将放射性废弃物均匀地包容于溶化的沥青中，制成不透水、耐腐蚀的沥青制品；③玻璃固化，将高水平的放射性物质与硼砂、磷酸盐、硅土等玻璃原料混合，并在1 000℃以上的温度下溶化，经冷却退火处理后转化成含有大量裂变产物的稳定玻璃体。这种最终产品具有体积小、浸出率低、耐辐照等优点，是一种安全可靠的处置方法，但工艺系统复杂，费用较高。

（4）去污。受放射性沾染的设备、器材、仪器等钢铁金属制品，可用适当的洗涤剂、络合剂擦洗去污，以减少需要处理的废弃物体积。

（5）再溶化。对无回收价值的金属制品，可在感应炉中熔化，使放射性被固封在金属块内。

3. 放射性废气的处理与处置

对于低放射性废气，一般可通过高烟筒直接稀释排放。对于含有粉尘或半衰期长的放射性物质的废气，则要经过一定的处理，如用高效过滤的方法除去粉尘，用活性炭吸附碘、氪等废气。经处理后的气体，仍需通过高烟筒稀释排放。

（二）辐射防护

1. 外辐射防护

外辐射是指来自人体外的X射线、γ射线、β射线、中子流等对机体的照射，它主要发生在各种封闭性放射源工作场所。外辐射防护分为时间防护、距离防护和屏蔽防护，它们可单独使用，也可结合使用。

（1）时间防护。人体所接受的辐射剂量与受照射时间成正比，这就要求操作准确、敏捷，以减少受照射时间，达到防护目的；也可以增配工作人员轮换操作，以减少每人的受照射时间。

（2）距离防护。人距离辐射源越近，受辐照的量越大。因此应尽量在远距离操作，以减少辐射对人体的影响。

（3）屏蔽防护。在放射源与人体之间放置能吸收或减弱射线的屏蔽，屏蔽材料和厚度与射线的性质和强度有关。

1）α射线的屏蔽。由于α射线穿透力弱、射程短，一般可不考虑外辐射的屏蔽问题。但对使用放射性药物来诊断和治疗时，α射线往往造成内辐射，故也是防护对象。操作强度较大的α放射性物质时，需用封闭式手套，以免药物进入体表及体内，造成内辐射。

2）β射线的屏蔽。β射线的穿透力比α射线强，但较易屏蔽。常采用原子序数低的材料，如铝、塑料、有机玻璃等屏蔽β射线。也可采用复合材料来屏蔽，先用低原子序数的材料、塑料等屏蔽β射线，外边再用高原子序数的材料如铁、铅等以减弱和吸收轫致辐射。

3）γ射线的防护。γ射线穿透能力很强，危害也最大，常用具有足够厚度的铅、铁、钢、混凝土等屏蔽材料屏蔽γ射线。

为防止人们受到不必要的辐照，在有放射物质和射线的地方应设置明显的危险标记。

2. 内照射防护

内照射防护的基本原则是阻断放射性物质通过口腔、呼吸器官、皮肤、伤口等进入人体的途径或减少其进入量。如果核事故释放出放射性碘，应在医生指导下尽早服用稳定性碘片。

五、核泄漏事故发生时的防护措施

当发生核事故时，不要惊慌，可以采取以下应急防护措施。

1. 不要淋雨，穿戴鞋帽

在发生核泄漏后，因空气中的核废气会随雨水落下，因此应避免淋雨。尽量减少裸露部位，穿长衣、长裤（白色为好）、雨衣、靴子，戴帽子、头巾、眼镜。用手帕、毛巾、布料等捂住口鼻，减少放射性物质的吸入。脖子（甲状腺）部位的防护尤其重要。

2. 关闭窗户和通风口

如果要求撤离，注意将窗户和通风口关闭，使用再循环空气。如果留在室内，关闭空调、换气扇和其他进风口，避免有污染的空气进入室内。

3. 保护好食品

将食品放在密闭容器内或冰箱里。事先没有封闭的食物应当先清洗再放入容器。避免食品受到污染。不要饮用海水淡化水。

4. 彻底洗澡、换衣服

如果已经暴露于核辐射中，应该彻底洗一次澡，更换衣服和鞋子。将暴露过的衣服放在塑料袋中，密封塑料袋，放到偏僻处。

5. 用铅板、墙壁等遮挡降低辐照强度

尽可能远离放射源，可以利用铅板、钢板或墙壁进行屏蔽，挡住或降低照射强度。

第三节　电磁辐射污染及其防治

由于电子技术在工业、科研、医疗等领域的广泛应用，以及各种视听设备、通信设备、电视、微波技术等广泛地进入人们的生活之中，射频设备的功率大幅度提高，再加上高压输电等，使地面上空的电磁辐射大幅度增加。这些电磁辐射已经威胁到人体的健康，成为人们非常关注的公害。

一、电磁辐射污染的含义和污染源

电磁辐射污染是指天然的和人为的各种电磁波干扰，以及对人体有害的电磁辐射。在环境保护研究中，主要是指当电磁场的强度达到一定限度时，对人体机能产生的破坏作用。

影响人类生活环境的电磁污染源可分为天然的和人为的两大类。

（一）天然污染源

天然的电磁污染是某些自然现象引起的。最常见的是雷电，它除了可以对电气设备、飞机、建筑物等直接造成危害外，还可在广大地区从几千兆赫到几百兆赫的极宽频率范围内产生严重的电磁干扰。此外，火山喷发、地震和太阳黑子活动引起的磁暴等都会产生电磁干扰。天然的电磁污染对短波通信的干扰特别严重。

（二）人为污染源

人为污染源是指人工制造的各种系统、电气和电子设备产生的电磁辐射。人为污染源包括某些类型的放电、工频场源与射频场源。工频场源主要指大功率输电线路产生的电磁污染，主要是对近场区产生电磁干扰。射频场源主要是指无线电和各种射频设备在工作过程中所产生的电磁辐射和电磁感应。这种辐射源频率范围宽、影响区域大，对近场工作人员危害也较大，因此已成为电磁污染环境的主要因素。人为电磁污染源的分类如表 7－5 所示。

二、电磁辐射污染的传播途径

1. 空间辐射

空间辐射指通过空间直接辐射。各种电气与电子设备在工作过程中，每个设备都相当于一个多向的发射天线，不断地向其周围空间辐射电磁能量。这些发射出来的电磁能有两种传播的方式：一种是在以场源为中心、半径为一个波长的范围内，传播的电磁能是以

表 7－5　人为电磁污染源分类

分类		设备名称	污染来源与部件
放电所致污染源	电晕放电	电力线（送配电线）	由于高电压、大电流而引起静电感应、电磁感应、大地泄漏电流所造成
	辉光放电	放电管	白光灯、高压水银灯及其他放电管
	弧光放电	开关、电气铁道、放电管	点火系统、发电机、整流装置等
	火花放电	电气设备、发动机、冷藏机、汽车等	整流器、发电机、放电管、点火系统等
工频交变电磁场源		大功率输电线、电气设备、电气铁道	污染来自高电压、大电流的电力线场电气设备
射频辐射场源		无线电发射机、雷达等	广播、电视与通讯设备的振荡与发射系统
		高频加热设备、热合机、微波干燥机等	工业用射频利用设备的工作电路与振荡系统
		理疗机、治疗机	医学用射频利用设备的工作电路与振荡系统
家用电器		微波炉、电脑、电磁炉等	功率源为主
移动通讯设备		手机、对讲机	天线
建筑物反射		高层楼群以及大的金属构件	墙壁、钢筋、吊车等

电磁感应的方式为主，如可使日光灯自动发光；另一种是在以场源为中心、半径为一个波长的范围之外，电磁能是以空间放射方式传播并作用于受体，在远场区中，输电线路、控制线等具有天线效

应，接收空间电磁辐射能进行再传播而构成危害。

2. 线路传导

当射频设备与其他设备共用同一电源时，或它们之间有电气联接关系时，电磁能就可通过导线传播。此外，信号的输出、输入电路和控制电路等也能在强磁场中拾取信号，并将所拾取的信号进行再传播。

3. 复合传播

有时通过空间传播与线路传导所造成的电磁污染同时存在，这种情况称为复合传播污染。

三、电磁辐射的危害

大功率的电磁辐射能量可以作为能源利用，但也有可能产生危害，构成环境污染因素。这里所说的电磁辐射主要是指射频电磁辐射，当射频电磁场达到足够强度时，可能造成以下几方面的危害。

（一）引燃引爆

电磁辐射可使金属器件之间互相碰撞而打火，从而引起火药、可燃油类气体燃烧或爆炸。

（二）信号干扰

电磁辐射可干扰电子设备、仪器仪表的信号，使信息失误，控制失灵，通讯联络造成意外。

（三）对人体健康带来危害

电磁辐射对人体危害的程度与电磁波波长有关。按对人体危害程度由大到小排列，依次为微波、超短波、短波、中波、长波，波长愈短，危害愈大。

1. 中、短波频段（即高频）对人体的危害

在高频电磁场的作用下，对机体的危害是引起神经衰弱症候群和植物神经功能失调。主要症状有头痛头晕、周身不适、疲倦无力、失眠多梦、记忆力减退，甚至发生胸闷、心悸及女性月经周期

紊乱等现象。

2. 超短波和微波对人体的危害和不良影响

超短波与微波的频率很高。在这样高频率的微波辐射作用下，人体在反射了部分电磁波的同时也吸收了一部分电磁波。被吸收的微波辐射能量在体内转变为热能，引起温度升高而对人体产生危害。微波对人体的危害，主要是引起白内障和角膜损害。当频率在500MHz以上，功率在100mW/cm^{2}以上的电磁波照射眼睛时，可导致白内障，一般以此作为白内障的阈值。长时间的微波辐射能破坏脑细胞，使大脑皮质细胞活动能力减弱，抑制已形成的条件反射，并能导致神经系统机能紊乱，出现头痛、头晕、乏力、记忆力减退以及失眠、多梦、易怒等症状。长期的微波辐射可引起血液内白细胞和红细胞数的减少，并使血凝时间缩短。微波对睾丸（它是人体对微波辐射热效应敏感的器官）的损害较大。

[案例5]

中国电磁辐射现状

近20年来，随着我国科学技术进步和社会经济的迅速发展，各种电子、电力设备和设施大量出现在人们的日常生活和工作中。但是，随之而来的电磁辐射污染问题也日益严重。

据国家环境保护总局1997—1998年在全国30个省、直辖市进行的环境电磁辐射污染调查显示，我国目前环境中人为电磁辐射不断增强的主要原因是：

(1) 由于城市的发展与扩大，一些大中型广播电视与无线电通信发射台站被新开发的居民区所包围，局部居民生活区形成强场区。

(2) 移动通信技术（包括移动电话通信、寻呼通信、集群专业网通信）发展迅速，城市市区高层建筑上架起成百上千个移动通信发射基地站，这些电磁辐射源虽然每个功率不大（100W以下），但由于在市区内遍地开花，使城市高空电磁波场强增强，局部高层建筑受到污染。除此之外，城市高层建筑上还有许多微波定向天线、卫星天线和短波天线。

(3) 工业、科研、医疗应用中高频用电设备的增加。

(4) 随着城市用电量增加及城市电网改造工程实施，110kV和220kV高压变电站进入城市中心区，或在室内或在室外，或地面或地下，引起邻近群众恐慌与投诉。

(5) 城市交通运输系统（汽车、电车、地铁、轻轨及电气化铁路）迅速发展，引起城市电磁噪声呈上升趋势。

(6) 个人无线电通信手段及家用电器增多，家庭小环境电磁能量密度增加，室内电磁环境与室外电磁环境已融为一体，城市电磁环境总量在不断增加。

据统计，目前全国广播电视发射设备有一万多台，总功率超过130 000kW；而工业、科研、医疗等高频设备近1.5万台，合计功率达2 500 000kW；移动通信设备的发展更是迅速，手机用户数量猛增。

据国家环保总局专家介绍，目前我国的电磁辐射环境是比较好的，相当于20世纪五六十年代时我国面临的水污染、大气污染的情况，电磁辐射污染有苗头出现，远未到严重的地步。但从现在就要从严管理，未雨绸缪。因为社会经济发展离不开对电磁辐射的应用，若电磁污染到了环境无法忍受的地步，再想进一步发展经济就举步维艰了。

四、电磁辐射污染的防护

对于电磁辐射污染的控制，必须采取综合防治的办法才能取得好的效果。下面介绍常用的电磁辐射的防护方法。

（一）屏蔽防护

屏蔽防护是使用某种能抑制电磁辐射扩散的材料，将电磁场与其环境隔离开来，使辐射能被限制在某一范围内，达到防止电磁污染的目的。屏蔽防护是目前应用最多的一种手段，主要是通过安设用屏蔽材料制成的屏蔽装置，使透过屏蔽的电磁场强度大幅度衰减，从而避免对人与环境的危害。

1. 屏蔽的分类

电磁屏蔽分为主动屏蔽和被动屏蔽两类。主动屏蔽是将电磁波的作用限定在某个范围之内，使其不对限定范围之外的生物机体或仪器设备发生影响。被动屏蔽是将场源置于屏蔽体之外，用屏蔽体来防止场源对屏蔽体内部的生物体或仪器设备发生作用。

2. 屏蔽材料与结构

屏蔽材料可用钢、铁、铝等金属，或用涂有导电涂料或金属镀层的绝缘材料。一般来说，电场屏蔽选用铜材为好，磁场屏蔽则选用铁材。

屏蔽体的结构形式有板结构与网结构两种，可根据具体情况将屏蔽壳体做成六面封闭体或五面半封闭体，对于要求高者，还可做成双层屏蔽结构。为保证屏蔽效果，需保持整个屏蔽体的整体性。因此，对壳体上的孔洞、缝隙等要进行屏蔽处理，可以采用焊接、弹簧片接触、蒙金属网等方法实现。

3. 屏蔽装置形式

根据不同的屏蔽对象与要求，可采用不同的屏蔽装置，如对小型仪器或设备的屏蔽可用屏蔽罩；对于大型机组或控制室则宜用屏蔽室；对个人的屏蔽防护可用屏蔽衣。

（二）射频接地

将屏蔽体在电磁波作用下感应生成的射频电流导入大地，以免屏蔽体本身成为射频电磁波的二次辐射源。射频接地与普通电气设备的安全接地不同。通常，射频接地深度为2～3m，接地极表面积为1～2m^2。

（三）区域控制及绿化

对于电子、电气工业集中的城市，可以进行区域划分，将电磁辐射相对集中在某一区域，使其远离一般工作区或居民区，并对这样的区域设置安全隔离带，从而在较大的区域范围内控制电磁辐射的危害。

区域控制大体分为四类：①自然干净区：在这样的区域内要求基本上不设置任何电磁设备；②轻度污染区：只允许某些小功率设备存在；③广播辐射区：指电台、电视台附近区域，因其辐射较强，一般应设在郊区；④工业干扰区：属于不严格控制辐射强度的区域，对这样的区域要设置安全隔离带并实施绿化。由于绿色植物对电磁辐射能具有较好的吸收作用，因此加强绿化是防治电磁污染的有效措施之一。依据上述区域的划分标准，合理进行城市、工业等的布局，可以减少电磁辐射对环境的污染。

（四）吸收防护

吸收防护是减少微波辐射危害的一项积极有效的措施，可在场源附近将辐射大幅度降低，多用于近场区的防护。其可采用对某种辐射能量具有强烈吸收作用的材料，敷设于场源外围，以防止大范围污染。

实际应用的吸收材料种类很多，可在塑料、橡胶、胶木、陶瓷等材料中加入铁粉、石墨、木材和水等制成，如泡沫吸收材料、涂层吸收材料和塑料板吸收材料等。

（五）个人防护

个人防护的对象是个体的微波作业人员，当因工作需要操作人员必须进入微波辐射源的近场区作业时，或因某些原因不能对辐射源采取有效的屏蔽、吸收等措施时，必须采取个人防护措施，以保护作业人员安全。个人防护措施主要有穿防护服、戴防护头盔和防护眼镜等。

目前市场上的防护材料有三类：第一类是金属纤维混纺织物，采用不锈钢纤维与其他化纤、棉等混纺形成电磁屏蔽织物；第二类为多金属离子织物，采用多种金属离子涂附在普通织物上，形成一定的电磁屏蔽功能；第三类为金属化织物，采用化学沉淀方法在普通织物表面“镀”上一层高导电金属层，形成电磁屏蔽织物，简称导电布。

五、手机的辐射

手机给人们的生活带来了很大的便利，手机的使用越来越普遍，人们对它的依赖性也越来越强。据香港《文汇报》报道，英国邮政署调查访问 2 100 名受访者，结果发现53％的人声称当他们手机无电、电话卡余额不足、遗失手机或没有网络覆盖时，便出现心情紧张、作呕或冒冷汗等症状，估计逾 1 300 万人患上 21 世纪“无手机恐惧症”（Nomophobia）。手机给人们带来便利的同时，手机辐射问题也引起越来越多学者的关注。

当人们使用手机时，手机会向发射基站传送无线电波，而任何一种无线电波会或多或少地被人体吸收，从而伤害人体组织，并对人体的健康带来影响，这些电波就被称为手机辐射。

（一）手机辐射的危害

1. 手机辐射使患脑癌危险增加 1 倍

2000 年年底，解放军总医院第一附属医院李安民教授收治了一名左侧大脑半球大范围脑胶质细胞瘤患者。经诊断，医生认定患者是由于长期高频率使用手机而诱发脑瘤，理由有三：肿瘤形状特殊，患者的肿瘤呈弥漫性散落样生长，周围边界不清；患者的肿瘤发生于颞顶枕交界区，在临床上极为罕见；患者使用手机长达 8 年之久，且习惯于用左手接听手机，瘤区在头部左侧，正好是手机天线的辐射区。最终该患者因癌细胞扩散而去世。

据英国媒体报道，澳大利亚癌症兼神经外科专家库拉纳通过研究得出惊人结论：使用手机比吸烟对人体的危害性更大，人们使用手机超过 10 年，患脑癌的危险将增加 1 倍。这是迄今为止关于手机危害健康的最新、最严重的警告。

库拉纳相信这个结论将在未来10年内得到证实。目前，香烟每年夺走500万人的生命，而全世界有30亿手机用户，是吸烟者人数的3倍。库拉纳据此认为，手机的危害将比香烟更严重。

2. 每天通话1小时将造成永久性耳聋

美国耳鼻喉学学会年度会议最新研究结果引起众人关注：即使每天接听手机仅1小时，也有可能造成听力永久性损伤。这种耳聋一旦出现将不可逆转，甚至会恶化，可能因此在四五十岁就出现老年性耳聋。

手机在使用过程中会产生电磁辐射，尤其是刚接通的一瞬间，对耳朵的辐射最大。电磁辐射的时间越长、音量越大，对耳朵的危害也越大，电磁波的辐射会造成短时间的耳鸣、耳闷、记忆力下降。

3. 频繁接听手机会导致白内障

浙江大学眼科研究所所长姚克教授首次用实验证实：即使手机在国际辐射安全使用标准内，用手机连续通话两小时会对眼球晶状体有损伤。建议大家不要煲“手机粥”，最长的通话时间尽量控制在半小时之内。

实验模拟了安全辐射标准下人们接听手机的状态，微波强度在安全标准状态下，持续“接听”两小时后，晶状体活体细胞样本无一幸免地遭到了损伤，显微镜下，它们的细胞通讯连接功能的基因都产生了突变。

4. 手机辐射可导致老年痴呆

瑞典一项医学报告指出，发自手提电话的辐射可能对使用者的脑部产生危险，其中包括出现老年痴呆症等。

实验证明：只要紧挨着来自手机的辐射波两分钟，人体内防止血液内有伤害性蛋白质及毒素进入脑部的防卫机能就会丧失作用。而有伤害性的蛋白质一旦进入脑组织，患上脑部及神经疾病，如老年痴呆症、帕金森症以及出现多重硬化症的危险就将增高。

5. 手机挂胸前影响女性内分泌

许多女孩子喜欢把手机当饰物挂在胸前，但医学专家提醒年轻女性，开着的手机挂在胸前，不但对心脏有一定影响，也会影响女性的内分泌功能，尤其对孕妇健康不利，手机所产生的辐射会对胎儿构成伤害。即使在辐射较小的待机状态下，手机发出的电磁波辐射也会对人体造成伤害。有专家认为，电磁辐射会影响内分泌功能，导致女性月经失调，还会影响正常的细胞代谢，造成体内钾、钙、钠等金属离子紊乱。

6. 手机辐射将降低男性生殖能力

美国克利夫兰医学研究中心经过对 361 名男性的手机使用习惯及其提供各自的精液样本做了调查，发现每天手机通话时间越长，男子的精子数量和质量越低。在受调查的对象中，有一些人平均每天手机使用时间超过 4 小时，这些人的精子数量和质量低得可怜。

7. 手机辐射引发失眠和头痛

近期，英国、美国、瑞典三国的科学家再次对手机的危害进行调查，结果发现，手机辐射会引起神经衰弱、记忆力丧失、食欲下降、心悸胸闷、头晕目眩、失眠、多梦，甚至精神不振、性欲减退等病症。

研究人员对年龄在 18～45 岁之间的 35 名男性和 36 名女性进行了测试，暴露在辐射环境下的人进入深度睡眠状态需要更长的时间，而且深度睡眠时间也缩短了。研究人员认为，手机辐射可能会刺激大脑的应激系统，使人更警觉，精神更集中，放松及入睡的能力因此就减弱了。

(二) 手机辐射的防护

1. 人与手机要保持距离

手机的辐射范围是一个以手机为中心的环状带，手机与人体之间的距离决定了辐射被人体吸收的程度。因此，人与手机需要保持距离。

专家建议，晚上睡觉时不要把手机放在床边，或把手机放在枕头下，特别是有些人习惯用手机作早晨起来的闹钟，更是不好的习惯，因为实验显示，手机离开人体越远，其辐射对人体的伤害就越小。最好离开 2～3m，辐射的伤害就没有了。手机携带较为健康安全的方法，是把手机放在随身携带的包中，并尽量放在包的外层，以确保良好的信号覆盖。

2. 正确使用手机的方法

（1）接通手机最初 5 秒避免贴近耳朵，在手机呼出时最好先将手机远离头部，以避免手机较大功率发射时对头部的辐射。

（2）尽量减少每次使用手机的时间，以及每天使用手机的次数。在必须要较长时间通话时，应左右耳交替或者使用耳机更为科学。

（3）当手机信号变弱时，手机会自动提高电磁波的发射功率，此时不要把耳朵紧贴手机。

（4）不要在墙角处接打手机，建筑物角落的信号覆盖比较差，因此会在一定程度上使手机的辐射功率增大。基于同样道理，身处电梯等小而封闭的环境时，应慎打手机。

（5）接打手机时不要随意走动，频繁移动位置会造成接收信号的强弱起伏，从而引发不必要的短时间高功率发射。

[案例 6]

发射机站楼顶建 居民质疑遭污染

在兰州市渭源路附近，甘肃省画院家属楼和中科院兰州分院研究生公寓是呈“L”状的 6 层连体楼，家属楼位于研究生公寓北侧，研究生公寓楼顶安装了移动通讯发射机站。机站发射塔建在研究生楼紧靠画院家属楼的一侧，大大小小总共装了 8 个发射板，每个发射板有 2 个发射头。

在画院家属楼 B 单元 2 楼住户千先生家里，通过窗户向西南方的研究生公寓楼顶望去就可以看到发射机站，中间没有任何物体遮拦。千先生反映，自己身体一直很好，但去年以来就感觉经常心烦气燥、心跳加速，并伴有头晕、胸闷的症状，而在出差期间就没有这些症状，一回到家就又感到不适，后来才发现家属楼内许多人都有类似症状，大家开始寻找原因，最后才确定是这个发射机站在作怪。

家属楼A单元6楼的靳女士说，2004年9月份，中科院兰州分院后勤部门说要“更换安装水箱”，但一次偶然机会才看到是在A楼楼顶架设了移动通讯发射机站，经了解得知这是后勤部门与中国网通签署了租赁协议而建造的。之后，家属楼住户与相关部门多次交涉，才拆除了楼顶的发射机站和发射塔。

令家属楼住户意想不到的是，这些拆除的发射器并没有走远，而是就近安装在与家属楼相连的研究生公寓楼顶，而且还增加了发射头。靳女士认为，这种换汤不换药的做法实在让人气愤。她在兰州大学第一医院检查身体后，病历上面表明她有头痛、头晕症状，初步诊断为“可能与电磁辐射有关”。

在一份要求拆除这个移动通讯发射机站的抗议书上，签名的不仅有画院家属楼的住户，还有50多位居住在公寓楼的研究生。家属楼的聂女士说，她老伴为了不遭罪，已经躲到外地的亲戚家去了，为了看家她只好留下来，A、B两个单元的30多户居民已有12户搬到外面居住。

由于不堪忍受折磨，从2005年开始，画院家属楼的住户们不断向有关部门投诉，但一年下来还是没有得到满意答复。主要原因是甘肃省辐射环境监理站从2005年下半年开始应画院家属楼住户的要求，对公寓楼发射机站进行了3次测试，结果都符合国家规定的标准。

据了解，我国在1988年就制定了《电磁辐射防护规定》(GB8702—88)，对移动通讯频段规定的标准是照射到人体的电磁辐射功率密度不超过$40\mu W/cm^2$，1996年，又出台了《辐射环境保护管理导则电磁辐射环境影响评价方法与标准》，其中规定：单个机站功率密度不得超过 GB8702—88 规定的 1/5，即不超过 $8\mu W/cm^2$，目的是给电视、广播以及其他通讯公司留下使用空间。同时，还配套出台了测量方法《电磁辐射监测仪器和方法》，对测量的仪器和方法做了详细规定。监理站就是按照这个规定进行测试的。

监理站总工承认，就像一家人生活在一起，但体弱的容易得病，身体好的就不得病一样，不同个体对电磁辐射的承受能力不尽相同，即便符合国家标准，照射时间长了，有的人也有可能感到不适。他说："电磁辐射对人体有害，但到底多大频率会造成危害、造成什么样的危害还没有定论，如果这些机站经测试符合现有的标准，环保部门就不能要求通讯公司改造或拆除。"

第四节　光污染及其防治

一、光污染及其来源

（一）光污染的含义

光污染是指过量的光辐射对人们的身体健康、工作、生活造成不良影响的现象。光污染也包括对其他生物的正常生存和繁殖产生的不利影响。所以，产生光污染的首要条件是过量的光辐射。

光辐射的强度可以用光照度来衡量。光照度是指单位面积上所接受的光通量，测量单位是勒克斯（lx），1lx 等于 1 流明/m^2。流明（lm）是光通量的单位，它表示单位时间辐射光能量的多少。实践证明，光照度在 100lx 之内时，不会对人的视觉产生危害。一些常见情况下的照度值如表 7－6 所示。

表 7-6　一些常见情况下的光照度值　　（单位：lx）

无月夜天光在地面上所生的照度	3×10^{-4}
接近天顶的满月在地面所生的照度	0.2
办公室工作时所必需的照度	20～100
晴朗的夏日在采光良好的室内的照度	100～500
夏日太阳不直接射到的露天地面的照度	1 000～10 000

（二）光污染源的分类

一般认为，光污染应包括可见光污染、红外光污染和紫外光污染。

1. 可见光污染

（1）白亮污染。建筑物的玻璃幕墙、釉面砖墙、磨光大理石和各种涂料等装饰反射光线，明晃白亮、眩眼夺目，使人眼很不舒服；电焊时产生的强烈炫光，在无防护情况下会对人的眼睛造成伤害。在室内也会有光污染。例如读书的时候，纸张的颜色也有光污染；室内墙壁的颜色，如果太亮也会引起视觉不舒服；家具、地板等都会对视力造成不同程度的危害。

（2）人工白昼。夜幕降临后，商场、饭店的广告灯、霓虹灯闪烁夺目，城市夜间灯光不加控制，使夜空亮度增加，有些强光束直冲云霄，犹如白昼，即所谓人工白昼。

（3）彩光污染。舞厅、夜总会安装的黑光灯、旋转灯以及彩色光源是构成彩光污染的主要因素；家庭过杂、过亮的照明光源以及电视机和电脑荧光屏的色彩与闪烁也造成了一定程度的彩光污染；车站、机场、控制室过多闪动的信号灯以及在电视中为渲染舞厅气氛，快速地切换画面，也属于彩光污染，使人视觉不舒服。

2. 红外光污染

近年来，红外线在军事、科研、工业、卫生等方面应用日益广泛，由此可产生红外线污染。红外线通过高温灼伤人的皮肤，还可透过眼睛角膜对视网膜造成伤害，波长较长的红外线还能伤害人眼的角膜，长期的红外照射可以引起白内障。

3. 紫外光污染

紫外光对人具有伤害作用，主要伤害表现为角膜损伤和皮肤的灼伤。

二、光污染的危害

（一）光污染对植物的危害

光合作用是植物生长的源泉，所以适当的光照对植物生长是必需的。但是越来越多的城市照明使植物所受到的光照时间过长，影响了植物的正常生长。有研究表明，过多的红光照射使植物变得细小，如果每天接受光源照射的时间超过临界值，有些植物就不会开花，如菊花；有些植物只会开花不会结果，如风铃草。长时间的光照破坏了植物生物钟的节律，会使植物的叶或茎变色，甚至枯死。树林在夜间受强光照射，使休眠受到干扰，引起落叶形态的失常和冬芽的形成。有些树木对光比较敏感，如梧桐树、刺槐的叶子的密度由于光的照射将逐渐减少，留下的叶片也会慢慢枯死。

（二）光污染对动物的危害

光污染还会伤害鸟类和昆虫，强光使它们极难适应，无法遵循正常的活动规律，变得精神萎靡、食欲不振，无法辨别同伴发出的求偶鸣叫，甚至减少这种鸣叫，不能保证正常的繁殖活动，导致鸟的数量越来越少。据科学家称，有的燕雀和海鸥被陆地的探照灯或海上石油平台的煤气灯“迷住”，成群结队地绕圈飞行，最后精疲力竭坠落身亡。夜间迁徙的鸟类容易撞上灯火通明的高楼，特别是第一次迁徙的幼鸟受害最深。由于人工照明还会使动物的生物钟受到影响，造成有的鸟类（如夜莺）不符合自然规律地啼叫。科学家断定，人为地拉长白昼可能致使多种鸟类的繁殖提前。白昼长则摄食时间长，由此使鸟类迁徙时间受到影响，使他们提前出发，提前出发意味着他们有可能抵达目的地太早而当地尚不具备合适的筑巢条件，严重影响了它们的生活。

（三）光污染对人体的危害

据测试，在日光照射强烈的季节里，白色的粉刷面反射系数为69%～80%，境面玻璃的反射系数则为82%～90%。镜面玻璃若与绿色的草地、森林以及深色或者毛面砖石装饰的建筑物相比，它的反射系数要大10多倍，更容易引发视力下降，增高白内障发病率等。

生活中的光污染随处可见，并在不知不觉地影响着人们的健康。过量的紫外线、红外线照射理疗，可使人皮肤出现红斑、血压降低、头晕耳鸣，引发白内障和皮肤癌等疾病；五光十色的霓虹灯看上去虽然漂亮，却是一种有害健康的炫光；现代歌舞厅的激光装置，这种高密集的热性光束通过眼睛晶状体再集中于视网膜时，其聚光点的温度可达到70℃，这对眼睛和脑神经十分有害。它不但可导致人的视力受损，还会使人出现头痛头晕、出冷汗、神经衰弱、失眠等大脑中枢神经系统的病症。由于人工白昼，人们夜晚难以入睡，扰乱了人体正常的生物钟，导致白天工作效率低下。

专家研究发现，长时间在白色光亮污染环境下工作和生活的人，视网膜和虹膜都会受到不同程度的损害，导致视力急剧下降，白内障发病率高达45%。光污染还会导致头昏、头痛、精神紧张、注意力涣散、烦躁心悸、失眠多梦、食欲不振、倦怠乏力等不适感和诱发光敏皮炎。在城市，由于很多高层建筑都采用了玻璃幕墙或装饰，在炎热的夏季，在阳光的照耀下反射出一大片白茫茫的强光，特别刺眼，给过往司机的行车安全带来了隐患。如果遇上堵车，更会引起头昏心烦的症状。反射光汇聚还容易引起大面积火灾。在德国柏林，1987年曾发生一场大火，警方在建筑物内部始终未找到起火原因，最后终于发现对面高层建筑的玻璃幕墙产生的聚光才是真正的元凶。人体在光污染中首当其冲受影响的是眼睛。

瞬间的强光照射会使人们出现短暂的失明现象，普通的光污染也会造成人眼的角膜和虹膜的伤害，抑制视网膜感光细胞功能的发挥，从而引起视觉疲劳和视力下降。

光污染除影响人体健康外，还会影响我们周围的环境。过度的城市夜景照明将危害正常的天文观测，专家估计，如果城市上空夜间的亮度每年以 30％的速度递增，会使天文台丧失正常的观测能力，这已成为困扰世界天文观测的一个难题。建于 1675 年的英国格林威治天文台近年来就为此所困扰。

三、光污染的控制

目前，全国各地都在搞“灯饰工程”、“亮化工程”，每年用于城市照明的投资以 20％～40％的速度增加，有效提高了人民群众休闲娱乐的质量，但也存在不少问题。面对光污染日趋严重的趋势，我们要进行合理规划，注重节能和环保，将光污染减少到最低限度。建议采取以下防范措施：

（1）大力宣传夜光污染的危害，提高人们防治光污染的意识，教育人们科学使用灯光，白天尽量使用自然光，避免强光刺激。

（2）尽快着手制定我国防治光污染的标准和规范。建筑物装修要服从都市环境保护要求，尽量不用玻璃、大理石、铝合金等材料，涂料也要选择反射系数低的。欧美一些国家早在 20 世纪 80 年代末，就开始限制在建筑物外部装修使用玻璃幕墙，不少发达国家或地区也明文限制使用釉面砖和马赛克装饰外墙。而在我国，许多城市仍将玻璃幕墙等作为一种时髦装饰大量使用，导致城市的光污染源大量增加。这是一个必须正视的问题。

（3）注意控制光污染的源头。在新、改、扩建的企业，一定要在光的使用方面注意合理的设计、装饰，不可滥用光源；在家中装饰时，要使用反射系数低的材料；绿化环境也是合理地调整用光的一个重要方面，家庭和单位均可提倡。

(4) 要注意个人保健。个人如果不能避免长期处于光污染的工作环境中，应该考虑防止光污染的问题，采用个人防护措施戴防护镜、防护面罩、防护服等，把光污染的危害消除在萌芽状态。已出现症状的人应定期去医院做检查，及时发现病情，以防为主，防治结合。应该定期去医院眼科做检查，以及时发现病情。使用电脑要注意与电脑保持适当距离，注意休息并进行适当的活动锻炼，必要时对身体进行按摩。

消除光污染必须全社会行动起来，要建立健全法律法规，采取综合治理措施。在城市规划建设中，立足生态环境的协调统一；在建筑装修中，应采用反光系数极小的材料；对广告牌和霓虹灯应加以控制和科学管理；在建筑物和娱乐场所周围，要多植树、栽花、种草，以便改善光环境；还要少用和不用玻璃幕墙，注意减少大功率强光源，力求使我们的城市风貌和谐自然。

思考与练习

1. 什么是噪声？如何衡量噪声强度？
2. 噪声的来源与危害是什么的？
3. 如何防治噪声污染？
4. 放射性污染的特点是什么？
5. 如何控制放射性污染？
6. 电磁污染的来源与传播途径是什么？
7. 电磁辐射有什么危害？如何防治？
8. 什么是光污染？光污染有哪些类型？

第八章 常用环境检测方法

第一节 概 述

一、环境监测的含义

环境监测是指通过测试和分析环境的化学、物理和生物特性来评价环境状态在时间和空间上变化的一系列活动。它是评估环境随时空的自然变化和人类活动对自然环境所产生的影响方面不可或缺的主要过程。

环境监测通常采用化学分析、物理监测和生物监测等方法。

化学分析是对以基本化学物质为单位，以工业生产、交通运输、农业生产以及人们生活娱乐过程中排放出来的废气、废水、废渣等污染物为主要对象，通过对其进行定性、定量分析，确定环境受污染的状况和趋势。

物理监测是指通过测定那些与物理特性相关的现象和状态确定环境受污染的状况和环境质量的一种方法和手段，如对环境噪声的监测。

生物监测则是利用生物对环境污染所发生的各种信息作为判断环境污染状况的另一种手段。

三种监测方法相互渗透、相互补充，构成了环境监测的基本手段，为保护环境提供了科学的依据。

环境监测除采用上述监测方法进行污染物的定性、定量测定外，还应包括监测设计、样本采集、分析数据处理、相关信息的综合分析和应用。后者将在本章第四节做进一步阐述。

二、环境监测的目的

总的说来，各种环境监测都是为了控制环境污染，保护环境，为加强环境管理、搞好环境规划、开展环境科学研究提供依据。但是，伴随监测性质和任务的不同，其具体目的各有区别。概括地说，可分为以下几种情况：

（1）以监控企事业单位排放出来的污染物浓度是否超过国家或地方规定标准为目的的环境监测，主要用来检查和判断污染源可能造成的环境影响程度，若“超标”，则由环境部门强令其制定防护方案和措施，限期整改。

（2）以监控区域环境质量为目的的环境监测，主要是为环境保护部门控制和改善区域环境质量、制定和改善环境方案提供可靠的依据。例如 2008 年国际奥运会在我国召开之际，国家和北京市环保部门对北京环境质量进行了全面系统的监视和测量，并制定了车辆限号出行等措施，保证了国际奥运会的顺利进行，为国家带来了良好的国际影响。

（3）以研究污染物在时空中的分布状况、发展趋势和发展速度为目的的环境监测，主要用来了解和掌握污染物影响环境的规律性，污染物在环境中扩散迁移的途径和转化的趋势，从而可以帮助制定环境管理的对策，进行必要的预测。

（4）以制定和修订环境质量标准为目的的环境监测，包括积累环境本底的长期监测数据、区域性流行病原的调研等活动。

（5）以发生意外环境严重污染发出警报或追究法律责任等为目的的环境监测，例如 2011 年 3 月 11 日由地震和海啸引发的日本福岛核电站事故，导致大气及海域放射性物质严重超标，由此进行的放射性监测就是此类举世关注的环境监测。

三、环境监测的分类和应用

依据环境监测的性质不同，可将其分为三大类。

1. 例行监测

此类监测又称常规监测或监视性监测。这种监测可以进一步划分为污染源监测和环境污染趋势监测。

（1）污染源监测。主要指对各种污染的排放情况从化学、物理和生物角度进行定时或不定时的监测。

（2）环境污染趋势监测。通过监测站在设置的监测点上分别从化学、物理和生物角度长年累月地定时对大气、水体、土壤等各种环境要素受污染的状况进行监测，不间断地收集和积累相关数据，用以确定一定区域的环境污染状况及趋势。

2. 研究性监测

此类监测是依据研究需要确定监测内容和方法，进一步确定监测组织和特点，寻求污染物在环境中的迁移和转化规律，研究确定污染物对人和生物体可能产生的危害。

此类监测方法除采用常规方法外，还需要建立一些新的检测方法，对检测结果常常需要采用计算机技术处理大量数据进行深入、细致的分析，因此要求监测人员同多学科的技术人员密切配合，才能取得良好的成效。

3. 特定目的的监测

此类检测包括污染事故监测和仲裁性监测等。前者是在污染事故发生后在事故现场及相关区域进行的监测，其目的是确定污染事故产生的因素，评估污染事故对人、生物体和环境的危害程度及范围，以及由此造成的各种损失。后者是为解决执行环保法规中出现的矛盾和争议时通过监测为公正仲裁提供依据。

有关环境检测的具体方法将在本章下节予以具体阐明。

第二节　常见污染物监测的分析化学法

常见污染物监测方法可分为化学分析法和仪器分析法，其中化学分析法主要有滴定分析法和重量分析法，仪器分析法主要有电化学分析法、光谱分析法、色谱分析法等。随着科学技术的不断发展，一些新的测试手段和技术，如色谱/质谱联用、中子活化法、生化分析法、各种射线强度的物理检测法也被广泛应用于环境污染的监测中。

一、化学分析法

化学分析法是以物质的化学反应为基础的分析方法，主要用于常量物质的分析，在环境污染物监测中已较少应用。它是环境监测分析方法的基础，主要有滴定分析法和重量分析法等。

（一）滴定分析法

根据不同的反应类型，滴定分析法又可分为酸碱滴定法、络合滴定法、氧化还原滴定法及沉淀滴定法等。

1. 酸碱滴定法

酸碱滴定法是基于酸碱反应的分析方法，又称为中和滴定法，用已知物质的量的浓度的酸或碱来滴定未知浓度的碱或酸，当指示剂指示到达终点后，计算被测物质的量。其理论基础是酸碱平衡理论。

此法优点是反应速度快，反应进行的程度高，副反应极少，确定反应计量终点的方法简便，但其不足之处是实验操作过程比较繁琐。在环境监测中，常用此法测定土壤、肥料、各种水体等的酸碱度及氮和磷的含量、农药中的游离酸等。

2. 络合滴定法

络合滴定法是以络合反应为基础的分析方法，又称为配位滴定法。在络合反应中，配位剂提供电子对，中心离子接受电子对，所以，从广义上讲，络合反应也属于酸碱反应的范畴。但是由于配位剂与中心离子一般形成逐级络合物，即副反应较多，准确滴定较为困难，而且金属指示剂的选择也需要满足一定的条件，因而也限制了络合反应的使用范围。

此法优点在于可以同时测定两种或多种离子混合溶液中的单个离子含量和总含量，主要是通过加入不同性质的络合掩蔽剂，同时调节酸度范围等条件来实施的。最常用的配位剂是乙二胺四乙酸(EDTA)，能与多数金属离子形成稳定性较好的配合物，无逐级络合现象，反应定量关系明确，而且反应速率快、水溶性好，广泛应用于各种金属离子的滴定。在环境监测中主要用于测定水中钙、镁、氰化物以及水的总硬度等。

3. 氧化还原滴定法

氧化还原滴定法是以氧化还原反应为基础的分析方法。在氧化还原滴定法中，可以利用指示剂在化学计量点附近的颜色的改变来指示终点。此法优点是可以测定许多无机物和有机物；缺点是氧化还原反应机理比较复杂，有些反应常因伴有副反应而没有明确的计量关系，另外有些反应虽然在热力学上判断可以进行，但因反应速率缓慢而给分析应用带来困难。适当的氧化性和还原性标准溶液均可以作为滴定剂，常用的氧化还原滴定法有高锰酸钾法、重铬酸钾法、碘量法与间接碘量法、溴酸钾法和硫酸铈法等。在环境监测中，高锰酸钾法主要用于地表水、饮用水和生活污水中的化学需氧量 COD 等的测定。碘量法用于水中溶解氧的测定。

4. 沉淀滴定法

沉淀滴定法是基于沉淀反应的分析方法，这一分析方法的理论基础是被分析物与滴定剂生成沉淀的反应。

沉淀滴定法应用较广的是生成微溶性银盐的反应，即银量法。银量法根据其终点指示剂不同分为莫尔法、佛尔哈德法和法扬司法。其中佛尔哈德法的优点是可在酸性环境下进行测定，干扰少，选择性高。沉淀滴定法的缺点主要是沉淀反应形成的沉淀很多没有固定组成，而且有些沉淀本身溶解度较大，在化学计量点时反应不够完全，另外有些沉淀反应速度较慢，尤其对于晶形沉淀易形成过饱和现象，还有些沉淀反应没有合适的指示剂指示终点。在环境监测中该方法可以用于测定卤素以及 CN^-、SCN^- 等离子。

上述介绍的四种滴定分析法的共同点是四种滴定反应均是以消耗准确计量的标准物质来测定待测物质的含量，适用于浓度高的物质，准确度高；四种滴定反应随着滴定剂的加入，在化学计量点附近会产生滴定突跃，进而使指示剂变色以指示滴定终点；滴定分析误差均可用林邦误差公式。

其不同点是，四种滴定分析法在滴定过程中的反应产物浓度变化不同。酸碱滴定与沉淀滴定产物的浓度是一常量，而络合滴定和氧化还原滴定产物的浓度为一变量；在相同条件下，络合和氧化还原滴定曲线的突跃大于酸碱和沉淀滴定曲线的突跃（酸碱、沉淀滴定不适于低浓度测定）。

（二）重量分析法

重量分析法是通过物理或化学反应将被测组分与试样中的其他组分分离后，转化为一定的称量形式，由称得的质量计算得到被测组分的含量。重量法根据分离方法的不同，一般分为：气化法、沉淀重量法、电解重量法和萃取重量法。

重量法的优点是准确度高。它直接通过分析天平称量就可得到分析结果，无须使用容量器皿测定的数据，也不需要基准物质作比较，测定的误差一般小于0.1%。缺点是操作繁琐，不适用于微量组分的测定。

在环境监测中，重量分析法常用来检测大气中颗粒物、水中的油和悬浮物等。

（三）化学分析法在环境监测中的应用实例

1. 水总硬度的测定

原理：一般常以水中 Ca^{2+}、Mg^{2+} 来计算水的硬度，作为水质指标。在 pH＝10 的条件下，指示剂铬黑 T（蓝色）可与 Ca^{2+}、Mg^{2+} 络合形成紫色溶液，然后用 EDTA 进行滴定，反应进行至终点时，溶液由紫色变为亮蓝色。

步骤：取 50.00mL 水样置于锥形瓶中，加 4mL 缓冲液（pH＝10）和 3 滴铬黑 T 指示剂，立即用 c（EDTA）＝1.0mol · L^{-1} 的标准溶液滴定，溶液由紫色变为亮蓝色时即为终点，记录消耗溶液体积的毫升数。

结果：总硬度由下式计算

$$\text{总硬度}\ (\mathrm{mol \cdot L^{-1}}) = c_1 \times V_1 / V_0$$

式中：c_1——EDTA 标准溶液浓度（mol · L^{-1}）；

V_1——消耗 EDTA 溶液的体积（mL）；

V_0——水样体积（mL）。

2. 化学耗氧量的测定

原理：化学耗氧量是指每升水中的还原性物质在一定条件下被强氧化剂氧化时所消耗的氧的质量。在酸性条件下，用强氧化剂高锰酸钾将水样中某些有机物及还原性物质氧化，反应后剩余的高锰酸钾用过量的草酸钠还原，再用高锰酸钾标准溶液回滴过量的草酸钠，通过计算求出水样中所含的有机物及还原性物质所消耗的高锰酸钾的量，再换算为耗氧量，以 O_2 的 mg/L 为单位表示。

步骤：移取 100.0mL 均匀水样于 250mL 锥形瓶中，取样少于 100mL，需用水稀释至 100mL。加入（1＋3）硫酸溶液 5mL，混匀，用滴定管准确加入 10.00mL 的 c（1/5$KMnO_4$）＝0.01mol/L 的高锰酸钾使用液，摇匀。立即放入沸水浴中加热，水浴沸腾时计时，加热沸腾 30min。沸水浴液面始终要高于试液的液面。从沸水浴取下锥形瓶，立即（不要放置）用滴定管加入 10.00mL 的 $c(1/2\ Na_2C_2O_4)$=0.01mol/L 标准使用液，摇匀。立即用 $KMnO_4$ 使用液滴定至溶液呈微红色，记录消耗的 $KMnO_4$ 溶液体积 V_1 (mL)。取上面试样分析滴定完毕的水样，用滴定管加入 10.00mL 草酸钠标准使用液，再用 $KMnO_4$ 使用液滴定至溶液呈微红色，记录消耗的 $KMnO_4$ 使用液的体积 V_2（mL）。

结果：按下式计算化学需氧量

$$COD_{Mn}(O_2, mg/L)=[(10+V_1)\cdot K-10]\times c\times 8\times 1\,000/V_{水}$$

式中：V_1——测定水样滴定时消耗的 $KMnO_4$ 使用液体积（mL）；

$V_{水}$——水样的体积（mL）；

c——草酸钠标准使用液浓度（$mol\cdot L^{-1}$）；

K——高锰酸钾溶液校正系数，$K=10.00/V_2$。

3. 溶解氧的测定

原理：溶解氧是指水中的分子态氧。水样中加入 $MnSO_4$ 和碱性 KI，水中溶解氧将低价锰氧化为四价锰的氢氧化物沉淀。加酸后，氢氧化物沉淀溶解，并与 I^- 反应而释放出游离碘。以淀粉为指示剂，用 $Na_2S_2O_3$ 标准溶液滴定释放出的碘，据滴定溶液消耗量计算溶解氧含量。

步骤：用吸液管插入溶解氧瓶的液面下，加入 1mL $MnSO_4$ 溶液、2mL KI 溶液，待沉淀产生完全，混合，静置。然后再加入 2mL H_2SO_4，混合至沉淀物全部溶解，放于暗处静置 5min。吸取 100.00mL 上述溶液于 250mL 锥形瓶中，用 $Na_2S_2O_3$ 标准溶液滴定至溶液成淡黄色，加入 1mL 淀粉溶液，继续滴定至蓝色刚好褪去，记录 $Na_2S_2O_3$ 溶液用量。

结果：按下式计算溶解氧

$$溶解氧（O_2, mg/L）=c（Na_2S_2O_3）\times V\times 8\times 1\,000/100$$

式中：$c（Na_2S_2O_3）$——$Na_2S_2O_3$ 标准溶液浓度（$mol\cdot L^{-1}$）；

V——滴定消耗 $Na_2S_2O_3$ 标准溶液体积（mL）。

二、电化学分析法

电化学分析法是利用物质的电化学性质进行定量分析的一类方法，是仪器分析的一个重要分支。该法具有简便、快速、灵敏、较准确及易于实现自动连续测定等特点。所用仪器结构简单、价格低廉、适用范围广、技术容易掌握，既可作为常规分析工具，又可用于微量和痕量的分析，该方法在环境监测中占有重要地位。电化学分析法依据电化学原理的不同，可将其进一步划分为电位分析法、库仑分析法和极谱分析法。

1. 电位分析法

电位分析法是利用电极电位与化学电池电解质溶液中某种组分浓度的对应关系而实现的定量测定的方法，电位分析法可分为直接电位法和电位滴定法。直接电位法或称离子选择电极法，利用膜电极把被测离子的活度表现为电极电位，在一定离子强度下，活度可转换为浓度，实现分析测定。电位滴定法是利用电极突变来指示滴定终点的滴定分析法。直接电位法测定的只是某种离子的平衡浓度，而电位滴定法测得的是某种参与滴定反应物质的总浓度。

在电位分析法中所用的离子选择性电极主要有卤素离子电极、气敏电极、阳离子选择性电极等，它们在环境监测中有着广泛的应用。

氟离子电极是目前应用最广泛、较稳定的一种阴离子选择性电极，是卤素离子电极的一种，中国和美国都将它作为测定水中氟离子的标准方法。氟离子电极已成功地应用于自来水、天然水、海水、饮料、空气、尿液、植物、土壤等各种试样的测定。不同的气敏电极可以分别测定大气，烟道气中的 NO_2、SO_2、CO_2 等物质，氨气敏电极可测定水样、土壤中的铵态氮、硝酸盐氮，飘尘中的氨和工厂排放废气、空气、废水中的氨，以及重金属合金中的氮等。

2. 库仑分析法

库仑分析法是在电解分析的基础上发展起来的一种电化学分析法，又称电量分析法。这种方法是根据电解过程中所消耗的电量来求得被测物质的含量。由于库仑分析法具有很高的准确度和精密度，简便、快速、易于实现自动化，因此这种方法近年来在环境监测中得到了广泛的应用。如工业废水中铬的测定、污水中化学需氧量（COD）的测定、制革废水中挥发酚的测定、大气中氮氧化物的测定、水体中氰化物的测定、油品中溴值的测定等。

3. 极谱分析法

极谱分析法是基于可氧化物质或可还原物质在滴汞电极上进行电解，测定电解过程中电流、电压的变化，绘制出电流、电压特性曲线，根据曲线的性质进行物质定性和定量分析的分析方法。极谱分析法是建立在电解过程的基础上，而电解过程可分为控制电位电解过程和控制电流电解过程两大类，因此极谱分析法也可分为控制电位极谱法和控制电流极谱法。控制电位极谱法又可分为直流极谱法、单扫描极谱法、方波极谱法等；控制电流极谱法可分为计时电位法、交流极谱法等。

极谱分析法的基本装置如图 8－1 所示。极化电极（滴汞电极）通常和极化电压负端相连，参比电极（甘汞电极）和极化电压正端相连。当施加于两电极上的外加直流电压达到足以使被测电活性物质在滴汞电极上还原的分解电压之前，通过电解池的电流一直很小（此微小电流称为残余电流），达到分解电压时，被测物质开始在滴汞电极上还原，产生极谱电流，此后极谱电流随外加电压增高而急剧增大，并逐渐达到极限值（极限电流），该值不再随外加电压增高而增大。这样得到的电流-电压曲线，称为极谱波。极谱波的半波电位 $E_{1/2}$ 是被测物质的特征值，可用来进行定性分析。扩散电流依赖于被测物质从溶液本体向滴汞电极表面扩散的速度，其大小由溶液中被测物质的浓度决定，据此可进行定量分析。

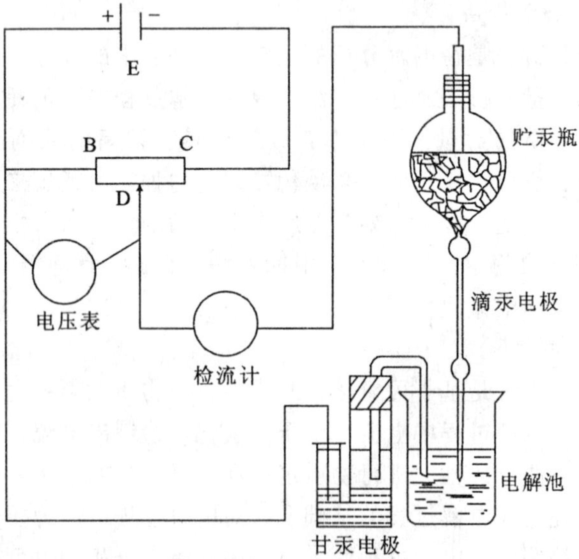

图 8-1 极谱分析法的基本装置图

极谱分析法由于所采用的工作电极和分析测试方式的特殊性，它具有适用范围广、可测定组分含量的范围宽、准确度高、重现性好、选择性好、可实现连续测定等特点，所以应用较广。

原则上凡是能在滴汞电极上起反应的物质都能用极谱分析法测定。其中最常用极谱分析的元素有 Cr、Mn、Fe、Co、Ni、Cu、Zn、Cd、In、Tl、As、Sb、Sn、Pb、Bi 等，许多有机化合物如醛、酮、醌、不饱和酸类、硝基及亚硝基化物以及偶氮和重氮化合物等均可用极谱分析法测定。

三、吸收光谱法

吸收光谱法是基于每种物质都有其特征性的吸收光谱，据此可对物质进行定量和定性分析的方法。吸收光谱法已经广泛应用于环境污染物的检测领域，其主要包括目视比色法、紫外-可见分光光度法、红外吸收光谱法、原子吸收光谱法等。

（一）目视比色法

用眼睛比较溶液颜色的深浅以测定物质含量的方法，称为目视比色法。

常用的目视比色法是标准系列法。用一套由同种材料制成的、大小形状相同的比色管，于管中分别加入一系列不同量的标准溶液和待测液，在实验条件相同的情况下，再加入等量的显色剂和其他试剂至一定刻度，然后从管口垂直向下或者从比色管侧面观察，比较待测液与标准溶液颜色的深浅。若待测液与某一标准溶液颜色深度一致，则说明两者浓度相等，若待测液颜色介于两标准溶液之间，则取其算术平均值作为待测液浓度。

目视比色法的主要优点是设备简单，操作简便。由于比色管内液层厚，使观察颜色的灵敏度较高，几乎所有的无机离子和许多有机化合物都可以直接或间接地用目视比色法进行测定，因而被广泛应用于准确度要求不高的常规分析中，一般用于测定试样中质量分数为 $10^{-2} \sim 10^{-5}$ 的微量组分，部分甚至可测定低至质量分数为 $10^{-6} \sim 10^{-8}$ 的痕量组分。

目视比色法的主要缺点是准确度不高，如果待测液中存在第二种有色物质，甚至会无法进行测定。另外，由于许多有色溶液颜色不稳定，标准系列不能久存，经常需在测定时配制，比较麻烦。虽然可采用某些稳定的有色物质（如重铬酸钾、硫酸铜和硫酸钴等）配制永久性标准系列，或利用有色塑料、有色玻璃制成永久色阶，但由于它们的颜色与试液的颜色往往有差异，也需要进行校正。

（二）紫外-可见分光光度法

紫外-可见分光光度法，是根据物质的分子吸收波长为 200～800nm 光谱区的辐射来研究物质的组成和进行结构分析的方法。这种分子吸收光谱产生于价电子和分子轨道上的电子在电子能级间的跃迁。紫外-可见分光光度法在实际工作中广泛用于各种物质的定性和定量分析。

1. 原理

分子对不同波长的辐射具有不同的吸收能力，它会选择性吸收那些能量相当于该分子跃迁能量变化的光辐射。由于各种物质分子内部结构不同，分子能级也不一样，所以各种能级之间的间隔也互不相同，相应地，它们会对不同波长的辐射进行选择性吸收。若溶液选择性地吸收了某种颜色的光，则溶液呈吸收光的互补色光。

2. 特点

（1）灵敏度高。可以测定 $10^{-7}\sim10^{-4}\,g\cdot mL^{-1}$的微量组分。

（2）准确度较高。其相对误差一般在1%～5%之内。

（3）仪器价格较低，操作简便、快速。

（4）应用范围广。既能进行定量分析，又可进行定性分析和结构分析；既可用于无机化合物的分析，也可用于有机化合物的分析；还可用于络合物组成、酸碱解离常数的测定等。

3. 紫外-可见分光光度计

仪器一般由五个部分组成，即光源、单色器、吸收池、检测器和信号显示记录装置。

（1）光源。光源的作用是提供辐射。对光源的基本要求是在仪器操作所需的光谱区域内能够发射连续辐射，有足够的辐射强度和良好的稳定性，而且辐射能量随波长的变化应尽可能小。

（2）单色器。单色器是从连续光源辐射的复合光中分出单色光的装置。单色器一般由入射狭缝、准光器、色散元件、聚焦元件和出射狭缝等几部分组成。其核心部分是色散元件，起分光的作用。单色器的性能直接影响入射光的单色性，从而也影响到测定的灵敏度、选择性及校准曲线的线性关系等。色散元件主要是棱镜和光栅，棱镜有玻璃和石英两种材料。它的色散原理是依据不同波长光通过棱镜时有不同的折射率而将不同波长的光分开。

(3) 吸收池。吸收池用于盛放分析试样，一般有石英和玻璃材料两种。石英吸收池适用于可见光区及紫外光区，玻璃吸收池只能用于可见光区。常用的吸收池光程为 0.5cm、1cm、2cm、3cm 和 5cm。

(4) 检测器。检测器是检测光信号的一种装置。常用的检测器有光电池、光电管和光电倍增管等。它们通过光电效应将照射到检测器上的光信号转变成电信号。对检测器的要求是：在测定的光谱范围内具有高的灵敏度；对辐射能量的响应时间短，线性关系好；对不同波长的辐射响应均等、可靠；噪音水平低，稳定性好等。

(5) 信号显示、记录装置。信号显示器的作用是放大信号并以适当方式显示或记录信号。常用的信号显示和记录装置有直读检流计、电位计、记录仪、示波器及微处理机。

(三) 红外吸收光谱法

红外吸收光谱法简称红外光谱法，它是依据物质对红外辐射的特征吸收而建立起来的一种光谱分析方法。分子吸收红外辐射后发生振动能级和转动能级的跃迁，因而红外光谱又称为振动-转动光谱。在环境监测中，红外吸收光谱应用较少，故在本章中不作详细介绍。

(四) 原子吸收光谱法

原子吸收光谱法（atomic absorption spectrometry，简称 AAS），是通过测量分析物气态自由原子对特征辐射的吸收程度进行定量分析的仪器分析方法。

1. 基本原理

当光源辐射通过原子蒸气时，若辐射的能量正好等于原子的基态和某一激发态之间的能量差时，即 $h\nu=E_i-E_0$，原子就会吸收该辐射从基态激发到激发态，从而产生原子吸收光谱。

2. 特点

原子吸收光谱法的优点是精密度高，检出限低，光谱干扰小，选择性好，测定范围广，操作简便、快速。其缺点是一般只用于单元素测定，对非金属及难熔元素的测定尚有困难，石墨炉原子吸收分析的重现性较差。表 8-1 为各种原子吸收光谱法的原理、适用范围以及特点比较。

表 8-1　各种原子吸收光谱法比较

原子化方法	原理	适用范围	优点	缺点
火焰原子化法	由化学火焰提供能量使试样原子化的方法	大部分元素	结构简单、火焰稳定、重现性好、分析成本低、操作简便快速、适用范围广	原子化效率低、原子蒸汽停留时间短、只适合液体试样
石墨炉原子化法	电流通过石墨管产生最高温度达3 000 K的高温，从而使试样原子化	大部分元素	可分析的元素广、绝对灵敏度高、试样用量少、原子化效率高、固体可直接分析	背景吸收、基体效应较严重；重现性较差；分析速度较慢；成本高
冷原子化法	将试样中汞离子用 $SnCl_2$ 或盐酸羟胺完全还原为金属汞后，用气流将汞蒸汽带入具有石英窗的气体测量管中进行吸光度测量	Hg	常温测量；灵敏度、准确度较高（对 Hg 可达 10^{-8}）；选择性好	测定元素有限
氢化物发生法	在酸性介质中，与强还原剂硼氢化钠反应生成气态氢化物	As，Sb，Bi，Sn，Ge，Se，Pb，Te	原子化温度低，灵敏度高（对 As、Se 可达 10^{-9}g），基体干扰和化学干扰小	测定元素有限

3. 原子吸收光谱仪

原子吸收光谱仪又称原子吸收分光光度计，由光源、原子化器、分光系统和检测系统等4部分组成。

（1）光源。光源的作用是发射被测元素的特征共振辐射。对光源的基本要求为发射锐线光谱，辐射的强度大，辐射光强稳定，使用寿命长等。在多种光源中，空心阴极灯是符合上述要求的理想光源，应用最广。

（2）原子化器。原子化器是一种将样品中的待测组分转化为基态原子的装置。其功能为提供能量，使试样干燥、蒸发和原子化。因此对原子化器的基本要求是有足够高的原子化效率，有良好的稳定性，操作简单。常用的原子化器有火焰原子化器和非火焰原子化器。

（3）分光系统。分光系统的作用是将被测元素的特征谱线分离出来。其一般结构为出射、入射狭缝、准直、聚焦镜和色散元件（光栅）等。由于锐线光源的谱线简单，故对单色器的色散率要求不高（线色散率为1～3nm/mm）。

（4）检测系统。检测系统的作用是将光信号转变为电信号并经对数转换、放大后输出。目前主要使用的检测器为光电倍增管，输出装置为计算机。

（五）吸收光谱法在环境监测中的应用

吸收光谱法中除了红外吸收光谱法外，其他的吸收光谱法广泛应用于水质监测、空气质量监测以及土壤监测中的微量及痕量环境污染物的定性定量分析。常见检测项目、方法及测定范围如表8-2至表8-4所示。

四、发射光谱法

发射光谱包括原子发射光谱法、火焰分光光度法、荧光光度法、化学发光等。

表 8－2 吸收光谱法在水质监测中的应用

方法名称	监测项目举例
紫外-可见分光光度法	Ag、Al、As、Ba、Be、Bi、Cd、Co、Cr、Cu、Fe、Hg、Mn、Ni、Pb、Sb、Se、Th、U、Zn、NH_3-N、凯氏氮、PO_4^{3-}、F^-、Cl^-、S^{2-}、SO_4^{2-}、BO_3^{3-}、SiO_3^{2-}、Cl_2、挥发酚、甲醛、三氯乙醛、苯胺类、硝基苯类、阴离子洗涤剂等
原子吸收法	Ag、Al、Ba、Be、Bi、Ca、Cd、Co、Cr、Cu、Fe、Hg、K、Mg、Mn、Na、Ni、Pb、Sb、Se、Sn、Te、Zn 等
氢化物及冷原子吸收法	As、Sb、Bi、Ge、Sn、Pb、Se、Te、Hg 等

表 8－3 吸收光谱法在空气质量监测中的应用

监测目标	分析方法	标准号
二氧化硫	甲醛吸收副玫瑰苯胺分光光度法	GB/T 15262
二氧化硫	四氯汞盐吸收副玫瑰苯胺分光光度法	GB 8970
二氧化硫	Saltzman 分光光度法	GB/T 15435
氮氧化物	Saltzman 分光光度法	GB/T 15436
臭氧	靛蓝二磺酸钠分光光度法	GB/T 15437
臭氧	紫外光度法	GB/T 15638
铅	火焰原子吸收分光光度法	GB/T 15264

(一) 原子发射光谱法

原子发射光谱法（atomic emission spectrometry，缩写为AES）是通过测量样品气态原子（或离子）受激发后所发射的特征谱线的波长或强度进行定性或定量分析的仪器分析方法。

1. 基本原理

在通常的情况下，原子处于能量最低的基态。当基态原子受热、电的激发而吸收足够的能量后，其外层电子就从低能级跃迁到

表 8－4　吸收光谱法在土壤监测中的应用

项目	测定方法	检测范围（mg·kg⁻¹）
Cd	萃取-冷原子吸收法	≥0.025
	石墨炉原子吸收分光光度法	≥0.005
Hg	冷原子吸收法	≥0.004
Cu	火焰原子吸收分光光度法	≥1.0
Pb	萃取-火焰原子吸收法	≥0.4
	石墨炉原子吸收光谱法	≥0.06
Cr	二苯碳酰二肼分光光度法	≥1.0
	火焰原子吸收分光光度法	≥2.5
Zn	火焰原子吸收分光光度法	≥0.5
Ni	火焰原子吸收分光光度法	≥2.5
Mn	原子吸收法	0.005

较高能级上，此时原子的状态称为激发态。激发态原子是不稳定的，其平均寿命约为 10^{-8}s，即使没有外因的诱导，也会自发地跃回到低能态，并以光的形式放出多余的能量，从而产生原子发射光谱。由于波长与原子能级结构相关，谱线强度与激发态原子数目有关，因此可以进行定性和定量分析。

2. 特点

原子发射光谱的优点为：多元素可同时分析，一次可同时分析多达 50～60 个元素；检出限低，一般可达 10^{-6}g/g（g/mL）～10^{-9}g/g（g/mL）；选择性好，抗干扰能力强，一般情况下干扰少，可不经分离而直接进行分别测定；样品用量少，固体试样几至几十毫克，液体试样可小于 1mL；固体样品直接分析，导体可直接分析，非导体可制成粉末进行分析；线性范围宽，工作曲线线性范围达 4～6 数量级，可直接进行高、中、低含量的分析；操作简便、快速，自动化程度高，现代仪器一般由计算机控制。缺点为不能分析大多数非金属元素（有些非金属元素灵敏度低）；对化合物结构和化学形态分析尚无能为力；仪器装置较复杂，价格较昂贵。

3. 原子发射光谱仪

原子发射光谱仪通常由激发光源、分光系统、检测器三部分构成。

（1）激发光源。激发光源的作用是提供试样蒸发、原子化、激发所需的能量。对激发光源的要求：温度高，稳定、重现性好，背景小（无或少带光谱），简便、安全。

常见激发光源有直流电弧、交流电弧、电火花以及电感耦合等离子体（ICP）等。

（2）分光系统。分光系统由照明、准直、色散和聚焦 4 部分构成，目前常用的色散元件为棱镜、普通光栅和中阶梯光栅等。

（3）检测器。检测器是对原子发射出的辐射进行检测的装置，常见的检测方式有看谱法、摄谱法、光电法。

1）看谱法。用眼睛来观测谱线强度的方法，仅适用于可见波段。相应的仪器称为看谱镜（steeloscope）。

2）摄谱法。用照相的方式将谱线记录下来的方法。

3）光电法。一般采用光电直读光谱仪来进行读谱，常见的光电直读光谱仪的类型有单道扫描式、多道固定狭缝式（光量计）和全谱直读式。

（二）火焰分光光度法

火焰分光光度法是用火焰作为激发光源的原子发射光谱法。

1. 原理

选择适当的方法把分析试样引入火焰时，依靠火焰（通常 1 800℃～2 500℃）的热效应和化学作用将试样蒸发、离解、原子化和激发发光。根据特征谱线的发射强度与样品中该元素浓度 C 之间的关系式 $I=aC+b$（a，b 为常数），将未知试样待测元素分析谱线的发射强度与一系列已知浓度标准样的测量强度相比较，以进行元素的火焰光谱定量分析。

2. 火焰分光光度计

原始的火焰分光光度计由雾化器、火焰燃烧嘴、滤光片和光电池检测器组成。

现代的火焰分光光度计的流程为：试样溶液经雾化后喷入火焰，溶剂在火焰中蒸发，盐粒熔融，转化为蒸汽，离解成原子（部分电离），再由火焰高温激发发光，发射的光经切光器调制，并由单色器（通常是光栅）分光，选择待测波长谱线，经光电转换和电信号放大后检出。

火焰光度法常用的火焰是在大气恒压下经化学反应而燃烧的。不同的燃料气体和助燃气组分及其配比（助燃比），决定该化学火焰能达到的最高温度和化学作用性质。这是火焰光度法应用中要选择的关键条件。

3. 应用

火焰分光光度法主要用于碱金属和碱土金属元素的定量分析。该方法简单迅速，组分影响较小，取样量小，用一份溶液即可进行多种元素分析，如每毫升 10 微克浓度的钠溶液也可测定。此法不仅可作为一个光化学分析方法独立使用，而且可作为一个有特色的光检测器，与气相色谱仪联用。

（三）荧光分光光度法

荧光分光光度法分为分子荧光光度法和原子荧光光度法。它是基于分子或原子吸收辐射后所发射的荧光强度进行定量分析的仪器分析方法。

1. 原理

分子或原子跃迁到较高能级后，以无辐射跃迁的形式下降到第一电子激发态的最低振动能级，以光的形式放出所吸收的能量，由第一电子激发态的最低振动能级回到基态各振动能级，这种光称为荧光。

2. 特点

荧光分光光度法的优点是灵敏度高，视不同物质，检测下限在0.1～0.001μg/mL之间；选择性好，可同时用激发光谱和荧光光谱定性；结构信息量多，包括物质激发光谱、发射光谱、光强、荧光量子效率、荧光寿命等。但其缺点为应用不广泛，主要是因为能发荧光的物质不具普遍性、增强荧光的方法有限、外界环境对荧光量子效率影响大、干扰测量的因素较多。

3. 荧光光谱仪

荧光光谱仪分为分子荧光光谱仪和原子荧光光谱仪两种。

(1) 分子荧光光谱仪。分子荧光光谱仪分为激发光源、分光系统、样品池、检测器4部分。

1) 光源。激发光源。能发出强度较大、连续稳定的光源，主要有溴钨灯、氢灯、高压汞灯、氙弧灯。

2) 分光系统。①第一单色器（激发单色器）。位于光源与液槽间，滤去非选择波长的激发光。②第二单色器（发射单色器）。位于液槽与检测器之间，滤去反色光、散色光及杂质产生的荧光。

3) 样品池。因玻璃会吸收323nm以下紫外光，因此样品池需要采用石英材质，且能四面透光。

4) 检测器。由于荧光很弱，对检测器灵敏度要求较高，主要的检测器为光电倍增管或电荷耦合元件CCD。

(2) 原子荧光光谱仪。原子荧光光谱仪可分为非色散型和色散型两大类。这两类仪器的结构基本相似，只是单色器不同。其构成分为激发光源、原子化器、分光系统、检测系统。

1) 激发光源。光源的作用是激发被测元素，使之发射特征荧光辐射。

2) 原子化器。原子化器是将样品中的待测组分转化为基态原子的装置。其作用是提供能量，使试样干燥、蒸发和原子化。

3) 分光系统。分光系统分为两类：一类为无色散系统，即无色散元件或滤光片；另一类为色散系统，即装置中有小型光栅。

4）检测系统。检测系统与分光系统相对应，无色散系统使用日盲光电倍增管，而色散系统则采用光电倍增管。

（四）化学发光法

某些物质在进行化学反应时，由于吸收了反应时产生的化学能，而使反应产物分子激发至激发态，受激分子由激发态回到基态时，便发出一定波长的光。这种吸收化学能使分子发光的过程称为化学发光。

1. 原理

产生化学发光的反应必须具备下列条件：

（1）能够释放出足够高的能量。在可见光区内，激发能必须在170～300kJ/mol区间才可能观察到化学发光。

（2）反应途径要有利于激发态产物的生成，这样能量才不会转化为热能。

（3）产物的激发态分子能以辐射跃迁的方式返回基态，或能将其能量转移给可以产生辐射跃迁的其他分子，保证不是以热的方式消耗激发能。

2. 特点

化学发光法的优点是灵敏度高，鲁米诺体系测定 Cr^{3+} 等检测限可达 10^{-9}g/L；线性范围宽，有5～6个数量级；设备简单，无光源，无须单色器测发光总量；快速简便。但其局限性为可供发光用的试剂有限。

3. 化学发光分析仪器

常见化学发光分析法的测量仪器主要包括样品室、光检测器、放大器和信号输出装置。

4. 应用

气相化学发光已经广泛地应用于大气中 O_3、NO、NO_2、H_2S、SO_2、CO 等组分的监测并有商用化专用仪器。

5. 发射光谱法在环境监测中的应用

发射光谱法常用于水质监测中的环境微量及痕量金属污染物的定性定量分析，元素周期表上 70 多种元素都可以用发射光谱法进行测定，而且原子发射光谱还能进行多元素同时测定，这是发射光谱法在环境监测中的优势。常见检测项目如表 8－5 所示。

表 8－5　发射光谱法在环境监测中的应用

方法名称	监测项目举例
分子荧光光度法	Se、Be、油类、苯并［α］芘类等
原子荧光光度法	As、Sb、Bi、Se、Hg 等
火焰光度法	Li、Na、K、Sr、Ba 等
电感耦合等离子体发射光谱法（ICP-AES）	低浓度金属元素的多元素同步测定

五、气相色谱法

气相色谱法（gas chromatography，简称 GC）首先出现于 1952 年，经过半个多世纪的发展，已经成为一种成熟、应用广泛的分离分析技术，它具有分离效能高、分析速度快、样品用量少等一系列优点。

（一）色谱法的原理和分类

色谱法是利用不同物质在不同两相（“相”指一个体系中的某一均匀部分，在色谱中，流动的一相称流动相，固定不动的一相称固定相）中具有不同的分配系数（或溶解度），当两相作相对运动时，这些物质在两相中的分配反复进行多次，这样使得那些分配系数只有微小差异的组分产生很大的分离效果，从而使不同组分得到完全分离。

色谱有许多种类型，从不用角度出发，有各种分类方法，现简单介绍如下：

（1）按两相状态分类。以流动相状态来区分，色谱法可以分为气相色谱法（gas chromatography，简称 GC）、液相色谱法（liquid chromatography，简称 LC）、超临界流体色谱法（supercritical fluid chromatography，简称 SFC）；而以固定相状态来区分，气相色谱可分为气-固色谱法和气-液色谱法，液相色谱则分为液-固色谱法和液-液色谱法。

（2）按固定相形态分类。按固定相形态分类，色谱法可分为柱色谱法和平板色谱法。柱色谱法通常包括两大类，即填充柱色谱和毛细管色谱。平板色谱法又分为纸色谱法和薄层色谱法。纸色谱法是以纸为载体，在纸上均匀地吸附着液体固定相（如水或其他物质），用与固定液不互溶的溶剂作流动相，让样品溶液在纸上展开，达到分离分析目的的色谱法。薄层色谱法是将吸附剂研磨成粉末，再压成或涂成薄膜，然后用与纸色谱类似的方法操作的色谱。

（3）按分离过程的物理化学原理分类。按分离过程的物理化学原理分类，色谱法分为吸附色谱法、分配色谱法、离子交换色谱法和排阻色谱法（凝胶色谱）。吸附色谱利用吸附剂表面对组分吸附强弱的差异来进行分离。分配色谱利用组分在两相中溶解能力和分配系数的差异进行分离。离子交换色谱利用固定相对各组分的离子交换能力差异进行分离。排阻色谱则是利用多孔性物质对分子大小不同的各组分的排阻作用差异进行分离。

（二）气相色谱法特点

气相色谱法就是采用气体作为流动相的一种色谱法，由于比其他色谱法有许多独特的优点，因此目前已广泛用来分离分析各种气体、液体和某些固体物质，也可以用它来测定某些物质的物理化学常数。

由于物质在气相中传递速度快，气态样品中的各组分与固定相互相作用次数多，加之可选用的固定相物质较广，因而气相色谱法用来分离分析物质显示出高选择性、高分离效能和快速等特点，再加上采用灵敏检测器，因此分析的灵敏度高，应用范围广。高选择性是指气相色谱对性质极为相近的物质（如同位素和同分异构体等），利用固定相和样品组分间的不同作用力使其分配系数有较大差别。高效能是指气相色谱能分离分配系数很接近的组分，从而可分析极为复杂的混合物。高灵敏度表现在目前气相色谱法可分析 10^{-11}g 的物质。因此在痕量分析上，它可以鉴定出超纯气体、高分子单体和纯有机物中含有 1μg · mL^{-1}甚至 0.1ng · mL^{-1}的杂质。

气相色谱法的分析速度也很快，一般只需几分钟或者几十分钟便可以完成一个分析周期，采用自动化操作则更为方便。气相色谱法应用范围很广，不仅可以分析气体，也可以分析液体、固体及包含在固体中的气体。操作温度一般为－196℃～450℃，只要在这个温度范围内，原则上均可以用气相色谱进行分析。一些强极性、低挥发、不适合直接进行气相色谱分析的物质还可以通过衍生化反应（硅烷化、酰化、酯化、烷基化等）产生挥发性衍生物进行气相色谱检测。

（三）气相色谱仪组成

气相色谱仪一般包括六个基本单元，典型的气相色谱仪流程如图 8－2 所示。

1. 气路系统

气路系统由载气、辅助气及其所流经的器件所组成，是一个让载气连续运行、管路密闭的系统。它的气密性、载气流速和稳定性以及测量流量的准确性，对色谱结果均有很大的影响。载气是携带分析试样通过色谱柱、提供试样在柱内运行动力的气体。常用的是氢气、氮气、氦气和氩气。而辅助气是提供检测器燃烧或者吹扫用的气体。除气体外，气路系统还包括净化器和稳压恒流装置。净化器是用来提高载气纯度的装置，其功能是保证 GC 的分析质量和分

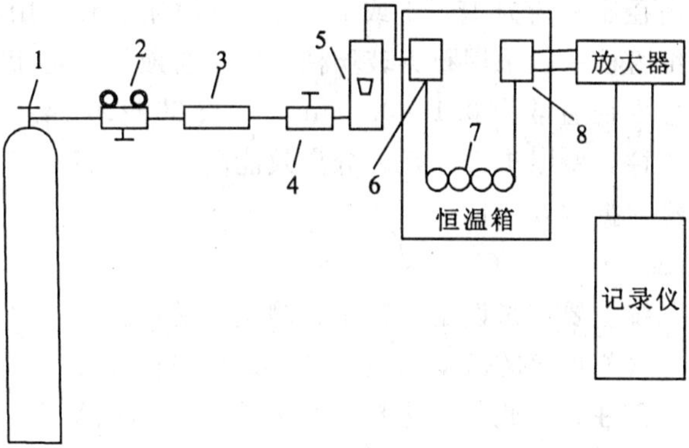

图 8-2 气相色谱仪流程示意图

1. 载气钢瓶；2. 减压阀；3. 净化器；4. 稳压阀；5. 转子流量计；6. 气化室；7. 色谱柱；8. 检测器

析结果的稳定，延长柱寿命及减少检测器的噪声。稳压恒流装置则是用来保证载气流速稳定的装置。

2. 进样系统

进样系统是把试样引入色谱柱的装置，包括进样装置和气化室两部分。有些仪器的进样系统还包括预处理装置，如热脱附(TD)、裂解、吹扫捕集、顶空等。进样装置对于气体和液体有所不同。液体进样通常是使用微量进样器，常用的微量进样器的规格有 1μL、5μL、10μL 和 50μL 等。而气体进样通常是用气体进样阀，包括推拉式六通阀或者旋转式六通阀。固体进样则是转化为溶液进样。气化室是为了让样品在此瞬间气化而不被分解。

3. 分离系统

气相色谱仪的分离系统是色谱柱，试样在此进行分离，是色谱仪的核心部件。根据色谱柱的结构，主要分为填充柱和毛细管柱两大类。填充柱是将固定相均匀、紧密地装填在色谱柱内，柱长 0.5

～10m，内径 2～4mm。形状多为螺旋形，为减少跑道效应，其螺旋直径与内径比一般为 15∶1 或 25∶1。其材质一般采用不锈钢和玻璃。毛细管柱一般采用石英玻璃柱，它是将液体固定相涂在色谱柱内壁。柱内径通常为 0.1～0.5mm，柱长 30～300m。由于毛细管柱为空心柱，所以渗透性好，分离效能高、柱效高，因此现今毛细管柱已经占据主要地位。

4. 温控系统

温控系统主要用来设定、控制、测量色谱柱炉、气化室、检测室的温度。气相色谱的流动相是气体，试样仅在气态时才能被载气携带通过色谱柱。因此，从进样到检测完毕，温度是必须控制的。同时，温度也是色谱分析的重要变量，会直接影响色谱柱的选择性、分离效率和检测器的灵敏度及稳定性。

5. 检测系统

检测系统的作用是对色谱柱分离的物质进行检测，主要部件就是检测器。气相色谱的检测器分为浓度型和质量型两种。浓度型检测器检测的是在其中组分浓度的瞬时变化，即响应信号与组分浓度成正比。而质量型检测器的响应值则与单位时间内组分进入检测器的质量成正比。

气相色谱中常见的检测器包括以下几种：热导池检测器、氢火焰离子化检测器、电子捕获检测器和火焰光度检测器。

6. 数据采集及处理系统

数据采集及处理系统的作用是采集和处理检测系统输入的信号，给出试样最后定性和定量结果。

（四）气相色谱法在环境监测中的应用

气相色谱法经过半个多世纪的发展，成为分离科学中较为成熟、使用最普遍、运行最容易的一种分离分析方法，其分离速度、柱效、检出灵敏度和自动化程度已经发展成熟。在现今已知的化合物中，适合气相色谱分析的挥发性、热稳定化合物大约有 60 万种，而这其中包括了绝大部分的对人体威胁巨大的环境污染物。20 世纪 60 年代以来，气相色谱法广泛用于大气、水质、土壤、生物、食品等环境样品分析，在环境有机污染物分析中占有主导地位，因而我国制定的一些环境监测标准中许多环境有机污染物测定的方法采用气相色谱法。污染物名称、检出限、方法依据如表 8－6 所示。

表 8－6　有机物的气相色谱法

序号	项目	分析方法	最低检出限 ($mg \cdot L^{-1}$)	方法来源
1	三氯甲烷	顶空气相色谱法	0.000 3	GB/T 17130—1997
2	四氯化碳	顶空气相色谱法	0.000 05	GB/T 17130—1997
3	三溴甲烷	顶空气相色谱法	0.001	GB/T 17130—1997
4	二氯甲烷	顶空气相色谱法	0.008 7	GB 5749—2006
5	1,2-二氯乙烷	顶空气相色谱法	0.012 5	GB 5749—2006
6	环氧氯丙烷	气相色谱法	0.02	GB 5749—2006
7	氯乙烯	气相色谱法	0.001	GB 5749—2006
8	1,1-二氯乙烯	吹扫捕集气相色谱法	0.000 018	GB 5749—2006
9	1,2-二氯乙烯	吹扫捕集气相色谱法	0.000 012	GB 5749—2006
10	三氯乙烯	顶空气相色谱法	0.000 5	GB/T 17130—1997
		气相色谱法	0.003	GB 5749—2006
11	四氯乙烯	顶空气相色谱法	0.000 2	GB/T 17130—1997
		气相色谱法	0.001 2	GB 5749—2006
12	氯丁二烯	气相色谱法	0.002	GB 5749—2006
13	六氯丁二烯	气相色谱法	0.000 02	GB 5749—2006
14	苯乙烯	气相色谱法	0.01	GB 5749—2006
15	乙醛	气相色谱法	0.24	GB 5749—2006
16	丙烯醛	气相色谱法	0.019	GB 5749—2006
17	三氯乙醛	气相色谱法	0.001	GB 5749—2006
18	苯	液上气相色谱法	0.005	GB 11890—1989
19	甲苯	液上气相色谱法	0.005	GB 11890—1989
		CS_2 萃取气相色谱法	0.05	

续表 8-6

序号	项目	分析方法	最低检出限 (mg·L^{-1})	方法来源
20	乙苯	液上气相色谱法	0.005	GB 11890—1989
		CS_2 萃取气相色谱法	0.05	
21	二甲苯	液上气相色谱法	0.005	GB 11890—1989
		CS_2 萃取气相色谱法	0.05	
22	异丙苯	顶空气相色谱法	0.003 2	GB 5749—2006
23	氯苯	气相色谱法	0.01	HJ/T 74—2001
24	1,2-二氯苯	气相色谱法	0.002	GB/T 17131—1997
25	1,4-二氯苯	气相色谱法	0.005	GB/T 17131—1997
26	三氯苯	气相色谱法	0.000 04	GB 5749—2006
27	四氯苯	气相色谱法	0.000 02	GB 5749—2006
28	六氯苯	气相色谱法	0.000 02	GB 5749—2006
29	硝基苯	气相色谱法	0.000 2	GB 13194—1991
30	二硝基苯	气相色谱法	0.2	GB 5749—2006
31	2,4-二硝基苯	气相色谱法	0.000 3	GB 13194—1991
32	2,4,6-三硝基苯	气相色谱法	0.1	GB 5749—2006
33	硝基氯苯	气相色谱法	0.000 2	GB 13194—1991
34	2,4-二硝基氯苯	气相色谱法	0.1	GB 5749—2006
35	2,4-二氯苯酚	电子捕获-毛细色谱法	0.000 4	GB 5749—2006
36	2,4,6-三氯苯酚	电子捕获-毛细色谱法	0.000 04	GB 5749—2006
37	五氯酚	气相色谱法	0.000 04	GB 8972—1988
		电子捕获-毛细色谱法	0.000 024	GB 5749—2006
38	苯胺	气相色谱法	0.002	GB 5749—2006
39	联苯胺	气相色谱法	0.000 2	见注解
40	丙烯酰胺	气相色谱法	0.000 15	GB 5749—2006
41	丙烯腈,丙烯醛	气相色谱法	0.06	GB 5749—2006
42	邻苯二甲酸二(2-乙基己基)酯	气相色谱法	0.000 4	GB 5749—2006
43	吡啶	气相色谱法	0.031	GB/T 14672—1993
44	松节油	气相色谱法	0.02	GB 5749—2006

续表 8-6

序号	项目	分析方法	最低检出限（mg·L^{-1}）	方法来源
45	苦味酸	气相色谱法	0.001	GB 5749—2006
46	滴滴涕	气相色谱法	0.000 2	GB 7492—1987
47	林丹	气相色谱法	4×10^{-6}	GB 7492—1987
48	环氧七氯	液液萃取气相色谱法	0.000 083	GB 5749—2006
49	对硫磷	气相色谱法	0.000 54	GB 13191—1991
50	甲基对硫磷	气相色谱法	0.000 42	GB 13191—1991
51	马拉硫磷	气相色谱法	0.000 64	GB 13191—1991
52	乐果	气相色谱法	0.000 57	GB 13191—1991
53	敌敌畏	气相色谱法	0.000 06	GB 13191—1991
54	敌百虫	气相色谱法	0.000 051	GB 13191—1991
55	内吸磷	气相色谱法	0.002 5	GB 5749—2006
56	百菌清	气相色谱法	0.000 4	GB 5749—2006
57	溴氰菊酯	气相色谱法	0.000 2	GB 5749—2006
58	阿特拉律	气相色谱法		见注解
59	甲基汞	气相色谱法	1×10^{-8}	GB/T 17132—1997
60	多氯联苯	气相色谱法		见注解
61	挥发性氯代烃	气相色谱法	0.001	GB/T 17130—1997
62	苯系物	气相色谱法	0.05	GB 11890—1989
63	烷基汞	气相色谱法	2×10^{-5}	GB 14204—1993
64	有机氯农药	气相色谱法	4×10^{-6}	GB 7492—1987
65	TNT，黑索金 DNT	气相色谱法	0.01	GB/T 13904—1992

注：《水和废水监测分析法（第 4 版）》，中国环境科学出版社，2002

六、高效液相色谱法

流动相是液体的色谱法，被称为液相色谱法，而在液相色谱柱中，采用颗粒极细的高效固定相，并采用高压泵输送流动相，全部工作通过仪器完成的色谱法则称做高效液相色谱法（high performance liquid chromatography，简称 HPLC）。高效液相色谱法的设想在 1941 年由马丁（Martin）和辛格（Synge）提出，并于 20 世纪 60 年代使用，是色谱法的一个重要分支。高效液相色谱法是在经典液相色谱法和气相色谱法的基础上发展起来的新型分离分析技术。

1. 高效液相色谱法的原理及与气相色谱法的比较

从分析原理上来看，高效液相色谱法与经典液相色谱法没有本质上的差别，其分离原理在气相色谱法中已经详细介绍，这里不再赘述。

高效液相色谱法与气相色谱法相比较，二者的理论基础、分离原理、定性定量方法以及发展方向均是相似的。但是高效液相色谱法的优势在于：①高效液相色谱法在室温下进行分析，不受样品挥发度和热稳定性的限制，可用于分析沸点在 450℃以上的物质，尤其适合分析那些用气相色谱难以分析的强极性、低挥发性、有生物活性及热稳定性差的物质，而这些物质几乎占天然有机物的 75%～80%。②在高效液相色谱法中，流动相也可以影响物质的分配过程，这为控制改善分离条件提供了一个额外的因素。但是气相色谱的流动相一般不影响分配，所以，二者相比高效液相色谱法的影响因素更多，分离的可能性也就更大，对于难分离的样品，高效液相色谱法更容易完成。③两种色谱法相比较，高效液相色谱法对样品回收更容易，且能定量，样品中各组分容易被分离出来，所以，高效液相色谱法除了是一种分析方法外，还可以被用来提纯制备纯物质（中等纯度）。

因此，高效液相色谱法的应用范围远远大于气相色谱法。尽管如此，在实际应用中，凡是能用气相色谱法分析的试样一般不用高效液相色谱法，因为气相色谱分析更快、更灵敏，且耗费更低。

2. 高效液相色谱法的特点

高效液相色谱法借鉴了气相色谱法的成功经验，克服了经典液相色谱法的缺陷，且高度自动化。其特点体现在以下几方面：

（1）分析精度高。高效液相色谱法的自动化程度高，可以实现对分析条件、分析过程的全自动化操作，因而重现性好、分析精度高。

（2）灵敏度高。高效液相色谱法中检测器大多数采用的是高灵敏度检测器，提高了分析的灵敏度。如紫外吸收检测器检出限可达到 10^{-9}g，荧光检测器的检出限可达到 10^{-11}g。

（3）分离效能高。

（4）分析速度快。高效液相色谱仪配备了高压泵，相比经典液相色谱，分析时间大大缩短，一般小于 1 小时。

（5）适用范围广。高效液相色谱法适用于分析液体和固体溶液，且不受样品挥发度和热稳定性的限制，适合于大分子、高沸点、强极性、热稳定性差物质的分析。

3. 高效液相色谱仪的组成

高效液相色谱仪是完成液相色谱分离分析检测的仪器设备，包括 4 个基本单元，如图 8－3 所示。

（1）高压输液系统。高压输液系统是由储液罐、高压输液泵、过滤器和压力脉动阻力器组成，其中的核心部件是高压输液泵，有的高效液相色谱仪还配备了梯度淋洗装置。

（2）进样系统。高效液相色谱柱比气相色谱柱短得多（约 5～30cm），所以柱外展宽（又称柱外效应）较突出。柱外展宽是指色谱柱外的因素所引起的峰展宽，主要包括进样系统、连接管道及检测器中存在的死体积。柱外展宽可分柱前和柱后展宽。进样系统是

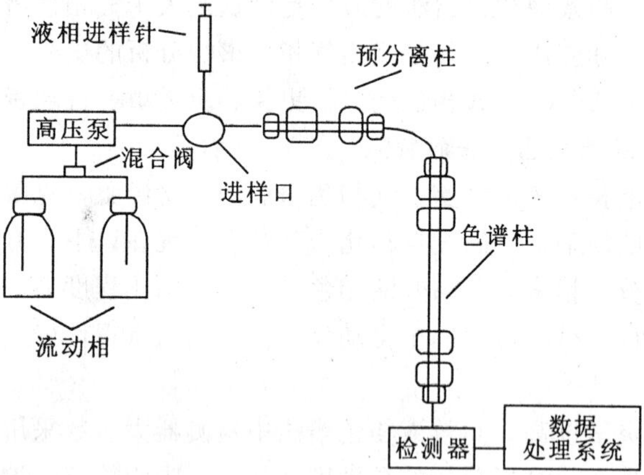

图 8-3　高效液相色谱仪流程图

引起往前展宽的主要因素，因此高效液相色谱法中对进样技术要求较严，采用六通阀来完成。六通阀进样器耐高压、死体积低，可以不必停止流动相而直接向高压系统内迅速进样，并且重现性好，是最为通用的进样器。

（3）分离系统。高效液相色谱仪的分离系统就是色谱柱，这也是色谱的核心部件，包括柱管和固定相两个部分。目前，高效液相色谱法的色谱柱通常由不锈钢柱制成，这是最常用的材料。它也可以是由厚壁玻璃柱、铜柱、铝柱或聚四氟乙烯柱制成。液相色谱柱的发展趋势是减小填料颗粒粒度以提高柱效，这样可以使用更短的柱达到更快的分析速度。

一般在分离前备有一个前置柱，前置柱内填充物和分离柱完全一样，这样可使淋洗溶剂由于经过前置柱为其中的固定相饱和，使它在流过分离柱时不再洗脱其中固定相，保证分离的性能不受影响。

（4）检测系统。用于高效液相色谱仪的检测器，应具有灵敏度高、噪音低、线性范围宽、响应快、死体积小以及对温度、流速变化不敏感等一系列特点。高效液相色谱仪有两种类型的检测器：溶质性检测器和总体检测器。前者仅对被分离组分的物理或化学特性有响应，属于这类检测器的有紫外、荧光、电化学检测器等。后者对试样和洗脱液总的物理或化学性质有响应，属于这类检测器的有示差折光、电导检测器等。高效液相色谱仪配备的最常用的检测器有紫外光度检测器、荧光检测器、示差折光检测器以及电导检测器等。

4. 高效液相色谱法在环境监测中的应用

高效液相色谱法具有高效、快速、灵敏度高、选择性好等特点，特别适合于分离高沸点、难挥发、热稳定性差的高分子化合物，能满足环境分析的要求，特别是对有机污染物的分析。环境样品大都有成分复杂、分析对象多、含量低等特点，样品性质一般不够稳定，需要快速连续测定，这些因素使得高效液相色谱法在大气、水质、土壤、生物等环境监测中有着广泛的应用。高效液相色谱法与气相色谱法两者相辅相成，是环境有机化学分析的两种重要方法。我国环境检测标准中部分涉及到液相色谱法的监测项目，如表 8-7 所示。

表 8-7　部分涉及到液相色谱法的监测项目

序号	项目	最低检出限 (mg · L^{-1})	方法来源
1	微囊藻毒素-LR	0.000 01	GB 5749—2006
2	苯并 [α] 芘	0.000 001	GB 3198—1991
3	溴氰菊酯	0.002	GB 5749—2006
4	甲萘威	0.01	GB 5749—2006
5	邻苯二甲酸酯（二丁酯，二辛酯）	0.000 1	HJ/T 72-2001
6	苯胺类	0.000 3	《水和废水监测分析法》

注：《水和废水监测分析法》（第 4 版），中国环境科学出版社，2002

七、薄层色谱法（TLC）

薄层色谱法（TLC）是指将固定相涂在玻璃、金属或塑料等光洁表面上，形成均匀薄层，检测时将试样点在薄层上，借助流动相的毛细管效应流经点样而使之分离展开。

1. 原理

薄层色谱法的原理是作为吸附剂的固定相对各组分的吸附能力差异，导致流动相流经固定相时各组分吸附-解吸附-再吸附的连续过程速率不一样，达到组分互相分离的目的。

常用的薄层层析吸附剂有硅胶、氧化铝、纤维素、聚酰胺等。硅胶为微酸性极性固定相，适用于酸性、中性物质分离；氧化铝为微碱性极性固定相，适用于碱性、中性物质分离；纤维素为含有羟基的极性固定相，适用于分离亲水性物质；聚酰胺为含有酰胺基极性固定相，适用于酚类、醇类化合物的分离。选择吸附剂时，首先考虑样品成分的性质，即它们的溶解性、酸碱性、极性以及是否与吸附剂起化学反应等；其次要考虑吸附剂、载体是否容易得到及其价格等。

薄层色谱展开剂的选择一般根据“相似相溶”原理，但更多地采用试验的方法，在一块薄层板上进行试验。当一种溶剂不能很好地展开各组分时，常选择用混合溶剂作为展开剂。各种展开剂按其极性不同排序为：烷烃＜烯烃＜醚类＜硝基化合物＜二甲胺＜酯类＜酮类＜醛类＜硫醇＜胺类＜酰胺＜醇类＜酚类＜羧酸。

物质移动的相对距离以比移值 R_f 表示，R_f＝溶质移动距离/溶液移动距离＝原点至组分斑点中心的距离/原点至溶剂前沿的距离。不同物质在不同的固定相、流动相、温度下会有不同的 R_f 值，但是在同样的条件下，某一特定物质的 R_f 是固定的。比移值 $R_f=0$，表明该组分不被展开剂所溶解，仍停留在原点；$R_f=1$，表明该组分不被固定相吸附，而随流动相以同速移动；$0<R_f<1$，

表明固定相和流动相选择比较合理；R_f 的合适范围为 $0.2<R_f<0.8$。

2. 特点

薄层色谱的最大特点是制作简单、成本低、适用范围广，而且在一块薄层色谱板上可以点多个样品同时进行分离。薄层色谱板不能反复使用，使用一次便应弃去，因此它可以直接用粗样点样，不必考虑样品对薄层色谱板的损伤。

3. 薄层色谱法在环境监测中的应用

薄层色谱法的检测对象较广，除了低沸点物质，各种有机和无机物质都可以在薄层色谱上进行分离。薄层色谱制作简单，分离速度快，被大量应用于食品与药品和农药残留的检测中。其最低检出浓度范围也较大，普遍在 $\mu g \cdot kg^{-1}$级，如 GB/T 14929.5—94 中薄层色谱法测定谷物及其制品（蛋糕、饼干、面包等）中脱氧雪腐镰刀菌烯醇的最低检出浓度为 $100\mu g \cdot kg^{-1}$。我国对食品中总黄曲霉素的国家标准测定方法中，薄层色谱法对总黄曲霉素的最低检出浓度为 $5\mu g \cdot kg^{-1}$。

八、色谱/质谱联用

色谱/质谱联用是指将气相色谱仪器或液相色谱仪器与质谱仪通过一定的接口连接起来，进行联用分析的技术。目前，色谱与质谱的联用已经非常广泛，如气相色谱-质谱联用（GC－MS）、液相色谱-质谱联用（LC－MS）。此外，还有其他仪器与质谱联用，如质谱-质谱联用（又称串联质谱，MS－MS）、傅立叶变换红外-质谱联用（FTIR－MS）、毛细管电泳-质谱联用（CE－MS）。

气相色谱-质谱联用仪是比较早实现的联用技术仪器。自 1957 年 holmes J. C 和 morrell F. A 首次实现 GC－MS 联用以来，这一技术得到了迅速的发展，目前已相当成熟。GC 的高效分离能力与 MS 提供的丰富结构信息让 GC－MS 成为表征有机物分子的强有力工具，现在用毛细管柱 GC－MS 分析上百个以至几百个组分的混合物已不困难，且样品量仅需几微克。

液相色谱-质谱（LC－MS）联用技术的研究始于 20 世纪 70 年代，然而由于技术难度较大，其发展一直很缓慢。与 GC－MS 相比，LC－MS 对接口的要求更为苛刻，对离子源系统的要求也较高，经典的电子轰击法和化学电离法都无法满足其要求，直到热喷雾电离和大气压化学电离出现后，LC－MS 才得到迅速的发展。

（一）原理

色谱-质谱联用技术，主要是借助色谱仪器对样品组分的分离能力，通过样品中不同的组分在固定相与流动相中分配上的差异使之分离，已分离的组分进入质谱仪器中并在质谱仪器的离子源中在高能粒子束作用下被电离成各种类型带电粒子或离子，然后采用电场、磁场将离子按质荷比大小分离，依次排列成图谱，称为质谱。质谱不是光谱，是物质的质量谱。质谱中没有波长和透射率，而是离子流或离子束运动，有类似于光学中的聚焦和色散等离子光学概念。

（二）特点

1. GC－MS 的特点

气相色谱法定性依据是色谱峰的保留时间，定量依据则是色谱峰高或峰面积。作为定性和定量方法，气相色谱法最大特点在于高效的分离能力和高的灵敏度，是分离混合物的有效手段。

质谱法是依据带电粒子在磁场或电场中的运动规律，按其质荷比（质量和电荷的比）实现分离分析，测定离子质量及其强度分布。主要特点是能给出化合物的分子量、元素组成、经验式及分子结构信息，具有定性专属性强、灵敏度高、检测快速的优势。

2. LC－MS 的特点

LC－MS 的优点有：①灵敏度高，可达 10^{-7}～10^{-8} g，单离子检测可达 10^{-12} g；②快速，几分钟甚至几秒钟即可完成测定；③可测定分子量，确定分子式；④分析范围广，便于混合物分析。但也存在一些局限性，如：①异构体，立体化学方面区分能力差；②重现性稍差，要严格控制操作条件；③有离子源产生的记忆效应、污染等问题；④价格稍显昂贵，操作较复杂；⑤有质量歧视效应。

（三）操作条件

1. GC－MS

在 GC－MS 分析中，色谱的分离和质谱数据的采集是同时进行的。为了使每个组分都得到分离和鉴定，必须具备设置合适的色谱和质谱分析条件。

色谱条件包括色谱柱类型（填充柱或毛细管柱）、固定液种类、汽化温度、载气流量、分流比、温升程序等。设置的原则是：一般情况下均使用毛细管柱，极性样品使用极性毛细管柱，非极性样品采用非极性毛细管柱，未知样品可先用中等极性的毛细管柱，试用后再调整。当然，如果有文献可以参考，就采用文献所用条件。

质谱条件包括电离电压、电子电流、扫描速度、质量范围，这些都要根据样品情况进行设定。为了保护倍增器，在设定质谱条件时，还要设置溶剂去除时间，使溶剂峰通过离子源之后再打开倍增器。

在所有的条件确定之后，将样品用微量注射器注入进样口，同时启动色谱和质谱，进行 GC－MS 分析。

有机混合物样品用微量注射器由色谱仪进样口注入，经色谱柱分离后进入质谱仪离子源，在离子源被电离成离子。离子经质量分析器、检测器之后即成为质谱信号并输入计算机。样品由色谱柱不断地流入离子源，离子由离子源不断地进入分析器并不断地得到质谱。当有样品进入离子源时，计算机就采集到具有一定离子强度的质谱，并且可以自动将每个质谱的所有离子强度相加，显示出总离子强度。总离子强度随时间变化的曲线就是总离子色谱图，总离子色谱图的形状和普通的色谱图是相一致的，它可以认为是用质谱作为检测器得到的色谱图。

质谱仪扫描方式有两种：全扫描和选择离子扫描。全扫描是对指定质量范围内的离子全部扫描并记录，得到的是正常的质谱图，这种质谱图可以提供未知物的分子量和结构信息，并进行库检索。质谱仪还有另外一种扫描方式叫选择离子监测（selection Moniring，缩写为 SIM）。这种扫描方式是只对选定的离子进行检测，它的最大优点之一是对离子进行选择性检测，只记录特征的、感兴趣的离子，不相关的、干扰离子统统被排除；二是选定离子的检测灵敏度大大提高。采用选择离子扫描方式比正常扫描方式灵敏度可提高大约 100 倍。由于选择离子扫描只能检测有限的几个离子，不能得到完整的质谱图，因此不能用来进行未知物定性分析。但是如果选定的离子有很好的特征性，也可以用来表示某种化合物的存在。选择离子扫描方式最主要的用途是定量分析。

2. LC – MS

LC 分析条件的选择要考虑两个因素：使分析样品得到最佳分离条件并得到最佳电离条件。如果二者发生矛盾，则要寻求折中条件。LC 可选择的条件主要有流动相的组成和流速。在 LC 和 MS 联用的情况下，由于要考虑喷雾雾化和电离，因此，有些溶剂不适合于作流动相。不适合的溶剂和缓冲液包括无机酸、不挥发的盐（如磷酸盐）和表面活性剂。不挥发性的盐会在离子源内析出结晶，而表面活性剂会抑制其他化合物电离。在 LC – MS 分析中常用的溶剂和缓冲液有水、甲醇、甲酸、乙酸、氢氧化铵和乙酸铵等。对于选定的溶剂体系，通过调整溶剂比例和流量以实现好的分离。值得注意的是，对于 LC 分离的最佳流量，往往超过电喷雾允许的最佳流量，此时需要采取柱后分流，以达到好的雾化效果。

质谱条件的选择主要是为了改善雾化和电离状况，提高灵敏度。调节雾化气流量和干燥气流量可以达到最佳雾化条件，改变喷咀电压和透镜电压等可以得到最佳灵敏度。对于多级质谱仪，还要调节碰撞气流量和碰撞电压及多级质谱的扫描条件。

在进行 LC－MS 分析时，样品可以利用旋转六通阀通过 LC 进样，也可以利用注射泵直接进样，样品在电喷雾源或大气压化学电离源中被电离，经质谱扫描，由计算机可以采集到总离子色谱和质谱。

此时得到的总离子色谱图与由紫外检测器得到的色谱图可能不同。因为有些化合物没有紫外吸收，用普通液相色谱分析不出峰，但用 LC－MS 分析时会出峰。由于电喷雾是一种软电离源，通常很少或没有碎片，谱图中只有准分子离子，因而只能提供未知化合物的分子量信息，不能提供结构信息，很难用来作定性分析。

为了得到未知化合物的结构信息，必须使用串联质谱仪，将准分子离子通过碰撞活化得到其子离子谱，然后通过解释子离子谱来推断结构。如果只有单级质谱仪，也可以通过源内 CID 得到一些结构信息。

（四）色谱/质谱法在环境监测中的应用

色谱仪有很强的分离混合物的能力，但是对化合物定性的能力差，而质谱本身无分离混合物的能力，但是能用来测定化合物的相对分子质量和化学结构，是一个优良的定性工具。因此，GC－MS 联用在分析检测和研究的许多领域中起着越来越重要的作用，特别是在许多有机化合物常规监测工作中成为一种必备的工具。

气相色谱-质谱联用的检测对象主要为低分子化合物，即热稳定、低含水量、非腐蚀性的混合物。色谱-质谱联用的使用范围广泛，较多应用于环境分析、药品分析与生物化学中。在环境分析中，主要用于大气污染分析（有毒有害气体、气体硫化物、氮氧化物等）、饮用水分析（多环芳烃、农药残留、有机溶剂）、水资源分析（包括淡水、海水和废水中有机污染物分析）、土壤分析（有机污染物）和固体废弃物分析。

液相色谱-质谱联用的检测对象主要为不挥发性化合物、热不稳定性化合物、大分子量化合物（包括蛋白、多肽、多聚物等）。

色谱/质谱的最低检出浓度因前处理方法不同而有差异，直接进样使用总离子流监测的最低检出浓度一般在 $100\sim10ng\cdot mL^{-1}$ 之间，使用选择性离子检测可将最低检出浓度降低至 $10\sim0.1ng\cdot mL^{-1}$ 之间。如使用固相微萃取等前处理技术，最低检出浓度可降到 $pg\cdot mL^{-1}$ 级。

第三节　其他常用环境监测方法

一、中子活化分析法

中子活化分析（Neutron Activation Analysis，简称 NAA）最初由匈牙利放射化学家 Hevesy 和 Levi 于 1936 年提出，直到 20 世纪六七十年代才广泛使用并日趋成熟。目前使用中子活化分析技术可分析周期表中的大部分元素，并且随着实验技术和数据处理方法的不断完善，已建立在线分析系统，从而使中子活化分析的应用范围迅速扩大，现已在材料科学、环境科学、地质科学、生物医学、考古学和法学等领域得到广泛应用。

中子活化分析，是一种用反应堆、加速器或同位素中子源产生的中子作为轰击粒子的活化分析方法，是活化分析中最重要的一种方法，是确定物质元素成分的定性和定量的分析方法。

1. 原理

中子活化分析是利用有一定能量和流强的中子、带电粒子或高能 γ 光子去轰击待分析样品，使样品中核素产生核反应，生成具有放射性的核素，然后测定放射性核素衰变时放出的瞬发辐射或缓发辐射，对元素作定性定量分析，从而确定样品中的元素含量。

中子是电中性的，当用中子辐照试样时，中子与靶核之间不存在库仑斥力，一般通过核力与核发生相互作用。核力是一种短程力，作用距离为 10cm，表现为极强的吸引力。中子接近靶核至 10cm 时，由于核力作用，被靶核俘获，形成复合核。复合核一般处于激发态。

中子与靶核碰撞时，有三种作用方式：①弹性散射。靶核与中子的动能之和在散射作用前后不变，这种作用方式无法应用于活化分析；②非弹性散射。若靶核与中子的动能之和在作用前后不等，则该能量差导致复合核的激发，引起非弹性散射，此时生成核为靶核的同质异能素，一些同质异能素的特征辐射可通过探测器测定，这种作用方式可用于活化分析；③核反应。若靶核俘获中子形成复合核后放出光子，则被称为中子俘获反应，即（η，γ）反应，这就是中子活化分析利用的主要反应，此外，（n，$2n$）、（n，p）、（n，a）和（n，f）等反应也可用于中子活化分析。

中子辐照试样所产生的放射性活度取决于下列因素：①试样中该元素含量的多少。严格地讲，是产生核反应元素的某一同位素含量的多少；②辐照中子的注量；③待测元素或其某一同位素对中子的活化截面；④辐照时间等。

中子分析的基本过程如图 8－4 所示，包括以下几个步骤：试样和标准的制备，活化，放射化学分离，核辐射测量和数据处理。

首先寻找最佳方案，熟悉样品的属性、大致特征，计算最佳辐射条件和冷却时间。接着，制备样品和标准样品，后者为防止反应堆中子强度变化带来的误差作参照标准。不同形态的样品采取不同的制备方法。固体块直接截取放入容器中，粉末状还应称重，液体要放在聚乙烯容器或石英安瓶内，气体量好体积后放入石英管中。样品制好后放入金属罐内，等待辐射。接着选择最佳的辐射源是使用反应堆、加速器还是同位素中子源。然后进行辐射、冷却，辐射源工作的同时探测系统（包括半导体探测器、闪烁计数器等探测器和多道分析器）开始运转，测定核素的半衰期和射线能量、强度，

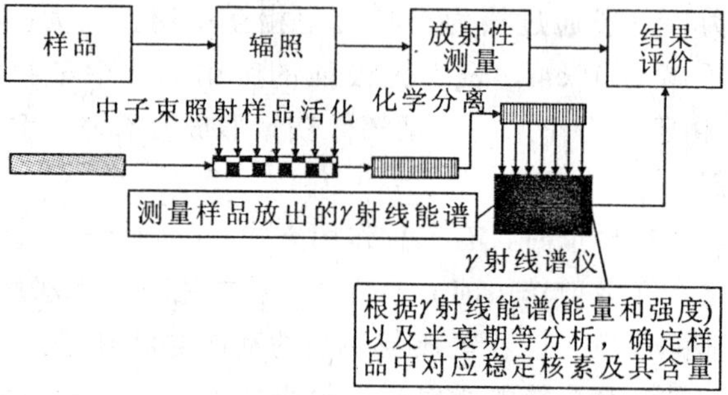

图 8-4　中子活化分析流程图

最后利用电子计算机进行数据处理。

2. 特点

中子活化分析的优点是：

(1) 灵敏度高，准确度、精确度高。NAA 法对周期表中 80% 以上的元素的灵敏度都很高，一般可达 10^{-6}～10^{-12}g，其精度一般在±5%。

(2) 多元素同时分析。一次可同时分析 30～40 种核素。

(3) 非破坏性分析。利用原样品直接分析且样品用量少，属于非破坏性分析，不易沾污和不受试剂空白的影响。

此外，还有仪器结构简单、操作方便、分析速度快等特点。它还适合同类文物标本的快速批量自动分析。

中子活化分析也存在以下缺点：

(1) 检测不到不能被中子活化的元素及含量，半衰期短的元素也无法测量。

(2) 探测仪器较昂贵。

(3) 一般情况下，只能给出元素的含量，不能测定元素的化学形态及其结构。

(4) 灵敏度因元素而异，且变化很大。例如，中子活化分析对铅的灵敏度很差，而对锰、金等元素的灵敏度很高，相差可达 10 个数量级。

(5) 由于核衰变及其计数的统计性，致使中子活化分析法存在独特的分析误差。误差的减少与样品量的增加不成线性关系。

3. 中子活化法在环境监测中的应用

该方法可测定元素范围广，对原子序数 1～83 之间的所有元素都能测定，并具有多成分同时测定的功能。在同一试样中，可同时测定 30～40 种元素，尤其是痕量元素或微量元素的分析。因而适用于环境固体试样中的多元素同时分析，如大气颗粒物、工业粉尘、固体废弃物等中的金属元素测量。由于仪器价格昂贵，分析周期较长，操作技术比较复杂，目前，在我国尚少配置。它是大气颗粒物的多元素同时分析方法中灵敏度较高的一种，在国外环境监测中广为应用。

NAA 法对周期表中 80%以上的元素的灵敏度都很高，一般可达 10^{-6}～10^{-12}g，其精度一般在±5%。表 8－8 给出了部分元素的检出限。

表 8－8　部分元素中子活化分析检出限

核素	同位素丰度（%）	探测限（g）
^{55}Mn	100	10^{-11}～10^{-12}
^{107}Ag	51	10^{-9}～10^{-10}
^{197}Au	100	10^{-10}～10^{-11}
^{64}Ni	1.2	10^{-7}～10^{-8}
^{75}As	100	10^{-9}～10^{-10}
^{202}Hg	30	10^{-8}～10^{-9}
^{65}Cu	31	10^{-9}～10^{-10}
^{121}Sb	57	10^{-9}～10^{-10}

注：测量 1 小时，放射性计数 100，探测效率 10%。

二、各种射线强度的物理检测法

人类的生存环境本来就存在天然辐射，这些辐射有来自地球外围的宇宙射线，也有来自地球本身的天然放射性核素。天然辐射的辐射水平，即本底辐射水平，一般都很低（个别地方例外），对人体不造成危害或者危害很小。但是，随着核工业的发展和核素的各种应用，人为地给环境带来更多的放射性物质，使环境中的放射水平高于天然放射水平，造成了环境的放射性污染。因此，放射性污染监测也就成为环境监测的一个组成部分。

（一）放射性定义

放射性衰变可根据原子核放射出的粒子或射线进行分类，最重要的有以下 3 类：

（1）α 衰变。放射性原子核放射 α 粒子变成新的原子核的过程称为 α 衰变。α 粒子实际上是氦原子核，由 2 个质子和 2 个中子组成，带 2 个正电荷，它在电场或磁场中发生偏转。α 粒子经过物质时，很容易使物质电离。因此，α 粒子随呼吸和摄食进入人体是十分危险的。但它的穿透力较差，甚至一张纸片就可以挡住它。

（2）β 衰变。放射性原子核放射出 β 粒子，使核中的中子转变成质子的过程称为 β 衰变。β 粒子实际上就是电子，带负电，在电场和磁场中发生偏转，它的电离作用比 α 粒子弱，而穿透能力较 α 射线强。

（3）γ 衰变。放射性原子核从较高能级跃迁到较低能级（或基态）时，放出 γ 射线的过程称为 γ 衰变。γ 射线不带电荷，没有质量，是一种电磁辐射。它的波长很短（约为 $10^{-11} \sim 10^{-7}$ cm），电离作用较弱，穿透能力很强。放射性衰变是一个自发的过程，它的速度完全不受外来因素的影响。

（二）放射性监测

放射性监测的任务是对某环境地区（或个人）中放射性污染物

量、空间照射量或电离辐射剂量作周期或连续的测定。

放射性监测的类别按被监测对象可分为：①现场监测，即对放射性生产或应用单位内部工作区域所作的监测。②个人剂量监测，即对专业工作人员或公众作内照射和外照射的剂量监测。③环境监测，即对从事放射性生产或应用单位外部环境包括空气、水、土壤、生物等所作的监测。

若以核素为考虑对象，则环境放射性监测的主要对象有：①α放射性核素：^{239}Pu、^{226}Ra、$^{224}R\alpha$、^{222}Rn、^{210}Po、^{232}Th、^{234}U和^{238}U。②β放射性核素：^{3}H、^{90}Sr、^{89}Sr、^{137}Cs、^{131}I和^{60}Co。

以上这些核素在环境中出现的可能性较大且毒性也较大。

对于被监测的某对象核素而言，放射性监测内容应包括：①测量放射源活度。②判定射线类型。③测定放射源半衰期。④测定射线能量。⑤测量放射源周围环境空间的照射量和人体所受到的剂量。这些内容分别属于定量测量、定性鉴定（鉴别放射性核素）和剂量监测。

（三）放射性检测仪器

放射性探测原理是根据辐射与物质的相互作用所产生的各种效应（电离、光、电或热）进行的观测和测量，如α、β、γ射线与物质相互作用时，发生某些物理、化学效应，来间接进行观测和测量，基于这些效应可制成能观测核辐射的各类仪器称为核辐射探测仪。几种常用的探测仪器有电离探测器、闪烁探测器和半导体探测器等。

1. 电离型探测器

原理：如果核辐射被电离室中的气体吸收，该气体将发生电离。电离探测器即是通过收集射线在气体中产生的电离电荷进行测量的。

仪器：常用的有电离室、正比计数管、盖革-弥勒计数管（G-M管）。

用法：电离室是测量由电离作用而产生的电离电流，适用于测量强放射性；正比计数管和盖革-弥勒计数管则是测量由每一入射粒子引起电离作用而产生的脉冲式电压变化，从而对入射粒子逐个计数，这适合于测量弱放射性。

2. 闪烁探测器

原理：是利用射线照射在某些闪烁体上而使它发生闪光的原理进行测量的仪器。它具有一个闪烁体，当射线进入其中时产生闪光，然后用光电倍增管将闪光讯号放大、记录下来。

用法：该探测器以其高灵敏度和高计数率的优点而被用作测量 α、β、γ 辐射强度。由于它对不同能量的射线具有很高的分辨率，所以又可作能谱仪使用。通过能谱测量，鉴别放射性核素，并且在适当的条件下，能够定量地分析几种放射性核素的混合物。此外，这种仪器还能测量照射量和吸收剂量。

3. 半导体探测器

原理：是将辐射吸收在固态半导体中，当辐射与半导体晶体相互作用时，将产生电子-空穴对。由于产生电子-空穴对的能量较低，所以该种探测器具有能量分辨率高且线性范围宽等优点。

用法：用硅制作的探测器可用于 α 计数，α、β 能谱测定；用锗制作的半导体探测器可用于 γ 能谱测量，而且探测效率高、分辨力好。半导体探测器是近年来迅速发展的一类新型核辐射探测仪器。

环境放射性监测的目的最终在于保护专业人员和公众的健康。具体来说有以下几点：①确定民众日常所受辐照剂量（实测值或推算值）是否在容许剂量之下；②监督和阻止生产或应用单位的不合法排放；③把握环境放射性物质累积的倾向。放射性监测的方法有物理法和放射化学法两类。这两类方法经常需要结合使用。环境放射性非连续监测的一般步骤包括取样、样品前处理、样品的弱放射性测定。连续监测则是通过现场在线、自动化等手段将这些步骤合而为一。

三、生物化学分析技术在环境监测中的应用

生物技术是指生物有机体、生物系统或生物加工过程在现代工业领域中的应用，它是一门研究微生物学、生物化学、生物反应工程等综合应用的科学。与环境工程结合后，使生物技术具有更加广泛的研究领域和研究内容。现代环境生物技术是现代生物技术应用于环境污染防治的一门新型边缘科学，主要涉及生物技术、工程学、环境学和生态学等学科，不仅包括生物技术的所有特点，还融合了环境污染控制以及其他工程技术。随着人们对环境保护意识的加强，环境生物技术已成为世界许多国家优先发展及应用的环境保护新技术。随着生命科学、环境、新材料等科学的发展，分析研究对象越来越多地选择了 DNA、蛋白质、手性药物和环境毒物等与生命活动相关的物质。生物测定技术以简单、快速、灵敏、特异性、样品量少等优势而得到迅速发展，应用生物酶技术、免疫技术、聚合酶链反应技术（PCR）、生物荧光标记技术、芯片技术生物传感器等现代生物技术已经成为国内外科学工作者研究的热点。

第四节　环境监测设计

一、概述

作为环境监测活动的一部分，环境监测网的设计原则是在满足相关法律法规和管理需求以及经济预算的前提下，提供足够数量的、能代表被监测地区环境状况的准确数据。典型的环境监测网设计包括确定监测站点的位置和数量、监测项目和监测频率以及数据传输的方式等。环境监测网可以分为两大类：第一类是监测环境的

物理或化学状态（如大气质量、水质、气象、水文等）；第二类是测试环境的生态状况（如生态多样性、生物繁殖率等）。

当前，大多数环境监测网的设计都是采用一个概念网作为设计指导。所谓概念网，即不考虑预算限制，仅根据场地条件、已存在的监测网和数据、污染源的位置等设计的理想网，在此基础上进行扩展，得到实际的监测网。这种监测网往往太单一、太局限，难以适应综合环境监测的需求。随着科技的发展以及前人不断的总结，人们归纳出包含以下五个步骤的环境监测网设计方法：①明确监测目的；②确定监测站点；③确定监测采样的频率；④确定监测参数；⑤重新评估监测网络的设计。

环境监测设计的核心是观测的目的、采样、监测以及尺度。明确环境监测目的是整个监测网络设计的最初也是最重要的环节。监测的目的一般由相关的环境法律法规和管理部门确定。它包括监测的对象（江、河、湖、海、大气、土壤、地下水、噪音等）、具体的监测参数和花费。采样站点的确定方法会随着监测对象的变化而发生变化。

环境监测中最重要的一个环节是采样。采样分为破坏性采样和非破坏性采样。破坏性采样包括地质采样、土壤采样、植物和植物器官采样、动物和动物器官采样、水以及大气采样。非破坏性采样包括基于卫星的光学和雷达探测器监测地形、植物覆盖或大气温度；用便携式探测器监测水的 pH 值、电传导性（EC）或可溶解氧（DO），中子探头进行土壤中水分的监测，时间域反射测试技术监测土壤中水分和盐碱度，傅里叶变换红外分光镜监测大气中的温室气体和碳氢化合物，探地雷达和传导电极监测地下的地质结构、粒子密度和盐碱度分布等。

采样的频率由能够代表样本变化的最小次数决定。事实上，采样频率的研究一直未能得到足够的重视，以往的采样频率往往偏低。尽管随着实时自动网络的发展，采样频率的研究似乎更加可以忽略，可是由于普及实时自动网络受到经费和技术等条件的限制，它的研究还是应得到应有的重视。监测参数是由监测对象所决定的，每个监测对象都由法规规定了其监测的参数。

在观测尺度上，现代科学和工程技术使得我们得以实现从微观到宏观尺度的观测。例如：在微观尺度上，利用原子内的粒子作为探头可以确定固体、液体和气体的原子和分子特征，利用该技术可以探测每分钟环境中的化学物质数量；在宏观尺度上，基于空间技术的卫星探测器每天扫描地球表面几次并制作成地图。时间是另一个重要的观测尺度。当前，大多数环境监测采用的都是非实时监测。这种方法首先采集样本，然后采用传统的实验室设备进行化学分析。非实时监测适合于较轻微的污染环境。实时监测则是采用定点直接观测环境当前的变化情况。在实时监测中，自动分析系统是必不可少的。当前采用较多的是化学传感器，由于价格适中、多用途和反应灵敏，已经被广泛应用于各种环境因素的监测。但是，很少的化学传感器可以在没有任何人工或母体的干预下发挥作用。因此，一种新的、被称为电子“舌头”（Electronic Tongues）的野外探测器概念出现了。这种革新的系统采用一组非特定性探测器以及数据处理方法以便解释复杂的探测器超定反应。随着监测技术进一步的发展，人工神经网络被用于监测数据处理，集监测和通讯一体的传感器网络系统，可监测和记录各种位置条件下的相关数据，以便掌握一个区域或系统的瞬间和总体情况。

另一种创新方法叫生物传感器。这种传感器利用生物组织（细胞、细胞组织器官或生物分子）的选择性和敏感性结合信号交换器，具有高度的专一性、快速反应、低成本、易使用以及连续实时的信号等特点，因而具有克服传统方法大多数缺点的潜力。

随着高科技的发展，远程实时无线自动传感系统是环境监测网的发展趋势。它结合了环境科学、地球科学、计算机网络科学、信号处理和生物科技等多学科，能同时满足多监测对象、多数据用户的要求。未来宏观的环境监测数据应该是全尺度、高质量、可利用和可交换的，这将有赖于基于空间卫星的全球监测系统，如Landsat系列。卫星监测系统已经并将越来越多地用于收集大量的地球表面和大气层的实时数据。

一旦一个环境监测网建立，定期地对其监测数据进行评估，对其选址、方法进行改进，也是环境监测网设计中必不可少的一个环节。

环境监测设计基本步骤如表8-9所示。

二、城市大气环境监测系统的设计

1. 城市大气环境监测目的和范围

城市大气环境监测目的是及时、准确地掌握城市大气环境现状，分析其变化趋势和规律；了解各类污染源的污染程度和范围，为城市大气环境管理、治理和科学研究提供系统的监测资料；控制和改善大气质量，为人民生活和生产创造清洁适宜的环境，防止生态破坏，保护人民健康，促进经济发展。

具体的环境监测系统需要完成的工作流程如下：

(1) 建立一个数据库来检查大城市的空气质量；

(2) 观察城市地区和非城市地区的空气污染趋势；

(3) 监测废气排放是否遵守了空气质量法规；

(4) 为制定紧急控制预案提供数据；

(5) 监测人类和生物通过大气沉降的化学负荷。

2. 大气环境监测网中站点的设计

在大气监测网设计中，统计学方法和数学模型以及空间信息技术被广泛应用于大气监测网的站点设计。结合空间差值法和地理信息系统，可以优化用于控制一氧化碳和臭氧的大气监测网络。一个交互式大气质量监测网监测站数量和配置优化设计方法，首先采用基于多细胞方法的数学模型预测污染物月平均空间浓度分布，然后

表 8-9　环境监测设计步骤

主要设计	设计步骤
监测网络设计	站点的选址 参数的选择 采样频率的判断
样本采集	采样技术的选择 野外测量 样本的保存 采样点的选择 样品运输方法的选择
样本分析	分析技术的确定 实行过程的确定 质量控制 数据记录
数据处理	数据接收 数据筛选和确认 数据储存和检索 数据报告 数据传播
数据分析	数据汇总 数据回归分析 环境质量指数 质量控制 时间序列分析 环境质量模型
信息利用	所需信息的确定 报告格式的确定 实施过程的确定 信息评估

以此为依据，采用启发式最优化算法进行监测网优化设计。采用多标准模糊层次分析法和空间关系技术，确定大气质量监测网中监测站的最佳数量。基于地理信息系统（GIS），采用初始评估和空间内插的方法进行空气质量监测网优化设计，用于监测二氧化氮和臭氧的浓度。应用一个基于熵的贝叶斯算法对一个已经存在的空气质量监测网重新进行空间优化设计，用于监测臭氧、一氧化碳和 $PM_{2.5}$ 的浓度。应用地理统计分析的方法找出被动采样点的最佳位置，并添加到已经存在的大气质量监测网中，以便更好地掌握研究区污染物（HNO_3 和 NH_3）的空间浓度分布。采用公众参与的方法进行居民区室内和室外空气质量采样，可用于监测 NO_2、VOC 和 PAHs 的浓度，进行公众健康研究。

大气监测网具体设计方法可以概括如下：

(1) 结合特定污染源、邻近污染源以及社区收集污染物排放及排放后的反应信息；

(2) 确定特定的污染源对环境污染的直接或间接贡献；

(3) 确定主要的污染类型；

(4) 选择相关的污染类型的现象学模型，结合排放的化学物质，建立污染知识库；

(5) 根据文献和专家意见，对模型进行排序以确定最佳模型；

(6) 确定要监测的污染物种类和可监测的范围，并确认模型有效；

(7) 确定污染物浓度范围、扩散和传输模式以及排放频率；

(8) 进行实地监测以确认污染物浓度范围、扩散和传输模式；

(9) 对每一种污染物设置预警水平、最大可容忍水平、威胁水平以及每一个水平的敏感度；

(10) 选择适合的监测设备和仪器；

(11) 进行监测网初步设计，确定监测站站点的空间分布和数量，监测站应有代表性；

（12）选择监测网优化设计方法，对监测网和站点进行优化设计，同时考虑成本和有效性；

（13）监测网的结构应该是灵活的，以便不断进行修改完善；

（14）制定监测程序，确定采样方法、频率、参数、数据传输的时空模式和监测精度等。

3. 大气监测网监测参数

大气监测网的监测参数由空气质量法规决定。各国的监测内容、监测周期和频率不尽相同。如 CO，NO_2，O_3，SO_2，TSP，PM_{10}和 $PM_{2.5}$是中国、美国、加拿大等国在人口最密集的城市地区必须监测的污染物。

三、水质监测系统的设计

水环境的构成较为复杂，包括河流、湖泊、水库、各种管道和地下水等。监测设计的依据是监测目的、水体功能、监测点位的性质等因素。

水质监测的目的是在时间和空间上获取定量的、有代表性的水体的物理、化学和生物特征，有助于早期水污染侦测和环境维护。具体可以分为如下几种：①地表水及地下水（土壤水）；②生产和生活过程；③事故监测；④环境管理；⑤环境科学研究。

1. 地表水环境监测网设计

为了充分了解水体的动力学特征，水质监测网必须经过优化设计，以便对水质及其长、短期趋势进行分析。这就需要有成本效益的、逻辑上可操作的水质监测网设计方法。水质监测网的设计包括监测站数量和空间分布，采样频率和参数的选择，以及数据传输的时间和空间模式，其中最重要的是监测网的目标和精度必须尽可能完整地定义。

地表水环境监测网设计的步骤如下：

（1）调查分析水质长期和短期的变化趋势；

(2) 监测违反水质标准的行为；

(3) 明确影响水质的外在原因和来源；

(4) 支持水资源的利用；

(5) 分析水资源在一段时间内的变化；

(6) 检测每个水体的污染负荷；

(7) 给水质管理模型提供足够的数据；

(8) 给水资源管理部门提供信息系统。

2. 地表水环境监测网站点设计

为了避免早期在水质监测网设计上所犯的太过主观的错误，各种统计学方法和程序普遍应用于监测站点的选择，如整数程序、多重目的程序、克里格法、优化分析、熵和广义最小二乘法等。此外，各种数学模型也广泛应用于监测网站点的设计。

此外，地理信息系统（GIS）由于其强大的数据存储、管理和操作能力而被广泛应用于水利监测网的设计及数据处理。GIS 可以为水利模型提供各种输入数据，并进行流域变化及污染物扩散模拟。例如：Strobl 等采用地理信息系统（GIS）和模糊逻辑方法，以及功能模型来确定一些关键性的采样点位置。

监测参数一般由相关环境法规和监测目的所决定。表 8－10 中归纳了典型水质监测活动应包含的水质参数。

近几年，水质监测网的设计涉及到更多的课题，如超营养作用、盐碱化、酸化、微生物和重金属污染等。应用生物传感器进行 BOD、苯酚、重金属和杀虫剂等的监测技术已经成熟。

化学、生物化学、电子学和生物电子学将明显地影响未来的生物传感器发展。微电子甚至是纳米电子技术将应用于生物传感器。另一个重要的发展方向是为不同的自然环境建立网络分析站。这种新兴的网络仪器要求紧密、坚固耐用和充分自动化分析。生物传感器是一个理想的选择。Hart 和 Martinez 详细介绍了环境感应器网络系统组成及其在水质监测中的应用。Mimendia等应用电位器式

表 8－10　水质量监测参数

水质参数＼排放水类	江河	湖泊和水库	地下水
总悬浮颗粒数	√	—	—
温度	√	√	√
pH	√	√	√
电导性	√	√	√
溶解氧	√	√	√
透明度	—	√	—
溶解盐			
钙	√	√	√
镁	√	√	√
钠	√	√	√
碳酸盐	√	√	√
氯	√	√	√
氟	—	—	√√
硫	√	√	√
氢氧根	√	√	√
营养物			
硝酸盐加亚硝酸盐	√	√	√
氨	√	√	√
总磷，溶解的	√	√	—
总磷，颗粒	√	√	√
总磷，未过滤的	√	√	—
活化硅	√	√	—
有机物			
叶绿素 α	√	√	—

据 WMO，1994

传感器组成网络系统对墨西哥湾河流的铵盐基和碱性以及重金属(Cu_2P，Pb_2P，Zn_2P and Cd_2P) 进行监测，并采用多重人工神经网络模型进行监测数据处理。Ojo 等开发了一个地理参考的移动仪器和感应平台，对海湾、入海口及海岸环境进行采样并绘制成图。

3. 地下水环境监测系统设计

对于地下水监测网的设计，选择合适的具有代表性的监测站点及其分布是一个极大的挑战。通常采用两种方法来进行设计：统计学方法和水利地质学方法。最普遍的统计学方法是基于克里格法来使用模型变量图。水利地质法是用地下水模型，有时结合费用优化模型来设计地下水监测网。例如：Chadalavada 和 Datta 使用遗传运算法则、地下水模型和克里格法来优化网络设计。Baalousha 结合了弱点影射和地质统计学，在新西兰的 Heretaunga 平原上设计并优化了一个地下水监测网。Broers 通过评估地下水年龄空间分布来确定地下水的质量。Li 等开发了一个基于蚁群算法的地下水长期监测网优化设计方法用于最小化数据丢失。He 等采用模拟与优化相结合的方法对石油污染区域地下水进行修复设计。Maqsood 等基于场地特征、污染物传输模型以及现有的定点设施和统计趋势分析对地下水监测网进行优化设计，并应用于加拿大西部石油污染区域地下水监测。美国地质调查局采用算术叠加模型和地理信息系统技术对印第安保留地的风河地下水监测网进行设计。对地下水质量有潜在影响的以下七个因素被考虑：国家土地覆盖数据集、水井密度、含水层敏感度、石油和天然气场、石油管道、潜在的污染源以及已知的地下水污染区域。

4. 土壤监测系统设计

由于土壤空间上分布的高变异性，土壤监测网和其他监测网相比是最晚出现的。土壤监测有三大主题：污染物的延伸（如重金属、除草剂和 PCB)、富营养化和土地酸化。地质统计学方法和描述性统计方法是设计土壤监测网络的主要工具。此外，生物聚集法也是设计方法之一。Pesch 等人于 1990 年、1995 年和 2000 年 3 次在德国对苔藓中的重金属含量进行了监测，并建立了德国苔藓监测信息系统。通过对获得数据的分析，对现有的土壤监测网提出了优化建议。

在奥地利，土壤监测程序采用 4km×4km 的网格。考虑到土壤特性，营养成分，重金属和有机污染物分析，采样深度采用 0～5cm，5～10cm，10～20cm，20～30cm 和 30～50cm。监测频率为 5 到 10 年。在爱尔兰和威尔士，土壤检测程序采用 5km×5km 的网格。采样深度采用 0～15cm。在荷兰，基于统计方法、模型和地理信息系统技术建立了国家综合土壤监测网，并与大气、降雨和地下水监测网联网。在加拿大，采用 25m×25m 的网格土壤取样方法，每个网格将包含 80 至 100 点。断面设计用于丘状起伏的地形。5 个或更多的断面从山顶到山脚垂直排列，其间隔为 10m。

另外，欧洲计划建立一个基于网格采样的土壤监测网。该监测网分为三个层次：一级采样基于 16km×16km 格网，监测土壤中的有机物质、污染物扩散和生物多样性丢失。二级采样将采用一级采样的站点收集土壤物理降解，如压实、土壤结构、聚合稳定性、崩解、渗透、土壤盐碱化和退化、局部土壤污染等信息。三级采样将采用专门的监测站监测水土流失、城乡土壤表面板结和水文地质风险。该监测网还强制性采用 GPS、航空摄影和现场采点等方法，以确保重复采样的精度。该监测网还允许与现有的国家土壤监测系统整合，以确保当地社区承担本地土壤保护的责任。

四、环境监测设计的发展趋势

早期的环境监测系统设计主要凭借设计者的经验和直觉，缺乏科学性。目前，虽然仍然缺乏统一的设计标准，但随着科技的发展，环境监测系统的设计也有了很大的进步。

远程实时无线自动传感系统是环境监测网的发展趋势。环境传感网由一系列的节点和一个能够传输数据到服务器的通讯系统组成。传感节点自动收集数据，通讯系统把数据传送到一个或者多个基站，然后基站把数据传送到一个传感网络服务器（图 8-5)。

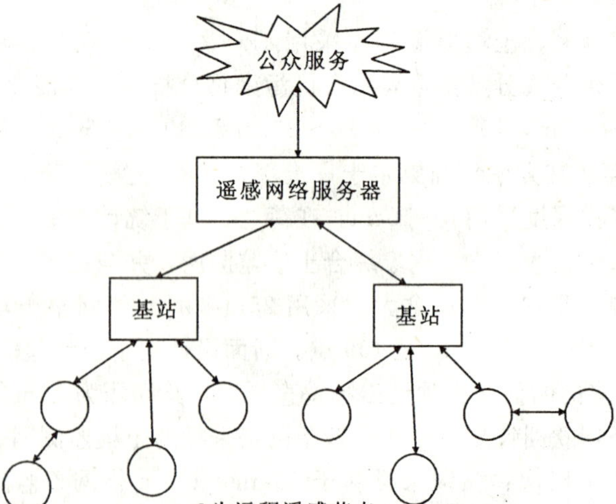

图 8-5 远程实时无线自动环境传感系统

环境传感网主要分为三类。第一类是大范围单一功能的监测网。它采用大型的、单一目的节点覆盖广大的区域，如气象站和全球地震波网络。第二类是当地的多重功能的传感网络。它一般更加详细地监测一块较小的区域，经常配有特别的无线系统。第三类是生物传感网络，它是利用先进的生物技术来实时监测环境的系统。将来，环境传感网会整合以上三种网络的元素，组成综合传感网络。它可以同时监测多个不同的环境目标，测试不同的环境参数，并把数据传播出去。环境传感系统的优点很多，但是同时它也面临着管理上（缺乏统一的标准)、技术上（有些节点无法更换电池）和经济上（网络的基础设备需要大量的投资）的挑战。不过我们相信随着时间的推移，这些问题都是可以得到解决的。另外，现代空间信息技术（GIS、RS、GPS）和通讯技术以及人工智能技术已被应用到环境监测网的设计中，使得环境监测向着实时监测、高度自动化、智能化方向发展。总之，环境监测网正在向一个新的、综合的、具有可操作性和成本效益价值、适应性更强的方向发展。

在环境采样和指标方面，利用生物活性组织作为环境稳定性指标已经被广泛地认可。植物、动物、真菌和细菌被用于作为生物指标和生物监测，进行大气、土壤和水污染调查。总的来说，环境监测网正由非实时监测向实时监测转化，由破坏性采样向非破坏性采样转化。

思考与练习

1. 欲定性和定量监测工业废渣中的微量汞、镉、砷、铅和六价铬，试问采用哪几种检测方法较为适宜?
2. 试问监测烟道气中的粉尘，可采用哪种监测方法?
3. 在石油化工厂附近的空气中通常含有微量烷烃、烯烃和苯或二甲苯等有机污染物，试选用一种快速、灵敏的检测方法，并指明其检测极限。
4. 在新装饰的房屋空气中常含有对人体极其有害的甲醛等有机物，试选用二种检测方法予以检测和比较，确定是否超过允许极限。
5. 简述色谱/质谱联用的原理、特点和在环境监测中的应用情况。

第九章　环境评价

第一节　环境质量评价

一、环境质量评价概述

（一）环境质量

环境质量是指在一个具体的环境内，环境系统的内在结构和外部表现的状态对人类的生存、繁衍以及社会经济发展的适宜程度，是反映人类的具体要求而形成的对环境评定的一种概念。

环境质量是不断变化的，环境质量变化有自然作用过程，也有人为作用过程。人类活动对环境的影响有直接作用和间接作用，这个过程通常分为人为作用、环境参数变化、环境质量变异三个阶段，造成的环境质量变化也具有时滞性和正负反馈效应之分。

（二）环境质量评价的概念

环境质量评价是依据环境质量现状监测数据及区域相关环境背景资料，按照一定的评价标准和评价方法对该区域范围内的环境质量进行说明与评定。

环境质量现状是人们近期已经实施和正在实施的行为对环境影响的结果。所以环境质量现状评价既有现状评价的含意，也包含一定的回顾性评价成分。

（三）环境质量评价的目的

环境质量评价的主要目的是揭示环境质量状况及其变化趋势，

预测和评价拟建的项目对周围环境可能产生的影响，找出污染治理重点对象，研究环境质量与人群健康的关系，为制定环境综合防治方案和城市总体规划及环境规划提供依据。

(四) 环境质量评价的程序

环境质量现状评价的工作内容很多，每个评价项目的评价目的、要求及评价要素不同，其评价程序及方法也可能略有差异。比较全面的区域环境质量评价应包括对污染源、环境质量和环境效应三部分的评价，并在此基础上作出环境质量综合评价，提出环境污染综合防治方案，为环境污染治理、环境规划制定和环境管理提供参考。

总体上来看，环境质量评价都是把污染源及其对环境的影响作为一个统一整体来进行调查研究，环境质量评价的基本程序如图 9－1 所示。

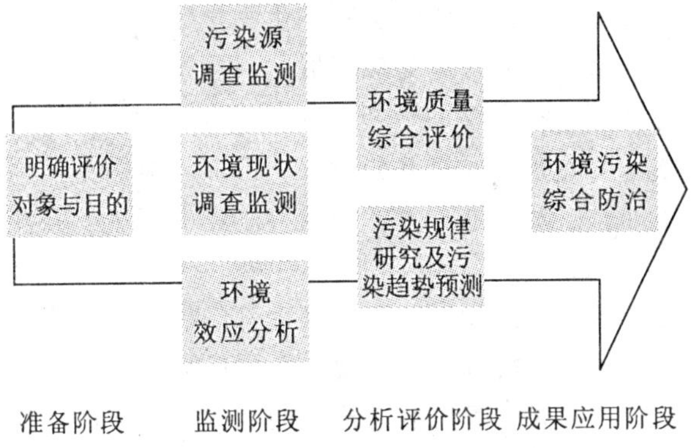

图 9－1　环境质量评价程序

1. 准备阶段

首先应明确评价的目的、范围、方法、评价的深度和广度，并制定出评价工作计划。组织各评价相关部门分工协作，充分收集现有的数据资料，并对已掌握的资料作初步分析和筛选，确定出评价区域的主要污染源和主要污染因子，同时也应做好评价工作的人员及物资的准备。

2. 监测阶段

根据已确定的主要污染源和主要污染因子，选取监测点位及监测项目，开展环境质量现状监测工作。具体监测方法应按照国家规定的监测标准进行。在监测工作中，应注意监测数据的代表性、可比性和准确性。在条件允许的情况下应取得尽量多的监测数据以保证监测结果的科学性。

有时候环境监测工作也可从不同学科角度进行，除了进行常规的环境污染物的监测外，还可进行环境生物学和环境医学监测，从不同专业角度来评价环境质量状况，更全面地反映这一区域环境的实际情况。

3. 分析评价阶段

根据已获得的污染物监测资料、生物学监测资料和环境医学监测资料，应选用适当方法，对该区域的不同季节、不同时段的环境污染程度进行定量和定性的分析，对比环境质量标准及相关标准，评价该区域环境质量状况，并分析说明造成环境污染的原因、重污染发生的条件，以及污染对人、动植物的影响程度。

4. 成果应用阶段

环境质量评价的结论对于环境管理部门、规划部门具有重要意义，是制定相关环境规划、环境政策及实施环境管理的依据。根据环境质量评价的结果，可以制定出控制和减轻地区的环境污染程度的具体措施。对评价中凸显的重要环境问题，可以通过调整国民经济发展战略、调整工业布局及产业结构、进行污染治理等措施来加以解决。

二、环境质量评价的方法

常见的环境质量评价方法包括指数法、专家判断法、功能评价法、经济评价法，以及采用统计分析、回归分析、灰色理论或模糊数学等理论建立的不确定性评价法。在环境质量评价中，应根据评价的目的和要求，在国家颁布的相关评价技术规范和标准内选择适当的评价方法。因篇幅所限，本书仅以指数法为例，其他方法可参阅相关资料。

指数评价法是最早应用于环境评价的一种方法，也是我国相关环境评价技术导则中推荐采用的方法，在实际工作中应用最广泛。环境质量指数评价法主要分为单因子评价指数法、多因子评价指数法和环境质量综合评价指数法（表 9－1）。单因子评价指数法适用于单一污染物的评价，多因子评价指数法适用于同一环境要素内多种污染物的评价，环境质量综合评价指数法适用于多环境要素的综合评价。

三、环境空气质量评价

在环境空气质量现状评价中，目前各国普遍应用的是指数法，该法比较简单易算，可以单个因子重点考虑，也可以多个因子综合考虑，以反映多种因子的综合作用。大气污染指数评价法是指用空气污染监测结果，对照环境空气质量标准，利用所构造的指数形式及其等级划分标准，对空气受污染的程度进行评判的一种评价方法。

（一）单因子评价指数法

单因子评价指数表达式为：

$$I_i=\frac{C_i}{C_{0i}}$$

式中：I_i——污染物 i 的评价指数；

C_i——污染物 i 的实测浓度（mg/m^3）；

C_{0i}——污染物 i 对应的环境质量标准值（mg/m^3）。

单因子指数法能够简单、直观地反映某种污染物与其质量标准限值的关系，实际中运用得比较广泛。

表 9－1　环境质量指数评价法一览表

类型	名称	表达式
单因子评价指数法	单因子指数	$I_i = \frac{\rho_i}{S_i}$
多因子评价指数法	算数叠加型	$I = \sum_{i=1}^{n} \frac{\rho_i}{S_i} = \sum_{i=1}^{n} I_i$
	均值型	$I = \frac{1}{n}\sum_{i=1}^{n} I_i$
	极值型	$I = \max\{I_1, I_2, \cdots, I_n\}$
	计权型	$I = \sum_{i=1}^{n} W_i I_i$
	计权平均型	$I = \frac{1}{n}\sum_{i=1}^{n} W_i I_i$
	均方根型	$I = \sqrt{\frac{1}{n}\sum_{i=1}^{n} I_i^2}$
	几何均值型	$I = \sqrt{XY}$ $X = \max\{I_1, I_2, \cdots, I_n\}$ $Y = \frac{1}{n}\sum_{i=1}^{n} I_i$
	幂指数型	$I = \prod_{i=1}^{n} I_i W_i$
环境质量综合评价指数法	均权平均综合指数	$Q = \frac{1}{n}\sum_{k=1}^{n} I_k$
	加权综合指数	$Q = \sum_{k=1}^{n} W_k I_k$

I_i—— 污染物 i 的单因子评价指数；	X——I_i 中的最大值；
ρ_i—— 污染物 i 的实测浓度；	Y——I_i 的平均值；
S_i—— 污染物 i 的环境质量标准限值；	Q—— 环境质量综合指数；
I—— 某一环境要素的多因子评价指数；	I_k—— 环境要素 k 的多因子评价指数；
W_i—— 污染物 i 的权重；	W_k—— 环境要素 k 的权重。

（二）多因子综合指数法

综合指数是以大气环境内多个评价因子的分指数为基础，经过数学关系式运算而得。

1. 均值法综合指数

均值法综合指数计算公式如下：

$$I = \frac{1}{n}\sum_{i=1}^{n}\frac{C_i}{C_{0i}} = \frac{1}{n}\sum_{i=1}^{n}I_i$$

式中：I——大气污染物综合指数；

n——评价的污染因子总数。

均值法的局限性在于，如果有某些污染物浓度很低，就有可能把其他污染物浓度较高的情况掩盖起来，使得综合指数表征的大气环境质量优劣偏离了实际。

2. 计权法综合指数

计权法综合指数计算公式如下：

$$I = \sum_{i=1}^{n}W_i\frac{C_i}{C_{0i}} = \sum_{i=1}^{n}W_iI_i$$

式中：W_i—— 污染因子 i 的权重，且 $\sum_{i=1}^{n}W_i = 1$。

计权法综合指数的关键在于科学、合理地确定各污染因子的权重，目前多采用专家判断法和综合分析等方法来确定。

3. 幂函数型指数

幂函数型指数计算公式如下：

$$I = \left(a\sum_{i=1}^{n}\frac{C_i}{C_{0i}}\right)^b$$

式中：a，b——依据具体情况所确定的常数。

幂函数型指数法应用中应根据区域大气环境特点及评价要求合理确定常数 a、b，目前该方法运用较少。

（三）我国空气污染指数（API）

我国的重点城市空气质量日报中使用空气污染指数（API）来

描述环境空气的质量。该方法是根据我国环境空气质量标准和所选择的污染物的生态与环境效应来确定 API 分级及相应的污染物浓度限值。该方法考虑的污染因子一般包括 SO_2、NO_x 和可吸入颗粒物。API 环境空气质量级别划分如表 9－2 所示，空气污染指数分级浓度限值如表 9－3 所示。

表 9－2　API 环境空气质量分级表

<table>
<tr><td rowspan="2">API</td><td rowspan="2">0～50</td><td rowspan="2">51～100</td><td colspan="2">101～200</td><td colspan="2">201～300</td><td rowspan="2">>300</td></tr>
<tr><td>101～150</td><td>151～200</td><td>201～250</td><td>251～300</td></tr>
<tr><td rowspan="2">空气质量级别</td><td rowspan="2">Ⅰ</td><td rowspan="2">Ⅱ</td><td colspan="2">Ⅲ</td><td colspan="2">Ⅳ</td><td rowspan="2">Ⅴ</td></tr>
<tr><td>Ⅲ1</td><td>Ⅲ2</td><td>Ⅳ1</td><td>Ⅳ2</td></tr>
<tr><td rowspan="2">空气质量状况</td><td rowspan="2">优</td><td rowspan="2">良</td><td colspan="2">轻度污染</td><td colspan="2">中度污染</td><td rowspan="2">重度污染</td></tr>
<tr><td>轻微污染</td><td>轻度污染</td><td>中度污染</td><td>中度重污染</td></tr>
</table>

表 9－3　空气污染指数分级浓度限值

污染指数 API	污染物浓度（mg/m^3）			
	TSP	PM_{10}	SO_2	NO_2
500	1.000	0.600	2.620	0.940
400	0.875	0.500	2.100	0.750
300	0.625	0.420	1.600	0.565
200	0.500	0.250	0.700	0.240
100	0.300	0.150	0.150	0.080
50	0.120	0.050	0.050	0.040

API 的计算采用线性内插法计算各污染物的分指数，当各种空气污染物的分指数计算出之后，取最大值作为该城市的 API 数值。

当第 i 种污染物浓度 $C_{i,j} \leqslant C_i \leqslant C_{i,j+1}$ 时，其分指数为：

$$I_i=\frac{C_i-C_{i,j}}{C_{i,j+1}-C_{i,j}}(I_{i,j+1}-I_{i,j})+I_{i,j}$$

式中：I_i——第 i 种污染物的分指数；

C_i——第 i 种污染物的实测浓度（mg/m^3）；

$C_{i,j}$——第 i 种污染物在第 j 转折点的浓度限值（对应 $I_{i,j}$）（mg/m^3）；

$C_{i,j+1}$——第 i 种污染物在第 $j+1$ 转折点的浓度限值（对应 $I_{i,j+1}$）（mg/m^3）；

$I_{i,j}$——第 i 种污染物在第 j 转折点的污染分项指数值；

$I_{i,j+1}$——第 i 种污染物在第 $j+1$ 转折点的污染分项指数值。

污染指数的计算结果只保留整数，小数点后的数值全部进位。

各项污染物的污染分指数均计算出以后，取其中最大值作为该区域的空气污染指数 API 值，API 所对应的污染物为该区域大气中的首要污染物，即：

$$API=\max\{I_1, I_2, I_3, \cdots, I_i, \cdots, I_n\}$$

四、地表水环境质量评价

通过对目标水体的水质调查和监测，以数据统计分析辅以文字分析和描述的方式对地表水环境质量现状进行评价。评价标准选用国家地表水环境质量标准或相应地方标准，评价方法通常采用标准指数法（单因子指数法）。单因子指数评价是对每个污染因子单独进行评价，一般用概率统计得到各因子的达标率、超标率、超标倍数、平均值等结果。

1. 监测结果的取值

对于某一水质参数的多个样本值，如果各数据相差不大，可以采用算术平均值作为该水质参数的评价值；如果数值的变化幅度较大，为了体现高值数据的影响，应采用内梅罗平均值作为评价值。内梅罗平均值的计算式如下：

$$\rho_i = \sqrt{\frac{\rho_{i极}^2 + \rho_{i均}^2}{2}}$$

式中：ρ_i——水质参数 i 内梅罗法的评价浓度（mg/L）；

$\rho_{i极}$——水质参数 i 样本值中的极差值（mg/L）；

$\rho_{i均}$——水质参数 i 样本值的算术平均值（mg/L）。

2. 污染物单因子评价指数

$$I_i = \frac{\rho_i}{S_i}$$

式中：I_i——水质参数 i 的评价指数；

ρ_i——水质参数 i 的评价浓度（mg/L）；

S_i——水质参数 i 对应的环境质量标准值（mg/L）。

单因子指数法能够简单、直观地反映某种污染物与其质量标准限值的关系，实际中运用比较广泛。

3. 溶解氧 DO 的标准指数

当 $DO_j \geqq DO_s$ 时

$$I_{DO} = \frac{|DO_f - DO_j|}{DO_f - DO_s}$$

$$DO_f = \frac{468}{31.6 + T}$$

当 $DO_j < DO_s$ 时

$$I_{DO} = 10 - 9\frac{DO_j}{DO_s}$$

式中：I_{DO}——溶解氧的标准指数；

DO_f——饱和溶解氧的浓度（mg/L）；

DO_j——溶解氧的评价浓度（mg/L）；

DO_s——溶解氧的环境质量标准（mg/L）；

T——水温（℃）。

4. pH 的标准指数

当 $pH_j \leqslant 7.0$ 时

$$I_{pH}=\frac{7.0-pH_j}{7.0-pH_{sd}}$$

当 $pH_j>7.0$ 时

$$I_{pH}=\frac{pH_j-7.0}{pH_{su}-7.0}$$

式中：I_{pH}——pH 的标准指数；

pH_j——pH 的实测值；

pH_{sd}——pH 质量标准下限值（我国地表水环境质量标准中 pH 标准值为 6～9）；

pH_{su}——pH 质量标准上限值。

五、环境噪声质量评价

噪声属于典型的物理性污染。关于声的物理量有很多，在环境噪声评价中关注的物理量主要有 A 声级、等效连续 A 声级、统计噪声级及计权等效连续感觉噪声级等。环境噪声评价中运用到的方法有以下几种。

1. 算术平均法

对城市某区域的环境噪声进行评价中，可对评价区域的环境噪声进行均匀布点测量，将各监测数据（等效连续 A 声级）的算术平均值作为该区域的环境噪声水平，其表达式为：

$$\overline{L}=\frac{1}{n}\sum_{i=1}^{n}L_i$$

式中：n——监测点个数；

L_i——第 i 个监测点测到的声级值[dB(A)]。

实际工作中，采用面积计权的平均值法更为常用，其表达式为：

$$\overline{L}=\sum_{i=1}^{n}\frac{L_iS_i}{S}$$

式中：L_i——某功能区第 i 个测点的声级值[dB(A)]；

S_i——第 i 个测点的覆盖面积（km^2）；

S——功能区测量总面积（km^2）。

2. 标准指数法

标准指数法简明实用，在环境噪声质量现状评价中常被采用，其表达式为：

$$I_i=\frac{L_i}{L_s}$$

式中：I_i——测点 i 的环境噪声评价指数；

L_i——测点 i 的声级值［dB（A）］；

L_s——对应的环境质量标准值［dB（A）］。

如果 I_i 大于 1 则说明该点位环境噪声超标，否则为达标。通过该方法还可计算区域环境噪声测点的超标率，即超标点数量除以测点总数。

3. 噪声质量等级法

对区域环境噪声作综合评价时，常用噪声质量等级法，此方法将噪声测量值和平均等效连续 A 声级分成 5 个等级进行评价。评价指数表达式为：

$$P_N=\frac{L_{eq}}{L_b}$$

式中：P_N——评价指数；

L_{eq}——区域的平均等效连续 A 声级［dB（A）］；

L_b——基准值，室外高烦恼噪声级一般取 75dB（A）为基准。

计算出 P_N 后，可由表 9－4 查出环境噪声质量的等级。

4. 噪声冲击指数

对于区域环境噪声的质量评价，如果需要考虑受噪声影响的人群数量，则可采用环境噪声冲击指数来评价。

$$N_i=\frac{\sum W_iP_i}{\sum P_i}$$

式中：N_i——噪声冲击指数；

P_i——某噪声级下的受干扰人数；

W_i——某噪声级的计权因子，其值如表 9－5 所示。

表 9－4　环境噪声质量等级

等级	分级名称	P_N	L_{eq}dB（A）
一	很好	<0.60	<45
二	好	0.60～0.67	45～50
三	一般	0.67～0.75	50～56
四	较差	0.75～1.0	56～75
五	差	>1.0	>75

表 9－5　干扰声级的计权因子

噪声级 dB（A）	W_i	噪声级 dB（A）	W_i
35～40	0.01	65～70	0.54
40～45	0.02	70～75	0.83
45～50	0.05	75～80	1.20
50～55	0.09	80～85	1.70
55～60	0.18	85～90	2.31
60～65	0.32		

根据计算得到的噪声冲击指数，通过查表 9－6 确定环境噪声等级。

表 9－6　噪声冲击指数法下的环境噪声等级

L_N	≤0.03	≤0.07	≤0.25	≤0.44	≤1	>1
等级	1	2	3	4	5	6
等级描述	优	良	合格	差	很差	恶化

第二节 环境影响评价

一、环境影响评价概述

（一）环境影响评价的概念

环境影响评价（Environmental Impact Assessment，缩写为EIA）是对拟实施行为可能带来的环境影响，包括正面影响和负面影响、对生态环境的影响和对社会环境的影响，进行识别、预测和评估，提出消除或减缓负面影响的措施，以促使环境价值在该行为的决策过程中得到充分考虑。

世界上已经有一百多个国家建立了环境影响评价制度。我国于1979年颁布了《环境保护法》（试行），该法中规定一切企事业单位的选址、设计、建设和生产都必须提出环境影响报告书，经环境保护主管部门和其他有关部门审查批准后才能进行设计，标志着我国正式建立了环境影响评价制度。经过20多年的不断发展和细化，我国的环境影响评价制度逐渐完善，成为了一项重要的、行之有效的环境管理手段。

2003年9月1日我国的《环境影响评价法》正式实施，该法律的第一章第二条对环境影响评价作了定义："本法所称环境影响评价，是指对规划和建设项目实施后可能造成的环境影响进行分析、预测和评估，提出预防或者减轻不良环境影响的对策和措施，进行跟踪监测的方法与制度。"

（二）环境影响评价程序及内容

环境影响评价工作程序如图9-2所示。

1. 环境影响评价文件类型

建设项目对环境的影响程度不同，其环境影响评价文件类型也

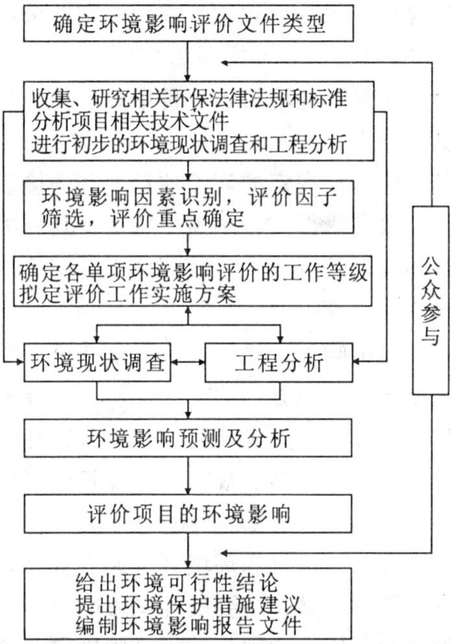

图 9-2　环境影响评价工作流程图

不同。根据我国《建设项目环境保护管理条例》（国务院令第 253 号）的规定，环境影响评价文件类型分为：

1）环境影响报告书。建设项目对环境可能造成重大影响的，应当编制环境影响报告书，对建设项目产生的污染和对环境的影响进行全面、详细的评价。

2）环境影响报告表。建设项目对环境可能造成轻度影响的，应当编制环境影响报告表，对建设项目产生的污染和对环境的影响进行分析或者专项评价。

3）环境影响登记表。建设项目对环境影响很小，不需要进行环境影响评价的，应当填报环境影响登记表。

同时，国务院环境保护行政主管部门制定并公布了《建设项目环境保护分类管理名录》，对不同项目应编制的环境影响评价文件类型进行了规定。在进行环境影响评价中，首先应依据这些相关法规确定本次评价文件类型。

对于上述名录中未作规定的建设项目，其环境影响评价类型应由省级环境保护行政主管部门根据项目特征及其所处环境特征提出建议，报国务院环境保护行政主管部门认定。

2. 资料收集及分析

在正式开展环境影响评价之前，应收集并研究项目相关的文件资料，包括相关的国家和地方的法律法规、发展规划和环境功能区划、技术导则和相关标准、建设项目依据、可行性研究资料及其他有关技术资料，明确项目类型、规模及环境管理要求。

3. 环境影响识别及评价等级的确定

结合初步的工程分析结果和环境现状调查资料，对建设项目的环境影响因素进行识别，筛选主要的环境影响评价因子，明确评价重点，并根据相应的环境影响评价技术导则确定各单项环境影响评价的工作等级和评价范围。

环境影响识别是开展环境影响评价工作的基础，是指根据建设项目特点和影响区域环境特征，通过一定的方法找出建设项目的主要影响，定性地说明影响的性质、程度及范围。在进行环境影响识别时，可按建设期、运营期和服务期满三个阶段分别进行，识别项目对自然环境、社会环境、环境质量的影响，包括有利影响、不利影响，短期影响、长期影响，直接影响、间接影响，可逆影响、不可逆影响，说明是否具有累积效应，定性判断各种影响的显著程度。常用的环境影响识别方法有矩阵法、清单法等。

环境影响评价工作等级划分需要考虑以下三个方面的特点和要求：工程特点，包括工程性质、工程规模、工程选址选线、总体布局、工艺流程、原料的使用、能源与水资源的使用、对环境产生影响的方式或途径、主要污染物种类与排放浓度等；区域环境特征，包括自然环境、生态和社会环境状况，环境功能与环境资源、环境敏感程度等；国家或地方的有关法规要求，包括环境和资源保护法规及其法定的保护对象、环境质量标准和污染物排放标准、社会经济发展规划、环境功能区划、环境保护规划等。

4. 环境现状调查及评价

环境现状调查是通过收集有关的环境保护规划、环境功能区划文本，进行现场踏勘及现状监测，对拟建项目可能影响区域的自然及生态环境、社会环境和环境质量现状进行调查与评价，识别现有的敏感环境问题和环境保护目标。

环境现状调查的内容一般包括项目地理位置、地形地貌及地质环境、气候与气象特征、水文特征、生态调查、社会及经济、人文遗迹、自然遗迹与珍贵景观、人群健康状况，以及各环境要素的环境质量现状等。

在掌握的资料及监测数据的基础上，对项目可能影响区域的环境质量进行评价，分析各环境要素的质量现状及达标情况，识别现有的污染情况及环境问题，识别环境保护目标。

5. 工程分析

工程分析是对工程的一般特征和污染特征进行全面分析，包括对工程选址选线分析、工程规模与布局分析、工艺流程分析、产排污分析、清洁生产分析等，明确项目与相关法规及产业政策的符合性，为环境影响预测和评价提供数据，并为项目环境管理和环境决策提供服务。工程分析是整个环评工作的基础与关键，也是环境影响评价报告的必备专题。

根据建设项目对环境影响的表现不同，工程分析一般分为以污染影响为主的污染型建设项目的工程分析和以生态破坏为主的生态影响型建设项目的工程分析。

6. 环境影响预测及评价

环境影响预测是对建设项目建设期、运营期对其影响区域的各种环境影响导致环境质量参数变化的预测，预测的范围、时段、内容及方法均应根据其评价工作等级、工程与环境的特性、当地的环保要求而定。建设项目的环境影响按照项目实施过程的不同阶段，可以划分为建设阶段的环境影响、生产运行阶段的环境影响和服务期满后的环境影响。所有项目均要预测生产运行期，并分正常排放和非正常排放两种情况。

对建设项目环境影响的预测，主要是对能代表评价项目及其所在区域的各种环境质量参数变化的预测。环境质量参数包括两类：一类是常规参数，一类是特征参数，前者反映该评价项目的一般质量状况，后者反映该评价项目与建设项目有联系的环境质量状况。

预测环境影响时应尽量选用通用、成熟、简便并能满足相关标准要求的方法。目前使用较多的方法有数学模式法、物理模型法、类比调查法和专业判断法。

数学模型法能给出定量的预测结果，但需一定的计算条件和输入必要的参数、数据。在选用数学模式时要注意模式的应用条件。如实际情况不能很好满足模式的应用条件，而又必须采用时，要对模式进行修正并验证。

物理模型法定量化程度较高，再现性好，能反映比较复杂的环境特征，但需要有合适的试验条件和必要的基础数据，且编制复杂的环境模型需要较多的人力、物力和时间。在无法利用数学模式法预测，而又要求预测结果定量精度较高时，应用此法是可行的。

类比调查法的预测结果属于半定量性质。如由于评价工作时间较短等原因，无法取得足够的参数、数据，而不能采用前述两种方法进行预测时，可选用此方法。

专业判断法是定性地反映建设项目的环境影响。当建设项目的某些环境影响很难定量估测（如对文物古迹与珍贵景观的影响）或由于评价时间过短等原因无法采用上述诸方法时，可选用此方法。

环境影响预测完成后，应根据各预测结果对建设项目的环境影响进行评价。主要的评价方法一般有两种：一种是单项评价法，该方法以国家和地方的有关法规、标准为依据，评价项目中各单项质量参数的环境影响；一种是多项评价方法，该方法适用于各评价项目中多个质量参数的综合评价。

7. 环境保护措施及其技术、经济论证

建设项目的环境影响预测及评价完成后，应针对项目环境影响的特点、程度及范围，拟定减缓或消除拟建项目可能带来的不利环境影响的工程措施和管理措施，并对措施的有效性进行技术经济分析论证。

（三）环境影响评价报告要求

环境影响评价报告书、报告表、登记表及其相关附件是环境保护主管部门对拟建项目进行环境可行性决策的技术支持文件。经环境保护主管部门审批通过的环境影响评价报告是建设项目可行性研究、设计、施工、验收和运营中的环境保护工作的重要技术依据。在编制环境影响报告书、环境影响报告表时应全面、概括地反映环境影响评价的全部工作，环境现状调查和主要环境影响问题应阐述清楚，数据资料应翔实、可靠，环保措施应可行、有效，评价结论应明确。报告的文字应简洁、准确，文本应规范，计量单位标准化，并尽量采用图表和图片，以利于阅读和审查。报告涉及的原始数据、全部计算过程等不必在文件中列出，必要时可编入附录；报告所参考的主要文献应注意时效性，并按其发表的时间次序由近至远列出目录。评价内容较多的报告书，其重点评价专题应另编分项报告书，主要的技术问题另编专题技术报告。环境影响报告书的具体章节及内容要求可参见《环境影响评价技术导则　总纲》，环境影响报告表及登记表样表可在国家环保部网站查询。

（四）环境影响评价制度的意义

环境影响评价制度既是环境管理的手段之一，也是协调经济发展、社会发展和环境发展之间相互关系的科学方法，是正确处理经济发展使之符合国家总体利益和长远利益，达到可持续发展的有效手段，对确定经济发展方向和保护环境等一系列重大决策都有重要的指导作用，其意义表现在以下几个方面：

（1）保证建设项目选址和布局的合理性。合理的经济布局是保证环境与经济持续发展的前提条件，而不合理的布局则是造成环境污染的重要原因。环境影响评价从建设项目所在地区的整体出发，考察建设项目的不同选址和布局对区域整体的不同影响，并进行比较和取舍，选择最有利的方案，保证建设选址和布局的合理性。

（2）指导环境保护设计，强化环境管理。一般来说，开发建设活动和生产活动都要消耗一定的资源，给环境带来一定的污染与破坏，因此必须采取相应的环境保护措施。环境影响评价针对具体的开发建设活动或生产活动，综合考虑开发活动特征和环境特征，通过对污染治理设施的技术、经济和环境论证，可以得到相对最合理的环境保护对策和措施，把因人类活动而产生的环境污染或生态破坏限制在最小范围。

（3）为区域的社会经济发展提供导向。环境影响评价可以通过对区域的自然条件、资源条件、社会条件和经济发展等进行综合分析，掌握该地区的资源、环境和社会等状况，从而对该地区的发展方向、发展规模、产业结构和产业布局等作出科学的决策和规划，指导区域活动，实现可持续发展。

（4）促进相关环境科学技术的发展。环境影响评价涉及到自然科学和社会科学的广泛领域，包括基础理论研究和应用技术开发。环境影响评价工作中遇到的问题，必然会对相关环境科学技术提出挑战，进而推动相关环境科学技术的发展。

二、工程分析

工程分析是对工程的一般特征和污染特征进行全面分析，包括对工程选址选线分析、工程规模与布局分析、工艺流程分析、产排污分析、清洁生产分析等，明确项目与相关法规及产业政策的符合性，为环境影响预测和评价提供数据，并为项目环境管理和环境决策提供服务。工程分析应体现国家的宏观政策，分析要有针对性，为各评价专题提供定量而准确的基础资料，从环保角度为项目选址、工程设计提出优化建议。

一般工程分析应包括的内容如表 9－7 所示。

表 9－7　工程分析的主要内容

项目	内容
（1）工程概况	工程一般特征简介，包括名称、投资主体、建设地点、建设性质、项目组成、劳动定员、建设周期、总投资等。 物料与能源消耗定额 主要技术经济指标
（2）工艺流程及产污环节分析	分析工艺过程中产生污染物的部位、污染物的种类和数量
（3）污染源分析与核算	物料平衡及水平衡分析 污染源分布 有组织排放统计及分析 无组织排放统计及分析 污染物排放总量建议指标
（4）清洁生产水平分析	从能耗、物耗及污染物负荷等方面分析企业达到的清洁生产水平（一级、二级、三级）
（5）环保措施方案分析	环保措施工艺的先进性，达标排放的可靠性 环保措施方案的技术、经济可行性 环保投资构成及其在总投资中占的比例 依托设施的可行性分析
（6）总图布置方案分析	分析厂区与周围的保护目标之间所定卫生防护距离和安全防护距离的保证性 根据气象、水文等自然条件分析工厂和车间布置的合理性 分析对周围环境敏感点处置措施的可行性

(一) 工程分析的方法

工程分析应在建设项目的规划、可行性研究和设计等技术文件的基础上，根据具体情况选用适当的方法进行分析。目前常用的工程分析方法有类比分析法、物料衡算法、查阅资料法。

1. 类比分析法

类比分析法是利用与拟建项目类型相同的现有项目的设计资料或实测数据进行工程分析的方法。采用类比法时，应充分注意拟建项目与类比项目之间的相似性，包括工程一般特征的相似性，如建设项目的性质、建设规模、项目组成、产品结构、工艺流程、生产方法、原材料及能源、用水量和设备类型的相似等；污染物排放特征的相似性，如污染物类型、浓度、强度与数量、排放方式及去向、污染方式与途径的相似等。

类比分析法在类比对象选取合理的前提下其结果较准确。在评价时间允许，评价工作等级较高，又有可资参考的相同或相似的现有工程时，可采用此法。

采用类比分析法时，经常用到经验排污系数公式来核定污染物源强，该公式为：

$$A=AD\times M$$

$$AD=BD-(aD+bD+cD+dD)$$

式中：A——某污染物的排放总量；

AD——单位产品某污染物的排放定额；

M——产品总产量；

BD——单位产品投入或生成的某污染物量；

aD——单位产品中某污染物的量；

bD——单位产品所生成的副产物、回收品中某污染物的量；

cD——单位产品分解转化掉的污染物量；

dD——单位产品被净化处理掉的污染物量。

采用经验排污系数公式法必须根据生产规模等工程特征和生产管理等实际情况进行必要的修正。

2. 物料衡算法

物料衡算法是以质量守恒定律为理论依据，通过生产过程中投入系统的物料总量等于产出的产品量和物料流失量之和的关系，计算污染物的排放源强，其计算通式如下：

$$\sum G_{投入} = \sum G_{产品} + \sum G_{流失}$$

式中：$\sum G_{投入}$—— 投入系统的物料总量；

$\sum G_{产品}$—— 产出产品总量；

$\sum G_{流失}$—— 物料流失总量。

计算污染物排放时，上述公式可进一步细化、变形为：

$$\sum G_{排放} = \sum G_{投入} - \sum G_{回收} - \sum G_{处理} - \sum G_{转化} - \sum G_{产品}$$

式中：$\sum G_{排放}$—— 某污染物的排放量；

$\sum G_{投入}$—— 投入物料中某污染物总量；

$\sum G_{回收}$—— 进入回收产品中的某污染物总量；

$\sum G_{处理}$—— 经净化处理掉的某污染物总量；

$\sum G_{转化}$—— 生产过程中被分解、转化的某污染物总量；

$\sum G_{产品}$—— 进入产品结构中的某污染物总量。

采用物料平衡计算法计算污染物排放量时，必须对生产工艺、化学反应、副反应和管理等情况进行全面了解，掌握原料、辅助材料、燃料的成分和消耗定额。

3. 查阅资料法

查阅资料法是利用同类工程已有的环境影响报告书或可行性研究报告等资料进行工程分析的方法。该方法比较简便，但所得数据的准确性难以保证。只有当评价时间短，且评价工作等级较低时采用，或在无法采用类比法及物料衡算法时采用。该方法还可以作为以上两种方法的补充。

（二）水平衡分析

1. 水平衡

企业用水情况总体来看存在以下的平衡关系：

$$Q+A=H+P+L$$

式中各项含义如图 9-3 所示。

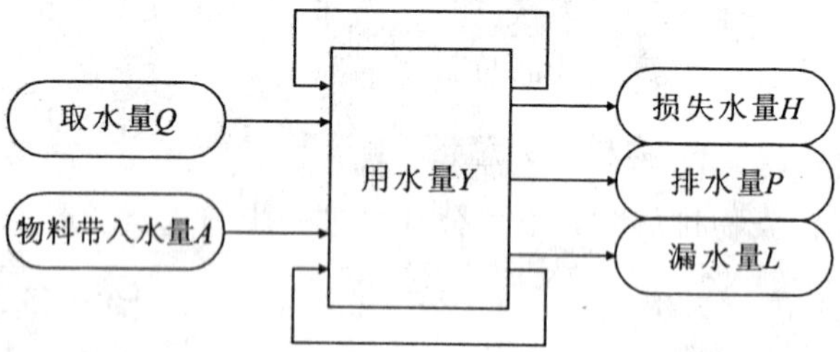

图 9-3　企业基本水平衡示意图

其中，损失水量（耗水量）H 包括：产品含水，间接冷却水系统补充水量，洗涤用水、直接冷却水和其他工艺用水量，锅炉等公用工程运转消耗的水量，水处理用水量，生活用水量。

2. 水平衡图

水平衡图是用图来表示企业新鲜水量、重复用水量、损失水量和废水排放量间的平衡关系，是企业用排水情况的汇总。水平衡图要反映总用排水量之间的平衡，即体现出 $Q+A=H+P+L$，而且每一节点进出的水量也要平衡。

3. 废水排放量

废水主要来源于反应过程的生成水、工艺过程的洗涤用水、循环系统排污水及生活污水等。废水中所含污染物的量可以根据物料平衡进行核算，废水产生及排放量可由水平衡分析计算，由上述两者可计算出废水中污染物的浓度。

环境影响评价中还应对企业管道及设备的跑、冒、滴、漏，车间地面的冲洗等无组织排放废水进行估算，这部分水量不大，但有时污染物的浓度较高，应作为污水对待。

（三）燃烧废气污染物源强计算

源强为污染源在单位时间内污染物的排放量。企业使用的各种燃料在燃烧过程中均有废气产生，其中的主要污染因子为 SO_2、烟尘、NO_x 等。燃料根据其来源和燃烧方式等方面的不同，燃烧后产生的污染物及排放情况也不相同，在核定大气污染物源强时主要以物料衡算的方法来计算。现以煤为例，列举几种源强的计算方法。

1. 烟气量计算

1kg 煤炭完全燃烧，所需的理论空气量为：

$$V_0=0.0889C_{ar}+0.265H_{ar}+0.0333S_{ar}-0.0333O_{ar}$$

实际烟气量为：

$$V_\gamma=V_{RO_2}+V_{H_2O}+V_{N_2}+1.0161\ (\alpha-1)\ V_0$$

其中，

$$V_{RO_2}=0.01866\ (C_{ar}+0.375S_{ar})$$

$$V_{N_2}=0.008N_{ar}+0.79V_0$$

$$V_{H_2O}=0.111H_{ar}+0.0124M_{ar}+0.0161V_0$$

干烟气量为：

$$V_{g\gamma}=V_{RO_2}+V_{N_2}+\ (\alpha-1)\ V_0$$

式中：V_0——1kg 煤炭完全燃烧所需的理论空气量（m^3/kg）；

C_{ar}、H_{ar}、S_{ar}、O_{ar}、N_{ar}、M_{ar}——1kg 收到基煤炭中碳、氢、硫、氧、氮、水分的质量百分含量（x%/100）；

V_γ——1kg 煤炭燃烧产生的实际烟气量（m^3/kg）；

V_{RO_2}——烟气中 CO_2 和 SO_2 的体积（m^3/kg）；

V_{H_2O}——理论空气量下燃烧产生水蒸气体积（m^3/kg）；

V_{N_2}——理论空气量下燃烧产生 N_2 体积（m^3/kg）；

α——空气过剩系数；

2. SO_2 排放量及排放浓度

SO_2 排放量可采用物料平衡方法进行计算，公式为：

$$M_{SO_2}=2B_g\times(1-\eta_{S1})\times(1-\eta_{S2})\times(1-q)\times S\times K$$

式中：M_{SO_2}——二氧化硫排放量（kg/h）；

B_g——锅炉连续最大出力工况时的燃煤量（kg/h）；

η_{S1}——除尘器脱硫效率（%）；

η_{S2}——脱硫设施脱硫效率（%）；

q——机械不完全燃烧系数（%）；

S——燃煤的收到基全硫（%）；

K——燃料中硫燃烧生成二氧化硫的转化率，一般火力发电厂锅炉取 0.90，工业锅炉、窑炉取 0.85，其他营业性锅炉取 0.80。

实际环境评价工作中，往往不考虑除尘器脱硫效率和机械不完全燃烧系数，硫燃烧转化为二氧化硫的转化率取 80%，则上述公式可简化为：

$$M_{SO_2}=2\cdot B_g\cdot S\cdot 80\%\cdot(1-\eta_{S2})$$

计算得出 SO_2 排放量，并依据前面的方法计算出燃烧产生的干烟气量后，结合实际燃煤量很容易得出 SO_2 的排放浓度为：

$$C_{SO_2}=\frac{M_{SO_2}}{V_{gr}B_g}$$

3. 烟尘排放量及排放浓度

燃煤烟尘包括黑烟和飞灰两部分，黑烟是未完全燃烧的炭粒，飞灰是烟气中不可燃烧的矿物微粒，是煤的灰分的一部分，烟尘排放量与煤的灰分、炉型和燃烧状况有关。以物料平衡法计算烟尘排放量的公式为：

$$M_A = B_g \times (1-\eta_c) \times \left(A + q \times Q_L \times \frac{10^6}{3.3913}\right) \times D + M_S$$

式中：M_A——烟尘排放量（kg/h）；

η_c——除尘器除尘效率（%）；

A——燃煤的收到基灰分含量（%）；

Q_L——燃煤收到基低位发热量（kJ/kg）；

D——烟气带出的飞灰占总灰分的份额（%）；

M_S——炉内脱硫剂增加的烟尘量（kg/h）。

实际工作中，上式可简化为：

$$M_A = B_g \times A \times D \times (1-\eta_c)$$

烟尘的排放浓度为：

$$C_A = \frac{M_A}{V_{gy} B_g}$$

（四）生态影响型项目工程分析

（1）工程组成必须完整。一般建设项目工程组成有主体工程、辅助工程、配套工程、公用工程和环保工程。可通过编制项目组成表，明确工程组成、占地、施工、技术标准等主要内容。工程分析必须将所有的工程建设活动，无论是临时的、永久的，施工期的或营运期的，直接的或相关的，都考虑在内。

（2）重点工程明确。主要造成环境影响的工程，应作为重点的工程分析对象，明确其名称、位置、规模、建设方案、施工方式、营运方式等。与污染型项目相比，生态影响型项目的主要环境影响往往发生在施工期，工程分析更应重点加强施工方式和运行方式的分析。对于同一项目，不同的施工和运行方式的环境影响差别很大。

（3）全过程分析。生态影响是一个过程，不同的时期有不同的问题需要解决，因此必须作全过程工程分析。一般可将全过程分为选址选线期（工程可行性研究阶段）、设计方案期（初步设计及详细设计阶段)、施工期、运营期和运营期满(结束期、闭矿、设备退役和渣场封闭阶段)等。

(4) 污染源分析。明确主要产生污染物的源、污染物类型、源强、排放方式和纳污环境等。污染源可能发生于施工建设阶段,也可能发生于运营期或运营期满。污染源的控制要求与纳污环境的环境功能密切相关,因此必须同纳污环境联系起来进行分析。

三、大气环境影响评价

(一) 评价任务及程序

大气环境影响评价的任务是通过调查、预测等手段,对项目在建设施工期及建成后运营期所排放的大气污染物对环境空气质量影响的程度、范围和频率进行分析、预测和评估,为项目的厂址选择、排污口设置、大气污染防治措施制定以及其他有关的工程设计、项目实施环境监测等提供科学依据或指导性意见。

大气环境影响评价的程序分为三个阶段,第一阶段主要工作包括研究有关文件、环境空气质量现状调查、初步工程分析、环境空气敏感区调查、评价因子筛选、评价标准确定、气象特征调查、地形特征调查、编制工作方案、确定评价工作等级和评价范围等;第二阶段主要工作包括污染源的调查与核实、环境空气质量现状监测、气象观测资料调查与分析、地形数据收集和大气环境影响预测与评价等;第三阶段主要工作包括给出大气环境影响评价结论与建议、完成环境影响评价文件的编写等。

(二) 评价等级及评价范围

1. 评价因子的选取

大气环境影响评价因子主要为项目排放的常规污染物及特征污染物。常规污染物指《环境空气质量标准》中所规定的二氧化硫(SO_2)、颗粒物(TSP、PM_{10})、氮氧化物(NO_2)、一氧化碳(CO)等污染物。特征污染物指项目排放的污染物中除常规污染物以外的特有污染物，主要指项目实施后可能导致潜在污染或对周边环境空气保护目标产生影响的特有污染物。

2. 评价等级

划分评价等级的目的是为了区别对待不同的评价对象，在保证评价工作质量的前提下，尽可能节约经费和时间。

划分评价等级时按如下步骤进行：

(1) 根据项目的初步工程分析结果，选择正常排放时的 1～3 种主要大气污染物，确定其排放参数，包括排放速率（g/s）、烟囱几何高度（m）、烟囱出口内径（m）、烟囱出口处烟气排放速度（m/s）、烟囱出口处的烟气温度（K）等。

(2) 采用《环境影响评价技术导则 大气环境》附录中推荐的估算模式（预测软件），计算各污染物的最大影响程度和最远影响范围。

(3) 根据预测软件输出结果，分别计算每一种污染物的最大地面浓度占标率 P_i，并在输出结果中查询该污染物的地面浓度达到标准限值 C_{0i} 的 10％时所对应的最远距离 $D_{10\%}$。某种污染物的最大地面浓度占标率按下式计算。

$$P_i=\frac{C_i}{C_{0i}}\times 100\%$$

式中：P_i——第 i 个污染物的最大地面浓度占标率（％）；

C_i——采用估算模式计算出的第 i 个污染物的最大地面浓度（mg/m^3）；

C_{0i}——第 i 个污染物的环境空气质量标准（mg/m^3）。一般选用 GB3095 中二级标准的 1 小时平均浓度限值；没有小时浓度限值的污染物可取日平均浓度限值的三倍值；GB3095 中未包含的污染物可参照 TJ36 中的居住区大气中有害物质的最高容许浓度的一次浓度限值；对上述标准中都未包含的污染物可参照国外有关标准选用，但应报环保主管部门批准后执行。

(4) 根据评价工作分级表对评价进行等级划分(表 9-8),如污染物数大于1,则取 P_i 值中最大者(P_{max})和其对应的 $D_{10\%}$。

表 9-8 大气环境影响评价工作等级划分

评价工作等级	划分依据
一级	$P_{max} \geq 80\%$,且 $D_{10\%} \geq 5km$
二级	除一级、三级的其他情形
三级	$P_{max} < 80\%$,或 $D_{10\%}$ < 污染源距厂界最近距离

3. 评价范围

评价范围应根据项目排放污染物的最远影响范围确定,即以排放源为中心点,以 $D_{10\%}$ 为半径的圆或 $2 \times D_{10\%}$ 为边长的矩形作为大气环境影响评价范围,但评价范围的直径或边长一般不应小于5km。当 $D_{10\%}$ 超过 25km 时,其值可取 25km,即半径 25km 的圆或边长 50km 矩形作为评价范围,一般不再扩大。

对于以线源为主的城市道路等项目,评价范围可设定为线源中心两侧各 200m 的范围。

(三) 大气质量现状调查与评价

环境空气质量现状调查资料来源分三种途径,包括评价范围内及邻近评价范围的各例行空气质量监测点的近 3 年与项目有关的监测资料,收集近 3 年与项目有关的历史监测资料,或进行现场监测的监测数据,可视不同评价等级对数据的要求结合进行。

环境空气质量现状调查及监测要求应执行大气环境影响评价技术导则的相关规定。

(四) 大气环境影响预测与评价

大气环境影响预测是推断各种条件下污染物浓度分布及其随时间变化的规律,用于判断项目建成后对评价范围大气环境影响的程度和范围。常用的大气环境影响预测方法是，通过建立数学模型来模拟各种气象条件、地形条件下的污染物在大气中输送、扩散、转化和清除等物理、化学机制。

应以图、表、文字反映工程的大气环境影响的预测结果，主要预测内容包括：

（1）短期的最大落地浓度及距源距离；

（2）非正常排放时的污染程度及范围；

（3）不利气象条件下对保护目标或敏感点的影响以及浓度分布图；

（4）对评价区域环境空气质量的影响及变化，包括日均、长期叠加背景值的变化；

（5）提出总量控制建议指标；

（6）对有害气体的无组织排放，计算卫生防护距离。

我国大气环境影响评价技术导则推荐了5种大气污染预测模式软件：估算模式（SCREEN模式）、AERMOD模式、ADMS模式、CALPUFF模式，以及大气环境防护距离计算模式，各模式的适用条件及范围不同，具体可参见《环境影响评价技术导则　大气环境》。

四、地表水环境影响评价

（一）评价任务及程序

地表水环境影响评价的任务是通过调查、预测等手段，对项目在施工期、运营期排放的水污染物对受纳水体质量影响的程度、范围和频率进行分析、预测和评估，为项目的厂址选择、排污口设置、水污染治理措施、环境监测等提供科学依据或指导性意见。

地表水环境影响评价主要工作包括：明确工程项目性质、划分评价工作等级、地表水环境现状调查和评价、水污染源分析、水环境影响预测与评价、提出水污染治理措施等。

（二）评价等级及评价范围

1. 评价等级划分

根据地表水环境影响评价技术导则，地表水评价工作分为三级，一级评价最详细，二级次之，三级较简略，低于三级评价条件项目可不必进行地表水环境影响评价，只需进行简单的水环境影响分析。不同级别的地表水环境影响评价在环境现状调查、环境影响预测等工作的内容与要求也有所不同。

地表水环境影响评价分级按项目污水排放量、污水水质的复杂程度，以及受纳水域的规模、受纳水域对水质要求四项判断原则进行区分，地表水环境影响评价分级如表 9－9 所示。

污水水质的复杂程度按污水中的污染物类型数以及需预测污染因子数的多少，划分为复杂、中等和简单三类。复杂：污染物类型数不少于 3，或者只有两类污染物，但需预测其浓度的水质因子数目不少于 10。中等：污染物类型数等于 2，且需预测其浓度的水质因子数目少于 10，或者只需预测一类污染物，但需预测其浓度的水质因子数目不少于 7。简单：污染物类型数等于 1，需预测浓度的水质因子数目少于 7。

地表水域规模按河流和湖库区分。对于河流，排污口附近河段的多年平均流量或平水期的平均流量划分为：大河不小于 150 m^3/s，中河 15～150m^3/s，小河小于 15m^3/s。湖泊和水库水域规模大小以湖泊和水库枯水期的平均水深和相应的水面积划分为：当平均水深小于 10m 时，水域面积不小于 50km^2 为大湖（库），水域面积 5～50km^2 为中湖（库），水域面积小于 5km^2 为小湖（库）；当平均水深不小于 10m 时，水域面积不小于 25km^2 为大湖（库），水域面积 2.5～25km^2 为中湖（库），水域面积小于 2.5km^2 为小湖（库）。

地表水水质要求中的Ⅰ～Ⅴ即 GB3838 中划分的五类水质量功能区。

表 9－9　地表水环境影响评价分级

污水排放量（m^3/d）	污水水质复杂程度	一级评价		二级评价		三级评价	
		地表水域规　模	地表水水质要求	地表水域规　模	地表水水质要求	地表水域规　模	地表水水质要求
≥20 000	复杂	大	Ⅰ～Ⅲ	大	Ⅳ，Ⅴ	/	/
		中、小	Ⅰ～Ⅳ	中、小	Ⅴ	/	/
	中等	大	Ⅰ～Ⅲ	大	Ⅳ，Ⅴ	/	/
		中、小	Ⅰ～Ⅳ	中、小	Ⅴ	/	/
	简单	大	Ⅰ，Ⅱ	大	Ⅳ，Ⅴ	/	/
		中、小	Ⅰ～Ⅲ	中、小	Ⅳ，Ⅴ	/	/
＜20 000 ≥10 000	复杂	大	Ⅰ～Ⅲ	大	Ⅳ，Ⅴ	/	/
		中、小	Ⅰ～Ⅳ	中、小	Ⅴ	/	/
	中等	大	Ⅰ，Ⅱ	大	Ⅲ，Ⅳ	大	Ⅴ
		中、小	Ⅰ，Ⅱ	中、小	Ⅲ～Ⅴ	/	/
	简单	/	/	大	Ⅰ～Ⅲ	大	Ⅳ，Ⅴ
		中、小	Ⅰ	中、小	Ⅱ～Ⅳ	中、小	Ⅴ
＜10 000 ≥5 000	复杂	大、中	Ⅰ，Ⅱ	大、中	Ⅲ，Ⅳ	大、中	Ⅴ
		小	Ⅰ，Ⅱ	小	Ⅲ，Ⅳ	小	Ⅴ
	中等	/	/	大、中	Ⅰ～Ⅲ	大、中	Ⅳ，Ⅴ
		小	Ⅰ	小	Ⅱ～Ⅳ	小	Ⅴ
	简单	/	/	大、中	Ⅰ，Ⅱ	大、中	Ⅲ～Ⅴ
		/	/	小	Ⅰ～Ⅲ	小	Ⅳ，Ⅴ
＜5 000 ≥1 000	复杂	/	/	大、中	Ⅰ～Ⅲ	大、中	Ⅳ，Ⅴ
		小	Ⅰ	小	Ⅱ～Ⅳ	小	Ⅴ
	中等	/	/	大、中	Ⅰ，Ⅱ	大、中	Ⅲ～Ⅴ
		/	/	小	Ⅰ～Ⅲ	小	Ⅳ，Ⅴ
	简单	/	/	/	/	大、中	Ⅰ～Ⅳ
		/	/	小	Ⅰ	小	Ⅱ～Ⅴ
＜1 000 ≥200	复杂	/	/	/	/	大、中	Ⅰ～Ⅳ
		/	/	/	/	小	Ⅰ～Ⅴ
	中等	/	/	/	/	大、中	Ⅰ～Ⅳ
		/	/	/	/	小	Ⅰ～Ⅴ
	简单	/	/	/	/	中、小	Ⅰ～Ⅳ

2. 评价范围

地表水环境影响的评价范围，应能包括建设项目对周围地表水环境影响较显著的区域。在此区域内进行的评价，能全面说明与地表水环境相联系的环境基本状况，并能充分满足地表水环境影响评价的要求。

（三）地表水环境现状调查与评价

地表水环境现状调查与评价的目的是掌握评价范围内水体污染源、水文、水质和水体使用功能等方面的环境背景情况，为地表水环境现状评价和影响预测提供基础资料。常用的地表水环境现状调查方法有搜集资料法、现场实测法和遥感遥测法，应视评价要求及具体情况选择。

水环境质量调查的原则是尽量利用现有的数据资料，如资料不足时应实测。调查的目的是查清水体评价范围内的水质现状，作为影响预测和评价的基础。所选择的水质因子主要包括两类：一类是常规水质因子，它能反映受纳水域水质的一般状况；另一类是特征水质因子，它能代表建设项目将来排污的水质特征。

水质评价方法主要采用单项水质参数评价法，对每个污染因子单独进行评价，利用统计得出各自的达标率或超标率、超标倍数、统计代表值等结果，从而判断出主要污染因子、主要污染时段和水体的主要污染区域。

（四）地表水环境影响预测及评价

地表水环境影响预测是建设项目地表水环境影响评价的中心环节，它的任务是通过一定的技术方法，预测建设项目在不同实施阶段对地表水的环境影响，为采取相应的环保措施及环境管理方案提供依据。建设项目地表水环境影响常用的预测方法有以下几种：

（1）数学模式法。此方法是利用表达水体净化机制的数学方程预测建设项目引起的水体水质变化，在许多水域有成功应用水质模型的范例。此法比较简便，能给出定量的预测结果，应首先考虑。

（2）物理模型法。此方法是依据相似理论，在一定比例缩小的环境模型上进行水质模拟实验，以预测由建设项目引起的水质变化。此方法能反映比较复杂的水环境特点，且定量化程度较高，再现性好。但需要有相应的试验条件和较多基础数据，且制作模型要耗费大量的人力、物力和时间。因此在无法利用数学模式法预测，而评价级别较高，对预测结果要求较严时，应选用此法。

（3）类比分析法。该方法通过调查性质相似，纳污水体的规模、水文持征、水质状况相似的工程，以分析预测拟建设项目的水环境影响。此方法属于定性或半定量性质预测，所得结果往往比较粗略，一般多在评价工作等级较低，且评价时间较短，无法取得足够的参数、数据时使用，或通过类比法求得数学模式中所需的若干参数、数据。

（4）专业判断法。该方法是定性地反映建设项目的环境影响，当评价时间过短或无法采用上述 3 种方法时，可选用此方法。

1. 预测范围及时段

地表水环境影响预测的范围与地表水环境现状调查的范围相同或略小，确定预测范围的原则与现状调查相同。预测应考虑水体自净能力不同的各个时段，通常可将其划分为自净能力最小、一般、最大 3 个时段。评价等级为一、二级时，应分别预测建设项目在水体自净能力最小和一般两个时段的水环境影响，评价等级为三级或评价等级为二级但评价时间较短时，可以只预测自净能力最小时段的水环境影响。

2. 预测水质因子的筛选

建设项目实施过程各阶段拟预测的水质因子，应根据建设项目的工程分析和水环境现状、评价等级、当地的环保要求筛选和确定。选取水质因子的数目既要能够说明污染的影响又不能过多，一般应少于水环境现状调查水质因子的数目。一般在水环境现状调查的水质因子中选择拟预测的水质因子。对河流，可按下式将水质参数排序后从中选取。

$$ISE=\frac{c_p Q_p}{(c_s - c_h)\ Q_h}$$

式中：ISE——水质污染因子排序指标；

c_p——建设项目水污染物的排放浓度（mg/L）；

c_s——水污染物的评价标准限值（mg/L）；

c_h——排污口上游该水质参数的浓度（mg/L）；

Q_p——建设项目废水排放量（m^3/s）；

Q_h——评价河段的流量（m^3/s）。

ISE 是负值或越大，说明该项水质参数对受纳水体的影响越大，预测时应选取 ISE 为负值或较大的水质参数。

3. 水体及污染源的简化

在实际环境影响预测工作中，受纳水体及项目排污情况往往非常复杂，需要对其进行适当简化，以满足预测的需求。

河流可简化视为矩形平直河流、矩形弯曲河流和非矩形河流。河流断面宽深比不小于 20，可视为矩形河流；大中河流预测河段弯曲系数大于 1.3 时视为弯曲河流，否则可简化为平直河流；大中河流水深变化很大且评价等级较高（如一级）视为非矩形河流，其他简化为矩形河流；小河一般可简化为矩形平直河流；河流水文、水质有急剧变化的河段，在急剧变化之处分段，分别简化。

湖泊与水库可简化视为大湖（库）、小湖（库）、分层湖（库）。水深大于 10m 且分层期较长，如大于 30d 的湖泊、水库可视为分层湖（库）；不存在大面积回流区和死水区，且流速较快，水力停留时间较短的狭长湖泊可以简化为河流。

污染源简化包括排放方式的简化和排放规律的简化。污染源排放方式一般简化为点源和面源。无组织排放或从多个间距很近的排放口排水时，也可以简化为面源；排入河流的两排放口间距较近时，可简化为一个，其位置假设在两排放口之间，排放量为二者之和；排入小湖（库）的所有排放口可简化为一个，其排放量是所有排放量之和；排入大湖（库）的两排放口间距较近时，可以简化成一个，其位置假设在两排放口之间，排放量为两者之和。污染源排放规律分为连续恒定排放和非连续恒定排放，地表水环境影响预测中，通常把排放规律简化为连续恒定排放。

4. 点源水环境影响预测的数学模型

一般将排污口附近的河段分为混合过程段、充分混合段和排污口上游河段。充分混合段是指污染物浓度在断面上均匀分布的河段，当断面上任意一点的浓度与断面平均浓度之差小于平均浓度的5%时，可以认为达到均匀分布。混合过程段是指排污口到下游达到充分混合以前的河段。

（1）混合过程段长度

河流混合过程段长度的理论公式为：

河中心排放：$x=\dfrac{0.1u_xB^2}{E_y}$

岸边排放：$x=\dfrac{0.4u_xB^2}{E_y}$

式中：x——河流混合过程段长度（m）；

u_x——x 方向流速（m/s）；

B——河流宽度（m）；

E_y——横向扩散系数（m^2/s）。

环评中，河流混合过程段长度还可由以下经验公式估算：

$$x=\frac{(0.4B-0.6a)\ Bu}{(0.058H+0.0065B)\ (gHI)^{\frac{1}{2}}}$$

式中：B——河流宽度（m）；

a——排放口距岸边的距离（m）；

u——河流断面的平均流速（m/s）；

H——平均水深（m）；

g——重力加速度（9.8m/s^2）；

I——河流坡度（‰）。

（2）河流完全混合模型（零维模型）

该模型适用条件为：①预测河流充分混合段污染物浓度；②河流为恒定流动；③污染物为持久性污染物；④废水连续稳定排放。

该模型表达式为：

$$c=\frac{c_pQ_p+c_hQ_h}{Q_p+Q_h}$$

式中：c——污染物浓度（mg/L）；

c_p——污染物排放浓度（mg/L）；

c_h——河流来水污染物浓度（mg/L）；

Q_p——废水排放量（m^3/s）；

Q_h——河流来水流量（m^3/s）。

（3）河流一维稳态模型

该模型适用条件为：①预测河流充分混合段污染物浓度；②河流为恒定流动；③污染物为非持久性污染物；④废水连续稳定排放。

该模型表达式为：

$$c=c_0\exp\left[-(K_1+K_3)\frac{x}{86\,400u}\right]$$

式中：c——计算断面的污染物浓度（mg/L）；

c_0——计算初始点污染物浓度（mg/L）；

K_1——耗氧系数（1/d）；

K_3——污染物的沉降系数（1/d）；

u——河流流速（m/s）；

x——从计算初始点到下游计算断面的距离（m）。

（4）Streeter-Phelps（S-P）模型

S-P 模型是描述水体中 BOD 和 DO 消长变化规律的模型，该模型建立的基本假设是：河流中的 BOD 衰减和 DO 的复氧都是一级反应；反应速度是定常的；河流中的耗氧是由 BOD 衰减引起的，而河流中 DO 的来源是大气复氧。

S-P 模型的适用条件为：①预测河流充分混合段污染物浓度；②需要预测河流溶解氧状态；③污染物为耗氧有机污染物；④河流为恒定流动；⑤废水连续稳定排放。

S-P 模型公式为：

$$c_{BOD}=c_{BOD_0}\exp(-K_1t)=c_{BOD_0}\exp\left(-K_1\frac{x}{86\ 400u}\right)$$

$$D=\frac{K_1c_{BOD_0}}{K_2-K_1}\left[\exp\left(-K_1\frac{x}{86\ 400u}\right)-\exp\left(-K_2\frac{x}{86\ 400u}\right)\right]+D_0\exp\left(-K_2\frac{x}{86\ 400u}\right)$$

式中：c_{BOD}——预测点 BOD 的浓度（mg/L）；

c_{BOD_0}——初始点 BOD 的浓度（mg/L）；

D——预测点亏氧量，即饱和溶解氧浓度与预测点溶解氧浓度的差值（mg/L）；

D_0——初始断面亏氧量（mg/L）；

K_2——大气复氧系数（1/d）。

最大氧亏点（临界点）的计算公式为：

$$t_c=\frac{1}{K_2-K_1}\ln\left[\frac{K_2}{K_1}\left(1-\frac{D_0}{c_{BOD_0}}\cdot\frac{K_2-K_1}{K_1}\right)\right]$$

$$x_c=\frac{86\ 400u}{K_2-K_1}\ln\left[\frac{K_2}{K_1}\left(1-\frac{D_0}{c_{BOD_0}}\cdot\frac{K_2-K_1}{K_1}\right)\right]$$

式中：t_c——由起始点到达临界点的流经时间（s）；

x_c——初始点到临界点的距离（m）。

S-P 模式在水质影响预测中应用最广，也可用于计算河段的最大容许排污量。在 S-P 模式基础上，结合河流自净过程中的不同影响因素，人们提出了一些修正型。例如托马斯引入悬浮物沉降作用对 BOD 衰减的影响；多宾斯-坎普提出了考虑底泥耗氧和光合作用复氧的模型；奥康纳进一步考虑含氮污染物的影响。

（5）河流二维稳态混合模型

该模型适用条件为：①预测平直、断面形状规则河段混合过程段某点的污染物浓度；②河流为恒定流动；③污染物为持久性污染物；④废水连续稳定排放；⑤采用相应的衰减模式后可用于预测非持久性污染物。

该模型岸边排放公式为：

$$c(x,y)=c_h+\frac{c_pQ_p}{H\sqrt{\pi M_y xu}}\left\{\exp\left(-\frac{uy^2}{4M_yx}\right)+\exp\left[-\frac{u(2B-y)^2}{4M_yx}\right]\right\}$$

非岸边排放公式为：

$$c(x,y)=c_h+\frac{c_pQ_p}{2H\sqrt{\pi M_y xu}}\left\{\exp\left(-\frac{uy^2}{4M_yx}\right)+\exp\left[-\frac{u(2a+y)^2}{4M_yx}\right]+\exp\left[-\frac{u(2B-2a-y)^2}{4M_yx}\right]\right\}$$

式中：c（x，y）——点（x，y）污染源垂直平均浓度（mg/L）；

H——平均水深（m）；

B——河流宽度（m）；

a——排放口与岸边的距离（m）；

M_y——横向混合系数（m^2/s）；

x，y——笛卡儿坐标系的坐标。

（6）河流二维稳态混合累积流量模型

该模型适用条件为：①预测弯曲河流、断面形状不规则河段混合过程段某点的污染物浓度；②河流为恒定流动；③污染物为持久性污染物；④废水连续稳定排放；⑤采用相应的衰减模式后可用于预测非持久性污染物。

该模型岸边排放公式为：

$$c(x,q)=\exp\left(-K_1\frac{x}{86\,400u}\right)\left\{c_h+\frac{c_pQ_p}{H\sqrt{\pi M_y xu}}\left[\exp\left(-\frac{q^2}{4M_qx}\right)\right.\right.$$

$$+\exp\left(-\frac{(2Q_h-q)^2}{4M_qx}\right)\bigg]\bigg\}$$

非岸边排放公式为：

$$c(x,q)=\exp\left(-K_1\frac{x}{86\,400u}\right)\left\{c_h+\frac{c_pQ_p}{2H\sqrt{\pi M_yxu}}\left[\exp\left(-\frac{q^2}{4M_qx}\right)\right.\right.$$

$$\left.\left.+\exp\left(-\frac{(2aHu+q)^2}{4M_qx}\right)+\exp\left(-\frac{(2Q_h-2aHu-q)^2}{4M_qx}\right)\right]\right\}$$

$$M_q=H^2uM_y,\quad q=Huy$$

式中：c（x，q）——（x，q）处污染物垂向平均浓度（mg/L）；

M_q——累积流量坐标系下的横向混合系数；

x，q——累积流量坐标系的坐标。

本书未涉及的其他水质预测模型可参阅《环境影响评价技术导则 地面水环境》。

五、声环境影响评价

（一）声环境影响评价的任务

声环境影响评价的基本任务包括：评价建设项目实施引起的声环境质量的变化和外界噪声对需要安静的建设项目的影响程度；提出合理可行的防治措施，把噪声污染降低到允许水平；从声环境影响角度评价建设项目实施的可行性；为建设项目优化选址、选线、合理布局以及城市规划提供科学依据。

（二）声环境影响评价等级及范围

1. 评价等级

根据声环境的环境影响评价技术导则，声环境影响评价工作等级一般分为三级，一级为详细评价，二级为一般性评价，三级为简要评价。其划分原则为：

当评价范围内有0类声环境功能区域，以及对噪声有特别限制要求的保护区等敏感目标，或建设项目建设前后评价范围内敏感目标噪声级增高量达 5dB（A）以上［不含 5dB（A）］，或受影响人口数量显著增多时，按一级评价。

当建设项目所处的声环境功能区为 1 类、2 类地区，或建设项目建设前后评价范围内敏感目标噪声级增高量达 3dB（A）～5dB（A）［含 5dB（A）］，或受噪声影响人口数量增加较多时，按二级评价。

建设项目所处的声环境功能区为 GB3096 规定的 3 类、4 类地区，或建设项目建设前后评价范围内敏感目标噪声级增高量在 3dB（A）以下［不含 3dB（A）］，且受影响人口数量变化不大时，按三级评价。

如建设项目符合两个以上级别的划分原则，按较高级别的评价等级评价。

2. 评价范围

不同项目类型、不同评价工作等级，声环境影响评价的范围也不同，其划分原则为：

一级评价一般以建设项目边界向外 200m 为评价范围（以固定声源为主的建设项目），或以道路中心线外两侧 200m 以内为评价范围（城市道路、公路、铁路、城市轨道交通地上线路和水运线路等建设项目）；如果依据建设项目声源计算得到的贡献值到 200m 处仍不能满足相应功能区标准限值时，应将评价范围扩大到满足标准值的距离；二、三级评价范围可根据建设项目所在区域和相邻区域的声环境功能区类别及敏感目标等实际情况适当缩小。

机场周围飞机噪声评价范围应根据飞行量计算到 L_{WECPN} 为 70dB 的区域。一级评价一般以主要航迹离跑道两端各 6～12km、侧向各 1～2km 的范围为评价范围；二、三级评价范围可根据建设项目所处区域的声环境功能区类别及敏感目标等实际情况适当缩小。

（三）环境噪声现状调查及评价

声环境现状调查的内容包括：项目所在地的声环境功能区划；已有的声环境敏感目标的名称、规模、人口分布等信息；区域内已有声源的名称、数量、位置、噪声级等；影响声波传播的环境要素，包括区域的主要气象特征、声源和敏感目标之间的地貌特征、地形高差及影响声波传播的环境要素，如地面构筑物、绿化带、地面类型等。

现状调查的方法以收集资料法、现场调查法和现场测量法为主。评价时应根据评价工作等级的要求确定需采用的具体方法。

现状调查完成后，应根据调查的结果及数据对声环境现状进行评价。评价内容包括：

（1）以图、表结合的方式给出评价范围内的声环境功能区及其划分情况；

（2）分析评价范围内现有主要声源种类、数量及相应的噪声级、噪声特性等，明确主要声源分布；

（3）说明现有敏感目标的分布情况，评价各敏感目标声环境的超、达标情况，分析其受到现有主要声源的影响，并给出不同类别的声环境功能区噪声超标范围内的人口数及分布情况。

（四）声环境影响预测及评价

1. 预测范围及点位

声环境影响的预测范围应与评价范围相同，预测点主要包括项目厂界或边界，以及评价范围内的敏感目标。

2. 预测的方法

在声环境影响预测中，主要是根据靠近声源某一位置（参考位置）处的已知声级（类比或实测取得）来计算距声源较远处预测点的声级，或者是根据声源的声功率级（按设备设计资料）来计算距声源较远处预测点的声级。在预测过程中遇到的声源往往是复杂的，环境影响评价中需根据其空间分布形式简化处理为点声源或线声源。

（1）预测点的倍频带声压级

可听声的频率为20～20 000Hz，高低相差1 000倍。通常把宽广的声音频率变化范围划分为若干较小的段落，称为频带或频程。在噪声控制领域，如果两个频率相差一倍，称这两个频率之间相差一个倍频带，在一个倍频带（程）宽频率范围内声压级的累加称为倍频带声压级。在实际应用中，噪声评价只用63～8 000Hz这8个倍频带就能满足。

预测点的倍频带声压级用以下公式计算：

$$L_{oct(r)} = L_{oct_{ref}(r_0)} - (A_{oct_{div}} + A_{oct_{bar}} + A_{oct_{atm}} + A_{oct_{exc}})$$

式中：$L_{oct(r)}$——距声源 r 处的倍频带声压级（dB）；

$L_{oct_{ref}(r_0)}$——参考位置 r_0 处的倍频带声压级（dB）；

$A_{oct_{div}}$——声波几何发散引起的衰减量（dB）；

$A_{oct_{bar}}$——声屏障引起的衰减量（dB）；

$A_{oct_{atm}}$——空气吸收引起的衰减量（dB）；

$A_{oct_{exc}}$——附加衰减量（dB）。

根据 r 处各倍频带声压级合成计算出预测点 r 处的A声级用下式进行计算：

设各个倍频带声压级为 L_{pi}，L_{pi} 即为通过上式计算出的 $L_{oct(r)}$，合成的A声级为：

$$L_A = 10\lg\left[\sum_{i=1}^{n} 10^{0.1(L_{pi}-\Delta L_i)}\right]$$

式中：L_A——预测点的A声级［dB（A）］；

L_{Pi}——预测点处的第 i 个倍频带声压级（dB）；

ΔL_i——第 i 个倍频带的A计权网络修正值（dB）；

n——总倍频带数。

63～16 000Hz范围内的A计权网络修正值通过查表9－10得到。

表 9－10　倍频带声压级的 A 计权网络修正值

Hz	63	125	250	500	1 000	2 000	4 000	8 000	16 000
ΔL_i	−26.2	−16.1	−8.6	−3.2	0	1.2	1.0	−1.1	−6.6

对于稳态的机械噪声，原则上使用倍频带声压级进行计算，如果使用该方式有困难时，一般可简化为采用 A 声级计算。

(2) 声源的几何发散衰减

声波传播过程中，声级随着传播距离的增大而减小。不同声源类型其衰减规律也不同。

1) 无指向性点声源几何发散衰减

如果已知 r_0 处的 A 声级，则声波传播至 r 处的声级为：

$$L_A(r) = L_A(r_0) - 20\lg\left(\frac{r}{r_0}\right)$$

式中：$L_A(r)$、$L_A(r_0)$——分别为 r 和 r_0 处的 A 声级[dB(A)]；

r、r_0——分别为声源至该受声点的距离（m）。

如果已知声源的 A 声功率级，则声波传播至 r 处的声级为：

$$L_A(r) = L_{WA} - 20\lg r - 11 \quad（自由声场）$$

$$L_A(r) = L_{WA} - 20\lg r - 8 \quad（半自由声场）$$

式中：L_{WA}——声源的 A 声功率级［dB（A）］。

2) 无限长线声源的几何发散衰减

如果已知线声源 r_0 处的 A 声级，则声波传播至 r 处的声级为：

$$L_A(r) = L_A(r_0) - 10\lg\left(\frac{r}{r_0}\right)$$

3) 有限长线声源的几何发散衰减

设线状声源长为 l_0，单位长度线声源辐射的声功率级为 L_W，在线声源垂直平分线上距声源 r 处的声压级为：

$$L_p(r) = L_W + 10\lg\left[\frac{1}{r}\arctan\left(\frac{l_0}{2r}\right)\right] - 8$$

如果已知线声源 r_0 处的声级，则有下列简化公式。

当 $r>l_0$ 且 $r_0>l_0$ 时，有限长线声源可当作点源，则有：

$$L_p(r)=L_p(r_0)-20\lg\left(\frac{r}{r_0}\right)$$

当 $r<l_0/3$ 且 $r_0<l_0/3$ 时，有限长线声源可当作无限长声源，则有：

$$L_p(r)=L_p(r_0)-10\lg\left(\frac{r}{r_0}\right)$$

当 $l_0/3<r<l_0$，且 $l_0/3<r_0<l_0$ 时，近似计算公式为：

$$L_p(r)=L_p(r_0)-15\lg\left(\frac{r}{r_0}\right)$$

（3）预测点的等效声级

多声源多时段在预测点产生的等效声级贡献值计算公式为：

$$L_{eqg}=10\lg\left(\frac{1}{T}\right)\sum_i t_i 10^{0.1L_{Ai}}$$

预测点叠加环境背景噪声值后的实际环境噪声评价值为：

$$L_{eq}=10\lg(10^{0.1L_{eqg}}+10^{0.1L_{eqb}})$$

式中：L_{eqg}——建设项目声源在预测点的等效声级贡献值[dB(A)]；

L_{Ai}——声源 i 在预测点产生的 A 声级[dB(A)]；

L_{eqb}——预测点的环境噪声背景值[dB(A)]。

T——预测计算的时间段(s)；

t_i——声源 i 在 T 时段内的运行时间(s)。

本章未涉及的其他噪声预测方法可参阅声环境环评技术导则。

思考与练习

1. 试分析环境质量评价与环境影响评价的关系。
2. 工程分析的方法有哪些？并简述其含义。
3. 水平衡分析的计算原理是什么？

4. 水环境影响评价的评价因子如何筛选?
5. 简述河流水质模型完全混合模型的适用条件。
6. 大气环境影响评价的评价范围如何确定?
7. 假定某地区 TSP 的监测值为 0.315mg/m^3,试计算其污染分指数 ITSP。
8. 某水域经 5 次监测溶解氧的浓度为:5.6mg/L,6.1mg/L,4.5mg/L,4.8mg/L,5.8mg/L,试计算溶解氧的平均浓度。
9. 企业锅炉使用黑龙江鹤岗某煤矿原煤,日需燃煤 100t,锅炉空气过剩系数取 1.2。已知该煤的收到基成分为:水分 7.1%,灰分 22.3%,碳 58.6%,氢 4.0%,氧 7.1%,氮 0.56%,硫 0.34%。试计算该企业的烟气排放速率。(单位:m^3/s)
10. 某河段的 K 断面处有一岸边污水排放口稳定地向河流排放污水,该河段河水宽度约 50m,平均深度 1.2m,流速约 0.1 m/s,河流坡度 9‰,试计算混合过程污染带长度。
11. 河边拟建一工厂,排放含氯化物废水,流量 2.83m^3/s,含盐量 1 250mg/L;该河平均流速 0.46m/s,平均河宽 13.7m,平均水深 0.61m,含氯化物浓度 110mg/L。如该厂废水排入河中能与河水迅速混合,问河水氯化物是否超标(设地方标准为 200mg/L)?
12. 某工厂风机排气口外 1m 处噪声级为 90dB,厂界值要求标准为 60dB,厂界与锅炉房最少距离应为多少米?

第十章　环境与资源保护法

第一节　概　述

一、环境与资源保护法的概念

根据《中华人民共和国环境保护法》（以下简称《环境保护法》）第2条规定，影响人类生存和发展的各种天然的和经过人工改造的自然因素的总体即为环境，包括大气、水、海洋、土地、矿藏、森林、草原、野生生物、自然遗迹、人文遗迹、自然保护区、风景名胜区、城市和乡村等。

环境与资源保护法调整环境社会关系，离开了环境社会关系，就不会有环境与资源保护法的存在。这是因为法律调整的社会关系是划分部门法的第一位标准。强调的是，并非与环境有关的一切社会关系都由环境与资源保护法调整。环境社会关系是人类在保护和改善环境、合理开发利用自然资源、防治污染和其他公害过程中产生的社会关系。具体而言，环境社会关系包括基于国家环境行政管理而产生的社会关系、平等主体之间基于环境和自然资源而产生的社会关系、社会公众参与环境保护与环境管理而产生的社会关系及基于国家环境权益保障而产生的社会关系四种类型的社会关系。

环境与资源保护法通过保护和改善生活环境与生态环境，防治污染和其他公害，最终实现保障人体健康，促进社会主义现代化建设的可持续发展。因此，一切保护和改善生活环境和生态环境、合理开发利用自然资源、防治环境污染和其他公害的法律规范即构成环境与资源保护法律规范。

《环境与资源保护法》法律规范由国家制定或认可。制定或认可是环境与资源保护法产生的两种方式。一方面，环境与资源保护法由国家制定或认可，使其具有了“国家意志”的形式，同时又具有权威性、普遍性和统一性的非本质属性。另一方面，环境与资源保护法具有以国家名义并由国家专门机关实施的强制力，即对违法行为实行不同形式的追究乃至制裁。

综上所述，《环境与资源保护法》是由国家制定或认可，由国家强制力保证实施的调整环境保护关系的原则、规则和制度的总称。

二、环境与资源保护法的产生和发展

（一）环境问题

环境问题，是指由于自然界或人类的活动，使环境质量下降或生态系统失调，对人类的社会经济发展、健康和生命产生有害影响的现象。

根据产生的原因，环境问题可分为原生（第一类）环境问题与次生（第二类）环境问题。原生环境问题，是自然界的运动而引起的自然灾害；次生环境问题，是人类的活动所引起的环境问题。《环境与资源保护法》主要预防与解决次生环境问题，还应该包括次生环境问题诱发的原生环境问题。

环境问题的形成，出现在生产力发展、特别是近代产业革命之后。大工业的出现、城市化和人口的剧增使环境破坏加剧，而工业产品的生产和消费过程中向环境排放了大量的“三废”，更是直接造成了环境污染。第二次世界大战后，环境污染日趋严重，震惊世界的公害事件频频发生。进入 20 世纪 70 年代，臭氧层破坏、温室效应、酸雨、光化学烟雾等环境污染不断扩展；环境资源如土壤、水、海洋在退化，生物多样性在减少……人类社会处于环境灾难危机四伏的艰难境地之中。

“从哲学观点看来，环境问题的实质是人与环境，亦即人与自然界的关系问题。”当前，世界面临的主要环境问题有大气污染、臭氧层消耗、气候变暖、海洋污染、淡水资源匮乏和水体污染、有毒化学品和危险废物污染、土地退化和荒漠化、森林过度砍伐和退化、生物多样性丧失等。

（二）环境法的产生和发展

环境法源于人类社会出现的环境问题。现代意义上的环境法产生于工业发达国家，经历了产生、发展和成熟三个阶段。

1. 环境法的产生阶段

从奴隶社会至资本主义产业革命前是环境法的产生阶段。工业经济的发展产生了第一代环境污染，主要表现是公害事件。英国伦敦分别于 1873 年、1880 年和 1891 年发生了 3 次毒雾事件；1873 年，日本爱知县别子铜山冶炼所长期排放大量的二氧化硫，附近农业、居民受到严重损害。公害事件的发生直接导致了工业发展较快的国家开始制定防止大气污染和河流污染的单行法规，如英国的《制碱业管理法》（1863 年）和《河流污染防治法》（1876 年），美国的《煤烟法》（1864 年），日本《矿业法》和《河川法》（1896 年）。

2. 环境法的发展阶段

自资本主义产业革命起至 20 世纪 60 年代止，是环境法的发展阶段。伴随着大工业的出现，社会生产力得到了空前发展，人类对环境的影响越来越大，环境污染日益严重，工业化国家频频发生公害事件。大量公害事件的发生，引发了大规模的反对公害的群众运动，环境问题演变为重大的社会政治问题。这一时期，大量的环境法规得以颁布，环境法迅速发展，如英国的《清洁大气法》（1956 年）和《水资源法》（1963 年）等，美国的《水污染控制法》（1948

年)、《固体废物处置法》(1965 年)、《清洁空气法》(1963 年) 等。

3. 环境法的成熟阶段

20 世纪 70 年代开始，是环境法的逐渐成熟阶段。第二次世界大战特别是 20 世纪 70 年代以来，环境问题已严重威胁到人类的生存和发展，成为当今世界突出的一大社会问题。环境问题的影响范围不断扩大，形成了大区域以至全球性的环境污染和破坏，成为一些国家双边或者多边有争议的问题。为了应对日益严重的环境问题，世界各国和一些国际组织纷纷行动，环境保护单行法大量涌现，更是出现了日本《公害对策基本法》(1967 年)、美国《国家环境政策法》(1970 年) 和中国《环境保护法 (试行)》(1979 年) 等一批综合性环境保护基本法和《关于非洲保护自然和天然资源条约》(1968 年)、《气候变化框架公约》(1992 年)、《生物多样性公约》(1992 年) 等区域性和国际性条约。

(三) 新中国的环境与资源保护法律建设

以 1978 年为分界线，当代中国环境与资源保护法的进程基本上可划分为前后两个时期。前期可称之为环境与资源保护法制建设的初创期，其基本特征是实行社会主义的“人治”。后期可称之为环境与资源保护法制建设的复兴与繁荣期，其基本特征是实行社会主义的法治。

1. 环境与资源保护法制初创期

总体而言，1978 年以前我国没有形成完整的环境保护概念，环境与资源保护立法较多关注的是自然资源尤其是作为农业命脉各种环境要素的保护，立法形式比较零散。这一时期，比较典型的立法有《宪法》中有关环境保护的条款、《矿业暂行条例》(1951 年)、《国家建设征用土地办法》(1953 年) 以及《水土保持暂行纲要》(1957 年) 等。

1966 年后，环境与资源保护法制建设遭受到严重破坏。20 世纪 70 年代后，环境与资源保护法制建设在艰难中起步，1972 年 6

月，我国政府代表团参加了联合国人类环境会议，会议通过了《人类环境宣言》，环境保护开始提上国家议事日程。1973 年 8 月，第一次全国环境保护工作会议审议通过了“全面规划、合理布局、综合利用、化害为利、依靠群众、大家动手、保护环境、造福人民”的环境保护工作方针和《关于保护和改善环境的若干规定》，成为环境与资源保护法制建设的一块里程碑。

2. 环境与资源保护法制的复兴与繁荣期

1978 年中国共产党第十一届三中全会开启了我国环境保护事业和环境与资源保护法制的全新发展阶段，逐步建立了较为完善的环境与资源保护法律体系。

1978 年 3 月，第五届全国人大第 1 次会议通过《中华人民共和国宪法》，第 11 条规定：“国家保护环境和自然资源，防治污染和其他公害。”这是新中国历史上第一次在宪法中明确对环境保护的规定，为我国环境保护事业和环境与资源保护法制建设奠定了坚实基础。1979 年 9 月，颁布了建国以来第一部综合性环境保护基本法——《中华人民共和国环境保护法（试行）》（以下简称《环境保护法（试行）》）。进入 20 世纪 80 年代后，环境与资源保护法制建设稳步发展，国家颁布了一系列的自然资源法、防灾减灾法和污染防治法。

三、环境与资源保护法的体系

所谓环境与资源保护法体系，是指由调整环境社会关系的所有法律规范而形成的有机联系的统一整体。我国环境与资源保护法律体系是以《中华人民共和国宪法》为基础，以《环境保护法》为主体，由污染防治法、自然资源保护法、防灾减灾法等法律构成的整体。

（一）宪法性规范

宪法是我国社会主义法律体系的基础和主导性的法律，是其他部门法所有规范性法律文件的最高依据。因此，我国宪法中关于环境与资源保护的规定是环境与资源保护法体系的基础，是各种环境法律、法规和制度的立法依据。

我国宪法对环境与资源保护作了一系列的规定，如《宪法》第26条规定："国家保护和改善生活环境和生态环境，防治污染和其他公害。国家组织和鼓励植树造林，保护林木。"

（二）综合性环境基本法

综合性环境基本法在环境与资源保护法体系中具有重要的地位和积极的意义。就其法律效力而言，综合性环境基本法的效力仅次于《宪法》和基本法中的环境与资源保护法律规范，是制定单行法、法规和规章的基本依据。

《环境保护法》是综合性环境基本法，于1989年12月26日第七届全国人大常委会第11次会议通过。《环境保护法》共6章，包括总则、环境监督管理、保护和改善环境、防治环境污染和其他公害、法律责任和附则，对环境与资源保护的重大问题作了规定。

（三）环境与资源保护单行法

环境与资源保护单行法以宪法和环境保护基本法为依据，是针对特定的保护对象或特定的污染防治对象而制定的单项法律法规。就其法律效力层次而言，环境与资源保护单行法可分为法律、法规、部门规章、地方法规和规章。就其内容而言，环境与资源保护单行法由自然资源保护法、污染防治法和环境管理行政法规组成。

（四）环境标准

环境标准既是标准体系的一个分支，又是环境与资源保护法体系的组成部分。环境标准是国家为了防治环境污染、保护人体健康、合理利用资源和促进经济发展，依据环境保护法和有关政策，对环境保护工作中需要统一的各项技术规范和技术要求依法定程序所制定的各种标准的总称。当前，我国环境标准体系主要有环境质量标准、污染物排放标准、环境基础标准、环境方法标准、环境标准样品标准和环保仪器设备标准 6 类，并由国家环境标准、地方环境标准和环境保护行业标准三级标准构成。

（五）其他部门法中的环境与资源保护法律规范

环境社会关系的调整，需要如民法、刑法、经济法、行政法等其他部门法的配合，这些部门法中的环境与资源保护法律规范也是环境与资源保护法体系的组成部分。如《民法通则》第 80 条，《物权法》第 90 条，《刑法》第 338～346 条等。

（六）国际法中的环境与资源保护规范

我国参加或缔结的有关环境与资源保护的双边、多边协定和国际条约是环境与资源保护法体系的重要组成部分。本着对国际环境与资源保护事业积极负责的态度，中国参加或者缔结了 30 多项国际环境条约，《环境保护法》保证这些条约在国内的实施。

四、环境与资源保护法的基本原则

环境与资源保护法的基本原则，是环境与资源保护法的主旨和基本准则，是制定、解释、执行和研究环境与资源保护法的出发点，是环境与资源保护法的本质和特征的集中体现。环境与资源保护法基本原则应该体现环境与资源保护法的基本价值和基本理念，必须贯穿于整个环境与资源保护法领域并体现在环境与资源保护法的主要制度、规则之中，且具有高度抽象性而非具体的规则。

（一）环境保护与经济、社会发展相协调原则

该原则简称协调发展原则，具体指环境保护与经济建设和社会发展统筹兼顾、同步实施、协调发展，实现经济效益、社会效益和环境效益的统一。确立协调发展原则，是社会经济规律和自然生态规律的客观要求，是经济社会持续发展的需要，是人类健康、发展社会生产力的根本保证，也符合可持续发展的基本理念。

协调发展原则是在环境与资源保护法制建设实践过程中逐步确立的。1973 年，《关于全国环境保护会议情况的报告》强调："经济发展和环境保护，同时并进，协调发展。”《环境保护法》（试行）第 5 条规定：“国务院和所属各部门、地方各级人民政府必须切实做好环境保护工作；在制定发展国民经济计划的时候，必须对环境的保护和改善统筹安排，并认真组织实施……”第二次全国境保护工作会议制定了“经济建设、城乡建设和环境建设要同步规划、同步实施、同步发展，做到经济效益、社会效益、环境效益相统一”（“三项建设、三同步和三统一”）的指导方针。随后，《环境保护法》确认了协调发展原则，第 4 条规定：“国家制定的环境保护规划必须纳入国民经济和社会发展计划。国家采取有利于环境保护的经济技术政策和措施，使环境保护工作同经济建设和社会发展相协调。”

（二）预防为主、防治结合原则

该原则简称预防为主原则，指国家采取各种预防措施，防止环境问题的产生和恶化，或者把环境污染和资源破坏控制在能够维持生态平衡、保护人体健康和社会物质财富及保障经济、社会持续发展的限度内，并对已造成的环境污染和资源破坏积极治理的原则。

20 世纪 60 年代至 70 年代初，基于环境问题的日益加剧和人类认识的提高，各国环境立法逐渐采取了预防和综合治理的环境政策，变消极应付为积极防治，从而使预防为主、防治结合原则得以确立。鉴于西方发达国家“先污染后治理”的教训，我国环境与资源保护立法一开始就贯彻“预防为主、防治结合”原则，并在相关法律、法规中规定了具体措施。比如，《环境保护法（试行)》将防治污染和其他公害作为立法指导思想之一，规定了环境影响评价和“三同时”制度。此后，《环境保护法》、《海洋环境保护法》、《水污染防治法》、《大气污染防治法》等均有专章或专款规定。

（三）合理利用自然资源原则

合理利用自然资源原则，是指在开发利用自然资源过程中，必须全面规划、合理布局，把开发利用与保护相结合，以达到自然资源的节约、可持续利用的目的。

鉴于自然资源的重要意义，世界各国无一不将合理利用自然资源作为环境与资源保护的一项基本原则。在中国，合理利用自然资源是一项重要的宪法原则。《宪法》规定："国家保障自然资源的合理利用，保护珍贵的动物和植物。禁止任何组织或者个人用任何手段侵占或者破坏自然资源"，"一切使用土地的组织和个人必须合理地利用土地"。同时，合理利用自然资源原则在《环境保护法》、《土地管理法》、《森林法》、《水法》、《渔业法》、《煤炭法》、《水土保持法》、《矿产资源法》等一系列法律中均有明确规定。

自然资源的有限性决定了开发利用自然资源与人类社会不断增长的需求相矛盾。因此，贯彻合理利用自然资源原则必须坚持有计划地节约自然资源，并保护和改善环境资源。具体而言，合理利用自然资源原则的内容包括：按照生态环境和自然资源的特点及客观生态规律进行开发利用；根据生态环境和自然资源的地域性特点，因地制宜加以开发利用；充分运用经济手段和法律手段，加强对环境资源的开发利用和保护；依靠科技发展，提高自然资源的利用效率；完善自然资源相关制度，建立自然资源市场化机制。

（四）污染者付费、利用者补偿、开发者保护、破坏者恢复原则

该原则又称环境保护责任原则，这一原则较好地体现了污染防治与自然资源保护并重的基本价值。第一次真正完整地表述"污染者付费、利用者补偿、开发者保护、破坏者恢复"原则是在1996年8月3日国务院发布的《关于环境保护若干问题的决定》中规定："……按照'污染者付费、利用者补偿、开发者保护、破坏者恢复'的原则，在基本建设、技术改造、综合利用、财政税收、金融信贷及引进外资等方面，抓紧制定、完善促进环境保护、防止环境污染和生态破坏的经济政策和措施。"

污染者付费原则，指污染环境造成的损失及治理污染的费用由排污者承担。针对"污染者付费"属于事后消极补偿的弊端，一些国家在这一原则的基础上发展出了惩罚性赔偿制度，使排污者不仅承担赔偿损失的责任，而且支付高额的赔偿费。

利用者补偿原则，指开发利用环境资源者应当按照国家有关规定承担经济补偿的责任。市场经济条件下，任何单位和个人开发利用环境资源不仅是有偿的，而且应当对其已利用的环境资源可再生或开发替代应付出的劳动给予补偿。

开发者保护原则，指对环境资源进行开发利用的任何单位和个人，有责任对环境资源进行维护、恢复和整治。开发的目的是为了利用，保护的目的则是为了更好地利用。只有把开发和保护相结合，才能实现资源的永续或长久利用，才能实现生态系统的良性循环和经济系统的可持续增长。

破坏者恢复原则，指因开发利用环境资源造成生态环境和资源破坏的任何单位和个人应当承担恢复与整治的责任。环境资源对于维护生态平衡、促进生态系统良性循环和经济的持续发展具有重要意义。因此，环境污染或资源破坏应当由破坏者进行恢复与整治，如《水土保持法》第 27 条、《矿产资源法》第 30 条的规定是这一原则的具体体现。

（五）公众参与原则

该原则又称环境民主原则，是指生态环境的保护和自然资源的合理开发利用必须依靠社会公众的广泛参与，公众有权参与解决生态问题的决策过程，参与环境管理并对环境管理部门以及单位、个人与生态环境有关的行为进行监督。一方面，公民的环境权要求环境法体现公众参与原则。作为环境权的一个组成部分，环境参与权要求环境法以公众参与为原则，贯穿于环境与资源保护的各个方面。另一方面，公众参与原则是环境民主、环境法治以及环境正义等环境基本价值的具体体现，对于环境法的实施、环境保护事业的发展具有重要意义。

20 世纪 70 年代开始，公众参与环境保护已经成为西方国家环境法中的一项重要制度。我国《宪法》第 2 条规定："中华人民共和国的一切权力属于人民……人民依照法律规定，通过各种途径和形式管理国家事务，管理经济和文化事业，管理社会事务。"这是我国公民参与环境与资源保护的宪法依据。其后，《建设项目环境保护管理条例》第 15 条首次以法律形式确认了公众参与原则，《环境影响评价法》、《环境影响评价公众参与暂行办法》和《环境信息公开办法（试行）》更是使公众参与原则有了法律保障。

第二节　环境管理的基本制度

一、环境管理概述

《人类环境宣言》指出：保护和改善人类环境是各国政府的责任。《人类环境宣言》之后，联合国环境规划署（UNEP）和各国环境保护部门的创立，开创了人类环境时代的新纪元。环境管理应运而生。

（一）环境管理的概念

《环境科学大辞典》从广义和狭义两方面阐释了环境管理的概念。广义上，环境管理是指在环境容量的允许下，以环境科学理论为基础，运用技术的、经济的、法律的、教育的和行政的手段，对人类的社会经济活动进行管理；狭义上，它是管理者为了实现预期的环境目标，对经济、社会发展过程中施加给环境的污染和破坏性影响进行调节和控制，实现经济、社会和环境效益的统一。

实质上，环境管理是人类管理自身的行为，通过对人类行为的影响，以求维护环境资源质量。鉴于此，本书采用狭义的环境管理概念。环境管理，是管理者运用法律、经济、行政等手段对人类活动造成的各种环境问题进行的调节与控制。

（二）环境管理的目的

环境管理的目的是要解决环境问题，协调社会经济发展与保护环境的关系，实现人类社会的可持续发展。

中国的环境问题已不是什么“隐约逼近的危机”，而是一个已到眼前的危机。环境问题的根源是一个政治问题，是我们扭曲的发展观。人类思想和观念上的偏差导致人类社会行为的失当，最终使自然环境遭受到破坏。因此，改变基本思想观念，从宏观到微观对人类自身的行为进行管理，逐步恢复被损害的环境，并减少或消除新的发展活动对环境的破坏，保证人类与环境能够持久地、和谐地协同发展，这是环境管理的根本目的。换言之，“环境管理就是要创造一种新的生产方式、新的消费方式、新的社会行为规则和新的发展方式”。

（三）环境管理的内容

环境管理涉及人口、经济、社会、资源环境等重大问题，关系到国民经济的各个方面，管理内容广泛而又复杂。从根本上讲，环境管理的内容由管理目的和管理对象决定，可以按照管理范围和管理性质标准划分。

按照管理范围的标准，环境管理的内容包括区域环境管理、部门环境管理和资源环境管理。区域环境管理，是以特定区域为管理对象，以解决区域内环境问题为内容的环境管理；部门环境管理属于专业环境管理或生产系统的环境管理，如工业环境管理等；资源环境管理，是以资源的合理开发和持续利用为目的，以实现可再生资源的恢复与扩大再生产、不可再生资源的合理利用和替代资源的开发为内容的环境管理。

按照管理性质的标准，环境管理的内容包括环境质量管理、环境技术管理和环境规划管理。环境质量管理，是指在特定的环境中，环境的总体或环境的要素对人群的生存和繁衍以及社会经济发展的适宜程度；环境技术管理，是指通过制定技术标准、技术规程，对技术发展方向、技术路线、技术政策、污染防治技术等进行环境经济评价，使科学技术的发展既能促进经济不断发展，又能保证环境质量不受影响或不断得到改善；环境规划管理，主要是指通过环境目标纳入社会发展规划以制定各种环境规划和实施计划。

二、环境管理的手段

随着环境问题的全球化，实施有效的环境管理已成为国家的重要职能之一。中国现行的环境管理手段有法律手段、行政手段、经济手段、技术手段和教育手段。各种环境管理手段之间相互联系，综合作用于环境保护工作。

（一）行政手段

环境管理的行政手段，指各级行政管理机关依据法定权限，制定环境与资源保护方面的方针、政策，颁布环境标准，对环境与资源保护工作实施行政决策和管理。行政手段具有规范性、强制性和针对性强等特点。但是，行政手段受行政部门和个人主观因素的影响较大，有时表现出一定程度的随意性。

（二）法律手段

环境管理的法律手段，指各管理者通过立法与执法控制并消除污染、保障自然资源合理利用、维持生态平衡的强制性手段。法律手段具有权威性和强制性的特点，它是环境管理的根本手段，是其他手段的支撑和保障。虽然我国已经建立了较为完善的环境与资源保护法体系，然而，环境领域的“执法必严”与“违法必究”并不能真正地落到实处。

（三）经济手段

环境管理的经济手段，指行政管理机关按照客观经济规律的要求，运用价格、税收、信贷等经济杠杆促进和诱导人类的生产活动，以限制损害环境与资源的社会经济活动，奖励积极治理污染的单位，促进节约和合理利用资源。纵观国内外环境管理的实践，较为成熟的经济手段主要有收费与税收、补贴、排污交易等。

（四）技术手段

环境管理的技术手段是环境管理工作的科学基础，指管理者为实现环境保护目标所采取的环境工程、环境监测、环境预测、环境评价基础、环境决策等科学技术方法。先进的环境保护技术手段及其有效运用是保护环境、促进环境管理的保证。

（五）宣传教育手段

环境宣传教育手段，指运用各种形式开展环境保护宣传教育活动，以增强大众环境意识和环境保护知识的手段。人们环境意识的形成和提高是一个积累的过程，因此环境教育的根本任务是提高全民族的环境意识和培养环境保护方面的专业人才。

三、环境管理的基本制度

环境管理制度是根据环境保护法规制定的，集行政、法律、经济、技术和教育于一体的完整的环境管理体系。20 世纪 70 年代，我国制定了环境影响评价、“三同时”和排污收费制度。随后，为了适应和满足环境保护不断发展的客观需要，第三次全国环境保护会议将环境管理的基本制度归纳为八项，即所谓“老三项”：环境影响评价、“三同时”和排污收费制度；“新五项”：环境保护目标责任、城市环境综合整治定量考核、排污许可证、污染集中控制和限期治理制度。

20 世纪 90 年代以来，一大批新的环境与资源保护法律陆续制定、实施，原有的法律也都进行了大幅度的修订，《环境保护法》已经不能适应时代的需要，特别是其中确立的环境与资源保护基本制度不健全、不完善，一定程度上制约了对环境与资源的保护。环境管理基本制度体系亟待完善。

（一）环境影响评价制度

环境影响评价，指对规划环境影响评价和建设项目实施后可能造成的环境影响进行分析、预测和评估，提出预防或者减轻不良环境影响的对策和措施，进行跟踪监测的方法与制度。

我国的环境影响评价制度始于《环境保护法（试行）》，《环境影响评价法》标志着环境影响评价制度正日臻成熟。它是“预防为主”基本原则的具体体现，也是我国借鉴和吸收西方国家环境管理经验的产物。

环境影响评价有规划环境影响评价和建设项目环境影响评价两种类型，其中，规划环境影响评价又有综合性规划与专项规划之分。综合性规划有关环境影响的篇章或者说明，应当对规划实施后可能造成的环境影响作出分析、预测和评估，提出预防或者减轻不良环境影响的对策和措施。专项规划的环境影响报告书包括实施该规划对环境可能造成影响的分析、预测和评估，预防或者减轻不良环境影响的对策和措施，以及环境影响评价的结论。建设项目的环境影响报告书应当包括建设项目概况，建设项目周围环境现状，建设项目对环境可能造成影响的分析、预测和评估，建设项目环境保护措施及其技术、经济论证，建设项目对环境影响的经济损益分析，对建设项目实施环境监测的建议，以及环境影响评价的结论。

（二）“三同时”制度

根据《环境保护法》第 26 条规定，“三同时”制度是一切可能对环境有影响的建设项目，其需要配套建设的环境保护设施必须与主体工程同时设计、同时施工、同时投产使用的制度。“三同时”制度与环境影响评价制度相辅相成，是控制新污染和破坏的两大“法宝”，是“预防为主”原则的具体化、制度化。

“三同时”制度主要适用于新建、扩建、改建项目，技术改造项目，一切可能对环境造成污染和破坏的工程建设项目，确有经济效益的综合利用项目。

“三同时”制度贯穿于建设项目的全过程。建设项目的初步设计阶段，应当在环境保护篇章中落实防治环境污染和生态破坏的措施以及环境保护设施投资概算。在建设项目主体工程完工试生产阶段，其配套建设的环境保护设施必须与主体工程同时投入试运行。在环境保护设施竣工验收阶段，应当与主体工程竣工验收同时进行。

(三) 排污申报登记与许可证制度

1. 排污申报登记制度

排污申报登记制度，指直接或间接向环境排放污染物、噪声或产生固体废物者，按照法定程序就排放污染物的具体状况，向所在地环境保护行政主管部门进行申报、登记和注册的过程。排污申报登记制度是各国环境管理过程中普遍采取的一项制度，是排污许可证制度的组成部分。在我国，排污申报登记制度作为一项独立的环境管理制度，规定于《环境保护法》、《水污染防治法》、《大气污染防治法》、《环境噪声污染防治法》、《固体废物污染环境防治法》等法规中，并成为实施排污许可证制度工作的基础。

排污申报登记的主要内容，包括排放污染物的种类、数量、浓度、排放去向、排放地点、排放方式、噪声源种类、数量和噪声强度、噪声污染防治设施以及固体废物的储存、利用或处置场所等。

2. 排污许可证制度

排污许可证制度，指凡是需要向环境排放污染物的单位或个人，必须事先向环境保护部门办理申领排污许可证手续，经批准后获得排污许可证后方可向环境排放污染物的制度。

我国排污许可证制度始于 20 世纪 80 年代中期。1988 年 3 月，原国家环保局发布了《水污染物排放许可证管理暂行办法》，次年 7 月，发布了《水污染防治法实施细则》，规定企业事业单位向水体排放污染物实行排污许可证管理。2000 年 3 月，国务院修订发布了《水污染防治法实施细则》，规定地方环保部门根据总量控制实施方案，发放水污染物排放许可证。2000 年 4 月，修订后的《大气污染防治法》第 15 条规定，对总量控制区内排放主要大气污染物的企事业单位实行许可证管理。

排污许可证制度的管理核心是将排污者应执行的国家环境保护的法律、法规、政策、标准、总量削减目标责任和环保技术规范性管理文件等要求具体化，有针对性、具体、集中地明确在排污者的排污许可证上，约束排污者的排污行为。

（四）排污收费制度

排污收费制度，指国家以筹集治理污染资金为目的，按照污染物的种类、数量和浓度，依据法定的征收标准，对向环境排放污染物或者超过法定排放标准排放污染物的排污者征收费用的制度。排污收费制度是“污染者付费”原则的体现，可以使污染防治责任与排污者的经济利益直接挂钩，促进经济效益、社会效益和环境效益的统一。

排污收费制度经历了试行、实施和不断完善与发展的过程。我国先后于1982年、1988年公布实施了《征收排污费暂行办法》和《污染源治理专项基金有偿使用暂行办法》。但是，随着财政管理体制的改革，排污收费制度在实践中出现了一些新问题。在总结排污费征收和使用管理实践经验的基础上，2002年1月30日国务院第54次常务会议通过《排污费征收使用管理条例》，自2003年7月1日起施行。

根据《排污费征收使用管理条例》规定，排污费的征收对象是“直接向环境排放污染物的单位和个体工商户”；排污收费由原来的超标收费改为排污即收费和超标收费并行；按照污染要素的不同，将排污收费由原来的单因子收费改为多因子收费；根据收费体制的变化，强调排污费实行收支两条线、收缴分离，明确排污费必须纳入财政预算，列入环境保护专项资金进行管理，主要用于重点污染源防治、区域性污染防治以及污染防治新技术、新工艺的开发、示范和应用等项目的拨款补助或者贷款贴息。

（五）限期治理制度

限期治理制度，指县级以上人民政府或环境保护行政管理部门对严重污染环境的污染源和污染严重的区域环境，依法限定其在一定的期限内完成治理任务，使污染物排放达到治理目标的一种强制性措施。

限期治理作为一项环境管理制度，首次于第一次全国环境保护会议提出，《环境保护法（试行）》将其确认为一项基本法律制度。当前，调整限期治理制度的法律主要有《环境保护法》和其他单行污染防治法律。

根据《环境保护法》第 18 条和 29 条规定，限期治理的对象主要有两类：一是位于特别保护的区域（在国务院、国务院有关部门和省、自治区、直辖市人民政府规定的风景名胜区、自然保护区和其他需要特别保护的区域）内的超标排污的污染源，如果工业生产设施的污染物排放超过规定排放标准的，限期治理。二是严重污染环境的企业事业单位，中央或省、自治区、直辖市人民政府直接管辖的企业事业单位的限期治理，由省、自治区、直辖市人民政府决定；市、县或者市、县以下人民政府管辖的企业事业单位的限期治理，由市、县人民政府决定。被限期治理的企业事业单位必须如期完成治理任务。

（六）环境事故报告处理制度

环境事故报告处理制度，指发生事故或其他突发事件，环境受到或者可能受到严重污染或破坏，事故或事件当事人必须立即采取措施处理，及时向可能受到环境污染与破坏危害的公众通报，并向当地环境保护行政主管部门和有关部门报告，接受调查处理的法律制度。

《海洋环境保护法》首次规定环境事故报告处理制度，第 17 条规定："因发生事故或者其他突发性事件，造成或者可能造成海洋环境污染事故的单位和个人，必须立即采取有效措施，及时向可能受到危害者通报，并向依照本法规定行使海洋环境监督管理权的部门报告，接受调查处理。”随后，《环境保护法》确认了这一制度，《水污染防治法》、《大气污染防治法》、《固体废物污染环境防治法》等单项环境保护法也对这一制度作了明确规定。

2006年1月24日，国务院发布《国家突发环境事件应急预案》。根据《国家突发环境事件应急预案》规定，突发环境事件按照严重性和紧急程度，分为特别重大环境事件（Ⅰ级）、重大环境事件（Ⅱ级）、较大环境事件（Ⅲ级）和一般环境事件（Ⅳ级）四级。突发环境事件责任单位和责任人以及负有监管责任的单位发现突发环境事件后，应在1小时内向所在地县级以上人民政府报告，同时向上一级相关专业主管部门报告，并立即组织进行现场调查。紧急情况下，可以越级上报。

第三节 环境污染防治法

一、环境污染与环境污染防治法

（一）环境污染的概念

环境污染，指人类直接或间接地向环境排放超过其自净能力的物质或能量，导致环境质量降低，影响人类的生存与发展、生态系统和环境的其他合法用途的现象。

按照不同标准，环境污染有不同的分类。按照环境要素标准，分为大气污染、土壤污染和固体污染；按照人类活动标准，分为工业环境污染、城市环境污染和农业环境污染；按照污染源性质标准，分为化学污染、生物污染、物理污染、固体废物污染和能源污染。

当前，我国环境污染源主要来自如下几方面：工厂排出的废烟、废气、废水、废渣和噪声；生活中排出的废烟、废气、噪声、脏水、垃圾；交通工具排出的废气和噪声；大量使用化肥、杀虫剂、除草剂等化学物质的农田灌溉后流出的废水；矿山废水、废渣；等等。

（二）环境污染的危害

环境污染对人类的生存与发展、生物资源和生态系统有着十分严重的危害。以大气污染为例，被污染的空气对人体健康有直接的影响，主要表现为发生呼吸道疾病与生理机能障碍，以及眼鼻等粘膜组织受到刺激而患病。1952 年 12 月英国伦敦发生的煤烟雾事件死亡 4 000 人，人们把这个灾难的烟雾称为“杀人的烟雾”。同时，大气污染物对天气和气候的影响十分显著，表现为减少到达地面的太阳辐射量、增加大气降雨量、酸雨、增高大气温度、气候变暖等。

（三）环境污染的防治法

环境污染防治法，指国家权力机关依照法定职权和程序，按照一定的分类标准制定的同类性质的防治环境污染的单性法律法规的总称。

我国环境污染防治立法全面起步于 20 世纪 70 年代。《环境保护法（试行）》第 16 条规定：“积极防治工矿企业的和城市生活的废气、废水、废渣、粉尘、垃圾、放射性物质等有害物质和噪声、震动、恶臭等对环境的污染和危害。”《环境保护法（试行）》的颁布与实施，带动了环境污染防治法制建设，20 世纪 80 年代我国环境污染防治立法获得快速发展。20 世纪 90 年代，环境污染防治立法进入健全完善阶段，形成了环境污染防治法律体系。

二、大气污染防治法

《大气污染防治法》于 2000 年 4 月 29 日第九届全国人大常委会第 15 次会议通过。除此之外，重要的大气污染防治立法还包括

《城市烟尘控制区管理办法》、《汽车排气污染监督管理办法》等法律法规以及《环境空气质量标准》、《大气污染物综合排放标准》等大气污染监测与行政监督管理的技术指标和要求。

（一）大气污染防治的监督管理体制

我国大气污染防治工作实行统一监督管理与分工配合相结合的监督管理体制。

根据《大气污染防治法》第 4 条规定，县级以上人民政府环境保护行政主管部门对大气污染防治实施统一监督管理。各级公安、交通、铁道、渔业管理部门根据各自的职责，对机动车船污染大气实施监督管理。县级以上人民政府其他有关主管部门在各自职责范围内对大气污染防治实施监督管理。根据《大气污染防治法》第 6 条和第 7 条规定，国务院环境保护行政主管部门制定国家大气环境质量标准，根据国家大气环境质量标准和国家经济、技术条件制定国家大气污染物排放标准。

（二）大气污染防治的监督管理

环境影响评价、“三同时”、排污申报登记、排污收费、限期治理等环境管理基本制度适用于大气污染防治领域。

根据《大气污染防治法》第 19 条规定，国家对严重污染大气环境的落后生产工艺和严重污染大气环境的落后设备实行淘汰制度。国务院经济综合主管部门会同国务院有关部门公布限期禁止采用的严重污染大气环境的工艺名录和限期禁止生产、禁止销售、禁止进口、禁止使用的严重污染大气环境的设备名录。

根据《大气污染防治法》第 19 条规定，企业应当优先采用能源利用效率高、污染物排放量少的清洁生产工艺，减少大气污染物的产生。2002 年 6 月，《清洁生产促进法》的颁布，标志着我国大气污染防治进入新的发展阶段。

（三）防治燃煤产生的大气污染

国家推行煤炭洗选加工，降低煤的硫分和灰分，限制高硫分、高灰分煤炭的开采。新建的所采煤炭属于高硫分、高灰分的煤矿，必须建设配套的煤炭洗选设施，使煤炭中的含硫分、含灰分达到规定的标准。国家采取有利于煤炭清洁利用的经济、技术政策和措施，鼓励和支持使用低硫分、低灰分的优质煤炭，鼓励和支持洁净煤技术的开发和推广。

国家鼓励企业采用先进的脱硫、除尘技术。企业应当对燃料燃烧过程中产生的氮氧化物采取控制措施。

（四）防治机动车船排放污染

机动车船向大气排放污染物不得超过规定的排放标准。任何单位和个人不得制造、销售或者进口污染物排放超过规定排放标准的机动车船。

国家鼓励生产和消费使用清洁能源的机动车船。国家鼓励和支持生产、使用优质燃料油，采取措施减少燃料油中有害物质对大气环境的污染。单位和个人应当按照国务院规定的期限，停止生产、进口、销售含铅汽油。

（五）防治废气、粉尘和恶臭污染

向大气排放粉尘的排污单位，必须采取除尘措施，严格限制向大气排放含有毒物质的废气和粉尘；确需排放的，必须经过净化处理，且不超过规定的排放标准。

工业生产中产生的可燃性气体应当回收利用，不具备回收利用条件而向大气排放的，应当进行防治污染处理。

在人口集中地区和其他依法需要特殊保护的区域内，禁止焚烧沥青、油毡、橡胶、塑料、皮革、垃圾以及其他产生有毒有害烟尘和恶臭气体物质。禁止在人口集中地区、机场周围、交通干线附近以及当地人民政府划定的区域露天焚烧秸秆、落叶等产生烟尘污染的物质。

三、水污染防治法

《水污染防治法》于1984年5月11日第六届全国人大常委会第5次会议通过，并经过了1996年和2008年两次修订。为贯彻执行《水污染防治法》，2000年3月20日，国务院发布《水污染防治法实施细则》。

（一）水污染防治的标准和规划

国务院环境保护主管部门制定国家水环境质量标准。根据国家水环境质量标准和国家经济、技术条件，制定国家水污染物排放标准。

国务院环境保护主管部门会同国务院水行政主管部门和有关省、自治区、直辖市人民政府，可以根据国家确定的重要江河、湖泊流域水体的使用功能以及有关地区的经济、技术条件，确定该重要江河、湖泊流域的省界水体适用的水环境质量标准。

防治水污染应当按流域或者按区域进行统一规划。国家确定的重要江河、湖泊的流域水污染防治规划，由国务院环境保护主管部门会同国务院经济综合宏观调控、水行政等部门和有关省、自治区、直辖市人民政府编制，报国务院批准。

（二）水污染防治的监督管理

环境影响评价、“三同时”、排污申报登记、排污许可证和排污收费等环境管理基本制度适用于水污染防治领域。

国家对重点水污染物排放实施总量控制制度。省、自治区、直辖市人民政府应当按照国务院的规定削减和控制本行政区域的重点水污染物排放总量，并将重点水污染物排放总量控制指标分解落实到市、县人民政府。市、县人民政府根据本行政区域重点水污染物排放总量控制指标的要求，将重点水污染物排放总量控制指标分解落实到排污单位。

国家建立水环境质量监测和水污染物排放监测制度。国务院环境保护主管部门负责制定水环境监测规范，统一发布国家水环境状况信息，会同国务院水行政等部门组织监测网络。

环境保护主管部门和其他依法行使监督管理权的部门，有权对管辖范围内的排污单位进行现场检查，被检查的单位应当如实反映情况，提供必要的资料。检查机关有义务为被检查的单位保守在检查中获取的商业秘密。

（三）水污染防治措施

《水污染防治法》第 3 条至第 29 条规定了水污染防治的一般措施，并具体规定了工业水、城镇水、农业和农村水以及船舶水污染防治的具体措施。

（四）饮用水水源和其他特殊水体保护

国家建立饮用水水源保护区制度。饮用水水源保护区分为一级保护区和二级保护区，必要时，可以在饮用水水源保护区外围划定一定的区域作为准保护区。

在饮用水水源保护区内，禁止设置排污口。

禁止在饮用水水源准保护区内新建、扩建对水体污染严重的建设项目；改建建设项目不得增加排污量。

四、海洋环境污染防治法

《海洋环境保护法》于 1982 年 8 月 23 日第五届全国人大常委会第 24 次会议通过，并经过 1999 年 12 月 25 日第九届全国人大常委会第 13 次会议修订通过。为实施《海洋环境保护法》，国务院陆续颁布了 6 个行政法规和一系列的国家标准和规范。

（一）海洋环境监督管理

国家海洋行政主管部门会同国务院有关部门和沿海省、自治区、直辖市人民政府拟定全国海洋功能区划，报国务院批准。沿海地方各级人民政府应当根据全国和地方海洋功能区划，科学合理地使用海域。

国家海洋行政主管部门按照国家环境监测、监视规范和标准，管理全国海洋环境的调查、监测、监视，制定具体的实施办法，会同有关部门组织全国海洋环境监测、监视网络，定期评价海洋环境质量，发布海洋巡航监视通报。

（二）海洋生态保护

国务院和沿海地方各级人民政府应当采取有效措施，保护具有典型性、代表性的海洋生态系统，珍稀、濒危海洋生物的天然集中分布区，具有重要经济价值的海洋生物生存区域及有重大科学文化价值的海洋自然历史遗迹和自然景观。

国务院有关部门和沿海省级人民政府应当根据保护海洋生态的需要，选划、建立海洋自然保护区。凡具有特殊地理条件、生态系统、生物与非生物资源及海洋开发利用特殊需要的区域，可以建立海洋特别保护区，采取有效的保护措施和科学的开发方式进行特殊管理。

国家鼓励发展生态渔业建设，推广多种生态渔业生产方式，改善海洋生态状况。新建、改建、扩建海水养殖场，应当进行环境影响评价。

（三）其他具体污染防治措施

《海洋环境保护法》分别从陆源污染物、海岸工程建设项目、海洋工程建设项目、倾倒废弃物和船舶及有关作业活动等几方面对海洋环境污染规定了具体的防治措施。如第 33 条规定："禁止向海域排放油类、酸液、碱液、剧毒废液和高、中水平放射性废水。严格限制向海域排放低水平放射性废水；确需排放的，必须严格执行国家辐射防护规定。严格控制向海域排放含有不易降解的有机物和重金属的废水。"

五、环境噪声污染防治法

《环境噪声污染防治法》于 1996 年 10 月 29 日第八届全国人大

常委会第22次会议通过，自1997年3月1日起施行。

（一）环境噪声污染防治的监督管理体制

各级人民政府的环境保护部门是对环境噪声污染防治实施统一监督管理的机关，国务院环境保护部门对全国环境噪声污染防治实施统一监督管理，县级以上地方人民政府的环境保护部门对本行政区域内的环境噪声污染防治实施统一的监督管理。

各级公安、交通、铁路、民航等主管部门和港务监督机构，根据各自的职责，对交通运输和社会生活噪声污染防治实施监督管理。

（二）环境噪声污染防治的监督管理制度

建设项目可能产生环境噪声污染的，必须执行环境影响评价和“三同时”制度；产生环境噪声污染的单位，应当采取措施进行治理，并按照国家有关《征收排污费暂行办法》以及各类环境噪声排放标准等规定缴纳超标准排污费；对于在噪声敏感建筑物集中区域内造成严重环境噪声污染的企业事业单位，限期治理；对于环境噪声污染严重的落后设备，国家实行淘汰制度；对于在城市范围内从事生产活动确需排放偶发性强烈噪声的，必须事先向当地公安机关提出申请，经批准后方可进行；国务院环境保护部门应当建立环境噪声监测制度，制定监测规范，并会同有关部门组织监测网络。

（三）其他具体噪声污染防治措施

《环境噪声污染防治法》分别从工业噪声、建筑施工噪声、交通运输噪声和社会生活噪声等几方面对噪声污染规定了具体的防治措施。如第32条规定：“禁止制造、销售或者进口超过规定的噪声限值的汽车。”

六、固体废物污染环境防治法

《固体废物污染环境防治法》于1995年10月30日第八届全国人大常委会第16次会议通过，并经过2004年12月29日第十届全国人大常委会第13次会议修订通过。此外，《海洋环境保护法》、《水污染防治法》、《大气污染防治法》、《水法》、《矿产资源法》等法律以及有关工业企业“三废”排放标准、排污收费标准、工业企业涉及的卫生标准中，对固体废物的排放控制及其污染防治作了规定。

（一）防治固体废物污染环境的管理原则

对固体废物实行减量化、资源化和无害化，是防治固体废物污染环境的实体性原则，简称“三化”原则。

对固体废物实行全过程管理。对固体废物实行的全过程管理，是防治固体废物污染环境的一项实体和程序相结合的原则。它是指对固体废物从产生、收集、储存、运输、利用直到最终处置的全部过程实行一体化的管理。

对固体废物实行分类管理。针对固体废物的来源具有广泛性的特征，对固体废物实施的管理和控制必须根据不同的情况采取分别、分类管理的方法，针对不同的固体废物制定不同的对策或措施。

（二）固体废物污染环境防治的监督管理制度

国务院环境保护行政主管部门对全国固体废物污染环境的防治工作实施统一监督管理。国务院有关部门在各自的职责范围内负责固体废物污染环境防治的监督管理工作。

国务院环境保护行政主管部门建立固体废物污染环境监测制度，制定统一的监测规范，并会同有关部门组织监测网络；县级以上人民政府应当将固体废物污染环境防治工作纳入环境保护规划，并采取有利于固体废物污染环境防治的经济、技术政策和措施。对造成固体废物严重污染环境的企业事业单位限期治理。县级以上人民政府环境保护行政主管部门和其他固体废物污染环境防治工作的监督管理部门，有权依据各自的职责对管辖范围内与固体废物污染环境防治有关的单位进行现场检查。

（三）防治工业固体废物和其他固体废物污染环境的一般措施

在防治工业固体废物污染环境方面，推行清洁生产，实行淘汰落后生产工艺设备，制定工业固体废物污染环境防治工作规划，建立、健全企业污染环境防治责任制度，建立专用储存设施、场所。

在固体废物转移方面，对于在国内范围内转移固体废物出省、自治区、直辖市行政区域储存、处置的，应当向固体废物移出地的省级人民政府环境保护行政主管部门报告，并经固体废物接受地的省级人民政府环境保护行政主管部门许可；禁止中国境外的固体废物进境倾倒、堆放、处置；禁止经中华人民共和国过境转移危险废物。

在防治城市生活垃圾污染环境方面，任何单位和个人应当在指定的地点倾倒、堆放城市生活垃圾，不得随意扔撒或者堆放；及时清运城市生活垃圾，并积极开展合理利用和无害化处置，逐步做到分类收集、储存、运输和处置；对于施工过程产生的建筑垃圾，施工单位应当及时清运、处置，并采取措施，防止污染环境。

（四）防治危险废物污染环境的特别措施

对于危险废物，除了应当执行一般废物的管理规定外，根据《固体废物污染环境防治法》规定，防治危险废物污染环境的特别措施有实行国家危险废物名录制、危险废物识别标志制、危险废物经营许可制、危险废物的处置、危险废物发生污染事故时的强制应急措施和处理等。

第四节　自然资源保护法

一、自然资源与自然资源法

（一）自然资源的概念

自然资源是自然过程所产生的天然生成物，它能够满足人类需要并为人类开发利用能力所控制的自然要素，它的范畴随着人类社会和科学技术的发展而变化。对于人类而言，自然资源具有重要的意义。自然资源既是社会物质财富的重要组成部分和来源，又是生态环境系统至关重要的组成部分。自然资源是人类赖以生存和发展的重要物质基础，是实现社会主义现代化建设的基本物质条件。

通常，我们从不同的角度使用自然资源、生态系统和环境这三个概念。一般而言，自然资源的概念是从能否为人类所用的角度，生态系统是从生物的生存条件以及相互关系的角度，而环境的概念是从以人类为中心的角度来理解人类存在的自然界。

（二）自然资源的特征

并不是自然界一切物质和能量都是自然资源，自然资源有其固有的特性。自然资源的特征表现为：首先，自然资源的可用性，或称为自然资源的经济性。自然资源能为人类所用，满足人类的需要。不能为人类所用的资源不是自然资源，如火山爆发。其次，自然资源的规律性。自然资源是不以人的意志为转移的自然要素，是自然环境的组成部分，它的发展变化遵循一定的自然规律。因此，人类在开发利用自然资源时，必须遵循自然资源的规律性，才能达到利用自然资源的目的。最后，自然资源的整体性。生物圈中的各种自然资源、自然资源要素之间相互联系、相互制约，构成一个整体系统。自然资源的整体性与规律性紧密相连。人类开发利用自然资源的过程中，如果遵循自然资源的规律性，则自然资源的整体性不至于被破坏；如果违背了自然资源的规律性，则自然资源的整体性必定遭受破坏。

（三）自然资源保护法

在理论界，对自然资源保护法的基本范畴含义存在较大的分歧。有学者主张将自然保护法与资源法融合为自然资源保护法，有学者主张自然资源法即为生态保护法，更多的学者主张自然资源保护法是独立的环境法。

自 1984 年我国制定第一部自然资源单行法《中华人民共和国森林法》以来，自然资源法制建设进入了一个快速发展的新时期。我国初步形成了以宪法性规范为依据，以环境保护法为基础，以单项专门法为主干，以其他法律及地方性法规相配套，以国际条约为补充的自然资源保护法体系的基本框架，这一体系框架基本覆盖了我国自然资源开发、利用、保护和管理的主要方面。

二、水资源保护法

《水法》于 1988 年 1 月 21 日第六届全国人大常委会第 24 次会议通过，并经过 2002 年 8 月 29 日第九届全国人大常委会第 29 次会议修订通过。根据《水法》，国务院先后制定了《河道管理条例》（1988 年）、《防汛条例》（1991 年）、《取水许可制度实施方法》（1993 年）等行政法规。

《水法》与《水污染防治法》都是为了保护水资源。但是，《水法》主要调整人类开发、利用、保护和管理水资源的行为，而《水污染防治法》则是控制人类活动产生的水污染物和治理被污染的水体，使其符合生态平衡以及人类生存的需要。

（一）水资源保护和开发利用的一般规定

水资源属于国家所有，水资源的所有权由国务院代表国家行使；农村集体经济组织的水塘和由农村集体经济组织修建管理的水库中的水，归各农村集体经济组织使用。

国家鼓励和支持开发利用水资源和防治水害的各项事业。开发利用水资源和防治水害，应当全面规划、统筹兼顾、综合利用、讲求效益，发挥水资源的多种功能。

国家厉行节约用水，大力推行节约用水措施，推广节约用水新技术、新工艺，发展节水型工业、农业和服务业，建立节水型社会。

国家对水资源实行流域管理与行政区域管理相结合的管理体

制。国务院水行政主管部门负责全国水资源的统一管理和监督工作；国务院有关部门按照职责分工，负责水资源开发、利用、节约和保护的有关工作。县级以上地方人民政府水行政主管部门按照规定的权限，负责本行政区域内水资源的统一管理和监督工作；县级以上地方人民政府有关部门按照职责分工，负责本行政区域内水资源开发、利用、节约和保护的有关工作。

（二）水资源规划

国家制定全国水资源战略规划。开发、利用、节约、保护水资源和防治水害，应当按照流域、区域统一制定规划。规划分为流域规划和区域规划。流域规划包括流域综合规划和流域专业规划；区域规划包括区域综合规划和区域专业规划。制定规划，必须进行水资源综合科学考察和调查评价。

（三）水资源开发和利用

国家鼓励开发、利用水资源。开发、利用水资源，应当坚持兴利与除害相结合，兼顾上下游、左右岸和有关地区之间的利益，充分发挥水资源的综合效益，并服从防洪的总体安排。开发、利用水资源，应当首先满足城乡居民生活用水，并兼顾满足农业、工业、生态环境用水以及航运等需要。

（四）水资源保护

水资源保护实行水功能区划制度、饮用水水源保护区制度和地下水保护制度。

按照流域综合规划、水资源保护规划和经济社会发展要求，拟定国家确定的重要江河、湖泊的水功能区划，县级以上人民政府水行政主管部门或者流域管理机构应当按照水功能区对水质的要求和水体的自然净化能力，核定该水域的纳污能力，向环境保护行政主管部门提出该水域的限制排污总量意见。

省、自治区、直辖市人民政府应当划定饮用水水源保护区，并采取措施，防止水源枯竭和水体污染，保证城乡居民饮用水安全。

禁止在饮用水水源保护区内设置排污口。

开采地下水必须在水资源调查评价的基础上，实行统一规划，加强监督管理。

（五）水事纠纷处理

不同行政区域之间发生水事纠纷的，应当协商处理；协商不成的，由上一级人民政府裁决，有关各方必须遵照执行。单位之间、个人之间、单位与个人之间发生的水事纠纷，应当协商解决；当事人不愿协商或者协商不成的，可以申请县级以上地方人民政府或者其授权的部门调解，也可以直接向人民法院提起民事诉讼。

三、土地资源保护法

《土地管理法》于 1986 年 6 月 25 日第六届全国人大常委会第 16 次会议通过，并经过了 1998 年和 2004 年两次修订。此外，《水土保持法》及其实施细则、《农业法》、《土地复垦规定》、《基本农田保护条例》等法律法规对土地资源保护作了规定。

（一）土地的所有权与使用权

我国实行土地的社会主义公有制，即全民所有制和劳动群众集体所有制。全民所有，即国家所有土地的所有权由国务院代表国家行使。

土地使用权可以依法转让。国家依法实行国有土地有偿使用制度。但是，国家在法律规定的范围内划拨国有土地使用权的除外。

（二）土地实行用途管制制度

国家编制土地利用总体规划，规定土地用途，将土地分为农用地、建设用地和未利用地。

国家严格限制农用地转为建设用地，控制建设用地总量，对耕地实行特殊保护。使用土地者必须严格按照土地利用总体规划确定的用途使用土地。

根据《土地管理法》规定，土地利用还实行建设用地总量控制制度、土地调查制度和土地统计制度，并且国家建立全国土地管理信息系统，对土地利用状况进行动态监测。

（三）对耕地实行特殊的保护制度

严格控制将耕地转为非耕地使用。国家实行占用耕地补偿制度，对于非农业建设经批准占用耕地的，应当按照“占多少，垦多少”的原则，由占用耕地的单位负责开垦与所占用耕地数量和质量相当的耕地。

严格执行土地利用总体规划，确保耕地总量不因非利用计划的原因而减少。对于因合理利用而造成耕地总量减少的，由国务院责令省级地方人民政府在规定的期限内组织开垦与所减少耕地的数量与质量相当的耕地。

实行基本农田保护制度。基本农田是根据一定时期人口和国民经济对农产品的需求，以及对建设用地的预测而确定的长期不得占用的和基本农田保护区规划期内不得占用的耕地。

防止耕地破坏。维护排灌工程设施，改良土壤，提高地力，防止土地荒漠化、盐渍化、水土流失和污染；国家鼓励单位和个人在保护和改善生态环境、防止水土流失和土地荒漠化的前提下开发未利用的土地，对适宜开发为农用地的应当优先开发为农用地。

实行土地复垦制度，改善土地条件，恢复土地的原用途。

鼓励土地整理。土地整理是指以工程技术手段以及相应的政策措施，对土地利用方式和占用现状进行调整和治理，以提高土地质量和利用效率。

（四）建设用地

建设用地实行申请使用土地制度和征用土地补偿制度。

任何单位和个人进行建设，需要使用土地的，应当依法申请使用国有土地（包括国家所有的土地和国家征用的原属于农民集体所有的土地）。对于征用的土地，使用权人应当按照被征用土地的原用途按照规定给予补偿。补偿费包括土地补偿费、安置补偿费以及地上附着物和青苗补偿费。

四、草原资源保护法

《草原法》于 1985 年 6 月 18 日第六届全国人大常委会第 11 次会议通过，并经过 2002 年 12 月 28 日第九届全国人大常务委员会第 31 次会议修订。为防止草原火灾，1993 年 10 月 5 日国务院发布《草原防火条例》，并经过 2008 年 11 月 19 日国务院第 36 次常务会议修订通过。

（一）草原权属制度

草原属于国家所有，由法律规定属于集体所有的除外。国家所有的草原，由国务院代表国家行使所有权。

当遇有自然灾害等特殊情况，需要临时调剂使用草原的，按照自愿、互利的原则，由调剂双方协商解决；需要跨县临时调剂使用草原的，由有关县级人民政府组织协商解决。

当发生草原所有权和使用权争议时，应当由当事人本着互谅互让、有利团结的精神协商解决；协商不成的，由人民政府处理。全民所有制单位之间、集体所有制单位之间以及全民所有制单位与集体所有制单位之间的草原所有权和使用权的争议，由县级以上人民政府处理。个人之间、个人与全民所有制单位或者集体所有制单位之间的草原使用权的争议，由乡级或者县级人民政府处理。当事人对有关人民政府的处理决定不服的，可以在接到通知之日起一个月内向人民法院起诉。

（二）草原的合理开发利用和保护

制定草原普查与草原发展规划。地方各级人民政府负责组织本行政区域内的草原资源普查，制定草原畜牧业发展规划并纳入国民经济发展计划，加强草原的保护、建设和合理利用，提高草原的载畜能力。

保护和改善草原环境。国家鼓励在农、林、牧区和城镇种草，促进畜牧业的发展，改善生态环境。国家保护草原的生态环境，防治污染。

防止草原破坏。严格保护草原植被，禁止开垦和破坏。草原使用者进行少量开垦，必须经县级以上地方人民政府批准。已经开垦并造成草原沙化或者严重水土流失的，县级以上地方人民政府应当限期封闭，责令恢复植被，退耕还牧。

合理使用草原放牧。合理使用草原，防止过量放牧。因过量放牧造成草原沙化、退化、水土流失的，草原使用者应当调整放牧强度，补种牧草，恢复植被。对已经建成的人工草场应当加强管理，合理经营，科学利用，防止退化。

防止草原灾害。地方各级人民政府应当采取措施，防治草原鼠虫害，保护捕食鼠虫的益鸟益兽。地方各级人民政府应当采取措施，防治草原地区牲畜疫病和人畜共患疾病。

五、渔业资源保护法

《渔业法》于 1986 年 1 月 20 日第六届全国人大常务委员会第 14 次会议通过，并经过了 2000 年和 2004 年两次修正。除此之外，渔业资源保护法律法规还包括《渔业资源增殖保护费征收使用办法》、《水生野生动物保护实施条例》、《渔业水质标准》等。

（一）渔业养殖和捕捞业

为了规范渔业养殖，防止不合理的捕捞活动对渔业资源造成破坏，我国实行渔业养殖使用证、捕捞许可证和捕捞限额制度，鼓励和扶持外海和远洋捕捞，限定捕捞场所、时间、方法和工具。

国家对水域利用进行统一规划，确定可以用于养殖业的水域和滩涂。使用国家规划确定用于养殖业的全民所有的水域、滩涂的单位和个人，应当向县级以上地方人民政府渔业行政主管部门提出申请，由本级人民政府核发养殖证，许可其使用该水域、滩涂从事养殖生产。

海洋大型拖网、围网作业以及到中华人民共和国与有关国家缔结的协定确定的共同管理的渔区或者公海从事捕捞作业的捕捞许可证，由国务院渔业行政主管部门批准发放。其他作业的捕捞许可证，由县级以上地方人民政府渔业行政主管部门批准发放。

国家根据捕捞量低于渔业资源增长量的原则，确定渔业资源的总可捕捞量，实行捕捞限额制度。

（二）渔业资源增殖和保护

根据《渔业法》规定，对渔业资源的增殖和保护，主要措施有实行渔业资源增殖保护费和渔业水域统一规划制度，禁止使用炸鱼、毒鱼、电鱼等破坏渔业资源的方法进行捕捞，保护苗种等。

六、矿产资源保护法

《矿产资源法》于 1986 年 3 月 19 日第六届全国人大常委会第 15 次会议通过，并经过 1996 年 8 月 29 日第八届全国人大常委会第 21 次会议修正通过。除此之外，我国制定了一系列矿产资源保护的法律法规，重要的有《煤炭法》、《矿产资源勘查登记管理暂行办法》、《矿产资源监督管理暂行办法》、《石油及天然气勘查、开采登记管理暂行办法》和《矿产资源补偿费征收管理规定》等。

（一）矿产资源的所有权、探矿权和采矿权

我国实行矿产资源国家所有权制度。矿产资源属于国家所有，由国务院行使国家对矿产资源的所有权。地表或者地下的矿产资源的国家所有权，不因其所依附的土地的所有权或者使用权的不同而改变。

探矿权和采矿权实行许可证和有偿取得制度。矿产资源的勘查、开采必须依法分别申请许可证，以取得探矿权、采矿权，并办理登记；国家对探矿权、采矿权有偿取得的费用，可以根据不同情况规定予以减缴、免缴。

（二）矿产资源勘查、开采的保护制度

在矿产资源勘查、开采过程中，我国实行规划、登记、许可证及矿产资源税和资源补偿费制度。

国家对矿产资源的勘查、开发实行统一规划、合理布局、综合勘查、合理开采和综合利用的方针。对于全国矿产资源的分配和开发利用，应当本着兼顾当前和长远、中央和地方利益的原则，实行统一规划、有效保护、合理开采、综合利用。

国家对矿产资源勘查实行统一的区块登记管理制度。矿产资源勘查登记工作由国务院地质矿产主管部门负责；特定矿种的矿产资源勘查登记工作，可以由国务院授权有关主管部门负责。

开采国家规划矿区和对国民经济具有重要价值的矿区内的矿产资源、国家规划矿区和对国民经济具有重要价值的矿区以外可供开采的矿产储量规模在大型以上的矿产资源、国家规定实行保护性开采的特定矿种和领海及中国管辖的其他海域的矿产资源的，由国务院地质矿产主管部门审批，并颁发采矿许可证。

开采矿产资源，必须按照国家有关规定缴纳资源税和资源补偿费。根据《资源税暂行条例》规定，资源税税目列举的矿产资源有原油、天然气、煤炭、其他非金属矿原矿、黑色金属矿原矿和有色金属矿原矿。矿产资源补偿费按照矿产品销售收入的一定比例计征，由采矿权人缴纳。矿产资源补偿费以矿产品销售时使用的货币结算；采矿权人对矿产品自行加工的，以其销售最终产品时使用的货币结算。

（三）煤炭资源的保护

根据《煤炭法》规定，国务院煤炭管理部门依法负责全国煤炭行业的监督管理。国务院有关部门在各自的职责范围内负责煤炭行业的监督管理。国家对煤炭开发实行统一规划、合理布局、综合利用的方针。

开发利用煤炭资源，应当遵守有关环境保护的法律法规，防治

污染和其他公害，保护生态环境。煤矿建设应当贯彻保护耕地、合理利用土地的原则，应当坚持煤炭开发与环境治理同步进行，实行“三同时”制度。

国家提倡和支持煤矿企业和其他企业发展煤电联产、炼焦、煤化工、煤建材等，进行煤炭的深加工和精加工。国家鼓励煤矿企业发展煤炭洗选加工，综合开发利用煤层气、煤矸石、煤泥、石煤和泥炭。国家发展和推广洁净煤技术。

七、森林资源保护法

《森林法》于 1984 年 9 月 20 日第六届全国人大常委会第 7 次会议通过，并于 1998 年 4 月 29 日第九届全国人大常委会第 2 次会议修正通过，自 1998 年 7 月 1 日起施行。

（一）森林资源保护的一般性措施

森林资源属于国家所有，由法律规定属于集体所有的除外。对于国家所有的和集体所有的森林、林木和林地，个人所有的林木和使用的林地，由县级以上地方人民政府登记造册，发放证书，确认所有权或者使用权。

林业建设实行以营林为基础，普遍护林，大力造林，采育结合，永续利用的方针。

国家通过限额采伐，对集体和个人造林、育林给予经济扶持或者长期贷款，提倡木材综合利用和节约使用木材，征收育林费，建立林业基金，以及设立森林生态效益补偿基金等制度或措施，对森林资源实行保护。

植树造林、保护森林是公民应尽的义务。各级人民政府应当组织全民义务植树，开展植树造林活动。

（二）森林资源保护的具体措施

设立护林组织，防止森林资源的破坏。地方各级人民政府应当组织有关部门建立护林组织，负责护林工作；根据实际需要在大面积林区增加护林设施，加强森林保护；督促有林的和林区的基层单位订立护林公约，组织群众护林，划定护林责任区，配备专职或者兼职护林员。

在林区设立森林公安机关，负责维护辖区社会治安秩序，保护辖区内的森林资源，在国务院林业主管部门授权的范围内行使《森林法》规定的行政处罚权。

防止森林火灾。地方各级人民政府应当切实做好森林火灾的预防和扑救工作。

防治森林病虫害。各级林业主管部门负责组织森林病虫害防治工作。林业主管部门负责规定林木种苗的检疫对象，划定疫区和保护区，对林木种苗进行检疫。

防止森林资源的破坏。禁止毁林开垦和毁林采石、采砂、采土以及其他毁林行为。禁止在幼林地和特种用途林内砍柴、放牧。

划定自然保护区。国务院林业主管部门和省、自治区、直辖市人民政府，应当在不同自然地带的典型森林生态地区、珍贵动物和植物生长繁殖的林区、天然热带雨林区和具有特殊保护价值的其他天然林区，划定自然保护区，加强保护管理。

第五节　国际环境法

一、概述

为了人类社会的生存和持续发展，世界各国必须承担保护地球环境的责任。作为国际法的一个新兴的部门，国际环境法是调整国际法主体在开发、利用、保护和改善国际环境交往中形成的国际环境关系的各种有约束力的原则、规则和制度的综合体系。

（一）国际环境法的主体

国际环境法的主体包括国家、国际组织和争取独立的民族，非政府间国际组织、跨国公司甚至个人在一定程度和范围内也是国际环境法的主体。其中，国家是国际环境法的基本主体，可以独立参加并确立包括国际环境关系在内的国际关系，独立自主地直接承担国际法中的权利和义务。国际组织是国际环境法的派生性主体，这是因为国际组织的主体资格不像国家那样自身具有，它由成员国赋予。争取独立的民族解放组织是国际环境法过渡性主体，它是由该民族的民族自决权决定。

（二）国际环境法的渊源

国际环境法的渊源有国际条约、国际习惯、一般法律原则。司法判例、各国权威最高公法学家学说、有关国际环境的宣言或决议等不是国际环境法渊源，而是确定法律规则之辅助资料，它起着证明国际环境法渊源存在的作用。

1. 条约、国际习惯与一般法律原则

与环境保护有关的国际条约是国际环境法最主要的渊源。近几十年来，国际环境条约数量倍增，加之条约本身具有的明确性、易于制定与修改等特点，条约作为国际环境法的渊源更加引人注目。

国际习惯是仅次于条约的国际环境法渊源。在国际环境法领域，通过国家实践、司法判决、国际组织声明以及国际法委员会的工作，环境保护的国际习惯表现日益明显，比如，国家有义务防止、减少和控制污染及其环境损害，国家有义务在减少环境风险和经济事件中进行合作。当然，习惯规则与条约法规在一定条件下可以相互转化。但是，条约对习惯性规则的编纂并不意味着习惯性规则丧失其独立性。

一般法律原则是一个独立的国际环境法渊源。一般认为，一般法律原则应该是“各国法律体系实际上承认和适用”的原则，即各国国内法所共有的原则。通常情形下，国际条约和国际习惯足以为国际法院裁判案件提供依据，法院极少有机会适用一般法律原则。

2. 确定法律原则的辅助方法

司法判例和权威国际法学家学说属于国际环境法的辅助渊源，可以作为习惯规则存在的证据。既然是确定法律原则的辅助方法，就没有取得像条约、国际习惯和一般法律原则作为国际环境法渊源一样的地位。

3. 国际环境宣言或决议

国际组织的实践已成为国际实践的重要组成部分。国际组织有关国际环境的宣言或决议的法律效力应在其组织章程规定的前提下具体分析。总的来说，像联合国这样重要的普遍性国际政治组织，它的主要机关如联合国大会决议，在国际政治和国际法上具有重大影响和意义，联合国大会决议可以作为国际习惯形成的有力证据。事实上，联合国大会的决议，有些已被各国进一步缔结为国际公约（如外层空间条约）。

（三）国际环境法与国内环境法的关系

国际法与国内法的关系一直是国际法学界探讨的一个重要的理论问题，同时它又是一个复杂的实践问题。具体到国际环境法与国内环境法的关系问题，主要涉及国际环境法在国内的实施、国际环境法在国内适用的效力等级以及国际法如何适用国内环境法等问题。

我国宪法对国际法在国内的适用与地位问题没有原则性规定，但是其他部门法有一些零散规定。《环境保护法》第 46 条规定："中华人民共和国缔结或者参加的与环境保护有关的国际公约，同中华人民共和国的法律有不同规定的，适用国际公约的规定，但中华人民共和国声明保留的条款除外。"因此，对于国际环境法与国内环境法的关系，结合国际法理论，可以有如下结论：第一，我国缔结或者参加的与环境保护有关的国际条约，除声明保留的条款除外，在我国具有法律效力。第二，我国缔结或者参加的与环境保护有关的国际公约与国内法规定不一致时，国际条约在国内适用处于优先地位。第三，国际习惯在我国具有法律效力，但在适用上处于补充或补缺的从属地位，它的效力低于国际条约，也低于国内法。

二、国际环境法的基本原则

国际环境法的基本原则，是指那些被各国公认、普遍适用于国际环境关系各个领域、对国际环境保护活动具有指导作用、构成国际环境法基础的国际环境法律准则。

国际环境法基本原则的确定，应该遵循普遍性与特殊性两个标准。首先是普遍性原则。国际环境法的基本原则应以国际法基本原则为基础。其次是特殊性原则。国际环境法基本原则应充分考虑人类环境问题、国际环境保护及国际环境法的特点，要能够反映国际环境法的特殊性。依据上述标准，国际环境法应包括可持续发展原则、共同但有区别的责任原则、尊重国家主权原则、风险预防原则和国际环境合作原则。

（一）可持续发展原则

1987 年 4 月，著名的布伦特兰报告——《我们共同的未来》，真正科学地阐述了可持续发展的概念。布伦特兰报告被第 42 届联合国大会接受，标志着可持续发展观的成熟。1992 年 6 月，环境与发展大会通过了《环境与发展宣言》和《21 世纪议程》两个纲领性文件，直接推动了可持续发展战略由理论走向实践。实现可持续发展成为世界各国的共识。

可持续发展是“既能满足当代人的需要，又不对后代人满足其需要的能力构成危害的发展”。作为国际环境的基本原则，可持续发展至少包括四个方面的内容：首先，代际公平，即满足当代人需要的同时不得妨碍和损害后代人的需要；其次，代内公平，即本代内所有的人，不管其国籍、种族、性别、经济发展水平和文化等方面的差异，享有平等利用自然资源和享受良好和清洁环境的权利；

再次，要以可持续的方式开发和利用自然资源；最后，环境保护与经济和其他方面的发展应相互协调、相互兼顾。

短短几十年时间，可持续发展已发展成为国际环境法的一项基本原则。与其他国际环境法基本原则相比，可持续发展原则是国际环境法最根本的原则，它构成了国际环境法的核心和灵魂。为了实现可持续发展，在国际环境法领域，就必须遵循共同但有区别的责任原则、尊重国家主权原则、预防原则、国际合作原则和和平解决国际环境争端原则等原则。

（二）共同但有区别的责任原则

共同但有区别的责任原则，指由于地球生态系统的整体性和导致全球气候退化的各种不同因素，各国对保护全球环境负有共同的但是又有区别的责任。具体而言，在保护和改善全球环境方面，发达国家和发展中国家负有共同的责任。但是，责任的大小、承担的方式等方面须有所区别，发达国家应比发展中国家承担更主要的责任。

共同但有区别的责任原则确立于联合国环境与发展大会。《里约宣言》和《气候变化框架公约》、《生物多样性公约》都有共同但有区别的责任原则的论述。《里约宣言》原则7宣布："各国应本着全球伙伴精神，为保存、保护和恢复地球生态系统的健康和完整进行合作。鉴于导致全球环境退化的各种不同因素，各国负有共同的但是又有差别的责任。发达国家承认，鉴于他们的社会给全球环境带来的压力，以及他们所掌握的技术和财力资源，他们在追求可持续发展的国际努力中负有责任。"在全球环境退化问题上，既要求各国对保护全球环境共同作出努力，同时又要求发达国家作出更大的与它们的工业化对全球环境带来的巨大破坏相一致的努力。

（三）尊重国家主权原则

国家主权原则是公认的国际法基本原则。国家主权原则要求各国在相互关系中要尊重对方的主权，不得有任何形式的侵犯。换言之，国家是独立的、平等的，各国独立自主地处理自己内外事务的权利应当受到尊重，各国自行决定自己的命运、自由选择自己的社会、政治制度和国家形式的权利应该得到保障，其他国家不得进行任何形式的侵略和干涉。

具体在国际环境法领域，国家主权原则具有特殊的意义。它意味着世界各国对其自然资源拥有永久主权，有权根据本国国情决定自己的环境政策和战略，有权根据本国的需要合理开发利用和保护其环境；国际环境领域的合作必须在尊重各国主权和独立的基础上开展；任何国家、组织和个人不得借保护环境之名行干涉他国内政之实。

（四）风险预防原则

风险预防原则，指为了保护环境，各国应按照本国的能力，广泛适用预防措施，遇有严重或不可逆转损害的威胁时，不得以缺乏科学、充分、确实的证据为理由，延迟采取符合成本效益的措施防止环境恶化。

20 世纪 80 年代开始，风险预防原则开始频繁出现在一些保护环境的国际条约、协议和宣言中，而 20 世纪 90 年代则是风险预防原则全面发展和落实的一个重要阶段，其适用范围和领域越来越广，并成为可持续发展原则的重要组成部分。1992 年的《里约宣言》对风险预防原则的确立具有里程碑意义。《里约宣言》原则 15 专门规定："为了保护环境，各国应按照本国的能力，广泛适用预防措施。遇有严重或不可逆转损害的威胁时，不得以缺乏科学、充分、确定的证据为理由，延迟采取符合成本效益的措施防止环境恶化。"同时，《气候变化框架公约》第 3 条第 3 款和《生物多样性公约》序言也具体规定了风险预防原则，把它作为实现自身目标的重要原则之一。

（五）国际环境合作原则

国际合作成为国际法基本原则是在第二次世界大战之后。《联合国宪章》明确将“促成国际合作”列为其宗旨之一；1970 年《国际法原则宣言》庄严宣布：各国依照联合国宪章彼此合作是一种必须“严格遵守”的义务，此等合作构成“国际法的基本原则”；“各国应与其他国家合作”，“采取共同及个别行动与联合国合作”，维持国际和平与安全，促进国际经济、社会、文化、教育、科学与技术等方面的进步。

国际合作不仅是国际环境法的基石，而且表现在国际环境法的一些具体制度和措施中，包括信息共享、参与决策、环境评估、环境标准的越境强制执行等在内的技术性措施。《人类环境宣言》指出：“有关保护和改善环境的国际问题应当由所有的国家，不论其大小，在平等的基础上本着合作精神来加以处理，必须通过多边或双边的安排或其他合适途径的合作，在正当地考虑所有国家的主权和利益的情况下，防止、消灭或减少和有效地控制各方面的行动所造成的对环境的有害影响。”1982 年《世界自然宪章》重申“进一步加强和扩大在环境保护领域内的各国努力和国际合作”。1989 年联合国大会专门通过了《关于环境领域中的国际合作》的 44/299 号决议，从多方面阐明了发展环境领域的国际合作问题。

三、重要的国际环境条约和文献

为保护和改善环境，国际社会缔结了 160 多项国际环境条约，涉及海洋环境、危险废物、核能利用、大气层、外层空间、自然与生态系统、海洋生物资源等领域的环境保护。

（一）大气的环境保护

1.《联合国气候变化框架公约》

《联合国气候变化框架公约》于 1992 年 6 月 4 日在联合国环境与发展大会上通过，1994 年 3 月 21 日正式生效。截至 2009 年 12 月，公约有 192 个缔约国。《联合国气候变化框架公约》是世界上第一个全面控制温室气体排放、应对气候变暖的国际公约，也是国际社会应对气候变化问题进行国际合作的一个基本框架。

公约由序言及26条正文组成，旨在将大气中温室气体的浓度稳定在防止气候系统受到危险的人为干扰的水平上，最终实现生态系统能够自然地适应气候变化、确保粮食生产免受威胁并使经济发展能够可持续地进行。为实现公约的目标和履行各项规定，公约确立了五项指导原则：共同但有区别的责任原则；考虑发展中国家的具体需要和国情；采取必要措施，预测、防止和减少引起气候变化的因素；尊重各缔约方的可持续发展权；加强国际合作，应对气候变化的措施不能成为国际贸易的壁垒。

为执行公约，1997年12月召开的第3次缔约方大会通过了《京都议定书》，进一步具体地规定了发达国家削减温室气体排放的义务。它规定从2008年到2012年期间，主要工业发达国家的温室气体排放量要在1990年的基础上平均减少5.2%，其中欧盟将6种温室气体的排放削减8%，美国削减7%，日本削减6%。

2.《保护臭氧层维也纳公约》

《保护臭氧层维也纳公约》于1985年3月22日在保护臭氧层外交大会上通过，1988年9月22日生效。公约的目的是采取适当的国际间合作与行动措施，以保护人类健康和环境，免受足以改变或可能改变臭氧层的人类活动所造成的或可能造成的不利影响。公约要求缔约国采取适当的方法和行政措施，控制或禁止一切破坏大气臭氧层的活动，保护人类健康和环境，减少臭氧层变化的影响。

《保护臭氧层维也纳公约》是一个框架性安排。为执行公约，1987年和1990年分别通过了《关于消耗臭氧层物质的蒙特利尔议定书》、《经修正的关于消耗臭氧层物质的蒙特利尔议定书》，后者具体规定了各缔约国控制消耗臭氧层的义务。

（二）生物资源和文化自然遗产的保护

《生物多样性公约》于1992年6月5日在联合国环境与发展大会上签署，1993年12月29日正式生效。缔约国大会是公约的最高权力机构，它由批准公约的各国政府组成，主要负责监督公约的进展，修订公约，为成员国确定新的优先保护重点，制定工作计划，审查成员国递交的进展报告并与其他组织和公约开展合作。

公约的目标是保护生物多样性、生物多样性组成成分的可持续利用及以公平合理的方式共享遗传资源的商业利益和其他形式的利用。公约规定，政府承担保护和可持续利用生物多样性的义务，政府必须发展国家生物多样性战略和行动计划，并将这些战略和计划纳入更广泛的国家环境和发展计划中。

（三）海洋环境的保护

海洋环境保护的国际条约有全球性海洋环境保护与区域性海洋环境保护两个层次。

在全球性海洋环境保护方面，最重要的条约是 1982 年的《海洋法公约》。《海洋法公约》是海洋环境保护条约体系的核心，目的在于建立一种综合性法律秩序，以便利国际交流、促进和平利用海洋、合理利用其资源、保护生物资源以及研究和保护海洋环境；针对所有海洋污染源，建立有关全球和地区的合作、技术援助、监测和环境评价，通过和实施国际规则和标准以及国家立法等方面的基本环境保护原则和规定。

在区域性海洋环境保护方面，主要有《有关地中海防止污染条约的议定书》（1980 年）、《有关东南太平洋环境保护条约的议定书》（1983 年）、《波罗的海环境保护条约》（1992 年）和《东北大西洋海洋环境保护条约》（1992 年）等。

（四）危险物质和有害废弃物控制

《控制危险废物越境转移及其处置巴塞尔公约》于 1989 年 3 月 22 日在瑞士巴塞尔召开的控制危险废物越境转移全球公约全权代表会议上通过，1992 年 5 月生效。

公约的目的在于：控制和减少公约规定的废物越境转移；把产生的有害废物减少到最低程度，保证对它们实施有利于环境的管理，包括尽可能接近废物产生源进行处置和回收；帮助发展中国家对其产生的有害废物和其他废物进行有利于环境的管理。公约强调了废弃物产生国（出口国）对废弃物的责任与义务，并且还要求各缔约国应当谋求对环境进行健全、有效的管理。

四、国际环境法律责任

国际不法行为责任与国际损害责任构成现代国际责任制度体系。国家对其国际不法行为承担的责任，简称国家责任。引起国家责任的国际不法行为须满足两个要素：行为依国际法可归因于国家和行为违背该国的国际义务。国际损害行为责任，即国际法不加禁止行为所产生的损害性后果的国际责任或跨界损害责任，指在起源国以外的一国领土内或其管辖或控制下的其他地方造成的损害，不论有关各国是否有共同边界。

（一）与环境损害有关的国家责任

当代国际法已经确认，国家承担在其管辖范围或在其控制下的活动不致损害其他国家或各国管辖范围以外地区的环境的义务。因此，与环境损害有关的国家责任，是国际法主体因违背其国际环境义务的行为造成环境损害而应承担的国家赔偿责任。

构成国家环境赔偿责任必须具备以下要件：一是环境损害的存在。何为环境损害以及环境损害达到何种程度才构成国家环境赔偿责任，国际环境法没有统一的规定。但是，国际环境条约和有关国内法中关于环境质量标准的规定往往是判定环境损害程度的依据。二是因果关系的存在，即被指控的国家行为与环境损害之间存在因果关系。三是可归因于国家的行为，即造成环境损害的行为是可归因于国家的行为。

（二）与环境损害有关的国际民事赔偿责任

自 1978 年开始，国际法委员会一直尝试着从国家责任的角度解决编纂国际损害责任问题，但进展十分缓慢。1996 年，国际法委员会通过《国际法不加禁止的行为所产生的损害性后果的国际责任条款草案》，此条款草案成为国际损害责任发展的里程碑。1997年开始，委员会决定将“预防问题”和“责任问题”分开讨论，于2001年通过《关于预防危险活动的跨界损害的条款草案》，2006年通过《关于危险活动造成的跨界损害案件中损失分配的原则草案》。预防原则和损失分配原则的确立使国际损害责任的编纂出现了重大转机。

思考与练习

1. 简述环境与资源保护法的目的和任务。
2. 简述环境标准的作用及其体系。
3. 简述《固体废物污染环境防治法》的主要内容。
4. 简述自然资源调查制度及其在我国资源立法中的体现。
5. 简述我国保护耕地的主要法律措施。
6. 简述环境影响评价制度的概念、范围及其内容。
7. 简述可持续发展的基本要求及其对立法的指导意义。

第十一章　国际环境管理体系标准及理解要点

第一节　概　述

一、什么是 ISO14000 系列标准

随着世界经济的快速发展，环境问题已经迫切地摆在各国人们面前，环境污染严重地威胁着人类社会的可持续发展。ISO14000 系列标准是国际标准化组织（International Standard Organization，缩写为 ISO）针对全球性的可持续发展战略而制定的具体措施。

ISO14000 系列标准有 100 个标准号，从 ISO14000 到 ISO14100，是个庞大的标准系统。到目前为止，ISO14000 系列标准已有 6 个标准由国际标准化组织正式颁布，这 6 个标准是：

1）ISO14001：《环境管理体系——规范及使用指南》

2）ISO14004：《环境管理体系——原则、体系和支持技术通用指南》

3）ISO14010：《环境审核指南——通用原则》

4）ISO14011：《环境审核指南——审核程序　环境管理体系审核》

5）ISO14012：《环境审核指南——环境审核员资格要求》

6）ISO14040：《生命周期评价——原则和框架》

我国已将前 5 项标准等同地采用并纳入国家标准，其相应的编

号为：① GB/T24001；② GB/T24004；③ GB/T24010；④ GB/T19011；⑤GB/T24012。

ISO14000 系列标准是由国际标准化组织（ISO）中的 TC207 环境管理技术委员会主持制定的。其宗旨是通过制定和实施一套环境管理国际标准来减少人类各项活动所造成的环境污染，节约资源，改善环境质量，促进社会可持续发展。其核心任务是研究制定 ISO14000 系列标准，规范环境管理的手段，以标准化工作支持可持续发展和环境保护，同时帮助所有组织约束其环境行为，实现环境绩效的持续改进。

二、ISO14000 系列标准的特点

ISO14000 系列标准以极其广泛的内涵和普遍的适用性，在国际上引起极大反响，它同以往的环境排放标准和产品的技术标准等不同，有以下特点。

1. 标准是以市场趋势为前提

以往各国政府是根据科学研究成果和环境质量的变化，制定了大量强制性法规、标准，用法律的手段来迫使企业进行环境保护工作。但随着环境意识的不断提高，人们逐渐认识到，环境问题的最终根源在于不合理的生产方式和生活方式。近年来，各国政府的环境管理也逐渐由对污染源的控制延伸到对产品的指导，由末端治理转向对生产的全过程控制，由产品的环境标志进而采用生命周期评估方法，实施清洁生产，推广绿色产品。目前环境保护已逐渐由政府的强制手段转化为社会的需求、相关方的要求及市场的压力。国内外的研究表明：同样性能、质量的产品，人们会更愿意购买具有环境标志的产品。同样，企业在选择原料供应商、运输公司、服务公司、承包方时，不仅要提出服务、产品的质量、规格、性能等方面的要求，也会要求合同方承担起相应的环境责任。企业在选择产品开发方向时，也会考虑到人们消费观念中的生态环境原则，这在

客观上就减少了产品开发生产的环境影响。ISO14000 系列标准正是为适应这一情况，传达出组织活动、产品、服务中所含有的环境信息，表达一个产品或组织对环境的影响情况，扩大市场，增进贸易。

2. 标准的预防性

这一系列标准为各类组织提供的是完整的管理体系，强调管理，正是预防环境问题产生的重要手段和措施。所有环境污染中有相当大的一部分是由于管理不善造成的。《环境管理体系　要求》(ISO14001) 强调的是加强企业生产现场的环境因素管理，建立严格的操作控制程序，保证企业环境目标的实现。生命周期分析和环境行为评价则将产品的设计及企业的决策也纳入环境管理之中，在产品最初的设计阶段和企业活动策划过程中，比较、评价不同方案的环境特征，为决策提供支持。这种预防措施更彻底，更有效，更能对产品发挥影响力，从而带动相关产品和产业的改进、提高。

标准的预防性与国际环境保护领域的发展趋势相同，强调以预防为主，强调从污染的源头削减污染，强调全过程污染控制。

3. 标准的可操作性

标准提供了一整套环境管理方法，具有较强的可操作性。这套标准将近年发展起来的可持续发展战略思想融入其中，使一个组织拿到标准就知道如何开展工作，什么样的环境管理体系是优化、有效的体系，如何运用最新的技术、经济、知识去比较、评价自己和他人的环境行为和产品，它将新的环境科学理论研究的成果转化为操作的工具、管理的手段。标准提供了全面的环境管理体系 (EMS) 的要求，提供了建立体系的步骤与方法，详实而全面，便于实施。但同时，标准中又没有过多绝对量的要求，使各类组织在实施过程中能适度应用。

4. 标准的广泛适用性

在标准的引言中指出，该体系适用于任何类型与规模的组织，并适用于各种地理、文化和社会条件。任何组织都可以依据本标准联系本组织的实际情况建立自己的环境管理体系，并按标准所要求的内容实施，也可向认证机构申请认证。

标准的广泛适用性还体现在其应用领域十分广泛，涵盖了企业的所有管理层次，可以将生命周期评定方法（LCA）用于产品的设计开发、绿色产品优选、产品包装设计；环境行为评价（EPE）可以帮助企业进行决策，选择有利于环境和市场风险更小的方案，避免决策的失误；环境标志（EL）则起到改善企业社会关系、树立企业环境形象、促进市场开发的作用，而环境管理体系标准则进入企业的深层管理，直接作用于现场的操作与控制，全面提高管理人员和员工的环境意识，明确职责与分工。因此，ISO14000 系列标准实际而全面地构成了整个企业的管理框架，对产品开发、决策评价、现场管理各方面都作出了详细的规定，是其他标准难以包含的。

5. 标准的自愿性原则

标准的应用都是基于自愿的原则。国际标准只能转化为各国国家标准而不等同于各国所制定的法律、法规，不可能要求组织强制实行，因而也不会增加或改变一个组织的法律责任。组织可根据自己的经济、技术等条件选择采用，如实力雄厚的组织认为自己原有的环境管理体系有效，那么它可以在此基础上通过第三方认证向外宣传，也可以不采用该标准、不申请认证，而采用其他方式证明自己环境行为的良好。这两种选择都是由组织自己确定的。总之，一个组织是否采用该标准，完全取决于组织自己的发展战略，取决于自身的意愿。

三、实施 ISO14000 系列标准的好处

1. 有利于消除贸易壁垒

世界各国所以对 ISO14000 系列标准的制定、发布如此热切关

注，一个重要的原因是来自国际贸易市场的强大压力。

环境问题从公害污染事件开始逐渐演化为区域性、乃至全球环境问题。各国对环境问题采取的态度，由自我约束向对外的约束发展，环境问题逐渐成为国际社会日益敏感的话题。特别是不少工业化国家采取单方面的行动，限制进口，如轰动世界的美国禁止墨西哥的金枪鱼案，丹麦要求所有进口啤酒、矿泉水和软饮料一律使用可再灌装容器等案件，更把环境与贸易联系起来。绿色壁垒将更多地取代传统的非关税壁垒，是各国际组织、跨国集团共同关注的世界贸易领域的新趋势。

这种“障碍”将首先在实施标准与不实施标准的国家和企业间产生。发展中国家由于经济、信息、技术等方面的原因，其实行的速度与规模都将滞后于发达国家。发达国家就会利用这一标准向发展中国家的产品生产和营销提出要求。因此要抓住时机，利用国家标准化的力量，推行 ISO14000 系列标准，实现国际接轨，将实施 ISO14000 作为消除绿色贸易壁垒的重要举措。实际上，ISO/TC207 在制定标准时，就从经济基础、技术等角度考虑了发展中国家的要求，因而这一系列标准中不含有绝对的环境行为要求，而把各国自己的法律、法规作为企业体系要求的基础，辅之以管理手段，有广泛应用的潜力，也是企业达到管理目标而引进的一种管理软件。

2. 有利于企业守法、达标

标准要求对遵守环境法律、法规及相关环境标准进行承诺并定期进行评审，判断其遵守的情况。一个污染严重，多次被环保局警告、处罚的企业，是难以通过 ISO14000 认证的。另外，标准还要求企业有相应的制度来跟踪国家法律法规要求。这样，企业就会从被动地接受环保局的约束而变为主动地接受环保部门的管理。

3. 有利于企业推行清洁生产

标准要求企业从全面管理的角度思考企业的环境问题，最有利于变末端治理为全过程控制。我国近两年推行的清洁生产审计，可直接为环境管理体系服务，成为发现环境问题、解决环境问题的重要工具。

生命周期评估的思想是ISO14000系列标准的重要理论之一，它要求组织全面考查产品的原料选用、生产加工、包装/运输、使用/回用、废弃/处置等全过程，帮助企业决策者在进行决策时考虑到环境因素，使产品设计者从一开始就注重产品开发中的环境问题，而不是把各类环境问题留到发生后再解决，从而实现根本的污染预防。

无论是清洁生产、实施环境管理体系，还是生命周期评估，其核心思想是可持续发展，即将环境保护纳入社会经济发展，节约自然资源，提高生产效率，提高原材料利用率，尽可能回收再利用废弃物中可再用资源等。一个组织在开展环境管理工作的同时就会注意到减少污染物的产生量、排放量，节省资源、能源，提高资源的利用率，节省环保投资和运行费用，减少二次污染，原材料的循环套用等问题，有利于改善我国企业原材料、能源利用率低的现状，使其向高效方向发展。这与我国可持续发展战略思想相一致，它更符合转变经济发展模式的需要。

4. 有助于提高企业环境管理水平

标准提供了一个机制，就是将社会环境宏观管理与企业微观管理结合起来。这种结合使环境管理成为企业全面管理的一个重要组成部分，并运用方针、策划、实施、检查、评审等管理手段，运用PDCA的管理模式，自觉地将环境保护纳入企业目标，并运用内部审核、管理评审、生命周期分析等工具提高企业自我管理的能力。

5. 有利于提高员工的环境意识

标准要求进行体系认证的企业，上至最高管理者，下至一名普通员工，都必须了解企业的环境方针，并要求结合各层次工作人员的岗位操作，进行环境意识与技能的培训，这种环境意识的培训是任何一种宣传工具难以达到的。

6. 有助于提高企业信誉，增强市场竞争力

ISO14000标准与ISO9000质量体系标准遵循共同的管理体系原则，但ISO9000是针对顾客的需要，向顾客和广大的产品消费者提供产品与服务质量的承诺。而ISO14000则服务于众多相关方和社会对环境保护的不断发展的需要。企业应用这一标准从一个侧面表明企业的社会责任感，有助于提高企业的信誉，增强市场竞争力。

7. 可减少环境风险，改善企业的公共关系，安定社会

近年来，环境事故时有发生，如危害人体健康的食品进入市场，有毒原材料的泄露、爆炸造成人们生命财产的损失，社会影响极坏，妨碍了人们正常的生产、生活。ISO14000系列标准中对各种环境问题加以全面管理，包括产品、原材料的储存、运输及各种潜在紧急事故的预防和处理措施，尽可能减少环境风险。

标准把与企业各有关人员和集团称为相关方，要求企业做好与相关方的交流工作，收集各方对环境的要求，企业相关方包括政府各部门、顾客、消费者，也包括周围的居民和环境组织。这样，标准将人们联系在一起，相互促进与发展，共同承担社会环境责任。

第二节 国际环境管理体系 要求

一、范围

标准原文

本标准规定了对环境管理体系的要求，使一个组织能够根据法律法规和它应遵守的其他要求，以及关于重要环境因素的信息，制定和实施环境方针和目标。本标准适用于组织确定其能够控制的，

或能够施加影响的那些环境因素，但标准本身并未提出具体的环境绩效准则。

本标准适用于任何有下列愿望的组织：

a）建立、实施、保持并改进环境管理体系。

b）使自己确信能符合所声明的环境方针。

c）通过下列方式证实对本标准的符合：

1）进行自我评价和自我声明；

2）寻求组织的相关方（如顾客）对其符合性的确认；

3）寻求外部对其自我声明的确认；

4）寻求外部组织对其环境管理体系进行认证（或注册）。

本标准旨在使其所有要求都能够纳入任何一个环境管理体系，其应用程度取决于诸如组织的环境方针，活动、产品和服务的性质，运行场所和条件等因素。本标准还在附录 A 中对如何使用本标准提供了资料性的指南。

理解要点

1）本条款阐述的范围是指环境管理体系标准的适用范围，不能与一个组织的环境管理体系的范围混为一谈。

2）就环境管理对象来说，本标准仅适用于组织能够控制的或能施加影响的环境因素。

3）本条款阐明了本标准适用于有下列愿望的组织：

a）需要依据本标准建立、实施、保持并改进环境管理体系；

b）通过环境管理体系的有效实施运行，使自己确信能符合所声明的环境方针；

c）需要向外界证实其环境管理体系符合本标准的要求。

同时也阐明了本标准可作为组织建立、实施、保持和持续改进环境管理体系的依据，还可作为内外部评价、组织的环境管理体系的准则。

4）本标准要求具有广泛的适用性，但是每个组织应用的程度取决于组织的环境方针，活动、产品和服务的性质以及运行场所和条件等因素。

5）本标准的附录 A 对如何使用本标准提供了资料性的指南，其目的是防止对本标准第四部分《环境管理体系　要求》的错误解释。

二、规范性引用文件

标准原文

无规范性引用文件。保留本章是为使本版中的章条号和前一版保持一致。

理解要点

本条款无实质内容，仅为了使本版本（2004 版）中的章条号与 1996 版保持一致。

三、术语和定义

1. 环境（environment）

定义原文：组织运行活动的外部存在，包括空气、水、土地、自然资源、植物、动物、人，以及它们之间的相互关系。

注：从这一意义上，外部存在从组织内延伸到全球系统。

理解要点

（1）环境的主体是组织的运行活动，外部存在是组织运行活动中客观存在的各种要素的总体，它包括空气、水、土地、自然资源、植物、动物、人，以及它们之间的相互关系。

（2）环境问题不是某个组织的问题，诸如大气污染、海洋污染、臭氧层破坏等问题都是全球关注的问题，从这个意义上来说“外部存在”可以从组织内部延伸到全球系统。

2. 环境因素（environmental aspect）

定义原文：一个组织的活动、产品和服务中能与环境发生相互作用的要素。

注：重要环境因素是指具有或能够产生重大环境影响的环境因素。

理解要点

(1) 环境因素就是一个组织的活动、产品和服务中能与环境发生相互作用的要素。实际上有时还包括一些自然因素的作用。例如：某组织的生产活动中消耗能源、资源，排放出废水、废气、废渣，对环境造成一定的影响，而该组织的污水池如遇暴雨而导致污水外溢，也能对环境造成一定的影响。

(2) 在同一组织中，不同的环境因素造成的环境影响不尽相同，那些具有或能对环境产生重大影响的环境因素称为重要环境因素。

3. 环境影响 (environmental impact)

定义原文：全部或部分地由组织的环境因素给环境造成的任何有害或有益的变化。

理解要点：

(1) 环境影响就是由组织的环境因素引起的环境变化。

(2) 环境影响可能是有害的，也有可能是益的。例如：工厂燃烧产生烟尘和二氧化硫污染空气，损害人体健康，属于有害的环境影响。植树造林、美化环境、促进环境质量的改善属于有益的环境影响。

4. 环境方针 (environmental policy)

定义原文：由最高管理者就组织的环境绩效正式表述的总体意图和方向。

注：环境方针为采取措施，以及建立环境目标和环境指标提供了一个框架。

理解要点

(1) 环境方针是表述组织环境绩效的总体意图和方向，包括持续改进、污染预防和遵守法律法规及其他要求的承诺，应由组织的最高管理者制定并颁发正式版本。

（2）环境方针的制定应考虑多方面的因素，为做好环境管理工作指明方向，并为建立环境目标和环境指标提供框架。

5. 环境目标（environmental objective）

定义原文： 组织依据其环境方针规定的自己所要实现的总体环境目的。

理解要点：

（1）环境目标依据环境方针制定，规定的是组织期望实现的总体环境目的。

（2）制定环境目标时，要考虑已确定的环境因素，尤其是重要的环境因素。还要考虑法律、法规和其他要求，以及组织自身的技术、经济等情况。

（3）总体环境目标应按相关职能和层次上分解和落实。

6. 环境指标（environmental target）

定义原文： 由环境目标产生，为实现环境目标所需规定并满足的具体的绩效要求，它们可适用于整个组织或其局部。

理解要点：

（1）由环境目标产生环境指标，环境指标是对整个组织的环境绩效作出的具体规定和要求，并确保环境目标的实现。例如：厂界噪声达标是环境目标，其相应的环境指标可定为：白天不大于60dB，夜间不大于50dB。

（2）环境指标可适用于整个组织或其局部。例如：某公司制定了全年节电 5 000 度（5 千瓦/小时）的环境指标，为实现这一指标，对下属各个部门和 4 个车间分别制定了不同的节电指标 100 度、110 度、120 度、150 度。

7. 环境绩效（enviromental performance）

定义原文： 组织对其环境因素进行管理所取得的可测量结果。

注：在环境管理体系条件下，可对照组织的环境方针、环境目标、环境指标及其他环境绩效要求对结果进行测量。

理解要点：

（1）环境绩效是组织通过实施环境管理体系，对其环境因素进行管理所取得的实际效果和业绩的综合体现，这种环境绩效应是可测量的结果。

（2）在环境管理体系条件下，测量环境业绩可以用环境方针、环境目标和环境指标的实现程度来表示，也可具体体现在对某些环境因素的控制效果上。

8. 持续改进（continual improvement）

定义原文：不断对环境管理体系进行强化的过程，目的是根据组织的环境方针，实现对整体环境绩效的改进。

理解要点：

（1）持续改进是不断对环境管理体系进行强化的循环运行过程，持续改进过程可以使环境管理体系在实现其管理功能的同时，在运行中不断得到强化，从而使环境绩效得以不断改进。组织在实施环境管理体系过程中应始终坚持持续改进的基本思想，通过对环境管理体系的不断改进和完善，达到改进整体环境绩效的目的。

（2）持续改进过程可以涉及到组织的各项环境管理活动，但是不必在其所有的环境管理体系活动中同时进行持续改进，而是可以根据组织的实际情况和需要有计划、有步骤、循序渐进地实施改进。

9. 污染预防（prevention of pollution）

定义原文：为了降低有害的环境影响而采用（或综合采用）过程、惯例、技术、材料、产品、服务或能源，以避免、减少或控制任何类型的污染物或废物的产生、排放或废弃。

注：污染预防可包括污染源削减或消除，过程、产品或服务的更改，资源的有效利用，材料或能源替代，再利用、回收、再循

环、再生和处理。

理解要点：

(1) 污染预防是提高环境绩效、实现持续改进的重要途径，是环境管理体系的基本原则，也是环境管理的重要指导思想。

(2) 不产生污染为最优选择，其次是减少污染，最后才是采取必要的末端治理方法来控制污染。

(3) 为了避免或减少有害的环境影响，组织应综合采用各种有效的方法，如：实施特定的过程，选用先进的治理技术，选择新型的无污染或低污染的材料、产品、服务，节约资源、能源等。

(4) 污染预防包括：污染源的削减或消除，对过程、产品或服务的更改，资源的有效利用，材料或能源替代，再利用、回收、再循环、再生和处理等。

10. 不符合 (non-conformity)

定义原文：未满足要求。

注：此术语在 GB/T19000—2000 中为“不合格（不符合）”。

理解要点：

不符合是指没有满足要求。要求可以包括法律法规的要求、管理规章制度、标准要求、组织的环境方针、目标指标、程序和运行准则的要求等。

在环境管理体系中，如果环境管理体系要素、活动、过程及其结果、环境行为等违背或偏离了规定的要求，都会形成不符合。

11. 纠正措施 (corrective action)

定义原文：为消除已发现的不符合的原因所采取的措施。

理解要点：

纠正措施是为了消除已经发生的不符合的原因而采取的措施，其目的是为了防止同类不符合再次发生。

12. 预防措施 (preventive action)

定义原文：为消除潜在不符合原因所采取的措施。

理解要点：

预防措施是为了消除潜在不符合的原因而采取的措施，其目的是为了防止不符合发生。

13. 文件（document）

定义原文：信息及承载媒体。

注1：媒体可以是纸张，计算机磁盘、光盘或其他电子媒体，照片或标准样品，或它们的组合。

注2：摘编自GB/T19000—2008的3.7.2.

理解要点：

文件的基本要素是信息及承载媒体，通常，文件可以包括记录、规范、程序文件、报告、标准等，媒体可以是纸张、光盘、磁盘、照片或标准样品及其他电子媒体。

14. 程序（procedure）

定义原文：为进行某项活动或过程所规定的途径。

理解要点：

（1）程序是阐明进行某项活动或过程的具体方法和途径，包括：活动的目的和范围，做什么，谁来做，何时、何地、如何做，应使用什么材料、设备和文件，如何对活动进行控制和记录等，其目的是为了高效地获得所期望的结果。

（2）程序可以是口头的，也可以是书面的，即程序可以形成文件，也可以不形成文件。含有程序的文件通常称为“程序文件”。

15. 记录（record）

定义原文：阐明已取得的结果或提供所从事活动的证据的文件。

理解要点：

记录重要的作用是提供证据，如为环境管理体系活动及其结果是否符合要求并有效实施提供证据。此外，记录还具有实现追溯性、提供和保存信息的作用，并为采取改进措施提供依据。

16. 环境管理体系（environmental management system）

定义原文：组织管理体系的一部分，用来制定和实施其环境方针，并管理其环境因素。

注1：管理体系是用来建立方针和目标，并进而实现这些目标的一系列相互关联要素的集合。

注2：管理体系包括组织结构、策划活动、职责、惯例、程序、过程和资源。

理解要点：

（1）一个组织的管理体系包括若干个具有特定方针和目标的组成部分，是环境管理体系组织管理体系中的一个重要组成部分。

（2）建立环境管理体系的目的是为了制定和实施环境方针和环境目标，管理环境因素以改进环境绩效，其核心任务是控制环境因素。

（3）建立和实施环境管理体系包括制定和实施环境方针和环境目标，识别和控制组织活动中的环境因素所需的组织结构、策划活动、职责、惯例、程序、过程和资源等。

17. 内部审核（internal audit）

定义原文：客观地获取审核证据并予以评价，以判断组织对其设定的环境管理体系审核准则满足程度的、系统的、独立的、形成文件的过程。

注：在许多情况下，尤其是对于小型组织，独立性可通过与所审核活动无责任关系来体现。

理解要点：

（1）内部审核又称第一方审核，是组织对其自身的环境管理体系进行评价的一种方法。

（2）内部审核是客观地获取审核证据，并收集与审核准则有关的能够证实的记录、事实陈述或其他信息作为审核证据。

（3）获得的审核证据对照环境管理体系审核准则进行评价判

定。

(4) 内部审核的三个主要特点是：系统性、独立性、形成文件。

更进一步的理解可参见 ISO14001：2004 标准 4.5.5 内部审核

18. 审核员 (auditor)

定义原文：有能力实施审核的人员。

理解要点：

(1) 审核员是能够独立实施审核活动的人员，在环境管理体系中从事审核活动的人员，通常称之为环境管理体系审核员；从事环境管理体系内部审核的人员，通常称之为环境管理体系内审员。

(2) 关于审核员的能力要求在 GB/T19011—2003 idt ISO19011：2002 标准中作出了较详细的规定。

19. 组织 (organization)

定义原文：具有自身职能和行政管理的公司、集团公司、商行、企事业单位、政府机关社团或其结合体，或上述单位中具有自身职能和行政管理的一部分，无论其是否有法人资格、公营或私营。

理解要点：

(1) 环境管理体系标准关于“组织”的定义与质量管理体系标准有所不同，它是指具有自身职能和行政管理的公司、集团公司、商行、企事业单位、政府机构、社团或其结合体，或上述单位中具有自身职能和行政管理的一部分。这里所说的“自身职能”，即从事某种活动，生产某类产品或提供某种服务；“行政管理”即能实施规定的职能，管理、控制、改变组织的活动、产品和服务。

(2) 组织的形式可以是多种多样的，可以是多种形式的结合体，也可以是其中的一部分，无论这些组织是否具有法人资格，是公营的还是私营的，只要具有自身职能和行政管理能力即可。

(3) 总公司是一个组织下设的分公司，只要具有自身职能和行政管理能力，均可视为一个组织。

20．相关方（interested party）

定义原文：关注组织的环境绩效或受其环境绩效影响的个人或团体。

理解要点：

（1）组织的相关方可以是人（如组织的员工、附近的居民等），也可以是团体（如与组织毗邻的企、事业单位等）

（2）组织的相关方关注组织的环境绩效或受到组织环境绩效的影响。受组织环境绩效影响的相关方与组织环境绩效的状况有着较为密切的关系。

四、环境管理体系要求

1．总要求（4.1）

条款原文：

组织应根据本标准的要求建立、实施、保持和持续改进环境管理体系，确定如何实现这些要求，并形成文件。

组织应界定环境管理体系的范围，并形成文件。

理解要点：

（1）组织应按标准的要求建立形成文件的环境管理体系。

（2）在建立体系之前应当通过评审等方式来确定自身的环境状况，为建立体系奠定基础，评审可以从以下两个方面进行：

a）识别环境因素；

b）确定适用的法律法规和组织应遵守的其他要求。

（3）组织在建立环境管理体系时应确定体系实施的范围包括：实际位置（包括现场区域），体系运行所涉及的活动、产品和服务、组织单元以及环境方针传达和人员培训的范围。

（4）环境管理体系建成后，按环境管理体系的要求实施运行，并持之以恒。对环境管理体系的实施和保持过程进行动态管理，根据组织的发展需要，适时地评审和修订环境方针、目标指标，评价和更新环境因素，系统地控制环境因素，达到不断改进环境绩效，使环境管理水平持续提高的目的。

2. 环境方针（4.2）

条款原文：

最高管理者应确定本组织的环境方针，并在界定的环境管理体系范围内，确保其：

a）适合于组织活动、产品和服务的性质、规模和环境影响；

b）包括对持续改进和污染预防的承诺；

c）包括对遵守与其环境因素有关的适用法律法规和其他要求的承诺；

d）提供建立和评审环境目标和指标的框架；

e）形成文件，付诸实施，并予以保持；

f）传达到所有为组织或代表组织工作的人员；

g）可为公众所获取。

理解要点：

本条款就环境方针明确了以下要求：

（1）确定一个组织在界定的环境管理体系范围内环境方针是该组织最高管理者的职责。

（2）环境方针的内容必须包括“一个适合”、“两个承诺”、“一个框架”。

“一个适合”：适合于组织活动、产品和服务的性质、规模和环境影响。

“两个承诺”：a）持续改进和污染预防的承诺；b）遵守法律法规和其他要求的承诺。

“一个框架”：环境方针应能为建立和评审环境目标和指标提供框架。

（3）环境方针的管理

a）应形成文件，付诸实施，保持和持续改进。

b）传达到为组织或代表组织工作的所有人员（如员工、合同工、临时工以及合同方、其他相关方的有关人员），供他们理解组织的环境方针，意识到各自应承担的职责和义务。

c）通过宣传等适宜方式和方法使相关方了解并方便获取。

3. 策划（4.3）

（1）环境因素（4.3.1）

条款原文：

组织应建立、实施并保持一个或多个程序，用来：

a）识别其环境管理体系覆盖范围内的活动、产品和服务中能够控制或能够施加影响的环境因素，此时应考虑到已纳入计划的或新的开发、新的或修改的活动、产品和服务等因素。

b）确定对环境具有或可能具有重大影响的因素（即重要环境因素），组织应将这些信息形成文件并及时更新。

组织应确保在建立、实施和保持环境管理体系时，对重要环境因素加以考虑。

理解要点：

1）标准要求组织有一个或多个程序，程序的作用是确定、评价、更新环境因素，特别是重大的环境因素。程序应能满足确定的环境因素及判断其重要程度，并在出现新问题时及时更新，确保体系的要求。

2）这里所指的环境因素包括：

a）组织能够控制的环境因素；

b）组织能够施加影响的环境因素。

3）在识别环境因素时应考虑：三种状态、三个时态和八种情况。

a）三种状态是：正常、异常和紧急状态。化工企业是连续几个月，甚至几年正常运行生产的，这是正常状态。生产车间在开车、停机、检修等情况下，环境问题与正常状态有较大的不同，属于异常状态，有少量的泄露，但检修时可能就有一整罐的气体要释放出来。贮罐底部还有贮物的残留液，更换部件时也会造成液体的排放。紧急状态则是如发火灾、事故、洪水等情况，对可预见的紧急情况中存在的环境因素应有相应的措施、计划，以保证其环境影响的最小化。

b）三个时态：过去、现在和将来。组织在对现场的、现有的污染及环境问题进行充分考虑的同时，也要看到以往遗留的环境问题、原材料的来源与生产过程，考虑到产品出厂以后可能带来的环境问题，以及将来潜在的法律、法规和其他的要求，还应考虑给计划中的活动可能带来的环境问题。组织要尽可能宽地考查其产品的生命周期的各个方面，拓开思路，利用自己的影响力，对可以加以影响的环境因素施加影响并促使其改进环境行为。

c）八种情况：水、气、声、渣是我们平常较易想到的环境问题类型，我国的环境法律、法规与标准中也较多地涉及到这几个方面。在实施环境管理体系这一标准时，应考查的环境因素的范围却不仅仅是这些，还包括了材料的利用、土地的污染等方面。应从八个方面入手考虑：

ⓐ向大气排放；

ⓑ向水体排放；

ⓒ向土地排放；

ⓓ原材料与自然资源的使用；

ⓔ能源的使用；

ⓕ能量的释放（如热、辐射、地震等）；

ⓖ废物和副产品；

ⓗ物理属性（如大小、形状、颜色、外观等）。

（2）法律法规和其他要求（4.3.2）

条款原文：

组织应建立、实施并保持一个或多个程序，用来：

a）识别适用于其活动、产品和服务中环境因素的法律法规和其他应遵守的要求，并建立获取这些要求的渠道；

b）确定这些要求如何应用于组织的环境因素。

组织应确保在建立、实施和保持环境管理体系时，对这些适用的法律法规和其他要求加以考虑。

理解要点：

1）组织应建立实施并保持一个或多个程序，用以：

a）识别适用于组织的活动、产品和服务中的环境因素的法律法规和其他要求。

“法律法规”是指与组织的环境因素有关的，由政府部门（包括国家、国家和地方）发布或授予的，具有法律效力的各种要求或授权。

“其他要求”是指组织可以根据其具体情况与自身需求，自愿遵守一些法律法规要求之外的，适合其活动、产品和服务的环境因素的要求。

b）建立获取这些要求的渠道。

组织应建立获取其适用法律法规和其他要求的渠道和方法，包括跟踪和获取适用法律法规和其他要求变化和发展的信息。获取适用法律法规和其他要求的渠道和方法很多。例如：通过国家互联网、政府部门、信息服务公司、报纸杂志、行业信息简报等，组织应在程序中明确规定适用于组织的获取渠道和方法。

c）确定这些要求如何应用于组织的环境因素。

组织应针对其识别和收集到的法律法规和其他要求，确定法律法规和其他要求中适用于各环境因素的具体条款、内容和（或）指标。例如：组织生产活动中排放有害气体应执行《大气污染物综合排放标准》中那些具体条款、内容和（或）指标等。

2）遵守适用的法律法规和其他要求是组织实施环境管理活动

的基本要求，因此，组织在建立、实施和保持环境管理体系的过程中应始终关注适用的法律法规和其他要求，通过环境管理体系的有效实施运行，实现遵守适用法律法规和其他要求的承诺。

(3) 目标、指标和方案（4.3.3）

条款原文：

组织应对其内部有关职能和层次，建立、实施并保持形成文件的环境目标和指标。

如可行，目标和指标应可测量。目标和指标应符合环境方针，包括对污染预防、持续改进和遵守适用的法律法规和其他要求的承诺。

组织在建立和评审目标和指标时应考虑法律法规和其他要求，以及自身的重要环境因素。此外，还应考虑可选的技术方案、财务、运行和经营要求，以及相关方的观点。

组织应制定、实施并保持一个或多个用于实现其目标和指标的方案，其中应包括：

a）规定组织内各有关职能和层次实现目标和指标的职责；

b）实现目标和指标的方法和时间表。

理解要点：

1）组织应在其内部有关职能和层次上建立形成文件的环境目标和指标，并通过各职能和层次开展的环境管理活动来实施和保持并实现目标和指标。

2）组织建立的目标和指标应切实可行，应遵循环境方针提供的框架，与环境方针保持一致。如可行，目标和指标应是可测量的，并尽可能地予以量化。组织建立的目标和指标应充分体现污染预防、持续改进和遵守法律法规和其他要求的承诺。

3）组织在建立和评审环境目标和指标时应考虑如下因素：

a）适用的法律法规和其他要求。

组织在环境方针中作出了遵守适用法律法规和其他要求的承

诺，这个承诺应在目标和指标中予以具体贯彻和落实。组织既可以依据适用的法律法规和其他要求中的规定和要求来建立环境目标和指标，也可以将法律法规和其他要求直接作为组织的目标和指标。组织建立的目标和指标应符合有关法律法规和其他要求。组织建立的目标和指标的适宜性可以依据适用的法律法规和其他要求进行评审。

b）自身的重要环境因素。

组织在建立和评审目标和指标时应重点考虑已识别和确定其自身的重要环境因素，组织可以针对重要环境因素建立相对应的目标和指标，但这并不意味着组织需要针对所有的重要环境因素制定目标和指标。

c）可选技术方案、财务、运行和经营要求。

组织建立和评审目标和指标时应考虑组织可以用以实现目标和指标的可供选择实施的技术方案，以确保技术上的可行性，如果建立了目标和指标后没有可行的技术方案作为实现目标和指标的支持，则再好的目标和指标也是没有意义的。

组织为实现其目标和指标很可能需要投入资金，没有足够的财力资源作为支持，也是很难实现目标和指标的，因此，组织在建立和评审目标和指标时应充分考虑到组织的财务状况。

组织的环境管理活动的运行状况和经营管理等方面的要求会影响组织建立和实现目标和指标，因此运行和经营要求也是组织建立和评审目标和指标需要考虑的重要因素。

d）相关方的观点。

无论是关注组织环境绩效的相关方，还是受组织环境绩效影响的相关方，他们的意见、要求和期望都是组织在控制环境因素时应考虑到的，因此，组织在建立和评审目标和指标时应充分考虑到相关方的意见、要求和期望。

4）当组织的环境方针、适用的法律法规和其他要求、环境因素、技术方案、财务、运行、经营要求以及相关方的意见发生变化时，都可能会对目标和指标的适宜性和可行性造成影响，因此，组织应对目标和指标的持续适宜性和可行性进行评审，并在必要时及时更新目标和指标，以确保目标和指标的持续适宜性和可行性。

5）为了实现目标和指标，组织应制定一个或多个环境管理方案。管理方案规定的是实现目标和指标的具体方法和时间进程，组织通过有效实施和保持管理方案，来实现环境目标和指标。

4. 实施与运行（4.4）

（1）资源、作用、职责和权限（4.4.1）

条款原文：

管理者应确保为环境管理体系的建立、实施、保持和改进提供必要的资源。资源包括人力资源和专项技能、组织的基础设施，以及技术和财力资源。

为便于环境管理工程的有效开展，应对作用、职责和权限作出明确规定，形成文件，并予以传达。

组织的最高管理者应任命专门的管理者代表，无论他（们）是否还负有其他方面的责任，应明确规定其作用、职责和权限，以便：

a）确保按本标准的要求建立、实施与保持环境管理体系；

b）向最高管理者报告环境管理体系的运行情况以供评审，并提出改进建议。

理解要点：

1）组织的管理者应为环境管理体系的建立、实施、保持和改进提供各种必要的资源，这些资源包括：

a）人力资源。例如：熟悉环境科学和污染治理技术的专门人才，熟悉环境管理体系要求和审核技能的人员等。

b）专项技能技术。例如：环境治理、污染防治、清洁生产等方面的专门技术、技能等。

c）基础设施。例如：进行水污染处理的污水处理站及相关的设施设备，进行环境监测和测量的设施设备等。

d）财力资源。例如：购置环保设施、设备的资金等。

2）组织的各项环境管理体系的有效实施需要组织内所有与环境管理体系运行有关的各部门人员密切配合。

3）组织应将从事环境管理工作的人员的作用、职责和权限的规定形成文件，以沟通意图、统一行动，并通过适宜的方法（如培训、文件任命或授权、口头沟通等）传达到相关部门和人员，并以此来实现环境方针和目标指标。

4）最高管理者应任命一名管理者或多名管理者作为专门的管理者代表，并明确规定管理者代表的作用、职责和权限。管理者代表的作用、职责和权限应包括：

a）按照标准的要求建立、实施和保持环境管理体系；

b）向最高管理者报告环境管理体系实施运行的状况，提出改进环境管理体系的建议，为最高管理者评审的环境管理体系提供输入信息，并为环境管理体系的改进提供依据。

（2）能力、培训和意识（4.4.2）

条款原文：

组织应确保有为它或代表它从事被确定为可能具有重大环境影响的工作人员都具备相应的能力。该能力基于必要的教育、培训或经历。组织应保存相关的记录。

应建立并保持一个或多个程序，使为它或代表它工作的人员都意识到：

a）符合环境方针与程序和符合环境管理体系要求的重要性；

b）他们工作中的重要环境因素和实际或潜在环境影响，以及个人工作的改进所能带来的环境效益；

c）他们在实现环境管理体系要求符合性方面的作用与职责；

d）偏离规定的运行程序的潜在后果。

理解要点：

1）组织应当确保所有对环境管理体系运行负有职责和权限并代表其执行任务的人员都具备相应的能力。该能力是指通过必要的教育、培训或经历而获得并掌握的从事工作活动所需的意识、知识、理解和技能，这些人既包括为组织工作的人员，也包括代表组织工作的人员。

2）组织应根据自身的性质、规模、人员素质确定培训的要求、范围，制定和保持培训程序。

3）组织应根据岗位的不同需要，确定人员培训的内容，并进行专门的培训，解决其胜任性和技术技能问题。如对环境管理体系的内审人员应进行有关审核的培训，确保审核过程能够客观地进行，发现体系不足，提出改进办法；对于在污水处理厂从事泵站管理的操作人员，应对水泵运转和污水处理一般性知识进行培训，保证工人了解自身工作对环境的重要性，知道在出现简单问题时如何处理，并及时通报给有关责任人。

4）组织应根据其确定的人员能力要求，充分考虑到组织确定的环境因素的特点和环境管理体系有效实施运行的需要，来确定使人员满足能力要求的方法。组织可以通过培训或采取其他适宜的措施（直接聘用已具备相应能力要求的人员等）使人员满足能力要求。

5）组织应保存培训或采取其他措施使人员满足能力要求的相关记录。这些记录应包括代表组织工作的人员接受适当培训的记录。

（3）信息交流（4.4.3）

条款原文：

组织应建立、实施并保持一个或多个程序，用于有关其环境因素和环境管理体系的：

a）组织内部各层次和职能间的信息交流；

b）与外部相关方联络的接收、形成文件和回应。

组织应决定是否就其重要环境因素与外界进行信息交流，并将决定形成文件。如决定进行外部交流，则应规定交流的方式并予以实施。

理解要点：

1）首先要明确信息交流应包括组织内部各层次之间及其与外部相关方之间的沟通与信息交流。

2）应建立、实施和保持一个或多个程序，以确保有关环境因素和环境管理体系的内外部信息交流的畅通即有效地进行内、外部信息沟通和交流。

3）有关环境因素的信息可以包括：

a）环境因素识别和评价的有关信息；

b）由于组织的活动、产品和服务的变化而带来的环境因素的变化与更新的有关信息；

c）组织内各相关部门对环境因素及重要环境因素控制情况的信息；

d）对环境因素关键特性监测的有关信息；

e）由于组织的环境因素所引发的突发环境事件的信息；

f）社区居民对组织造成的环境污染的抱怨和投诉；

g）顾客对组织所提供产品或服务的环境要求；

h）废弃物处理处置的相关信息；

i）市场环境需求的变化等方面的信息。

4）有关环境管理体系方面的信息可以包括：

a）环境方针、目标指标、方案的实施情况；

b）内、外部审核的有关信息；

c）管理评审的有关信息；

d）有关培训的信息及法律法规和其他要求变化的信息等。

5）组织应关注涉及重要环境因素的信息的外部交流。组织应确定哪些重要环境因素需要与哪些外部相关方进行交流，采取哪些方式进行外部交流，并将这些决定形成文件。

6）有关环境管理体系中的信息交流，不仅在于信息的传递，而且还包括调查和处理。

（4）文件（4.4.4）

条款原文：

环境管理体系文件应包括：

a）环境方针、目标和指标；

b）对环境管理体系覆盖范围的描述；

c）对环境管理体系主要要素及其相互作用的描述，以及相关文件的查询途径；

d）本标准要求的文件，包括记录；

e）组织为确保对涉及重大环境因素的过程进行有效策划、运行和控制所需的文件和记录。

理解要点：

1）环境管理体系文件应包括：

a）环境方针、目标和指标；

b）对环境管理体系覆盖范围的描述包括：实际位置（包括现场区域）、体系运行涉及的活动、产品和服务、组织单元（如环境管理体系涉及的管理部门、车间、场所等）以及环境方针传达和人员培训的范围，环境管理体系文件不强求采用“手册”的形式；

c）对环境管理体系的主要要素通常是指 GB/T24001—2004 标准中 4.2 至 4.6 这 17 个要素及其相互作用的描述，以及查询相关文件的途径；

d）本标准要求的文件包括记录，在 GB/T24001—2004 标准的许多条款中规定了形成文件或保持记录的要求，这些文件和记录是环境管理体系文件的组成部分；

e）组织为确保对涉及重要环境因素的过程进行有效策划、运行和控制所需的文件和记录，例如环境管理方案、程序、作用指导书、环境因素/重要环境因素识别和评价记录、目标指标实现情况记录、运行控制记录、监视和测量的记录、信息交流的记录等，除此之外，还应包括适用的法律法规、标准等。

2）文件的多少和详略程度还取决于组织及其活动、产品或服务的规模和类型、过程及其相互作用的复杂程度以及人员的能力。

（5）文件的控制（4.4.5）

条款原文：

应对本标准和环境管理体系所要求的文件进行控制，记录是一种特殊类型的文件，应依据4.5.4的要求进行控制。

组织应建立、实施并保持一个或多个程序，以规定：

a）在文件发布前进行审批，确保其充分性和适宜性；

b）必要时对文件进行评审和更新，并重新审批；

c）确保对文件的更改和现行修订状态作出标识；

d）确保在使用处能得到适用文件的有关版本；

e）确保文件字迹清楚，易于识别；

f）确保对策划和运行环境管理体系所需的外来文件作出标识，并对其发放予以控制；

g）防止对过期文件的非预期使用，如须将其保留，要作出适当的标识。

理解要点：

1）组织应对GB/T24001—2004 idt ISO14001：2004标准和组织的环境管理体系所要求的文件进行控制，其目的是确保组织对文件的建立和保持能充分满足环境管理体系的需要。

2）记录是一种特殊的文件，其特殊性主要体现在记录的主要作用是提供所完成的活动及其结果的证据或实现可追溯性。应按标准的“4.5.4记录控制”的规定对记录进行控制。

3）为了确保对文件进行有效的控制，组织应建立、实施并保持一个或多个程序，规定以下内容：

a）在文件发布前进行审批，确保其适宜性和充分性；

b）必要时对文件进行评审和更新，并重新审批；

c）确保对文件的更改和现行修订状态作出标识；

d）确保在使用处能够得到适用文件的有关版本；

e）确保文件字迹清楚，易于识别；

f）确保对策划和运行环境管理体系所需的外来文件作出标识，并对其发放予以控制；

g）防止对过期文件的非预期使用。如须将其保留，要作出适当的标识。

(6) 运行控制（4.4.6）

条款原文：

组织应根据其方针、目标和指标，识别和策划与所确定的重要环境因素相关的运行，以确保其通过下列方式在规定的条件下进行：

a）建立、实施并保持一个或多个形成文件的程序，以控制因缺乏程序文件而导致偏离环境方针、目标和指标的情况；

b）在程序中规定运行准则；

c）对于组织使用的产品和服务中所确定的重要环境因素，应建立、实施并保持程序，并将适用的程序和要求通报供方及合同方。

理解要点：

1）运行控制是环境管理体系中最具实际的工作内容，其控制对象是与重要环境因素有关的运行，其目的是使这些运行活动在规定的条件下进行，运行控制的依据是环境方针、目标和指标。

2）应建立、实施并保持一个或多个形成文件的程序，以控制因缺乏程序文件而导致偏离环境方针、目标和指标的情况。

3）组织在建立的运行控制程序中应规定具体的运行准则，规定对运行活动进行控制的具体要求和做法。

4）应建立、实施并保持程序，并将适用的程序和要求通报供方和合同方。

5）对组织使用的产品和服务已确定的重要环境因素，组织应针对与这些重要环境因素有关的运行活动建立、实施和保持控制程序，并将适用的程序和要求通报给相应的供方和合同方，促使他们在提供产品和服务的过程中关注环境保护，减少环境污染，确保其活动和行为符合组织提出的控制相关环境因素的程序和要求。例如：要求承包装修工作的单位使用环保的装修材料，不要在早8点以前和晚6点以后的施工中产生扰民的噪声等。

（7）应急准备与响应（4.4.7）

条款原文：

组织应建立、实施并保持一个或多个程序，用于识别可能对环境造成影响的潜在的紧急情况和事故，并规定响应措施。

组织应对实际发生的紧急情况和事故作出响应，并预防或减少随之产生的有害环境影响。

组织应定期评审其应急准备和响应程序。必要时对其进行修订，特别是当事故或紧急情况发生后。

可行时，组织还应定期试验上述程序。

理解要点：

1）组织在确定环境因素时，应考虑到可能发生的潜在紧急情况和事故，如火灾、爆炸、危险化学品的泄露、环保设施失灵等，这些潜在紧急情况和事故多为突发性的，与正常情况相比，所造成的环境影响和后果往往更为严重。

2）组织应建立、实施并保持一个或多个应急准备和响应程序，用来确定可能对环境造成影响的潜在紧急情况和事故，并针对所确定的潜在紧急情况和事故，规定需采取的应急准备和响应措施，以确保一旦发生紧急情况和事故时能够及时有效地作出响应，以预防或减少随之产生的有害的环境影响。此要素是污染预防思想的具体体现。

3）组织在制定应急准备和响应程序时通常应当考虑以下方面的因素：

a）现场危险品的类型，如存在易燃液体、储罐、压缩气体等，以及发生溅洒或意外泄漏时的应对措施；

b）对紧急情况或事故类型和规模的预测；

c）处理紧急情况或事故的最适当方法；

d）内、外部联络计划；

e）把环境损害降到最低的措施；

f）针对不同类型的紧急情况或事故的补救和响应措施；

g）事故后考虑制定实施纠正和预防措施的需要；

h）定期试验应急准备和响应程序；

i）应急响应程序实施人员的培训；

j）关键人员和救援机构（如消防、泄漏清理等部门）名单，包括详细联络信息；

k）疏散路线和集合地点；

l）周边设施（如工厂、道路、铁路等）可能发生的紧急情况和事故；

m）邻近单位相互支援的可能性。

4）组织应对应急准备和响应程序进行定期评审，以确保其适宜性，如经评审认为程序内容不充分和不适宜，应对其进行修改。特别是发生紧急情况或事故之后，组织更应针对应急准备和响应程序在实际情况中发挥的作用和效果对其适宜性进行评审，并根据评审的结果，在必要时对应急准备和响应程序进行修订。

5）可行时，组织应通过实际演练或模拟等方式（如进行消防演习），定期测试应急准备和响应程序的适宜性和有效性，必要时可根据测试结果对应急准备和响应程序进行适当更新。

5. 检查（4.5）

（1）监测和测量（4.5.1）

条款原文：

组织应建立、实施并保持一个或多个程序，对可能具有重大环境影响的运行的关键特性进行例行监测和测量。程序中应规定将监测环境绩效、适用的运行控制、目标和指标符合情况的信息形成文件。

组织应确保所使用的监测和测量设备经过校准或验证，并予以妥善维护，且应保存相关的记录。

理解要点：

1）对可能具有重大环境影响的运行的关键特性进行例行的监测和测量，是对环境管理体系运行状况进行检查的重要手段，它既可及时了解其环境方针、目标和指标的实现程度、运行控制和环境绩效的状况，又可帮助组织及时发现问题并采取改进措施。

2）组织应建立、实施并保持一个或多个程序对可能具有重大环境影响的运行和活动的关键特性进行例行的监测和测量（如与废水排放相关的关键特性 BOD、COD、pH 值等）。

3）在建立的监视和测量程序中应规定进行监视和测量的具体方法和步骤（如：如何进行例行监测，如何使用、维护、保管监测设备，如何记录和保管记录，如何参照标准进行评价，何时向谁报告监测结果和发现问题等），还应规定将所监测到的环境绩效、适用的运行控制、目标和指标符合情况的信息形成文件。

4）例行的监测和测量的内容应包括：a）环境绩效；b）适用的运行控制情况；c）环境目标和指标实现情况。

5）在实施监测和测量活动中，为了保证测量结果的有效性，组织应当按规定的时间间隔或在使用前，根据测量标准对测量仪器进行校准或验证。测量标准应以能够追溯到的国家标准或国际测量标准为依据，但是如果没有可追溯到的测量标准时，组织应当保存校验依据的记录。

6）组织在监测和测量设备的使用、储存过程中，应对设备进行适当的维护和管理。组织应保存对监测和测量设备进行校验和维护的相关记录。

（2）合规性评价（4.5.2）

条款原文：

4.5.2.1

为了履行遵守法律法规要求的承诺，组织应建立、实施并保持一个或多个程序，以定期评价对适用法律法规的遵守情况。

组织应保存对上述定期评价结果的记录。

4.5.2.2

组织应评价对其他要求的遵守情况。这可以和4.5.2.1中所要求的评价一起进行，也可以另外制定程序，分别进行评价。

组织应保存对上述定期评价结果的记录。

理解要点：

1）遵守适用法律法规要求的情况，是组织履行其承诺的具体体现，组织应建立、实施并保持一个或多个程序，以定期评价对适用法律法规的遵守情况，并保存定期评价结果的记录。

2）组织还应定期评价对其他要求（如与政府机构的协议、与顾客的协议、非法规性指南、自愿性原则或业务规范、环境标准、自愿性环境标志或产品照管承诺、行业办会的要求、与社区团体或非政府组织的协议、组织或其上级组织对公众的承诺、本组织的要求等）的遵守情况。

组织可以根据其活动、产品和服务的特点和所识别的适用的法律法规和其他要求的类型，结合组织的环境管理活动的实际情况，来决定是否将其他要求遵守情况的评价与法律法规遵守情况的评价一起进行。组织既可以将对其他要求的遵守情况的评价与法律法规要求的评价一起进行，也可以另外制定程序用以对其他要求遵守情况的评价，与法律法规遵守情况的评价分别进行。同样应保存定期评价结果的记录。

（3）不符合、纠正措施和预防措施（4.5.3）

条款原文：

组织应建立、实施并保持一个或多个程序，用来处理实际或潜在的不符合，采取纠正措施和预防措施。程序中应规定以下方面的要求：

a）识别和纠正不符合，并采取措施减少所造成的环境影响；

b）对不符合进行调查，确定其产生原因，并采取措施以避免再度发生；

c）评价采取预防措施的需求；实施所制定的适当措施，以避免不符合的再发生；

d）记录采取纠正措施和预防措施的结果；

e）评审所采取的纠正措施和预防措施的有效性。

所采取的措施应与问题和环境影响的严重性相符。

组织应确保对环境管理体系文件进行必要的更改。

理解要点：

1）本条款的目的是对已发生的不符合或潜在的不符合进行调查和处理，并采取适宜的纠正和预防措施，以实现持续改进。

2）组织应建立、实施并保持一个或多个程序，用来实现标准条款中规定的 a）、b）、c）、d）、e）五个方面的要求。

3）在针对实际的或潜在的问题采取措施时，应考虑到问题的大小和造成或可能造成的环境影响严重性相一致。

4）如果采取的纠正措施和预防措施导致了相关的环境管理体系文件的更改，组织应按照文件控制的要求对相关文件进行必要的更改，并遵照更改后的文件实施。

（4）记录控制（4.5.4）

条款原文：

组织应根据需要，建立并保持必要的记录，用来证实对环境管理体系和本标准要求的符合，以及所实现的结果。

组织应建立、实施并保持一个或多个程序，用于记录的标识、存放、保护、检索、留存和处置。

环境记录应字迹清楚，标识明确，并具有可追溯性。

理解要点：

1）记录是阐明已取得的结果或提供所从事活动的证据的文件。组织应根据标准条款的要求和自身的需要建立并保持必要的记录，用来证实其环境管理体系与本标准的符合性，以及其环境管理体系实现的结果。

2）组织应建立、实施并保持一个或多个程序，用以对记录进行有效控制。程序中应规定以下方面的内容：

a）标识：规定具体的标识方法，以便于记录的识别和检阅。

b）存放和保护：规定存放和保护记录的要求、条件和方法，包括有保密要求的记录的存放和保护，以防止丢失、损坏、变质或泄漏。

c）检索：规定适用的检索方式，以便于在需要时能迅速地获取和查阅到所需记录。

d）留存：不同类型和不同重要程度的记录其留存方式和期限是不一样的，组织应根据需要和实际情况来规定记录的留存方式和期限。

e）处置：规定对记录的处置方式。

3）环境记录应字迹清楚，标识明确，并具有可追溯性，以便于组织在需要时依据记录实现对相关活动、产品和服务的追溯。

（5）内部审核（4.5.5）

条款原文：

组织应确保按照计划的事件间隔对环境管理体系进行审核。目的是：

a）判定环境管理体系

1）是否符合组织对环境管理工作的预定安排和本标准的要求；

2）是否得到了恰当的实施与保持。

b）向管理者报告审核结果

组织应策划、制定、实施和保持一个或多个审核方案，此时，应考虑到相关运行的环境重要性和以往的审核结果。

应建立、实施和保持一个或多个审核程序，用来规定：

——策划和实施审核报告审核结果、保存相关记录的职责和要求；

——审核准则、范围、频次和方法。

审核员的选择和审核的实施均应确保审核过程的客观性和公正性。

理解要点：

1）内部审核是组织评价其环境管理体系符合性和有效性的重要方法，已被广泛采用。

实施内部审核的目的是：

a）判定环境管理体系是否符合环境管理工作的预定安排和本标准的要求，即环境管理体系运行的符合性；

b）确定环境管理体系是否得到了正确的实施和保持，即确定环境管理体系运行的有效性；

c）向管理者报告审核结果。

2）组织应策划、制定、实施和保持一个或多个审核方案，确保内部审核的有效实施。在策划和制定审核方案时，应充分考虑到相关运行的环境重要性和以往的审核结果。

3）应建立、实施并保持一个或多个程序，用来规定以下内容：

a）策划、实施审核和报告结果的职责和要求，即由谁负责策划和实施审核，如何实施审核和报告审核结果等方面的具体要求、职责和方法。

b）审核准则、范围、频次和方法。

所谓审核准则，就是用作与审核证据进行比较的依据。通常包括 GB/T24001－2004 idt ISO 标准、适用法律法规和其他要求、组织的环境方针、目标指标以及其他环境管理体系文件等。

所谓审核范围，即内部审核时需要审核的实际位置、组织单元、活动和过程及所覆盖的时期等。

所谓审核频次，即每年进行审核的次数。通常每年 1 次或 2 次。

所谓审核方法，即实施内部审核的程序、步骤和获得审核证据的技巧和方法（如面谈、查阅文件和记录、现场观察等）。

4）内部审核应保持客观和公正。为此，在策划和实施内部审核时，应确保审核员的选择和审核过程都应保持客观公正。通常，审核员不应审核自己负有责任的工作活动，否则可能会有失客观公正；同样，在实施审核的过程中审核组也应保证客观公正、不偏不倚，应以客观存在的审核依据为基础，应以审核准则为依据，科学公正地作出评价和判断。这就需要组织加强对内审员的培训，不断提高他们的审核能力，以确保审核过程有效性和审核结果的客观公正。

6. 管理评审（4.6）

条款原文：

最高管理者应按计划的时间间隔，对组织的环境管理体系进行评审，以确保其持续适宜性、充分性和有效性。评审应包括评价改进的机会和对环境管理体系进行修改的需求，包括环境方针、环境目标和指标的修改需求。应保存管理评审记录。

管理评审的输入应包括：

a）内部审核和合规性评价的结果；

b）来自外部相关方的交流信息，包括抱怨；

c）组织的环境绩效；

d）目标和指标的实现程度；

e）纠正和预防措施的状况；

f）以前管理评审的后续措施；

g）客观环境的变化，包括与组织环境有关的法律法规和其他要求的发展变化；

h）改进建议。

管理评审的输出应包括为实现持续改进的承诺而作出的，与环境方针、目标、指标以及其他环境管理体系要素的修改有关的决策和活动。

理解要点：

（1）管理评审是组织环境管理体系持续的适宜性、充分性和有效性的方法之一，但它不同于内部审核，它是由组织的最高管理者主持实施的活动，其目的是确保环境管理体系的持续适宜性、充分性、有效性。

a）适宜性主要是指环境管理体系对客观情况（法律法规和其他要求、市场、相关方及组织对自身的要求等）的适宜性。

b）充分性主要是指环境管理体系是否充分满足标准和相关法律法规和其他要求。

c）有效性主要是指对环境管理体系实现环境方针、控制环境因素并取得环境绩效方面的能力和结果。

（2）管理评审应按计划的时间间隔进行，多数组织的做法是每年至少进行一次，时间间隔最好不超过 12 个月。必要时，组织的最高管理者可根据内、外部因素的变化或在出现重大环境事故或不符合等情况，临时增加管理评审。管理评审的方式通常采用会议形式。

（3）管理评审应基于充分适宜的信息，作为评审的依据，因此，在管理体系评审前应收集充分的必要信息，这些信息可包括：

a）内部审核和合规性评价的结果；

b）来自外部相关方的交流信息，包括抱怨；

c）组织的环境绩效；

d）目标和指标的实现程度；

e）纠正和预防措施的状况；

f）以前管理评审的后续措施；

g）客观环境的变化，包括与组织环境因素有关的法律法规的变化；

h）改进建议。

（4）组织的最高管理者依据管理评审的输入信息，对涉及到环境管理体系持续的充分性、适宜性和有效性的各方面的情况进行评审，管理评审时应评价环境管理体系存在的问题、改进的机会和对环境管理体系进行修改的需求，包括评价是否需要对环境方针、环境目标和指标进行修改。

（5）组织应保存管理评审的实施情况及结果的相关记录。

（6）管理评审的输出是最重要的环节：

a）通过管理评审，组织应根据持续改进的承诺作出必要的决策和行动；

b）提出环境管理体系所需改进的具体需求，包括对环境方针、目标及管理体系及其他要素的修改，从而真正达到确保环境管理体系持续的适宜性、充分性和有效性的目的。

第三节　环境管理体系要素间的逻辑关系

一、环境管理体系运行模式

GB/T24001—2004 idt ISO14001：2004《环境管理体系　要

求》主要由环境方针（4.2）、策划（4.3）、实施与运行（4.4）、检查（4.5）、管理评审（4.6）五个部分，共 17 个核心要素所构成。其运行模式如图 11－1 所示。

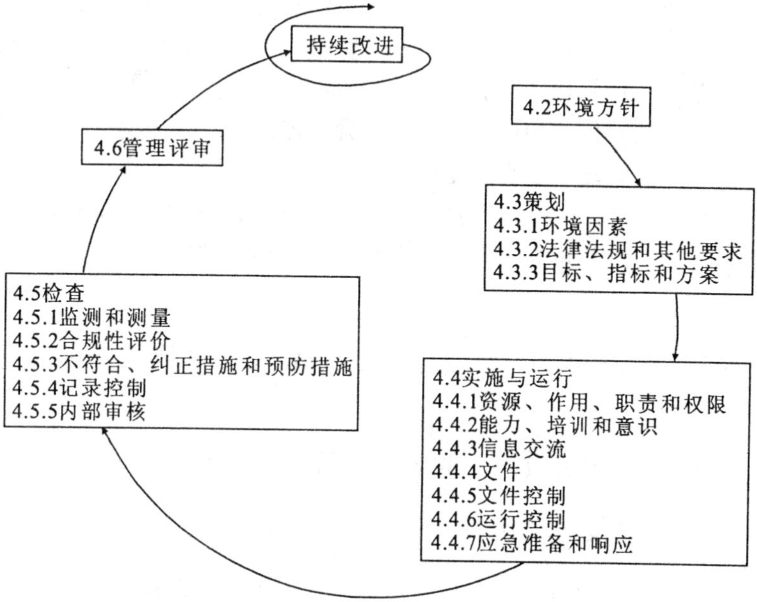

图 11－1　环境管理体系运行模式

二、要素间的逻辑关系

（1）17 个要素在环境管理体系中的作用可分为两部分：一部分要素构成环境管理体系的主体框架，这些要素是：4.2 环境方针，4.3.1 环境因素，4.3.2 法律法规和其他要求，4.3.3 目标、指标和方案，4.4.6 运行控制，4.4.7 应急准备和响应，4.5.1 监测和测量，4.5.2 合规性评价，4.5.3 不符合、纠正措施和预防措施，4.5.5 内部审核，4.6 管理评审；另一部分要素是对主体框架起支撑作用，这些要素是：4.4.1 资源、作用、职责和权限，4.4.2 能力、培训和意识，4.4.3 信息交流，4.4.4 文件，4.4.5 文件控制，4.5.4 记录控制。

（2）17 个要素之间的内在联系可概括如下：①环境因素的识别、评价和控制是环境管理体系的核心；②遵守法律法规和其他要求贯穿于环境管理体系的始终；③明确资源、作用、职责和权限是建立、实施、保持和持续改进环境管理体系的必要前提；④监测和测量是环境管理体系有效运行和持续改进的保障；⑤文件（包括记录、规范、程序、图样、报告、标准等）及其控制为环境管理体系运行提供准确、可靠的依据、准则、方法和要求等信息。

第四节　环境管理体系的建立、实施和运行

环境管理体系建立、实施和运行的基本步骤如下。

一、决策与准备

（1）最高管理者决策，确定建立环境管理体系；

（2）在管理层中任命一名或多名管理者代表，明确其职责；

（3）组建工作班子，并制定工作计划；

（4）选择咨询机构；

（5）对工作班子和各级干部组织有关国际环境管理体系标准和环境保护基础知识（包括相关法律法规）的学习和培训。

二、初始环境状况评审

通过初始环境状况评审，确定组织当前的环境状况，摸清底数，找出差距，为建立一个良好的环境管理体系打好基础。评审的主要内容是：

（1）识别组织活动、产品、服务中的环境因素，评价出重要环境因素；

（2）获取并识别组织适用的环境法律、法规和其他要求，评审组织环境行为和法律法规的符合性；

（3）评价现有有关环境的管理制度，实现与国际环境管理体系标准的融合。

三、环境管理体系策划与设计

（1）制定环境方针；

（2）制定环境目标、指标和环境管理方案；

（3）确定组织机构和职责；

（4）确定环境管理体系的构架和文件结构；

（5）运行控制程序的策划。

四、环境管理体系文件编写

（1）环境管理手册的编写。环境管理体系标准没有像质量管理体系标准那样要求一定要编写管理手册，但明确要求描述环境管理体系覆盖范围和环境管理体系主要要素及其相互作用，以及相关文件的查询途径。在实际编写环境管理体系文件时，仍然习惯把相关要求形成环境管理手册。

（2）程序文件的编写。程序是“为进行某项活动或过程所规定的途径”。含有程序的文件称为“程序文件”。它通常包括活动或过程的目的和范围，做什么和谁来做，谁先做，谁后做，如何做，如何对活动或过程进行控制，相关的文件和记录有哪些等，是环境管理手册的支持性文件。国际环境管理体系标准要求的程序文件有11个：①文件控制程序；②记录和资料控制程序；③人力资源管理和培训控制程序；④环境因素识别控制程序；⑤法律法规和其他要求控制程序；⑥信息交流控制程序；⑦合规性评价控制程序；

⑧应急准备和响应控制程序；⑨运行控制程序；⑩环境监测控制程序；⑪不符合、纠正措施和预防措施控制程序。此外，每个组织还可根据实际运行控制需要增加某些控制程序。

（3）作业指导书的编写。作业指导书是保证各种活动或过程作业按规定的方法和顺序，在受控条件下进行的指导性文件。它包括规章制度、作业标准、操作规程等。

作业指导书的编写应尽可能简明、实用，通俗易懂，符合实际需要。

（4）记录的设计。记录是“阐明所取得的结果或提供所完成活动的证据的文件”。其设计原则（不包括临时使用的表格）是：①系统性，包括系统编号；②层次性，如表、单、卡、本等；③统一性，不能今天一个样，明天一个样。要修改表格也要统一使用新表格；④适用性，可要可不要的栏目尽可能去掉；⑤简洁性，记录不是越多越好，越详细越好，能合并的就合并，能简化的尽可能简化。要列出记录清单，注明保存期限（年）。

记录表格的设计要点：①幅面规格，一般为 880mm×1230mm 的 A4 纸，以便于保存和归档；②纸张和油墨颜色，一般用白色纸和黑色油墨；③标识和标题，标题用显眼字体横写于表格上端中央，表格识别标记、编号和启用日期置于右上角；④使用说明，一般置于表格最下部；⑤边缘，表格周边应留有 10mm 安全边缘。如需装订的表格，应在装订部位留有 25mm 边缘。

五、环境管理体系的试运行

环境管理体系文件经过管理者代表审核和最高管理者批准、发布后，即可开始试运行。试运行阶段的主要工作内容如下：

（1）进行全员培训，组织的有关责任部门和责任人应按培训程序确认组织各层次的培训需求，制定培训方案，实施全员培训。重点是学习环境管理体系文件，了解体系文件的要求，以便参与体系的试运行。

（2）实施环境管理体系文件，尤其是一系列运行控制，并按规定程序以及支持这些程序文件的作业指导书、相关记录等发放到相应岗位后，应确保员工严格执行文件规定，履行应负的职责。

（3）准确、完整、清晰地填写各项记录，并按规定办法和途径保存好或传递给规定的责任人。

（4）组织的整体环境目标、指标及环境管理方案应分解和层层落实。

（5）与相关方就环境管理体系事务进行沟通，并决定是否就其重要环境因素与外界进行信息交流。

（6）自我完善、改进：①监测和测量环境管理体系试运行的情况，发现体系文件不适合的地方组织评审和修改，直到基本满意为止；②重视内审员的培训工作，加强内部审核，发现不符合或潜在不符合，及时分析其原因，采取纠正措施或预防措施，防止不符合或潜在不符合的原因重复发生；③最高管理者亲自主持，开好管理评审会，确保环境管理体系的适宜性、充分性、有效性。

思考与练习

一、填空题

请将适合于下述情景的标准条款号填在横线上。

1. 现场抽查某冰箱厂装配车间两名员工，对于所在岗位有哪些相关的重要环境因素未能回答清楚。适合于这一情景的标准条款号是________。

2. 某企业每年 2 次对锅炉排放的烟气中的 SO_2、烟尘进行监测并评审是否符合标准要求。适合于这一情景的标准条款号是________。

3. 组织定期全面检查环境管理体系各要素的关联与衔接是否合理，是否有效实施。适合于这一情景的标准条款号是________。

4. 工程师在测试经处理后的污水的 pH 值。适合于这一情景的标准条款号是________。

5. 工程管理部向各部门通报市环保局对公司施工噪声的监测结果。适合于这一情景的标准条款号是________。

6. 化学危险品仓库没有针对内审时发现的三个不符合项采取纠正措施。适合于这一情景的标准条款号是________。

7. 审核员在公司档案中发现，工厂污水处理站的监测报告没有编号。适合于这一情景的标准条款号是________。

8. 公司为了降低生产成本，制定了削减原材料消耗的目标。适合于这一情景的标准条款号是________。

9. 公司为了完成有关节水、节电的目标指标，给车间加装了水、电分表。适合于这一情景的标准条款号是________。

二、简答题

1. ISO14001：2004 版规定的合规性评价是对哪些方面进行评价？应该怎样评价？

2. 组织在识别环境因素和环境影响时应考虑的“三种状态”、“三个时态”、“八个方面”分别指什么？

3. 简述环境影响评价制度。

4. 常用污水处理的化学方法有哪些？

5. 我国现阶段的主要环境问题是什么？

6. 简述环境管理体系审核的目的和特点。

三、案例分析题

请按下列题中给出的情景，依据 GB/T24001—2004 idt ISO14001：2004 标准要求，判断有无不符合项，如有，请写出不符合事实、不符合标准条款号和内容、不符合的性质。如符合标准要求，亦请写明符合的标准条款号和内容。

1. 该公司短短半个月内就接到数次厂区附近居民联名要求停止夜间作业的抱怨信，当审核员询问此问题时，管理者胸有成竹地答道："我已问过此事，只要总经理出国考察一回来就可以研究，给予经济赔偿，给居民一个满意的回答。"

2. 某分厂"环境管理方案"中写明2月份要建立空压机房，以降低噪声排放。现场发现空压机仍然露天放置，分厂厂长解释说："现在环保局已将分厂所在的区域由住宅区改为工业区，我们的噪声排放现在是达标的，因此也就没有再建空压机房的必要了。"

3. 审核员在污水处理站看见该公司污水处理设备和监测设备都很齐全，也制定了相应的污水排放监测和测量作业指导书，但审核员查看到近3个月的污水监测报告中表明有污水排放超标的现象。

4. 污水处理站的《污水监测控制指导书》规定："每4小时对经处理后的污水进行一次采样化验，每天至少两次。"审核员抽查了上一周的化验报告，发现每天只进行了一次采样化验。化验员解释说："每天两次采样化验工作量太大，也没必要，我们两个月前就改为每天做一次采样化验了，没有出现过什么问题。"

5. 审核员在行政管理部查内部培训资料，2002年培训计划中写明"2002年7月派新分配到污水处理站的大学生到市环保局参加污水监测技术学习"。审核员要求查看相应的培训和考核证据，行政管理部负责人说："去年9月份分配到污水处理站的两名大学生，本应该今年7月份派他们去学习，但当时污水处理站的工作十分紧张，人手不够，只好先让他们上岗工作，到现在还没有派他们去学习。"

6. 公司在新建一座办公楼，审核员看到附近堆放着大量的施工垃圾，审核员问陪同的行政管理部负责人："这些施工垃圾如何处理?"负责人说："工程是分包给北京第一建筑工程公司的，这些施工垃圾应该由他们处理，自工程开工后，他们就不断地将施工垃圾堆放在这里，前几天刮大风，砂石飞扬，我们也曾和他们交涉过，但到现在也没进行清运。"审核员问："是否给北京第一建筑工程公司提出过相应的要求?”负责人说:“这应该由北京第一建筑工程公司负责。”

7. 审核员在某元件厂环管科审核时,发现公司在上一年度内审发现的不符合,目前仍有3项未采取纠正措施。

8. 在机加工车间发现操作工未按文件的要求将铜、铁边角料分开放置,员工解释说:“反正市废旧金属回收公司在收取的时候会分开,文件的规定是多余的。”

9. 审核员在行政管理部审核,看见公司的MSDS(材料安全数据表)中规定丁苯乳胶是难降解的高分子物质,审核员发现行政管理部所属的运输科将丁苯乳胶和其他固体垃圾一起运往郊区填埋处理,行政管理部部长说:“委托处理丁苯乳胶太贵了,我们现在也没有更好的办法。”

10. 询问公司总经理管理评审的记录,总经理拿出10个月的例会记录解释说,公司领导对环境问题非常重视,每个月对出现的环境问题都召开例会予以解决,因此没有专门做一份管理评审记录。

11. 某企业办公室中发现连续有3件对该企业提出意见的投诉,问办公室人员:“该信息是否已转给有关部门?”回答说:“已电话通知。”问:“解决的怎么样?”回答说:“不清楚。”

12. 审核员在工程管理部查环境因素的识别和评价记录,该公司将成品包装用的塑料桶评价为重要环境因素,并对此制定了相应的环境目标和指标:“到2004年11月底全部完成塑料包装材料的替代。”审核员到成品库审核时,发现库房内存放着一些用塑料桶盛装的产品,产品合格证上标明的生产日期为2004年12月3日。

13. 审核员从化学品库出来,看见在不远处堆放着一些塑料桶,且有少量液体流出,便问陪同的仓库管理员:“那是什么?”管理员说:“那是些废弃的化学品。”审核员问:“由谁负责管理?”管理员说:“我只负责管理库房内有用的化学品,废弃的不归我管,好像应由行政管理部负责。”审核员到行政管理部询问，部长说：“废弃的化学品不由我们部门处理，应该由工程管理部负责。”审核员追踪到工程管理部，工程管理部部长说：“我也不清楚由谁负责。”

14. 审核员在锅炉房审核，了解到该公司的锅炉房是1996年建成使用的，但2000年经过一次改建。负责人骄傲地说：“我们公司废气排放是达标的。”审核员查看到近一个月对废气烟尘浓度的检测记录，发现该公司排放的烟尘浓度符合1997年1月1日前安装的工业炉窑烟尘浓度排放限量的规定，但不符合1997年1月1日起新、改、扩建工业炉窑烟尘浓度排放限量值的规定。审核员问负责人：“工业锅炉房执行哪个时段的浓度排放限值?”负责人说：“不知道，我厂一直执行1997年1月1日前安装的工业炉窑烟尘浓度排放限值的规定。”

15. 某运输公司按合同约定为某发电厂提供运输煤服务，在运输途中有撒落煤屑和煤灰飘散的现象，发电厂并没有提出要求。

附录 环境管理体系 要求（2004版）

1 范围

本标准规定了对环境管理体系的要求，使一个组织能够根据法律法规和它应遵守的其他要求，以及关于重要环境因素的信息，制定和实施环境方针和目标。本标准适用于组织确定其能够控制的或能够施加影响的那些环境因素。但标准本身并未提出具体的环境绩效准则。

本标准适用于任何有下列愿望的组织：

a）建立、实施、保持并改进环境管理体系；

b）使自己确信能符合所声明的环境方针；

c）通过下列方式证实对本标准的符合：

1）进行自我评价和自我声明；

2）寻求组织的相关方（如顾客）对其符合性的确认；

3）寻求外部对其自我声明的确认；

4）寻求外部组织对其环境管理体系进行认证（或注册）。

本标准旨在使其所有要求都能够纳入任何一个环境管理体系，其应用程度取决于诸如组织的环境方针，活动、产品和服务的性质，运行场所和条件等因素。本标准还在附录A中对如何使用本标准提供了资料性的指南。

2 规范性引用文件

无规范性引用文件。保留本章是为使本版中的章条号和前一版（GB/T24001—1996）保持一致。

3 术语和定义

下列术语和定义适用于本标准。

3.1 审核员 auditor

有能力实施审核的人员。

[GB/T19000—2000，3.9.9]

3.2 持续改进 continual improvement

不断对环境管理体系（3.8）进行强化的过程，目的是根据组织（3.16）的环境方针（3.11），实现对整体环境绩效（3.10）的改进。

注：该过程不必同时发生于活动的所有方面。

3.3 纠正措施 corrective action

为消除已发现的不符合（3.15）的原因所采取的措施。

3.4 文件 document

信息及其承载媒体。

注1：媒体可以是纸张，计算机磁盘、光盘或其他电子媒体，照片或标准样品，或它们的组合。

注2：摘编自GB/T19000－2000的3.7.2。

3.5 环境 environment

组织（3.16）运行活动的外部存在，包括空气、水、土地、自然资源、植物、动物、人，以及它们之间的相互关系。

注：从这一意义上，外部存在从组织（3.16）内延伸到全球系统。

3.6 环境因素 environmental aspect

一个组织（3.16）的活动、产品和服务中能与环境发生相互作用的要素。

注：重要环境因素是指具有或能够产生重大环境影响的环境因素。

3.7 环境影响 environmental impact

全部或部分地由组织的环境因素给环境造成的任何有害或有益

的变化。

3.8 环境管理体系 environmental management system

组织（3.16）管理体系的一部分，用来制定和实施其环境方针（3.11），并管理其环境因素（3.6）。

注1：管理体系是用来建立方针和目标，并进而实现这些目标的一系列相互关联的要素的聚合。

注2：管理体系包括组织结构、策划活动、职责、惯例、程序（3.19）、过程和资源。

3.9 环境目标 environmental objective

组织依据其环境方针规定的自己所要实现的总体环境目的。

3.10 环境绩效 environmental performance

组织（3.16）对其环境因素（3.6）进行管理所取得的可测量结果。

注：在环境管理体系（3.8）条件下，可对照组织（3.16）的环境方针（3.11）、环境目标（3.9）、环境指标（3.12）及其他环境绩效要求对结果进行测量。

3.11 环境方针 environmental policy

由最高管理者就组织的环境绩效正式表述的总体意图和方向。

注：环境方针为采取措施，以及建立环境目标和环境指标提供了一个框架。

3.12 环境指标 environmental target

由环境目标（3.9）产生，为实现环境目标所须规定并满足的具体的绩效要求，它们可适用于整个组织（3.16）或其局部。

3.13 相关方 interested party

关注组织（3.16）的环境绩效（3.10）或其环境绩效影响的个人或团体。

3.14 内部审核 internal audit

客观地获取审核证据并予以评价，以判定组织（3.16）对其设定的环境管理体系审核准则满足程度的系统的、独立的、形成文件的过程。

注：在许多情况下，尤其是对于小型组织，独立性可通过与所审核活动无责任关系来体现。

3.15　不符合 non-conformity

未满足要求。

［GB/T19000－2000，3.6.2］

注：此术语在GB/T19000—2000中为“不合格（不符合）”。

3.16　组织 organization

具有自身职能和行政管理的公司、集团公司、商行、企事业单位、政府机构、社团或其结合体，或上述单位中具有自身职能和行政管理的一部分，无论其是否具有法人资格、公营或私营。

注：对于拥有一个以上运行单位的组织，可以把一个运行单位视为一个组织。

3.17　预防措施 preventive action

为消除潜在不符合（3.15）原因所采取的措施。

3.18　污染预防 prevention of pollution

为了降低有害的环境影响（3.7）而采用（或综合采用）过程、惯例、技术、材料、产品、服务或能源，以避免、减少或控制任何类型的污染物或废物的产生、排放或废弃。

注：污染预防可包括污染源削减或消除，过程、产品或服务的更改，资源的有效利用，材料或能源替代，再利用、回收、再循环、再生和处理。

3.19　程序 procedure

为进行某项活动或过程所规定的途径。

3.20　记录 record

阐明已取得的结果或提供所从事活动的证据的文件。

4　环境管理体系 要求

4.1 总要求

组织应根据本标准的要求建立、实施、保持和持续改进环境管理体系，确定如何实现这些要求，并形成文件。

组织应界定环境管理体系的范围，并形成文件。

4.2 环境方针

最高管理者应确定本组织的环境方针，并在界定的环境管理体系范围内，确保其：

a）适合于组织活动、产品和服务的性质、规模和环境影响；

b）包括对持续改进和污染预防的承诺；

c）包括对遵守与其环境因素有关的适用法律法规和其他要求的承诺；

d）提供建立和评审环境目标和指标的框架；

e）形成文件，付诸实施，并予以保持；

f）传达到所有为组织或代表组织工作的人员；

g）可为公众所获取。

4.3 策划

4.3.1 环境因素

组织应建立、实施并保持一个或多个程序，用来：

a）识别其环境管理体系覆盖范围内的活动、产品和服务中能够控制或能够施加影响的环境因素，此时应考虑到已纳入计划的或新的开发、新的或修改的活动、产品和服务等因素；

b）确定对环境具有或可能具有重大影响的因素（即重要环境因素）；

组织应将这些信息形成文件并及时更新。

组织应确保在建立、实施和保持环境管理体系时，对重要环境因素加以考虑。

4.3.2 法律法规和其他要求

组织应建立、实施并保持一个或多个程序，用来：

a）识别适用于其活动、产品和服务中环境因素的法律法规和其他应遵守的要求，并建立获取这些要求的渠道；

b）确定这些要求如何应用于组织的环境因素。

组织应确保在建立、实施和保持环境管理体系时，对这些适用的法律法规和其他要求加以考虑。

4.3.3　目标、指标和方案

组织应针对其内部有关职能和层次，建立、实施并保持形成文件的环境目标和指标。

如可行，目标和指标应可测量。目标和指标应符合环境方针，包括对污染预防、持续改进和遵守适用的法律法规和其他要求的承诺。

组织在建立和评审目标和指标时，应考虑法律法规和其他要求，以及自身的重要环境因素。此外，还应考虑可选的技术方案，财务、运行和经营要求，以及相关方的观点。

组织应制定、实施并保持一个或多个用于实现其目标和指标的方案，其中应包括：

a）规定组织内各有关职能和层次实现目标和指标的职责；

b）实现目标和指标的方法和时间表。

4.4　实施与运行

4.4.1　资源、作用、职责和权限

管理者应确保为环境管理体系的建立、实施、保持和改进提供必要的资源。资源包括人力资源和专项技能、组织的基础设施，以及技术和财力资源。

为便于环境管理工作的有效开展，应对作用、职责和权限作出明确规定，形成文件，并予以传达。

组织的最高管理者应任命专门的管理者代表，无论他（们）是否还负有其他方面的责任，应明确规定其作用、职责和权限，以便：

a）确保按本标准的要求建立、实施与保持环境管理体系；

b）向最高管理者报告环境管理体系的运行情况以供评审，并提出改进建议。

4.4.2 能力、培训和意识

组织应确保所有为它或代表它从事被确定为可能具有重大环境影响的工作的人员，都具备相应的能力。该能力基于必要的教育、培训或经历。组织应保存相关的记录。

组织应建立、实施并保持一个或多个程序，使为它或代表它工作的人员都意识到：

a）符合环境方针与程序和符合环境管理体系要求的重要性；

b）他们工作中的重要环境因素和实际或潜在环境影响，以及个人工作的改进所能带来的环境效益；

c）他们在实现环境管理体系要求符合性方面的作用与职责；

d）偏离规定的运行程序的潜在后果。

4.4.3 信息交流

组织应建立、实施并保持一个或多个程序，用于有关其环境因素和环境管理体系的：

a）组织内部各层次和职能间的信息交流；

b）与外部相关方联络的接收、形成文件和回应。

组织应决定是否就其重要环境因素与外界进行信息交流，并将决定形成文件。如决定进行外部交流，则应规定交流的方式并予以实施。

4.4.4 文件

环境管理体系文件应包括：

a）环境方针、目标和指标；

b）对环境管理体系覆盖范围的描述；

c）对环境管理体系主要要素及其相互作用的描述，以及相关文件的查询途径；

d）本标准要求的文件，包括记录；

e）组织为确保对涉及重要环境因素的过程进行有效策划、运行和控制所需的文件和记录。

4.4.5 文件的控制

应对本标准和环境管理体系所要求的文件进行控制，记录是一种特殊类型的文件，应依据4.5.4的要求进行控制。

组织应建立、实施并保持一个或多个程序，以规定：

a）在文件发布前进行审批，确保其充分性和适宜性；

b）必要时对文件进行评审和更新，并重新审批；

c）确保对文件的更改和现行修订状态作出标识；

d）确保在使用处能得到适用文件的有关版本；

e）确保文件字迹清楚、易于识别；

f）确保对策划和运行环境管理体系所需的外来文件作出标识，并对其发放予以控制；

g）防止对过期文件的非预期使用，如须将其保留，要作出适当的标识。

4.4.6 运行控制

组织应根据其方针、目标和指标，识别和策划与所确定的重要环境因素相关的运行，以确保其通过下列方式在规定的条件下进行：

a）建立、实施并保持一个或多个形成文件的程序，以控制因缺乏程序文件而导致偏离环境方针、目标和指标的情况；

b）在程序中规定运行准则；

c）对于组织使用的产品和服务中所确定的重要环境因素，应建立、实施并保持程序，并将适用的程序和要求通报供方及合同方。

4.4.7 应急准备与响应

组织应建立、实施并保持一个或多个程序，用于识别可能对环境造成影响的潜在的紧急情况和事故，并规定响应措施。

组织应对实际发生的紧急情况和事故作出响应，并预防或减少随之产生的有害环境影响。

组织应定期评审其应急准备和响应程序。必要时对其进行修订，特别是当事故或紧急情况发生后。

可行时，组织还应定期试验上述程序。

4.5 检查

4.5.1 监测和测量

组织应建立、实施并保持一个或多个程序，对可能具有重大环境影响的运行的关键特性进行例行监测和测量。程序中应规定将监测环境绩效、适用的运行控制、目标和指标符合情况的信息形成文件。

组织应确保所使用的监测和测量设备经过校准或验证，并予以妥善维护，且应保存相关的记录。

4.5.2 合规性评价

4.5.2.1 为了履行遵守法律法规要求的承诺，组织应建立、实施并保持一个或多个程序，以定期评价对适用法律法规的遵守情况。

组织应保存对上述定期评价结果的记录。

4.5.2.2 组织应评价对其他要求的遵守情况。这可以和4.5.2.1中所要求的评价一起进行，也可以另外制定程序，分别进行评价。

组织应保存对上述定期评价结果的记录。

4.5.3 不符合、纠正措施和预防措施

组织应建立、实施并保持一个或多个程序，用来处理实际或潜在的不符合，采取纠正措施和预防措施。程序中应规定以下方面的要求：

a) 识别和纠正不符合，并采取措施减少所造成的环境影响；

b）对不符合进行调查，确定其产生原因，并采取措施以避免再度发生；

c）评价采取预防措施的需求，实施所制定的适当措施，以避免不符合的再发生；

d）记录采取纠正措施和预防措施的结果；

e）评审所采取的纠正措施和预防措施的有效性。

所采取的措施应与问题和环境影响的严重程度相符。

组织应确保对环境管理体系文件进行必要的更改。

4.5.4　记录控制

组织应根据需要，建立并保持必要的记录，用来证实对环境管理体系和本标准要求的符合，以及所实现的结果。

组织应建立、实施并保持一个或多个程序，用于记录的标识、存放、保护、检索、留存和处置。

环境记录应字迹清楚，标识明确，并具有可追溯性。

4.5.5　内部审核

组织应确保按照计划的事间间隔对环境管理体系进行审核。目的是：

a）判定环境管理体系：

1）是否符合组织对环境管理工作的预定安排和本标准的要求；

2）是否得到了恰当的实施与保持。

b）向管理者报告审核结果。

组织应策划、制定、实施和保持一个或多个审核方案，此时，应考虑到相关运行的环境重要性和以往的审核结果。

应建立、实施和保持一个或多个审核程序，用来规定：

——策划和实施审核及报告审核结果、保存相关记录的职责和要求；

——审核准则、范围、频次和方法。

审核员的选择和审核的实施均应确保审核过程的客观性和公正性。

4.6 管理评审

最高管理者应按计划的时间间隔，对组织的环境管理体系进行评审，以确保其持续适宜性、充分性和有效性。评审应包括评价改进的机会和对环境管理体系进行修改的需求，包括环境方针、环境目标和指标的修改需求。应保存管理评审记录。

管理评审的输入应包括：

a）内部审核和合规性评价的结果；

b）来自外部相关方的交流信息，包括抱怨；

c）组织的环境绩效；

d）目标和指标的实现程度；

e）纠正和预防措施的状况；

f）以前管理评审的后续措施；

g）客观环境的变化，包括与组织环境有关的法律法规和其他要求的发展变化；

h）改进建议。

管理评审的输出应包括为实现持续改进的承诺而作出的，与环境方针、目标、指标以及其他环境管理体系要素的修改有关的决策和行动。

主要参考文献

陈立仁等．高效液相色谱基础与实践［M］．北京：科学出版社，2001.
陈英旭．环境学［M］．北京：中国环境科学出版社，2001.
戴树桂．环境化学［M］．北京：高等教育出版社，2006.
方圆标志认证集团有限公司．质量、环境及职业健康安全三合一管理体系的建立与实施［M］. 北京：中国标准出版社，2009.
傅若农．色谱分析概论［M］（第二版）．北京：化学工业出版社，2005.
郭殿福．废弃物通用手册——处理、处置、资源化［M］．北京：科学出版社，2004.
韩德培．环境保护法教程［M］．北京：法律出版社，1998.
洪坚平．土壤污染与防治［M］（第三版）．北京：中国农业出版社，2011.
环境保护部环境工程评估中心．环境影响评价技术导则与标准［M］．北京：中国环境科学出版社，2010.
环境保护部环境工程评估中心．环境影响评价相关法律法规［M］．北京：中国环境科学出版社，2010.
黄霞．环境法学［M］．北京：机械工业出版社，2003.
J·霍斯特．中子活化分析［M］．北京：原子能出版社，1978.
金瑞林．环境与资源保护法学［M］．北京：高等教育出版社，1999.
李春洪，秦钢，霍冀川．磷石膏的工业资源化利用进展［J］．四川建材，2011，37（3）：1～5.
林宝中．环境监测中的电化学分析法［M］．北京：化学工业出版社，2003.
林娅．环境哲学概论［M］．北京：中国政法大学出版社，2000.
林肇信，刘天齐，刘逸农．环境保护概论［M］．北京：高等教育出版社，2004.
刘建学．实用近红外光谱分析技术［M］．北京：科学出版社，2008.
曲向荣．环境保护与可持续发展［M］．北京：清华大学出版社，2010.
任天山等．环境与辐射［M］．北京：原子能出版社，2007.

单明军，吕艳丽，丛蕾．焦化废水处理技术［M］．北京：化学工业出版社，2007.

商照荣，康玉峰．辐射环境效应及监控技术［M］．北京：中国环境科学出版社，2008.

邵令娴．分离及复杂物质分析［M］．北京：高等教育出版社，1983.

沈宗灵．法理学［M］．北京：北京大学出版社，2003.

盛龙生，苏焕华，郭丹滨．色谱质谱联用技术［M］．北京：化学工业出版社，2006.

施文健，周化岚等．环境监测实验技术［M］．北京：北京大学出版社，2009.

宋化民，戴冬秀．国际质量/环境管理体系简明教程［M］．武汉：中国地质大学出版社，2005.

宋化民等．国际管理体系试题解析［M］．武汉：中国地质大学出版社，2010.

孙铁珩．土壤污染形成机理与修复技术［M］．北京：科学出版社，2005.

汪正范等．色谱联用技术［M］．北京：化学工业出版社，2000.

王爱勤．甲壳素化学［M］．北京：科学出版社，2008.

王建龙，文湘华．现代环境生物技术（第二版）［M］．北京：清华大学出版社，2008.

吴彩斌，雷恒毅，宁平．环境学概论［M］．北京：中国环境科学出版社，2005.

吴海锁，喻学敏，张利民．环境污染与防治技术［M］．北京：中国环境科学出版社，2003.

吴忠标，吴祖成，沈学优等．环境监测［M］．北京：化学工业出版社，2003.

武汉大学化学系．仪器分析［M］．北京：高等教育出版社，2001.

武汉大学．分析化学（第五版）上册［M］．北京：高等教育出版社，2007.

辛仁轩．等离子体发射光谱分析［M］．北京：化学工业出版社，2005.

许国旺等．现代实用气相色谱法［M］．北京：化学工业出版社，2004.

杨春晟，李国华，徐秋心．原子光谱分析［M］．北京：化学工业出版社，2010.

杨若明，金军．环境监测［M］．北京：化学工业出版社，2009.
杨泽伟．国际法［M］．北京：高等教育出版社，2007.
叶文虎．环境管理学［M］．北京：高等教育出版社，2003.
易秀，杨胜科，胡安焱．土壤化学与环境［M］．北京：化学工业出版社，2008.
于世林．高效液相色谱方法及应用（第二版）［M］．北京：化学工业出版社，2005.
于世林．图解高效液相色谱技术与应用［M］．北京：科学出版社，2009.
曾现来，张永涛，苏少林．固体废物处理处置与案例［M］．北京：中国环境科学出版社，2011.
曾昭琼．有机化学实验（第三版）［M］．北京：高等教育出版社，2000.
张人权．水文地质学［M］．北京：地质出版社，2011.
张艳荣．粉煤灰在建筑材料中的资源化利用［J］．中国建材科技，2008.
张自杰，张忠祥，钱易等．环境工程手册·水污染防治卷［M］．北京：高等教育出版社，1996.
郑重．现代环境测试技术［M］．北京：化学工业出版社，2009.
中国科学院大连化学物理研究所．气相色谱法［M］．北京：科学出版社，1986.
中国科学院高能物理研究所中子活化分析实验室．中子活化分析在环境学、生物学和地学中的应用［M］．北京：原子能出版社，1992.
周珂．环境与资源保护法［M］．北京：中国人民大学出版社，2007.
周培疆等．现代环境科学概论［M］．北京：科学出版社，2010.
周同惠等．纸色谱与薄层色谱［M］．北京：科学出版社，1989.
朱庚申．环境科学基础［M］．北京：中国环境科学出版社，2005.
朱亦人．环境污染治理技术［M］．北京：中国环境科学出版社，2002.
Ainslie，B. C. Reuten，D. G. Steyn，Nhu D. Le b，James V. Zidek. 2009. Application of an entropy-based Bayesian optimization technique to the redesign of an existing monitoring network for single air pollutants. Journal of Environmental Management 90，2715－2729.
Hart，J. K.，and K. Martinez. 2006. Environmental sensor networks：A revolution in the earth system science Earth-Science Reviews 78：177－91.

Maqsood, I. , G. H. Huang and Y. F. Huang. 2004. A Groundwater Monitoring Design through Site Characterization, Numerical Simulation and Statistical Analysis-A North American Case Study. Journal of Environmental Informatics 3 (1) 1—23.

Mimendia, A. , J. M. Gutierrez, L. Leija, P. R. Hernandez, L. Favari, R. Munoz, M. del Valle. 2010. A review of the use of the potentiometric electronic tongue in the monitoring of environmental systems. Environmental Modelling & Software 25, 1023—1030.

Mishra, A. K. , P. Coulibaly. 2010. Hydrometric network evaluation for Canadian watersheds. Journal of Hydrology 380, 420—437.

Mofarrah, A. , Husain, T. 2010. A holistic approach for optimal design of air quality monitoring network expansion in an urban area. Atmospheric Environment 44, 432—440.

Pesch, R. , W. Schroder, H. Dieffenvach-Fries, L. Genbler, and L. Kleppin. 2008. Improving the design of environmental monitoring networks. case study on the heavy metals in mosses survey in germany. Ecological Informatics 3: 111—21.

Strobl, R. O. , and P. D. Robillard. 2008. Network design for water quality monitoring of surface freshwaters: A review. Journal of Environmental Management (87): 639—48.

Telci, I. T. , K. Nam, J. Guan, and M. M. Aral. 2009. Optimal water quality monitoring network design for river systems. Journal of Environmental Management (90): 2987—98.